高等职业技术教育建筑设备类专业规划教材

建筑弱电应用技术

（第3版）

主　编　赵瑞军
主　审　喻建华

武汉理工大学出版社
·武　汉·

内 容 提 要

本书是高等职业技术教育建筑设备类专业规划教材之一，全面地介绍了计算机网络技术、综合布线系统、火灾自动报警与联动系统、建筑设备监控系统、有线电视和卫星电视接收系统、视频监控系统、安全防范系统、广播音响系统、音频与视频会议系统、住宅小区智能化系统等内容。

本书可作为高等职业技术院校和成人高等学校建筑电气、电气自动化及机电一体化等专业的教材或参考书，亦可供有关技术人员学习参考。

图书在版编目(CIP)数据

建筑弱电应用技术 / 赵瑞军主编. -- 3 版. -- 武汉 : 武汉理工大学出版社, 2025. 7.
-- ISBN 978-7-5629-7549-6

Ⅰ. TU85

中国国家版本馆 CIP 数据核字第 2025A4662H 号

项目负责人:戴皓华　　**责 任 编 辑**:戴皓华
责 任 校 对:张莉娟　　**排 版 设 计**:正风图文
出 版 发 行:武汉理工大学出版社
地　　　址:武汉市洪山区珞狮路 122 号
邮　　　编:430070
网　　　址:http://www.wutp.com.cn
经　　　销:各地新华书店
印　　　刷:荆州市精彩印刷有限公司
开　　　本:787×1092　1/16
印　　　张:20
字　　　数:512 千字
版　　　次:2025 年 7 月第 3 版
印　　　次:2025 年 7 月第 1 次印刷　总第 11 次印刷
定　　　价:55.00 元

第 3 版前言

“建筑弱电应用技术”是一门职业岗位课程，主要研究建筑弱电应用技术的基本原理及相关知识，实践性很强。

本书是根据职业教育教学指导委员会建筑设备专业指导委员会制定的《高等职业教育建筑电气工程技术专业教学基本要求》编写而成。在内容的取舍上强调理论知识的应用性，体现高职教育的特点，力求基础理论以必需、够用为度，详细介绍了计算机网络技术、综合布线技术、电气消防技术、建筑设备监控系统、有线电视和卫星电视接收系统、视频监控系统、安全防范系统、广播音响系统、音频与视频会议系统、住宅小区智能化系统等内容。在内容设计上，以职业素养为基础，强调了职业技能的培养，并附有翔实的工程案例。全书图文并茂，语言精练，通俗易懂，突出科学性、综合性、实践性与先进性，使学生掌握建筑弱电技术在建筑楼宇中的应用，具备建筑弱电方面的基本实践能力。

本门课程注重反映建筑弱电技术领域的新知识、新技术，并注重贯彻最新的国家标准和规范。全书共分为 10 个项目，可按 60～80 个学时讲授。每个项目后均附有“在线测试”“思考题”，供学生复习巩固之用。本书贯彻党的“二十大精神”，将课程思政与教学内容深度融合，融入辩证思维、中国传统文化工匠精神与职业道德等。

本书适用于高职高专教育建筑电气工程技术、建筑设备工程技术、给排水工程技术、消防工程技术等专业的学生学习，也可以作为各类工程建设设计、施工、咨询等单位有关技术人员的参考书。

本书编写分工如下：项目 1、4 由山西工程科技职业大学赵瑞军编写；项目 2 由广西建设职业技术学院潘冬喜、山西工程科技职业大学赵瑞军编写；项目 3 由山西工程科技职业大学肖菊、张迪编写；项目 5 由山西工程科技职业大学王文君、赵瑞军编写；项目 6 由浙江建设职业技术学院王三优、广西建设职业技术学院宁春岱编写；项目 7 由广西建设职业技术学院宁春岱、山西工程科技职业大学张迪、浙江建设职业技术学院陈旭平编写；项目 8、9 由江苏建筑职业技术学院沈永跃、山西工程科技职业大学赵瑞军编写；项目 10 由山西工程科技职业大学赵瑞军、苏楠编写。全书由赵瑞军担任主编并统稿、山西工程科技职业大学喻建华主审。

建筑弱电应用技术理论与实践联系紧密，发展较快。本书在编写过程中，参考了建筑弱电技术方面的最新规范和手册，并且得到了山西省、浙江省和江苏省有关设计和施工单位技术人员的帮助和支持，在此特表感谢！但限于编者水平，加之时间仓促，不足之处在所难免，恳切希望广大读者批评指正。

本书配有电子课件，选用本书的老师请拨打 13469981083 或发邮件到 33925682@qq.com 索取。

编　者

2025 年 5 月

第 1 版前言

随着社会的不断进步和科学技术的迅猛发展，特别是计算机、通信、自动控制方面的新技术、新产品、新设备不断地应用于现代建筑工程中，建筑电气涉及的范围也在不断地扩大，弱电系统的变化更是日新月异。所谓弱电系统，是针对强电系统而言的。一般来说，强电系统的主要功能是为实现能量的转换而设置的，如将电能转化为光能的电气照明系统、将电能转换为机械能的电梯系统等，均为强电系统。而弱电系统的功能是实现信息的处理及信号的传输，如计算机网络系统、电话通信系统、电视监控系统等。弱电系统的内容之广，发展速度之快，迫使人们不得不更关注弱电系统。

本书在内容的取舍上强调理论知识的应用性，体现高等职业教育的特点，以技术技能培养为根本，力求基础理论以必需、够用为度，工程实例广泛，图文并茂，文字深入浅出，通俗易懂，避免冗长的理论推导。

本门课程注重反映建筑弱电领域的新知识、新技术，并注重贯彻最新的国家标准和规范。全书共分为十个课题，可按 60～80 个学时讲授。而且课题后附有“思考题”，供学生复习巩固之用。

本书由山西建筑职业技术学院喻建华和浙江建设职业技术学院陈旭平担任主编。具体的编写分工为：课题 1、5 由山西建筑职业技术学院王文君编写；课题 2、10 由山西建筑职业技术学院赵瑞军编写；课题 3、6 由浙江建设职业技术学院陈旭平、王三优编写；课题 4 由喻建华编写；课题 7 由陈旭平编写；课题 8、9 由江苏建筑职业技术学院沈永跃编写。全书由喻建华统稿。

在本书的编写过程中，得到了山西省、浙江省和江苏省有关设计和施工单位技术人员的大力支持，武汉理工大学出版社的同志也给予了热情的帮助，在此表示衷心的感谢！

本书参考了大量的资料和书刊，有些未能在参考文献中一一列出，在此向这些书刊和资料的作者表示衷心的感谢！

限于水平，书中难免有错漏之处，敬请广大读者批评指正。

编　者

2009 年 7 月

目　录

项目1　计算机网络技术

【知识目标】

1. 掌握局域网技术；
2. 熟悉无线局域网；
3. 了解局域网互联、宽带接入技术。

【能力目标】

1. 具备计算机网络平台及其构建方案的能力；
2. 了解网络管理和安全，以及智能化楼宇内计算机网络的设计方法和要点；
3. 能对智能化楼宇内计算机网络进行方案设计和集成。

【课程思政】

中国计算机网络的先驱科学家钱华林

智能化楼宇内计算机网络技术是局域网技术，主干传输速率已达 10 Gbit/s。目前的技术可保证到端点的传输速率为 100/1000 Mbit/s，因此，智能化楼宇内的计算机网络是一个高速的 IP 网络。它是智能化楼宇系统集成的平台，是多媒体信息传输网络系统的核心，是大量的信息传输、交换的主干通道。通过宽带接入技术可以实现与互联网和各种广域网的连接。

在一个智能化楼宇内实际上构建了多个 LAN，每个 LAN 完成一类通信服务，例如，有控制专网、安防专网、涉密办公网、公用信息网等。LAN 和 LAN 之间可以有目的地将其互联起来，因此，网络的安全性受到了保障。

1.1　智能化楼宇内计算机网络应用需求

智能化楼宇内计算机网络是信息传输网络系统的核心，是大量的信息传输、交换的主干通道。例如，医院建筑内的计算机网络系统为医院信息管理系统(HIS)、临床信息系统(GIS)、医学影像系统(PACS)、放射信息系统(RIS)、远程医疗系统等提供支持。学校建筑内的计算机网络系统支持教学、科研、办公和学习业务应用管理系统、数字化教学系统、数字化图书馆系统、门户网站、校园资源规划管理系统、建筑物业管理系统、校园智能卡应用系统、校园安全管理系统，以及各类学校建筑根据业务功能需求所设的其他应用系统。

智能化楼宇内计算机网络技术是局域网(LAN)技术，传输速率达 10 Gbit/s。目前的技术主流可保证到端点的传输速率为 100 Mbit/s，因此，智能化楼宇内计算机网络是一个宽带 IP 网络。结合无线局域网(WLAN)技术，可以提供 300 Mbit/s 到端点的移动数据通信业务。

计算机网络可以实现数字设备之间的高速数据通信，也可以实现多媒体通信。例如，VOIP 可以支持传统的电话通信业务，IPTV 可以支持有线电视业务。人们通过多种接入网技术可实现与互联网和各种广域网的连接。

在一个智能化楼宇内实际上构建了多个 LAN，每个 LAN 完成一类通信业务。这样做的原因是：隔离带来了安全，降低了网络通信流量。在 LAN 和 LAN 之间，人们可以有目的地将其互联起来，网络的安全性得到了保障。计算机网络系统为管理与维护提供相应的网络管理系统，并提供高密度的网络端口，可满足用户容量分批增加的需求。

智能化楼宇内对计算机网络系统有下列应用需求：

(1) 网络规划与设计的原则：高速、稳定、实用和安全。

(2) 优先采用以太网等交换技术和相应的网络结构方式。

(3) 建筑物内流动人员较多的公共区域或布线配置信息点不方便的大空间等区域，应配置无线局域网络系统。

(4) 涉密的网络系统应按照各类信息传输的安全、可靠和保密的规定进行分类配置；重要的网络系统设备应考虑冗余性、稳定性及系统扩容的要求。

(5) 根据网络运行的业务信息流量、服务质量要求和网络结构等配置网络的交换设备。根据系统的通信接入方式和网络子网划分等配置路由器。

1.2　计算机局域网技术

在智能化楼宇内构建计算机网络主要是应用局域网以及局域网互联技术。局域网通常由网络接口卡、电缆(光缆)系统、交换机、服务器，以及网络操作系统等部分组成；而决定局域网特性的技术要素包括网络拓扑结构、传输介质类型、介质访问控制以及安全管理等。

1.2.1　IEEE 802 局域网标准

IEEE 802 标准是局域网的技术标准。局域网在通信方面有自己的特点：第一，其数据是以帧为单位传输的。第二，局域网内一般不需要中间转接，所以也不要求路由选择。因此，局域网的参考模型对应于 OSI 参考模型的最低两层，如图 1.1 所示，实现了 OSI 参考模型最低两层的功能。其中，物理层用来建立物理连接；数据链路层把数据构成帧进行传输，并实现帧顺序控制、错误控制及流量控制功能，使不可靠的链路变成可靠的链路。

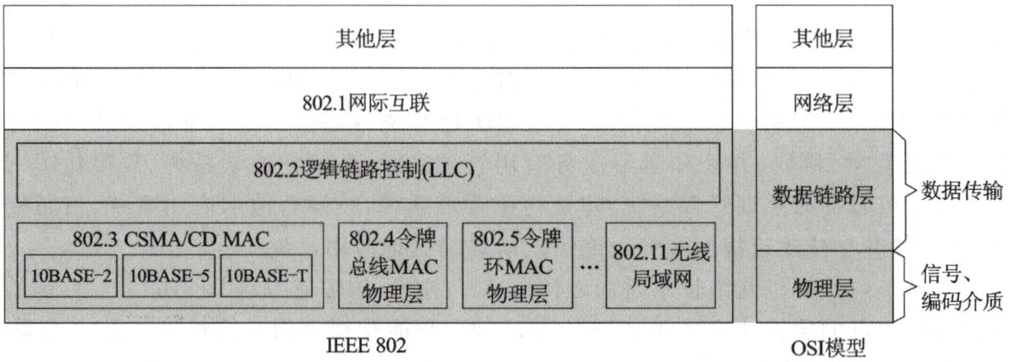

图 1.1　IEEE 802 局域网标准协议栈

(1) 物理层　物理层负责在物理层实体间发送和接收位流，提供发送和接收信号的能力，以及对宽带的频道分配和对基带信号的调制等。

(2) 数据链路层　该层又细分为两个功能子层：数据链路层子层和介质访问控制子层。这种功能分解主要是为了使数据链功能中与硬件有关的部分和与硬件无关的部分分开。

1.2.2　IEEE 802.3 以太网技术

以太网是目前全球使用得最广泛的局域网技术，成功的关键在于其标准一直随着网络需求而不断改进。从 10 M/100 M 到 1 G 以及目前正在走向成熟的 10 G，以太网的传输速率不断提高；在从共享式、半双工、利用 CSMA/CD 机制到交换式、点对点、全双工，以及流量控制、生成树、VLAN、QoS 等机制的采用过程中，以太网的功能和性能逐步改善；从电接口 UTP 传输到光接口光纤传输，以太网的覆盖范围大大增加；从企业和部分的内部网络，到公用电信网的接入网、城域网，以太网的应用领域不断扩展。以太网标准的最新发展是 100 G 以太网，目前在实验室已经实现了 100 G 以太网 1000 km 的无纠错传输试验。

以太网技术具有扩充性能好、灵活的部署距离（支持从 100 m 短程局域网应用到 40 km 城域网的各种网络应用）、低成本、易于使用和管理等优势。智能化楼宇内构建计算机网络优先采用以太网技术和相应的网络结构方式。常用以太网性能表如表 1.1 所示。

表 1.1　常用以太网性能表

名称	标准	传输介质类型	最大网段长度	传输速率	使用情况
以太网	10Base-T	2 对 3、4、5 类 UTP 或 FTP	100 m	10 Mbps	不常用
快速型以太网	100Base-TX	2 对 5 类 UTP 或 FTP	100 m	100 Mbps	十分常用
	100Base-T4	4 对 3/4/5 类 UTP 或 FTP	100 m	100 Mbps	升级用
	100Base-FX	62.5 μm/125 μm 多模光缆	2000 m	100 Mbps	不常用
千兆以太网	1000Base-CX	150 Ω STP	25 m	1000 Mbps	设备连接
	1000Base-T	4 对 5 类 UTP 或 FTP	100 m	1000 Mbps	常用
	1000Base-TX	4 对 6 类 UTP 或 FTP	100 m	1000 Mbps	常用
	1000Base-LX	62.5 μm/125 μm 多模光缆或 9 μm 单模光缆，使用长波长激光	多模：550 m 单模：5000 m	1000 Mbps	长距离骨干网段常用
	1000Base-SX	62.5 μm/125 μm 多模光缆，使用短波长激光	220 m	1000 Mbps	骨干网段十分常用
万兆以太网	10 GBase-S	50 μm/62.5 μm 多模光缆，使用 850 nm 波长激光	300 m	10 Gbps	可用于汇聚层和骨干层网段
	10 GBase-L	9 μm 单模光缆，使用 1310 nm/1550 nm 波长激光	10 km	10 Gbps	可用于长距离骨干层网段
	10 GBase-E	9 μm 单模光缆，使用 1550 nm 波长激光	40 km	10 Gbps	可用于长距离骨干层网段和 WAN

1. 100Base-T 快速型以太网

100Base-T 是十分常用的快速型以太网，有三个不同的 100Base-T 物理层规范，其相关标准见表 1.1。100Base-TX 物理层支持快速以太网运行在 5 类 2 对 UTP 或 1 类 STP 上。100Base-T4 物理层支持快速以太网运行在 3、4、5 类 4 对 UTP 上。100BASE-FX 支持多模或单模光缆布线，这样快速以太网就能在 2 km 的距离内传输信息。而 100BASE-T4 为大量的现正在运行的 10 Mbit/s 以太网向 100 Mbit/s 快速以太网过渡提供了极大方便：大部分情况下只需要更换网卡和集线器，而无须重铺电缆线。

2. 千兆以太网标准

千兆以太网与快速以太网和标准以太网完全兼容，并利用原以太网标准所规定的技术规范。其中包括 CSMA/CD 协议、帧格式、流量控制，以及 IEEE 802.3 标准所定义的管理对象等。为了实现高速传输，千兆位以太网定义了千兆位介质专用接口（GMII），从而将介质子层和物理层分开，使得当物理层的传输介质和编码方式发生变化时不会影响到介质子层。

千兆以太网可采用 4 类介质：1000BASE-SX（短波长光纤）、1000BASE-LX（长波长光纤）、1000BASE-CX（短距离铜缆）、1000BASE-T（100 m，4 对 5 类 UTP）。

其中，1000BASE-SX 使用短波长 850 nm 激光的多模光纤；1000BASE-LX 使用长波长 1300 nm 激光的单模光纤和多模光纤。使用长波长和短波长的主要区别是传输距离和费用。不同波长传输时信号衰减程度不同，短波长传输衰减程度大、距离短，但节省费用。长波长可传输更长的距离，但费用昂贵。1000BASE-CX 为 150 Ω、平衡屏蔽的特殊电缆集合，线速为 1.25 Gbit/s，使用 8B/10B 编码方式。1000BASE-T 是 100Base-T 的自然扩展，与 10Base-T、100Base-T 完全兼容。1000BASE-T 规定可以在 4 对 5 类平衡双绞线上传送数据，传输距离最远可达 100 m。1000BASE-T的重要性在于：可以直接在 100BASE-TX 快速以太网中通过升级交换机和网卡实现千兆到桌面，而无须重铺电缆线。

千兆以太网的光纤连接方式解决了楼层干线的高速连接，1000Base-T 千兆以太网技术就是用来解决桌面之间的高速连接的。千兆以太网可用于高速服务器之间的连接、建筑物内的高速主干网、内部交换机的高速链路以及高速工作组网络。

3. 万兆以太网的标准

万兆以太网标准 IEEE 802.3ae 定义了三种物理层标准：10 GbaseX、10 GbaseR 和 10 GbaseW。

10 GbaseX 为并行的 LAN 物理层，采用 8B/10B 编码技术，只包含一个规范：10 GbaseLX4。为了达到 10 Gbit/s 的传输速率，使用稀疏波分复用 CWDM 技术，在 1310 nm 波长附近以 25 nm 为间隔，并列配置了 4 对激光发送器/接收器组成的 4 条通道。每条通道 10B 码的码元速率为 3.125 Gbit/s。10 GbaseLX4 使用多模光纤和单模光纤的传输距离分别为 300 m 和 10 km。

10 GbaseR 为串行的 LAN 物理层，采用 64B/66B 编码技术，包含三个规范：10 GbaseSR、10 GbaseLR 和 10 GbaseER，分别使用短波长 850 nm、长波长 1310 nm 和超长波长 1510 nm。10 GbaseSR 使用多模光纤，传输距离一般为几十米；10 GbaseLR、10 GbaseER 使用单模光纤，传输距离分别为 10 km 和 40 km。

10 GbaseW 为串行的 WAN 类型的物理层，采用 64B/66B 编码技术，包含三个规范：10 GbaseSW、10 GbaseLW 和 10 GbaseEW，分别使用短波长 850 nm、长波长 1310 nm 和超长

波长 1510 nm。10 GbaseSW 使用多模光纤，传输距离一般为几十米；10 GbaseLW、10 GbaseEW 使用单模光纤，传输距离分别为 10 km 和 40 km。

4. 以太网的二层网络结构

对大部分的楼内计算机网络系统采用二层结构的以太网就能满足其应用需求，如图 1.2 所示，由核心层和接入层组成。接入层通过带三层路由功能的核心交换机实现互联。网络系统以 1000 Mbps/10 Gbps 以太网作为主干网络，用户终端速率为 10/100 Mbit/s。核心层的主要目的是进行高速的数据交换、安全策略的实施以及网络服务器的接入。接入层用于用户终端的接入。对于稳定性和安全性要求特别高的场合，核心层交换机宜冗余配置，接入层和核心层交换机之间宜采用冗余链路连接，可以采用图 1.2(b)所示的双冗余二层结构。

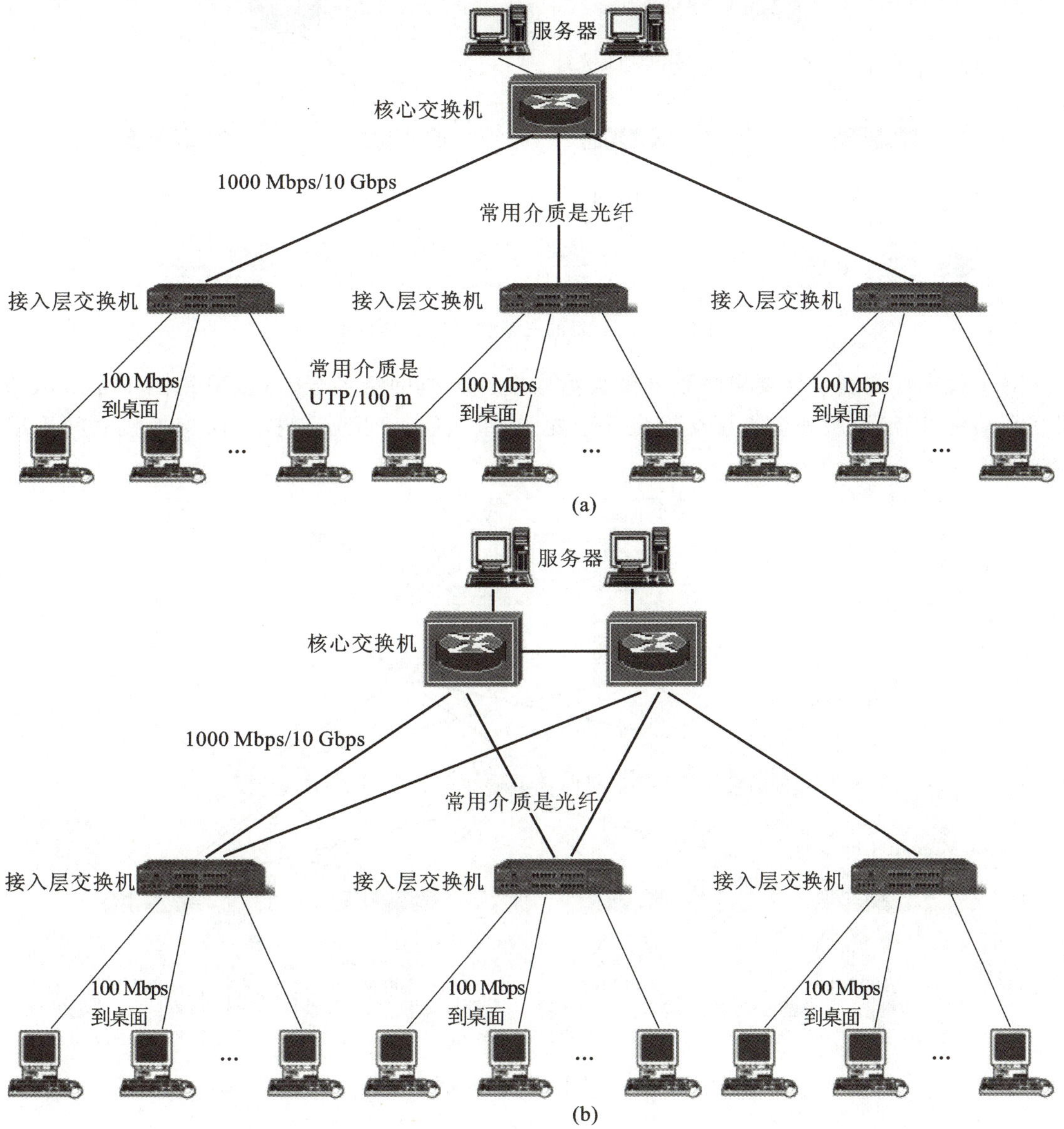

图 1.2　以太网的二层典型网络结构图

(a)常用的二层结构；(b)核心层及干线双冗余的二层结构

5. 以太网的三层网络结构

三层网络结构适用于特大型楼内计算机网络系统(如大学校园网等)的应用需求，如图 1.3所示，由核心层、汇聚层和接入层组成。核心层和汇聚层通过三层路由功能的交换机实现互联。网络主干以 10 Gbit/s 以太网为主，用户终端速率为 10/100 Mbit/s。

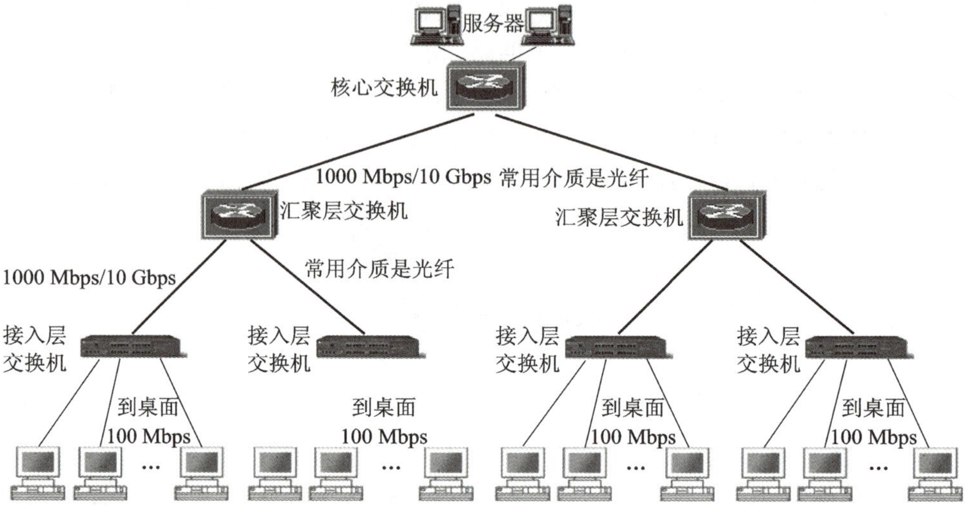

图 1.3　以太网的三层典型网络结构图

对于稳定性和安全性要求特别高的大型楼内计算机网络场合，可以采用图 1.4 所示的三层冗余结构，即汇聚层和核心层交换机冗余配置，接入层、汇聚层和核心层交换机之间采用冗余链路连接。

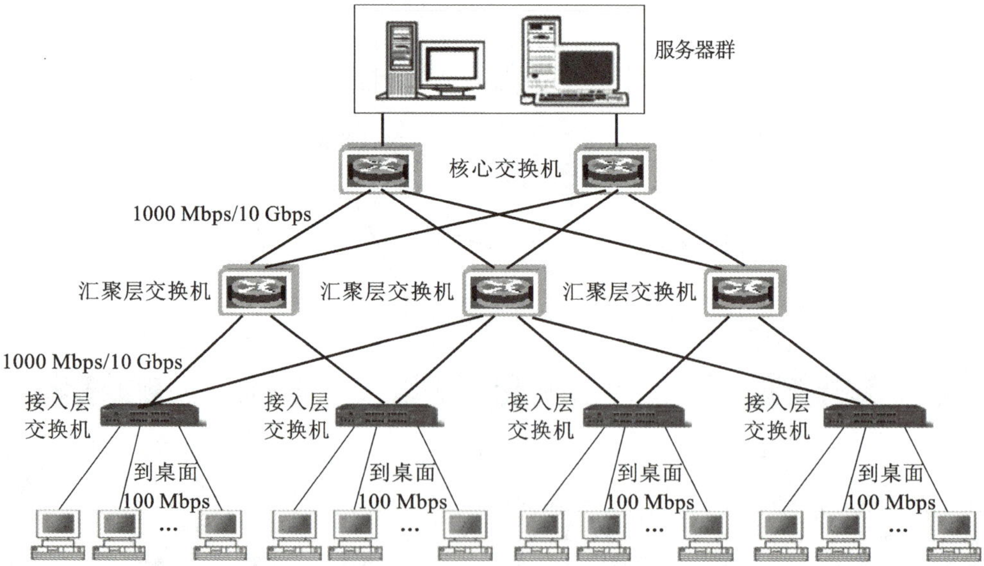

图 1.4　以太网三层冗余结构图

1.2.3　交换式局域网及三层交换技术

交换式局域网的核心是交换式集线器(Switch，交换机)。其主要特点是所有端口平时都不连通；当站点需要通信时，交换机才同时连通多对端口，使每一对相互通信的站点都能像独占通信信道那样，进行无冲突的数据传输，即每个站点都能独享信道的速率；通信完成后就断开连接，如图1.5所示。因此，交换式网络技术是提高网络效率、减少网络拥塞的有效方案之一。

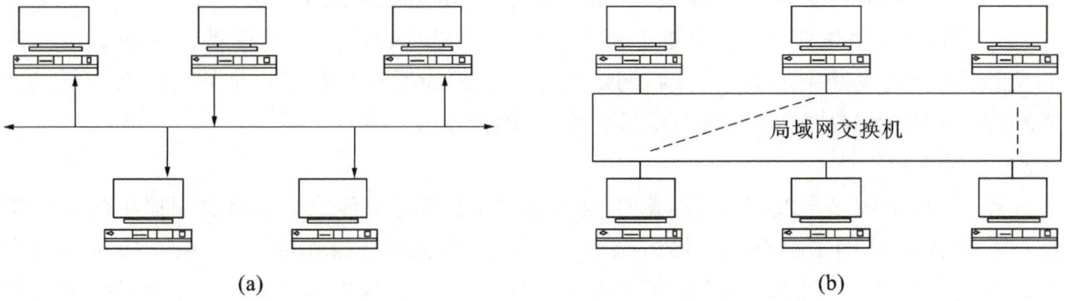

图1.5 交换式局域网参考模型

(a)共享介质局域网；(b)交换局域网

1. 局域网交换机

交换式以太网的核心是交换机，是工作在OSI网络标准模型第二层(数据链路层)的物理设备。目前，交换技术已经延伸到OSI第三层的部分功能，有一些交换机实现了简单的路由选择功能，即所谓的第三层交换技术。

(1) 对称和不对称的交换机

对称交换机：根据交换机每个端口的带宽来描述LAN交换方法，它利用相同的带宽在端口之间提供交换连接，例如全部为10 Mbit/s端口或全部为100 Mbit/s端口。交换机的实际吞吐量为端口数与带宽的乘积。

不对称交换机：大多应用于Client/Server网络中，在不同带宽的端口间提供了交换连接，例如10 Mbit/s端口与100 Mbit/s端口通信。它可以为服务器分配更多的带宽以满足网络的需求，防止在服务器端产生流量瓶颈。

(2) 交换方式

目前，比较主流的交换方式有存储转发方式和直通方式。直通方式的交换机可以理解为在各端口间是纵横交叉的线路矩阵电话交换机。它在输入端口检测到一个数据包时，检查该包的包头，获取包的目标地址；启动内部的动态查找表转换成相应的输出端口，在输入和输出交叉处接通；把数据包直通到相应的端口，实现交换功能。

存储转发方式是计算机网络领域应用得最为广泛的交换方式，它把输入端口的数据包先存储起来，然后进行CRC检查，在对错误包进行处理后才取出数据包的目标地址，通过查找表转换成输出端口送出包。正因如此，存储转发方式在数据处理时延时大，这是它的不足，但是它可以对进入交换机的数据包进行错误检测。尤其重要的是，它可以支持不同速率的输入输出端口间的转换，保持高速端口与低速端口间的协同工作。

2. 交换式以太网的优点

与共享介质的传统局域网相比，交换式以太网具有以下优点：

(1) 它保留现有以太网的基础设施，只需将共享式的HUB改为交换机，使用大多数或全部的现有基础设施。

(2) 可在高速和低速网络间转换，实现不同网络的协同。目前，大多数交换式以太网都具有 100 Mbit/s 的端口，通过与之相对应的 100 Mbit/s 的网卡接入服务器，暂时解决了 10 Mbit/s的瓶颈，成为网络局域网升级时首选的方案。

(3) 交换式以太网提供多个通道，相较于传统的共享式集线器可提供更多的带宽。比如，一个 24 端口的以太网交换机允许 24 个站点在 12 条链路之间通信。

(4) 在共享以太网中，网络性能会因为通信量和用户量的增加而降低。交换式以太网进行的是独占通道、无冲突的数据传输，网络性能不会因为通信量和用户量的增加而降低。尤其是光纤以太网使得交换式以太网非常适合作主干网。

3. 三层交换技术

三层交换(也称多层交换技术，或 IP 交换技术)是相对于传统交换概念而提出的。传统的交换技术是在 OSI 网络模型中的第二层——数据链路层进行操作的；而三层交换技术是在网络模型中的第三层实现数据包的高速转发。三层交换技术的出现，解决了局域网中网段划分之后，网段中子网必须依赖路由器进行管理的局面；解决了传统路由器因低速、复杂所造成的网络瓶颈问题。

三层交换机并不等同于路由器，同时也不可能取代路由器。三层交换机与路由器之间还是存在非常大的本质区别的。三层交换机无法适应网络拓扑各异、传输协议不同的广域网络系统，但非常适应局域网环境；而路由器可在广域网中发挥其作用。

4. 三层交换技术在 VLAN 规划中的应用

在三层交换机面世之前，交换机所提供的 VLAN 划分方式只有两种：基于端口和基于 MAC 地址划分方式。基于端口 VLAN，即提供把某个或某几个端口上的机器划分为一个 VLAN 的方法，缺点在于无法实现位置无关的虚拟网配置；基于 MAC 地址 VLAN，即将子网以 MAC 地址来划分，可实现与位置无关的虚拟网配置，缺点在于子网中节点的增删不方便。三层交换技术提供了一种全新的 VLAN 划分法：基于 IP 及策略的 VLAN，即无论节点处于哪一个物理网段，都可以以它们的 IP 地址为基础或根据报文协议不同来划分子网，这使得网络管理和应用变得更加方便。

例如，在某校园网 VLAN 的划分中，利用三层交换技术，使得校园网的 VLAN 划分很容易和校内各部门一致起来。尽管校内某一部门站点分布在不同的物理位置，但基于 IP 地址划分子网，能使得同一部门在不同物理段的节点可被设为同一逻辑子网，实现与物理位置的无关性。对于网络中心，财务部门等要害部门可采用基于传统的 MAC 地址的 VLAN 划分技术，以防止非授权节点在该子网中出现；对于学生宿舍等比较分散、物理子网比较多，难以有效管理的地方，可采用混合策略，如在同一端口细分不同的逻辑虚拟子网或基于 MAC 地址划分子网，以尽量减少 IP 地址盗用和其他安全问题。

1.2.4 无线局域网

无线局域网 WLAN(Wireless LAN)是利用无线通信技术在一定的局部范围内建立的网络，它以无线多址信道作为传输媒介，提供传统有线局域网 LAN 的功能。WLAN 作为有线局域网络的延伸，为局部范围内提供了高速移动计算的条件。随着应用的进一步发展，WLAN 正逐渐从传统意义上的局域网技术发展成为“公共无线局域网”，成为 Internet 宽带接入手段。

1. 无线局域网标准

无线局域网标准包括 IEEE 802.11X 系列、HIPERLAN、HomeRF、IrDA 和蓝牙等。表

1.2 所示是 IEEE 802.11 无线局域网标准，也是当前常用的 WLAN 标准。WLAN 的最新进展 IEEE 802.11n 使用 2.4 GHz 频段和 5GHz 频段，传输速率 300 Mbit/s，最高可达 600 Mbit/s，可向下兼容 802.11b、802.11g，目前还不是一个正式的标准。

表 1.2　IEEE 802.11 无线局域网标准

标准要求	IEEE 802.11b	IEEE 802.11a	IEEE 802.11g	IEEE 802.11n
每子频道最大的数据速率	11 Mbps	54 Mbps	54 Mbps	300 Mbps
调制方式	CCK	OFDM	OFDM 和 CCK	MIMO-OFDM
工作频段	2.4～2.4835 GHz	5.15～5.35 GHz 5.725～5.875 GHz	2.4～2.4835 GHz	2.4/5 GHz
可用频宽	83.5 MHz	300 MHz	83.5 MHz	
子频道	3	12	3	13

(1) IEEE 802.11b　它工作在 2.4～2.4835 GHz 频段，采用 CCK(Complementary Code Keying，补码键控)技术提供高达 11 Mbps 的数据通信带宽，最多可提供三个互不重叠的子频道。Wi-Fi 认证保证了不同厂家产品之间的兼容。由于 IEEE 802.11b 工作在 2.4 GHz 频带是免费的，因此一经推出便得到了用户的认可。

(2) IEEE 802.11a　它工作在 5 GHz 频段，采用 OFDM(Orthogonal Frequency Division Multiplexing，正交频分复用)技术提供 54 Mbit/s 的数据通信带宽，最多可提供 12 个互不重叠的子频道。由于 IEEE 802.11a 标准工作在更高的频段，具有更多不重叠的子频道和更高的数据通信带宽，因此也得到了较为广泛的应用。

IEEE 802.11a 和 IEEE 802.11b 工作在两个完全不同的频带，采用完全不同的调制技术，因此两者是完全不兼容的。但两者可以共存于同一区域中而互不干扰。

(3) IEEE 802.11g　它有两个最为主要的特征：高传输速率和兼容 IEEE 802.11b。高传输速率是由于其采用 OFDM 调制技术可得到 54 Mbit/s 的数据通信带宽。兼容 IEEE 802.11b 是由于其仍然工作在 2.4 GHz 频段并且保留了 IEEE 802.11b 所采用的 CCK 技术，因此可以与 IEEE 802.11b 的产品保持兼容。也就是说，基于 IEEE 802.11g 的无线接入点(AP)可与基于 IEEE 802.11b 的无线网卡相连接；而基于 IEEE 802.11g 的无线网卡也可与基于 IEEE 802.11b 的无线接入点(AP)相连接。IEEE 802.11g 标准是主流的无线局域网标准。它提供了高速的数据通信带宽，并以较为经济的成本提供了对原有主流无线局域网标准的兼容。

(4) IEEE 802.11n　作为下一代的 WLAN 标准，IEEE 802.11n 采用智能天线技术，其传播范围更广，且能够以不低于 108 Mbit/s 的传输速率保持通信。它可以作为蜂窝移动通信的宽带接入部分，与无线广域网更紧密地结合。一方面，IEEE 802.11n 可以为用户提供高数据率的通信服务(视频点播 VOD，在线观看 HDTV)。另一方面，无线广域网为用户提供了更好的移动性。和以往的 IEEE 802.11 标准不同，IEEE 802.11n 协议为双频工作模式(包含 2.4 GHz 和 5.8 GHz 两个工作频段)。这样，IEEE 802.11n 保证了与以往的 IEEE 802.11a/b/g 标准的兼容。

2. 无线局域网组网方式

根据无线接入点 AP(Access Point)的功能不同，WLAN 可以实现不同的组网方式。目前，有基础架构模式、点对点模式、多 AP 模式、无线网桥模式和无线中继器模式五种组网方式。无线局域网的主要部件是无线网卡、无线 AP、无线网桥、无线路由器以及天线和功率放大器等，如图 1.6 所示。

图 1.6　无线局域网产品实物图

（1）点对点模式 Ad hoc（Peer-to-Peer）　Ad hoc 网络是一种特殊的无线移动网络。网络中所有节点的地位平等，无须设置任何的中心控制节点。网络中的节点不仅具有普通移动终端所需要的功能，而且具有报文转发能力。点对点模式用于一台无线工作站和另一台或多台无线工作站的直接通信。该网络无法接入有线网络中，安全由各个客户端自行维护。点对点模式的组网如图 1.7 所示。

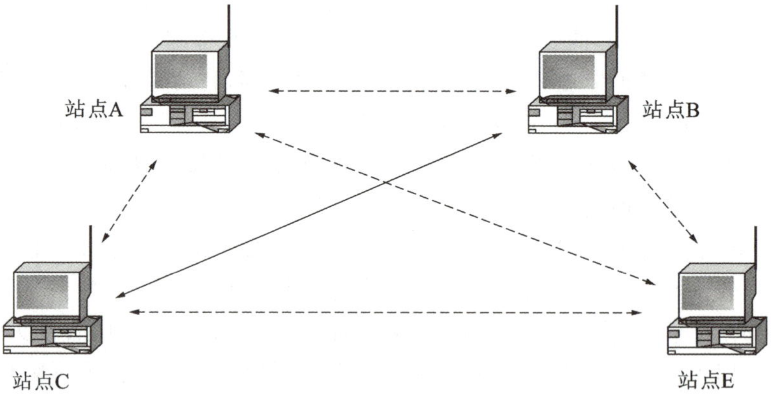

图 1.7　点对点模式的组网

（2）基础架构模式　这种方式以星形拓扑为基础，以访问 AP 为中心，所有的无线工作站通信要通过 AP 接转。AP 主要完成 MAC 控制及信道的分配等功能。AP 通常能够覆盖几十用户到几百用户，覆盖半径达百米。覆盖的区域称为基本服务区 BSS（Basic Service Set）。

由于 AP 有以太网接口，这样既能以 AP 为中心独立建一个无线局域网，当然也能将 AP 作为一个有线网的扩展部分，用于在无线工作站和有线网络之间接收、缓存和转发数据。由于对信道资源分配、MAC控制采用集中控制的方式，这样使得信道利用率大大提高，网络的吞吐性能优于分布式对等方式。基础架构模式的组网如图1.8所示。

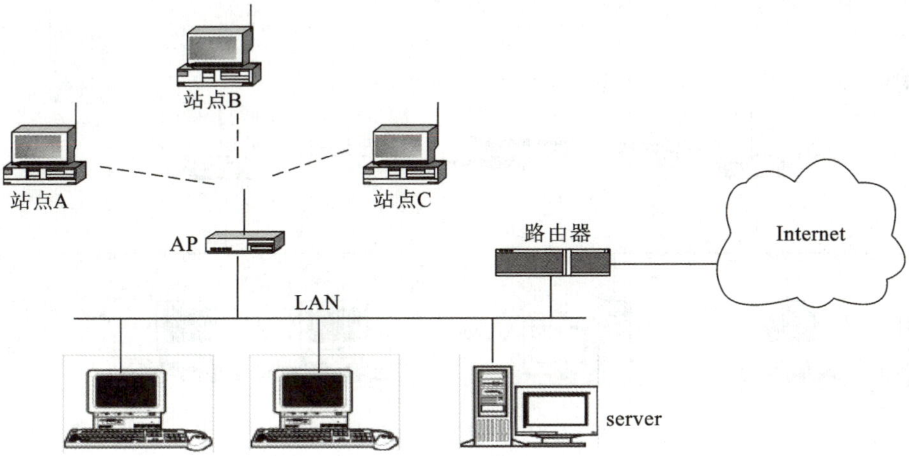

图1.8　基础架构模式的组网

(3) 多AP模式　它是指由多个AP以及连接它们的有线骨干LAN组成的基础架构模式网络，也称为扩展服务区ESS(Extend Service Set)。扩展服务区内的每个AP都是一个独立的无线网络基本服务区(BSS)，所有AP共享同一个扩展服务区标示符(ESSID)。相同ESSID的无线网络间可以漫游，不同ESSID的无线网络形成逻辑子网。多AP模式的组网如图1.9所示。

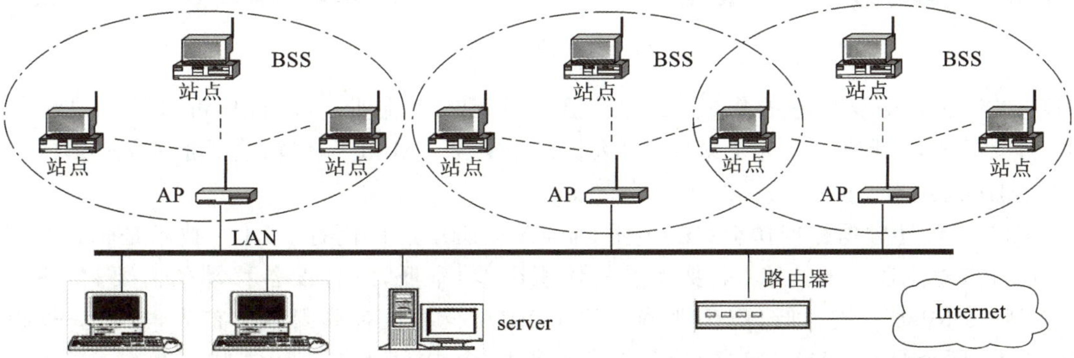

图1.9　多AP模式的组网

(4) 无线网桥模式　利用一对AP连接两个有线或者无线局域网网段。无线网桥模式的组网如图1.10所示。

(5) 无线中继器模式　无线中继器用来在通信路径的中间转发数据，从而延伸系统的覆盖范围。无线中继器模式的组网如图1.11所示。

应用5种不同的工作模式，可以灵活方便地组建各种无线网络结构以满足各种需求。

3. HomeRF

HomeRF是专门为家庭用户设计的一种无线局域网技术标准，利用调频扩频方式，既可以通过时分复用支持语音通信，又能通过CSMA/CA协议提供数据通信服务。HomeRF还提

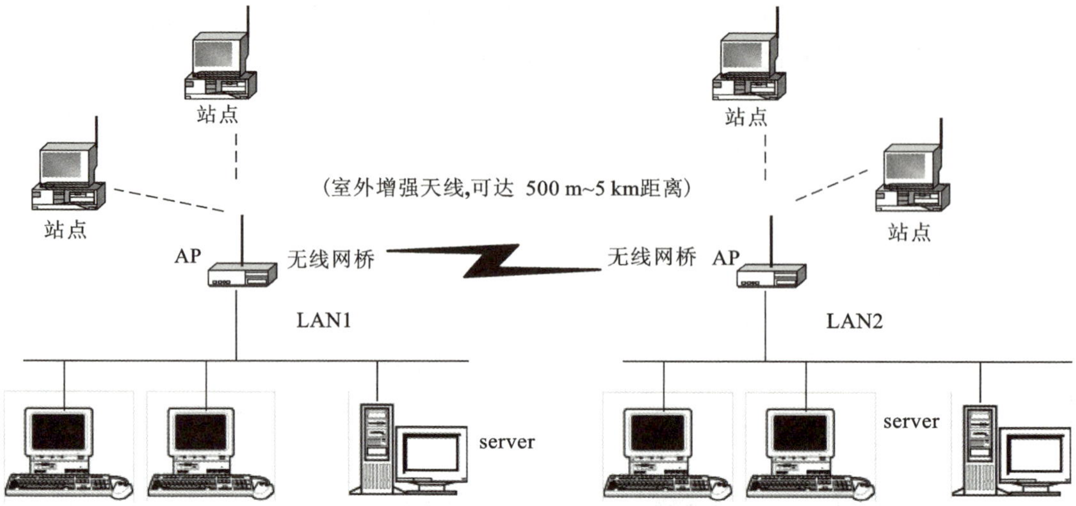

图 1.10　无线网桥模式的组网

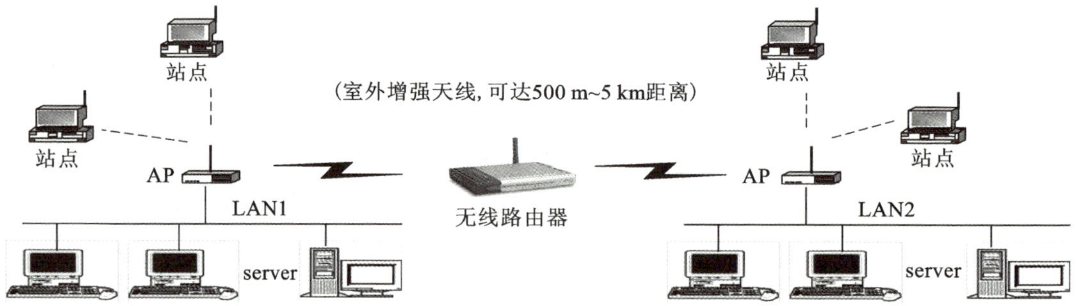

图 1.11　无线中继器模式的组网

供了与 TCP/IP 协议良好的集成,支持广播、组播和 IP 地址。目前,HomeRF 标准工作在 2.4 GHz 频段上,跳频带宽为 1 MHz,最大传输速率为 2 Mbit/s,传输范围超过 100 m。

4. IrDA 技术

IrDA 是红外数据标准协会(Infrared Data Association)的简称。IrDA 技术是一种利用红外线进行点对点通信的技术,主要优点是体积小、功率低,适合设备移动的需要;传输速率高,可达 16 Mbit/s;成本低,应用普遍。但是 IrDA 技术也有局限性。首先,它是一种视线传输技术,两个具有 IrDA 端口的设备在传输数据时,中间不能有阻挡物。其次,IrDA 设备使用红外线 LED 器件作为核心部件,不太耐用。如果经常用 IrDA 端口联网,可能不堪重负。

5. 蓝牙技术

蓝牙(Bluetooth)技术是一种近距离无线通信连接技术,用于各种固定与移动的数字化硬件设备之间的通信。蓝牙同样采用了跳频技术,但与其他工作在 2.4 GHz 频段上的系统相比,它跳频更快,数据包更短,比其他系统都更稳定。蓝牙技术理想的连接范围为0.1～10 m,但是通过增大发射功率可以将距离延长到 100 m。

蓝牙可以支持异步数据通道、多达 3 个的同时进行的同步语音通道,还可以用一个信道同时传送异步数据和同步语音。异步信道既可以支持一端最大速率为 721 Kbit/s 而另一端速率为 57.6 Kbit/s 的不对称连接，也可以支持两端速率均为 43.2 Kbit/s 的对称连接。

蓝牙技术面向的是移动设备间的小范围连接，本质上说，它是一种代替电缆的技术，可以应用于任何用无线方式替代线缆的场合，适合用在手机、掌上型计算机等简易数据传递中。

6. Zigbee 技术

Zigbee 是 IEEE802.15.4 协议的代名词，是一种新型的近距离、低复杂度、低功耗、低数据传输速率、低成本的无线网络技术。在蓝牙技术的使用过程中，人们发现蓝牙技术尽管有许多优点，但仍存在许多缺陷。对工业自动化、家庭自动化和遥测遥控领域而言，蓝牙技术显得太复杂、功耗大、距离近、组网规模太小等。而工业自动化对无线数据通信的需求越来越强烈。而且，对于工业现场，这种无线数据传输必须是高可靠的，并能抵抗工业现场的各种电磁干扰。因此，经过人们长期努力，Zigbee 协议在 2003 年正式问世。

Zigbee 作为一种经济、高效、低数据传输速率（<250 Kbit/s）、工作在 2.4 GHz 和 868/928 MHz 的无线技术，主要用于个人区域网和对等网络的近距离无线连接。它根据 IEEE 802.15.4 标准，通过在数千个微小的传感器之间相互协调来实现通信。这些传感器只需要很少的能量，以接力的方式通过无线电波将数据从一个传感器传到另一个传感器，所以通信效率非常高。

1.3　宽带接入技术

1.3.1　接入网和接入技术

接入网是用来将本地的用户端数据设备（通常是计算机）连接到公用电信网（PSTN、DDN、PSPDN、帧中继等）的传输线路。接入网类似于传统电话网的用户线路，如图 1.12 所示。

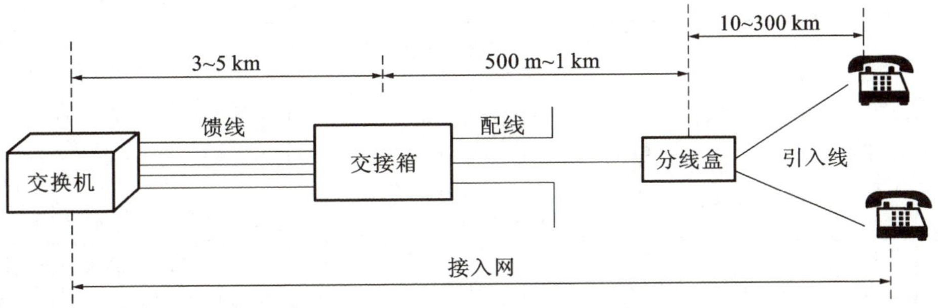

图 1.12　典型的电话用户接入网结构图

用户端数据设备只有接入公用电信网才能够与全球的用户进行信息传输交换，就好似一部电话机只有接入 PSTN 才可能与全球的电话用户通信，否则只能是局部范围的内部通话。

从计算机网络技术的角度看，接入网要解决的是网络间互联的一段传输介质（信道）问题。这里的互联，是全球范围内的互联，必须要借用公用数据传输网，而不是自行构建的专网，如图 1.13 所示。

从应用的角度看，接入网广义上是指将 LAN 或单台计算机连接到各种广域网的传输线路；狭义上是指将 LAN 或单台计算机连接到 Internet 的传输线路。

国际电联（ITU-T）定义接入网为（公用数据传输网的）本地交换机与用户端设备之间的实施系统。接入网可使用各种传输媒体（如金属对绞线、光纤、同轴电缆、无线系统等），可支持不

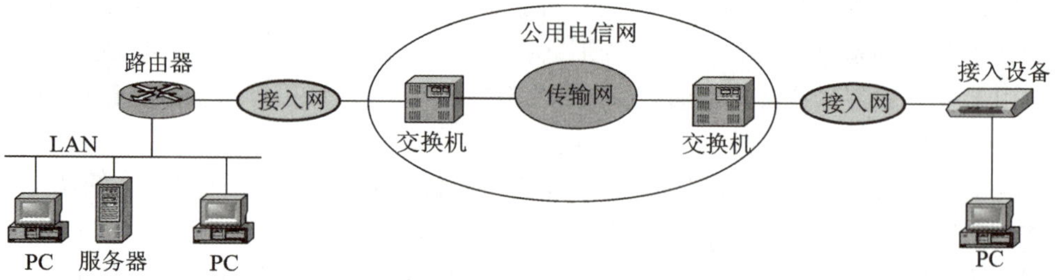

图 1.13　接入网是网络间互联的一段传输介质

同的接入类型和业务。

所谓接入技术，就是指各种接入网的构建技术，即宽带接入技术，如表 1.3 所示。

表 1.3　楼宇智能化工程常用的接入技术

连接类型	传输速率	使用价格	特性描述
PSTN	最高为 45 Kbps	最便宜	使用电话线通过 MODEM 拨号连接
ISDN	基本速率(BRI)为 128 Kbps;群速率(PRI)为 2Mbps	BRI 比 ADSL 贵，比帧中继便宜	使用电话线通过 ISDN 终端适配器拨号连接
ADSL	下行:1.544～8.448 Mbps 上行:640 Kbps～1.544 Mbps	便宜	使用电话线通过 ADSL MODEM 拨号连接
CE1	64 Kbps	较便宜	是 CE1 的单个信道。CE1，就是把 E1(2M)的传输分成了 30 个 64 K 的时隙，一般写成 N * 64
DDN	2.048 Mbps	是 ADSL 的 10～20 倍，比 ISDN 贵，比帧中继便宜	通过点对点连接提供高速数据、语音、音频、视频通信
帧中继	56 Kbps～44.736 Mbps	较贵	是 X.25 技术的变体和改良，是最流行的 WAN 技术之一
光纤	25.6 Mbps～2.46 Gbps	昂贵	高速传输语音和视频、图像等多媒体信息，是最完美的 WAN 技术
以太网接入	10 Mbps～10 Gbps	较贵	使用网络交换机，通过租用线路与 ISP 相连

1.3.2　宽带接入技术的类型

当前的网络技术飞速发展，电信公用数据传输网已经是光纤的高速网，核心网通道带宽达到 100 Gbit/s，节点交换机(或路由器)吞吐量达几十 Gbit/s。LAN 的带宽主干达到几十 Gbit/s，端点达到 100 Mbps/1000 Mbps。但是，接入网的带宽相比之下就低了，比如，计算机用 MODEM 上网，速率只有 56 Kbit/s。从业务需求来看，单一业务越来越少，语音、数据、图像等综合的多媒体业务需求在增长，因此，接入网已成为网络的瓶颈。宽带接入的目标就是克服这个瓶颈，实现用户接入网的数字化、宽带化，提高用户上网速度。宽带接入技术按介质不同可分为铜线接入技术(xDSL)、光纤接入技术(FTTx)、无线接入技术、光纤/同轴混合接入技术。

1.3.2.1　铜线接入技术

铜线接入技术，即数字用户线(Digital Subscriber Line，DSL)技术。它以普通电话线和3类/5类线等铜质双绞线作为传输介质。由于它采用了全新的数字调制解调技术，所以传输速率比采用音频调制技术电话拨号的方式快得多。DSL技术有一个庞大的家族，统称xDSL，主要有HDSL、SDSL、ADSL等，其技术特性如表1.4所示。这些方案都是通过一对调制解调器来实现的。其中一个调制解调器放置在电信局，另一个调制解调器放置在用户侧。它们主要的区别体现在信号传输速率和距离的不同以及上行速率和下行速率对称性的不同这两个方面。

表1.4　xDSL技术比较表

DSL类别	下行速率	上行速率	可用距离	应用范围	双绞线数量	语音数据分离器
HDSL	2 Mbps	2 Mbps	最大5 km，增加中继设备可达12 km	蜂窝通信，T1/E1连接	2	不需要
HDSL2	2 Mbps	2 Mbps	最大5 km	类似于HDSL，互联网接入，远程视频会议，网间连接	1	不需要
ADSL	最大8 Mbps	最大768 Kbps	最大3.6 km	互联网接入，远程视频会议，交互多媒体，视频点播，网间连接	1	需要
RADSL	最大8 Mbps	最大768 Kbps	最大6 km	互联网接入，远程视频会议，交互多媒体，视频点播，网间连接	1	需要
IDSL	2 Mbps	2 Mbps	最大5 km	互联网接入，远程视频会议，交互多媒体，视频点播，网间连接	1	需要
SDSL	最大768 Kbps	最大768 Kbps	最大4 km	互联网接入，远程视频会议，交互多媒体，视频点播，网间连接	1	需要
VDSL	13 Mbps，26 Mbps或52 Mbps	6 Mbps或13 Mbps	最大1.5km	互联网接入，远程视频会议，交互多媒体，视频点播，网间连接，HDTV高清晰电视传送	1	需要

1.3.2.2　光纤接入技术

光纤接入网(FTTx)是指在接入网中用光纤作为主要传输介质来实现信息传输的接入网，具有可用带宽、传输质量高、传输距离长、抗干扰能力强、网络可靠性高、节约管道资源等优点。光纤接入网从技术上可分为有源光网络(Active Optical Network，AON)和无源光网络

(Passive Optical Network,PON)两大类。FTTx 技术是光纤到 x 的简称,可以是 FTTB、FTTH、FTTC 等。除了 FTTH 外,其他方式都需通过铜芯线作接入转换,组成混合接入网络。

1. 有源光网络

有源光网络(AON)比无源光网络(PON)容易实现,AON 传输距离和容量均大于 PON,传输带宽易于扩展。图 1.14 所示就是用 AON 实现智能建筑计算机网高速接入的原理图。AON 的缺点是需要进行光电/电光转换,要使用专门的场地和机房,远端供电问题不易解决,日常维护工作量较大。AON 包括基于 ATM、SDH、PDH 和 LAN 的有源光网络。目前,AON 主要采用 SDH 环形网络结构和 ATM 技术,因而具有环形网络结构的自愈功能。ATM 信源在 SDH 环形网络中传输,其带宽由环形网络上所有节点共享。针对接入网中的用户数量多、带宽需求不确定等情况,AON 能够根据环形网络上各节点所需的业务质量级别(QoS)和需要传输的实际业务量,动态地按需分配带宽到各节点和各用户,所以 AON 既能够适应高 QoS 业务的传输,也能够适应突发性业务的传输。

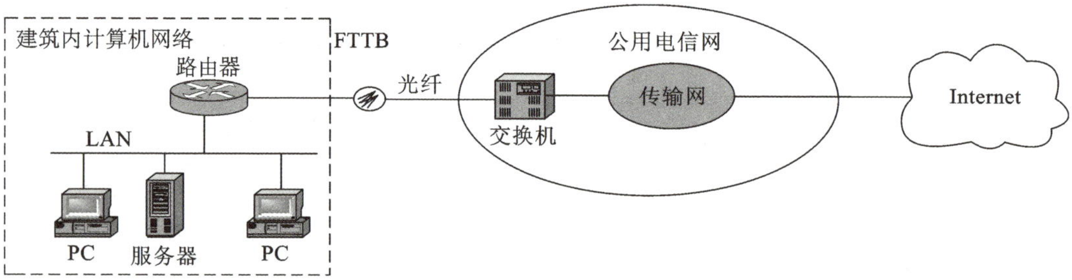

图 1.14 FTTB 智能建筑计算机网高速接入

2. 无源光网络

无源光网络(PON)不需要在外部站点安装有源电子设备,如图 1.15 所示。PON 是由局端 OLT(Optical Line Terminal,光线路终端)、用户端的 ONU/ONT(Optical Network Unit/Optical Network Terminal,光网络单元/光网络终端)、连接前两种设备的光纤和无源光分路器(Splitter)组成的 ODN(Optical Distrbution Network,光分配网络)以及网管系统组成。PON"无源"是指 ODN 全部由光分路器(Splitter)等无源器件组成,不含有任何电子器件及电

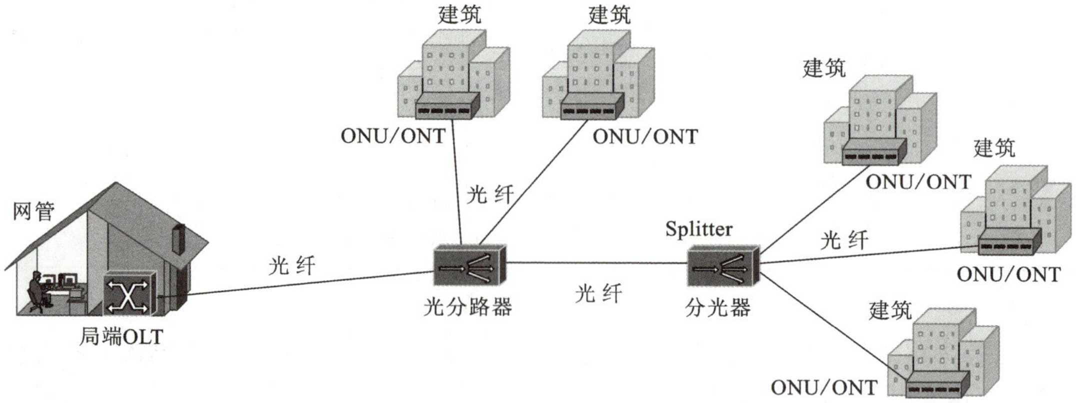

图 1.15 无源光网络(PON)的组成结构

源。PON 包括 ATM-PON(APON,即基于 ATM 的无源光网络)和 Ethernet-PON(EPON,即基于以太网的无源光网络)两种。

(1) EPON 以太网无源光网络

EPON 的结构如图 1.16 所示。局端 OLT 与用户 ONU/ONT 之间仅有光纤、光分路器等无源光元件,无须租用机房、无需有源设备维护人员,因此,可有效节省建设和运营维护成本。

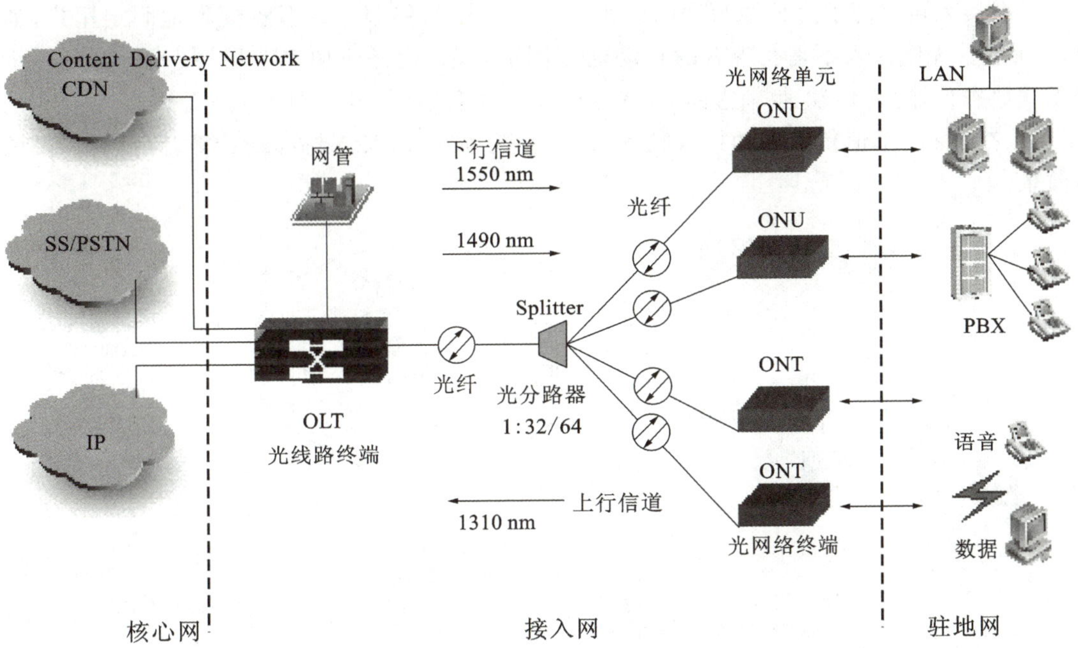

图 1.16　EPON 以太网无源光网络结构

EPON 采用单纤波分复用技术(下行 1490 nm、上行 1310 nm),仅需一根主干光纤和一个 OLT,传输距离可达 20 km。在 ONU 侧通过光分路器分送给最多 32 个用户,因此可大大降低成本压力。每个节点可提供 1～1000 Mbit/s 的接入带宽,真正实现"千兆到桌面"的宽带接入。

TDM 数据(语音业务)和 IP 数据采用 IEEE 802.3 以太网的格式进行传输,辅以电信级的网管系统,足以保证传输质量。通过扩展第三个波长(通常为 1550 nm)即可实现视频业务广播传输。

(2) GPON 千兆位无源光网络

GPON(Gigabit PON)是最新一代宽带无源光综合接入标准。对于其他的 PON 标准而言,GPON 标准提供了前所未有的高带宽,下行速率高达 2.5 Gbit/s,其非对称特性更能适应宽带数据业务市场。在 GPON 标准中,明确规定需要支持的业务类型包括数据业务(Ethernet 业务,包括 IP 业务和 MPEG 视频流)、PSTN 业务(POTS、ISDN 业务)、专用线(TI、E1、DS3、E3 和 ATM 业务)和视频业务(数字视频)。GPON 中的多业务映射到 ATM 信元或 GEM 帧中进行传送,对各种业务类型都能提供相应的 QoS 保证。

光纤接入是接入网的发展方向。当前应用中,FTTB 已经成为智能建筑计算机网高速接入的主流。FTTH 是家庭用户网今后发展的必然方向。

1.3.2.3　无线接入技术

只要在交换节点到用户终端部分或全部采用了无线传输方式，就称为无线接入。它有两种应用方式：固定无线接入方式和移动无线接入方式。固定无线接入方式：固定用户以无线的方式接入固定电信网的交换机，又称为无线本地环路 WLL。移动无线接入方式：移动用户以无线的方式接入固定电信网的交换机。

无线接入可以理解为公用数据网应用 WLAN 技术，将服务区覆盖到本地固定用户，如图 1.17 所示。无线接入不是在现有的移动通信网平台上，而是应用 WLAN 技术。构建一个高速无线数据传输网，传输速率达到 54 Mbit/s，将来会达到 300 Mbit/s。无线接入技术是继 FTTH 之后又一个值得期待的接入技术，由于它无须布线，又支持移动计算，因此有广阔的应用前景。

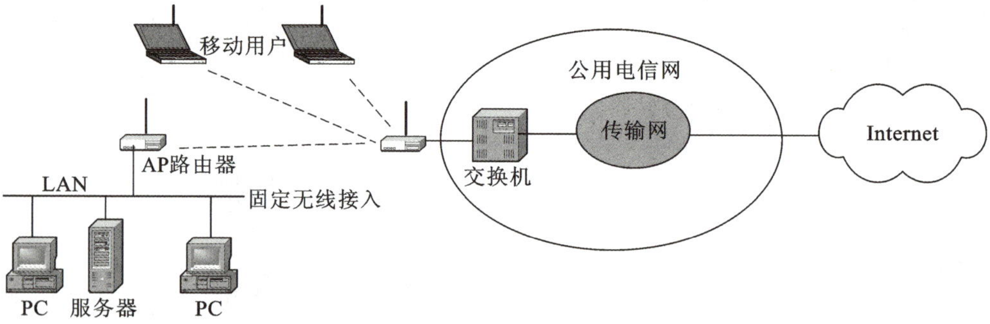

图 1.17　无线网高速接入

1.3.2.4　光纤/同轴混合接入技术

光纤/同轴混合接入网，采用光纤到服务区，“最后一公里”采用同轴电缆。有线电视就是最典型的光纤/同轴混合接入网，它比较合理地利用了当前的先进成熟技术，提供较高质量和较多频道的传统模拟广播电视节目。光纤/同轴混合接入网主要由模拟前端、数字前端、光纤传输网络、同轴电缆传输网络、光节点、网络接入单元和用户终端设备等组成。

前端设备 CMTS 采用 10 Base-T、100 Base-T 等接口通过交换型 HUB 与外界设备相连，通过路由器与 Internet 连接，或者可以直接连接到本地服务器，享受本地业务。Cable Modem 是用户端设备，放在用户家中，通过 10 Base-T、100 Base-T 接口与用户计算机相连。

光纤/同轴混合接入网的主要优点是基于现有的有线电视网络，提供窄带、宽带及数字视频业务，成本较低，将来可方便地升级到光纤到户(FTTH)。但缺点是必须对现有有线电视网进行双向改造，以提供双向业务传送。

1.3.3　以太网接入

以太网接入是指将以太网技术与综合布线相结合，作为公用电信网的接入网，直接向用户提供基于 IP 的多种业务的传送通道。以太网技术的实质是一种两层的媒质访问控制技术，既可以在五类线上传送，也可以与其他接入媒质相结合，形成多种宽带接入技术。以太网与电话铜缆上的 VDSL 相结合，形成 EoVDSL 技术；与无源光网络相结合，产生 EPON 技术；在无线环境中，发展为 WLAN 技术。

1.4　建筑内的 Intranet

1.4.1　Internet 网络技术

1.4.1.1　Internet 的概念

从网络的角度，Internet 就是一个分布式的全球性计算机网络。这个网络的互联基础就是 TCP/IP，各子网有唯一一个地址(IP 地址)，相互之间通过路由器连接，数据的传输和交换都是在 IP 数据包中遵守 TCP 协议来进行的，如图 1.18 所示。

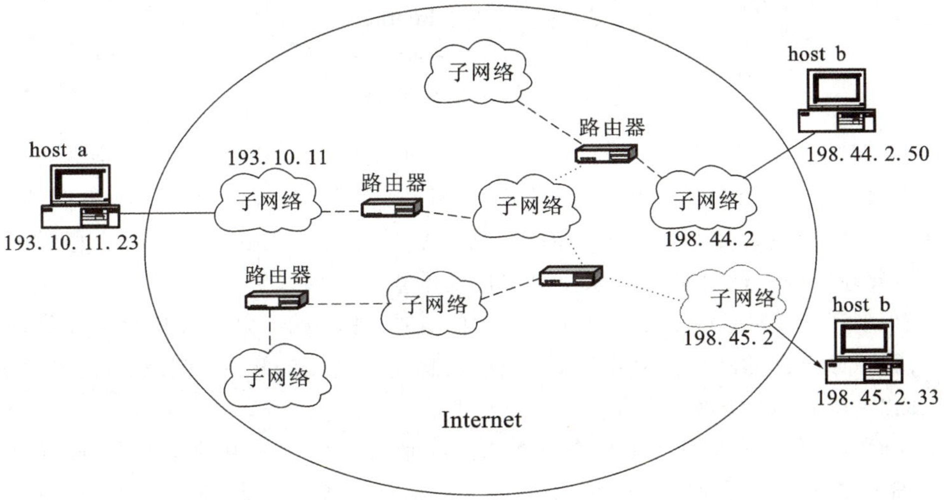

图 1.18　Internet 是一个分布式的全球性计算机网络

图 1.18 所示的 host a 可能是中国某大学的一台计算机，host b 可能是美国某大学的一台计算机，它们都接入 Internet，相互之间就可以进行数据通信。如果仅此而已，则 Internet 好似国际电话网，host a 和 host b 好似两部电话机。Internet 可以为两台计算机提供通信信道。实际上，Internet 的作用远不止这些，它不仅为两台计算机提供了通信信道，而且开创了所谓的“信息服务”时代。

所以，在理解 Internet 的时候，必须要换个角度。从 Internet 的信息服务功能角度看，它是一个信息系统及平台：Internet 是由许许多多提供各类服务的主机(服务器)所组成的集合。用户向它们提出请求(访问)，它们就会响应请求并提供服务，这一切对用户而言是透明的，如图 1.19 所示。

所谓透明，是指用户在向某个主机提出服务请求时，并不关心该主机在何地、是如何连接到 Internet 的、其硬件是什么、运行何种操作系统等，只需要知道该主机的 IP 地址(或域名)。

Internet 采用 C/S 和 B/S 方式来提供信息服务，向所有用户提供标准的请求响应。只要你的主机愿意提供某种服务，在遵守这一规则的前提下，就可以融入 Internet 的信息系统中。所以，Internet 也是为所有用户提供信息服务的一个平台。

Internet 所提供的信息服务绝大部分是免费的，只要支付一定数额的通信费用，用户就可以获得巨大的信息。这是 Internet 成功的根本保证。

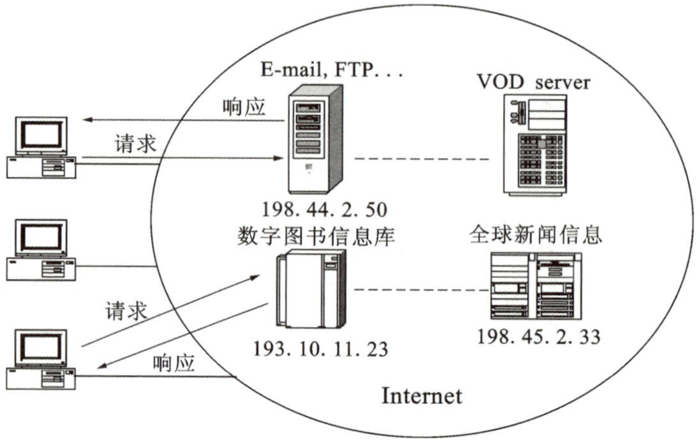

图 1.19 Internet 是信息系统及平台

Internet 是由分散在世界各国的大量网络互联而成的网络集合，这些网络的规模各异，在各国的国家级网络中，有各部门的专业网络、校园网、企业网等，它们归属于不同的组织和部门，由各单位和部门负责使用和管理。因此，从严格意义上讲，Internet 是一个松散的大集体，没有统一的管理机构。这也是 Internet 取得成功的重要原因。

经过 20 多年的发展，Internet 获得了巨大的成功。Internet 是目前世界上规模最大、用户数量最多、资源最丰富的网络互联系统，是全球信息高速公路的雏形和未来信息社会的蓝图。

1.4.1.2 Internet 提供的主要服务

Internet 的资源涉及人们从事的各个领域、行业以及社会公共服务等方面，包括自然科学、社会科学、技术科学、农业、气象等。Internet 的信息资源是分布在整个网络中的，既没有统一的组织和管理，也没有统一的目录。但对于用户来说，Internet 提供了以下一些基本信息服务：文件传输服务(FTP)、电子邮件服务(E-mail)、远程登录服务、网上浏览服务、搜索引擎服务等。

实际上，Internet 提供的服务远远不止这些，还有诸如网上聊天、网上寻呼、网上会议、网上购物、网上教学和娱乐等功能。而且随着 Internet 的飞速发展，每天都在诞生新的服务。

1.4.2 Intranet 网络技术

1.4.2.1 Intranet 的概念与模型

Intranet 又称为企业内部网，是 Internet 技术在企业 LAN 或 WAN 上的应用。它的基本思路是：在内部网络上采用 TCP/IP 作为通信协议，利用 Internet 的 Web 模型作为标准平台，同时建立防火墙把内部网和 Internet 隔开。当然，Intranet 并非一定要和 Internet 连接在一起，它完全可以作为一个独立的网络自成一体。

Intranet 基于 Internet 的 Web 模型，被称为 B/S 模型(Browser/Server，浏览器/服务器模型)。Web 平台是一种先进的计算机平台。Web 的 B/S 计算模式是一种三层结构的 C/S 计算，它把传统的 C/S 模型中的服务器分解为一个应用服务器(Web 服务器)和一个或多个数据服务器。在服务器端集中了所有应用逻辑。所有的开发与维护工作都可集中在服务器端。在客户机上通过浏览器从 Web 服务器上获取信息。

1.4.2.2 Intranet 的系统结构

Intranet 的一般系统结构如图 1.20 所示。如果 Intranet 只是一个单纯的企业 LAN,它不需要和 Internet 连接起来。建立 Intranet 相对简单,只需配置 Intranet 服务器,并在工作站上安装 Intranet 客户端软件即可。如果 Intranet 需要和 Internet 连接,为了保证 Intranet 的安全,需要在 Intranet 内部数据区与外部 Internet 之间构筑一道防火墙,Intranet 主机可以拥有 IP 地址以便于外部 Internet 访问。和 Internet 相连的 Intranet 一般都有一个 Internet 服务器作为公共 Web 服务器和 E-mail 服务器。Web 服务器可以作为企业 Intranet 对外发布信息的窗口,允许任何 Internet 用户自由地访问。Intranet 服务器包括一个内部 Web 服务器和一个或多个数据库服务器。

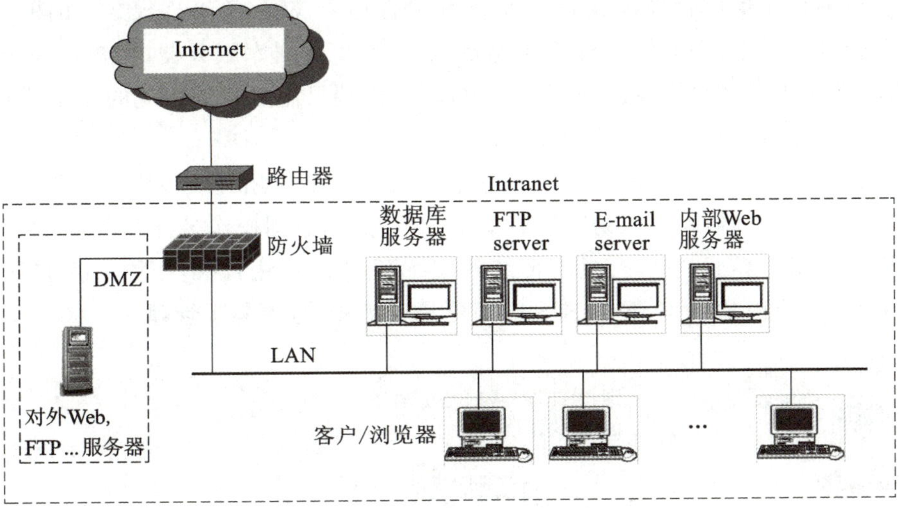

图 1.20 Intranet 的一般系统结构

1.4.2.3 Intranet 的特点

与过去的企业网相比较,Intranet 虽然还是企业内部的局域网(或多个局域网局部相连的园区网),但它与传统局域网 C/S 应用模式有所不同,是以 Internet 协议和 Web 技术为基础,支持 B/S 应用模式的局域网。

Intranet 归企业的内部使用,因此对用户有严格的权限控制,并设置防火墙等安全机制。外部用户只能访问企业的 Web 站点,未经授权无法进入 Intranet 获取企业其他内部资源。

采用 TCP/IP 作为网络的 Intranet 传输协议。基于 TCP/IP 协议,它可以跨越当前几乎所有的平台。任何平台上只要安装一个浏览器,就可以访问 Web 服务器。用 HTML、JAVA 开发的应用系统,可以简单地移植到任何平台上,克服了传统企业的网络因平台的不同,已开发的应用系统必须改变的缺点。

1.4.3 Web 服务器

Web 是传送文档(包括文件、图形,甚至是语音和视频图像)给远程访问者的平台。Web 采用的是 B/S 模式进行信息的传输:客户端 Web 浏览器通过 HTTP 协议将特定的 URL (Uniform Resource Location,统一资源定位符)发送到 Web 服务器来请求页面,Web 服务器使用 URL 中的信息来定位和返回页面内容。与传统的 C/S 模式不同的是,这里的 Web 服务器不需要保留与客户端浏览器连接的信息。当客户通过 HTTP 协议连接到 Web 服务器并提出文档请求时,Web 服务器响应请求,将文档提交给客户后便立即关闭连接。

Web 服务器中除提供它自身的独特信息服务外,还“指引”着存放在其他服务器上的信息,而那些服务器又“指引”着更多的服务器。这样,全球范围的信息服务器相互指引,从而形成信息网络。

作为 Web 服务器,它应能支持和响应多种请求。从 Web 服务器返回的页面可以是三种类型:静态的 HTML 页面、动态的 HTML 页面或目录列表页面。

1. 基于 Web 的信息管理模式

当前流行的企业信息管理模式是一种分布式的基于 Web 的管理模式,如图 1.21 所示。在这种信息管理模式下,企业中可有多台 Web 服务器和数据库服务器,用户可在浏览器上通过 Web 服务器实现对各数据库的访问。其中,客户机端只需要安装相应的浏览器软件;Web 服务器上需要开发对各数据库的访问接口。

与传统的 C/S 方案相比,基于 Web 的信息系统可以给应用开发者带来以下好处:用户只需在一种界面上(浏览器)就可以访问所有类型的信息,而不用操作多种多样的、经常互不相容的传统应用和数据库界面。同时,具有传统的 C/S 系统的可用性和灵活性,用户访问权利和限制的集中管理,使得基于 Web 的 B/S 应用更易于扩充,也更易于管理。

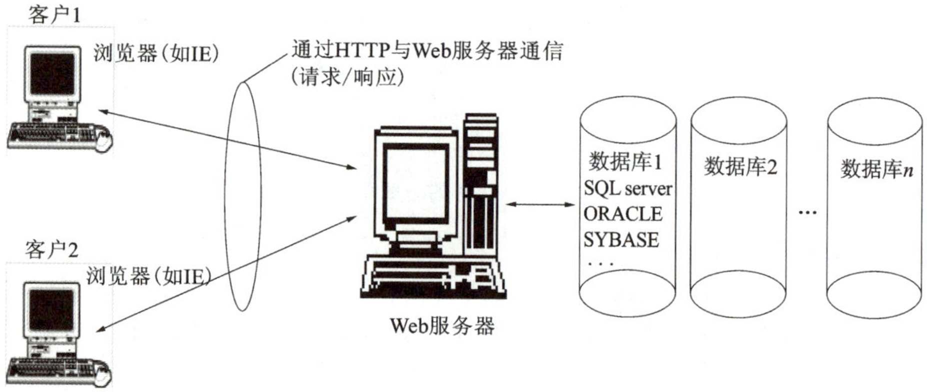

图 1.21 基于 Web 的管理模式

2. 组建 Web Server 平台

虽然从客户端的浏览器来看,所有的 Web Server 都是透明的,但是 Web Server 平台实际上是有多种构建方案和选择的。B/S 方式将开发工作全部转移到 Web Server 端,因此,在组建 Web Server 平台时就应考虑环境及工具。

任何 Web Server 都是运行在网络操作系统上的,如图 1.22 所示。实际上 Web Server 就是网络操作系统的一个应用。类似的还有数据库服务等。

目前,网络操作系统可分为两大类:Unix 系统和 Windows 系统。对应这两大类操作系统,Web 的开发平台架构分别是 J2EE 和 ASP。

(1) ASP 开发平台　ASP(Active Server Pages)是 Windows 系统上开发的 Web 应用的

主流技术。ASP是一种开放式的非编译应用环境,能够组合HTML、Scrpits和可重用的ActiveX服务器组件来建立动态的、强大的基于Web的数据库应用。IIS是Microsoft公司的Web服务器,包含了对ASP、JSP和PHP的支持。ADO是一种能够让用户采用SQL语言与数据库进行交互的编程模型。Windows系统上ASP开发平台如图1.23所示。

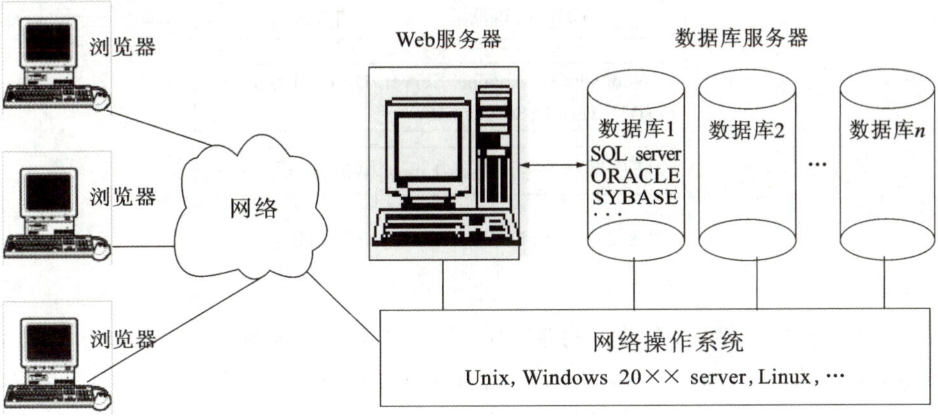

图1.22 Web Server建在网络操作系统之上

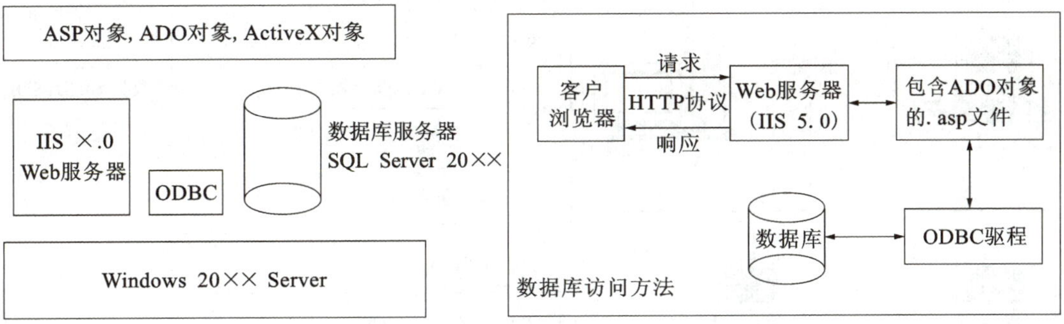

图1.23 Windows系统上ASP开发平台

(2) J2EE开发平台 J2EE是建立在Java 2平台上的企业级应用的解决方案。Java本身的跨平台性,使得J2EE有很多优点。例如"编写一次、随处运行"的特性,方便存取数据库的JDBC API、CORBA技术,以及能够在Internet应用中保护数据的安全模式等,同时还提供了对EJB、Java Servlets、API、JSP以及XML技术的全面支持。其最终目标是成为一个支持企业级应用开发的体系结构,简化企业解决方案的开发、部署和管理等复杂问题。J2EE Web Services开发模型如图1.24所示。

1.4.4 建立楼宇内的Intranet网

建立智能楼宇内的Intranet网,实质上就是在智能楼宇内的计算机局域网络环境下构建B/S方式的运行和开发平台。在实现Intranet方案时,要考虑到系统的可靠性、安全性和扩展性。客户端的方案首选是Windows+IE,也可以采用Linux+Netscape。对Web服务器端,目前的技术提供了多个可选方案,但是,根据所采用的主机操作系统大致可分为三类:低端的Linux架构、性价比优良的Windows 20×× Server架构和高端的Unix架构。

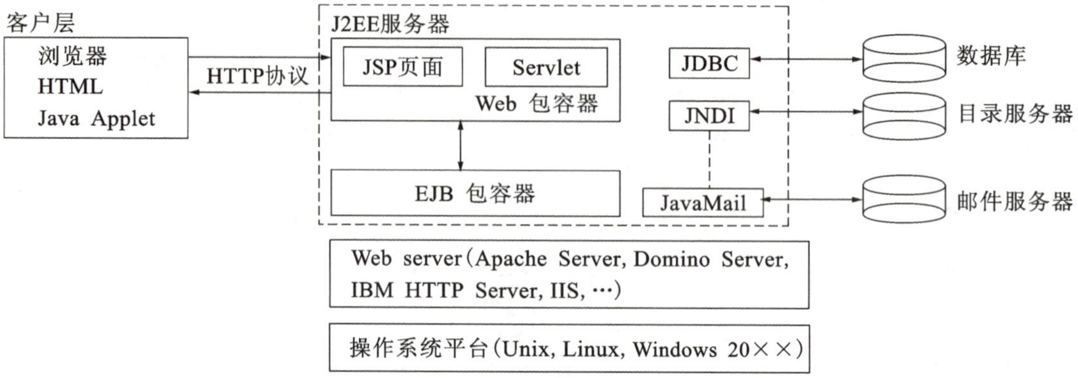

图 1.24 J2EE Web Services 开发模型

1. Linux 架构

Linux 是免费的操作系统，在其上构建 Web 服务器平台是廉价的解决方案。在 Linux 系统下，Apache 是最好的、最普及的 Web 服务器，后台数据库可根据实际情况选择 Oracle、Sybase 等。图 1.25 所示是一种 Linux 架构方案：Linux＋Apache＋Tomcat＋MySQL，支持 JSP 技术。

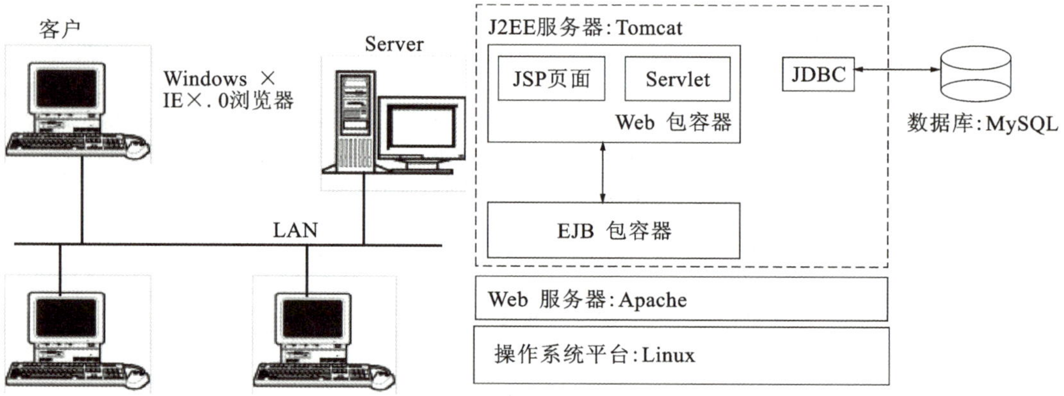

图 1.25 一种 Linux 架构方案：Linux＋Apache＋Tomcat＋MySQL

Apache 和 Tomcat 都可以作为独立的 Web 服务器来使用。Apache 功能强大、高效，但并不能支持 JSP 及 Servlet。Tomcat 能支持 JSP，但是当处理静态页面时，它不如 Apache 迅速，又不如 Apache 强大。基于以上原因，使用一个 Apache 作为 Web 服务器，为网站的静态页面请求提供服务。使用 Tomcat 服务器作为一个 Servlet/JSP 插件，显示网站的动态页面。Apache＋Tomcat 结构具有更好的可扩展性和安全性。

2. Windows 20×× Server 架构

这是当前应用得最广泛的 Intranet 方案架构：Windows 20×× Server＋IIS×.0＋SQL Server 20××＋ASP，如图 1.26 所示。实际上，Windows 20×× Server 已经将一整套 Web 服务器应用集成到操作系统中，其中就包括服务功能强大的 Web 服务器之一 IIS(Internet Information Server)。IIS 也是唯一支持 ASP 的 Web 服务器。

3. Unix 架构

对于大型企业而言，选用 Unix 系统构建 Intranet 更为合适。Unix 本身具备丰富的网络

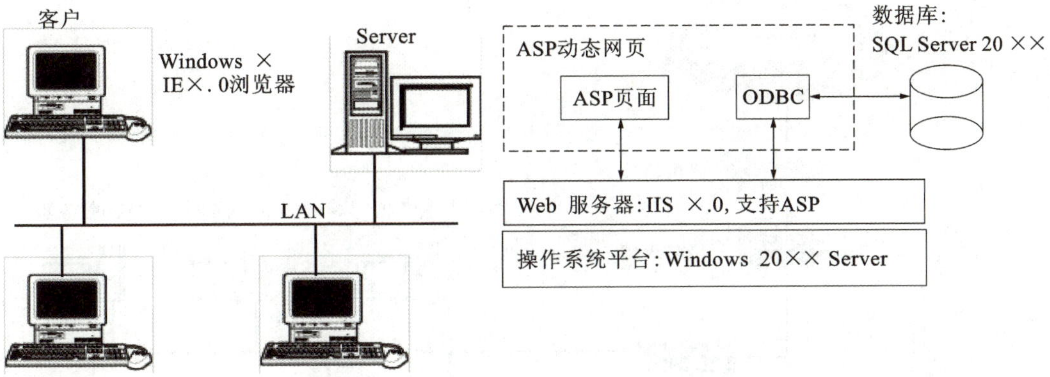

图 1.26　Windows 20×× Server 架构

功能,易于配置成为企业内部的 Web 服务器,利用客户端的浏览器软件就可实现万维网的各项功能;同时,Unix 良好的稳定性和安全性对企业网也是至关重要的。

Apache 仍然是 Unix 系统下最好的 Web 服务器之一,对于支持 J2EE 的 Web 服务器,大型的企业级网站可采用 IBM WebSphere Application Server 等作为 Web 服务器。图 1.27 所示是 Unix 架构的一种方案:Unix+Apache+WebSphere +J2SDK+Oracle。

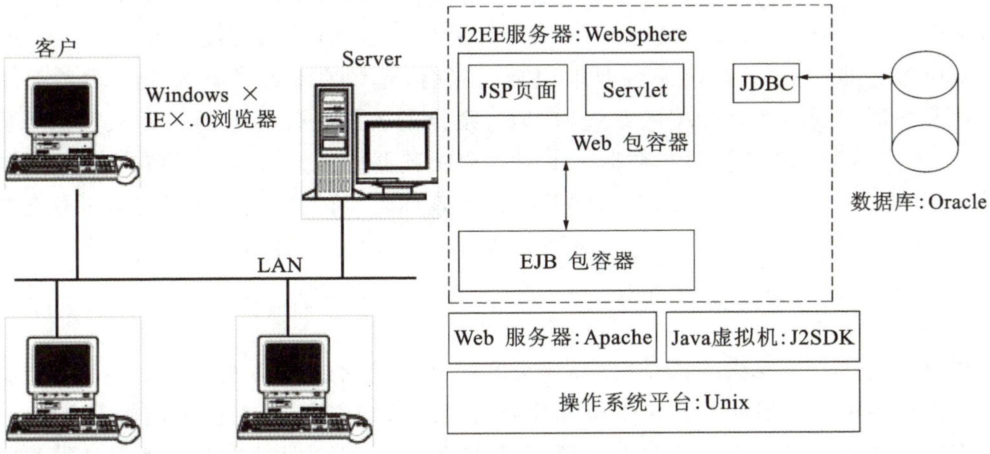

图 1.27　Unix 架构

4. Internet/Intranet 的互联

图 1.28 所示是一个 Internet/Intranet 的互联方案。Intranet 到 Internet 的连接之间应设置防火墙进行安全控制。同时,根据不同服务器的安全级别不同,把它们安装在不同的位置。对外开放的 Web 服务器和 DNS/E-mail 服务器安装在 DMZ 区(防火墙的中立区),网管工作站等安装在网络内部。所有对数据库的访问都必须经过二级防火墙,确保数据库服务器的安全。使用一台路由器通过宽带接入 Internet。

一级防火墙是隔离 Internet 与 Intranet 的第一道屏障。

DMZ 称为"隔离区",也称"非军事化区"。它是为了解决安装防火墙后外部网络不能访问内部网络服务器的问题而设立的一个非安全系统与安全系统之间的缓冲区。这个缓冲区位于企业内部网络和外部网络之间的小网络区域内。一方面,在这个小网络区域内,可以放置一些

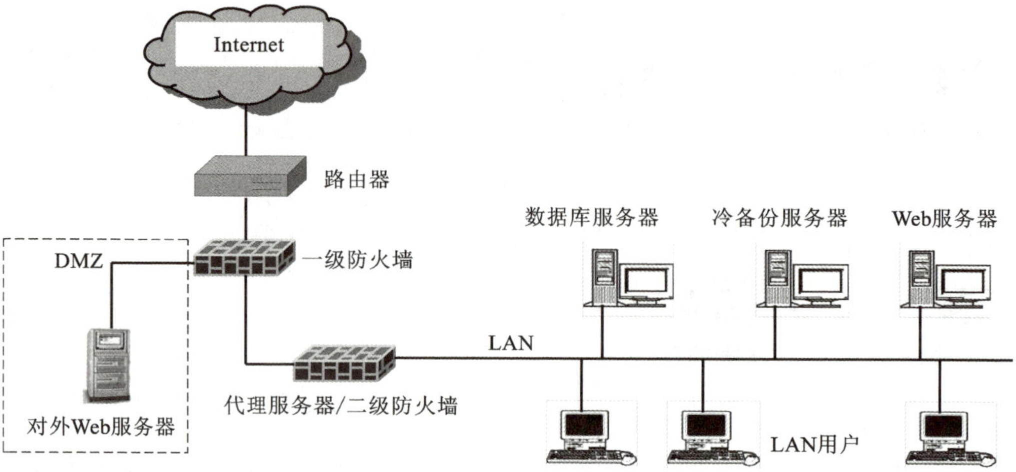

图 1.28　Internet/Intranet 的互联方案

必须公开的服务器设施，如企业 Web 服务器、FTP 服务器和论坛等。另一方面，通过这样一个 DMZ 区域，更加有效地保护了内部网络，因为这种网络部署比起一般的防火墙方案，对攻击者来说又多了一道关卡。

二级防火墙是网络的第二道安全防线，在一级防火墙被攻破时，它还可以保护中心数据库的安全不受影响。而 Intranet 内部对于 Internet 的访问由代理服务器控制。

冷备份服务器：对于系统可靠性要求很高的场合，建议在系统中再配置一台冷备份服务器。这台服务器中同时存有数据库系统和 Web 系统的备份。此服务器定期从数据库服务器和 Web 服务器上备份新的资料和数据。平时这台服务器处于关机状态，使它完全没有被攻击的可能。当第二道防火墙被攻破，数据库系统也被破坏时，可以用这台服务器及时恢复数据库服务器和 Web 服务器中的内容。冷备份服务器是本系统最后的保障。

1.4.5　网络的安全技术

一个安全的计算机网络应该具有可靠性、可用性、完整性、保密性和真实性等特点。计算机网络不仅要保护计算机网络设备安全和计算机网络系统安全，还要保护数据安全等。因此，针对计算机网络本身可能存在的安全问题，必须实施网络安全保护方案以确保计算机网络自身的安全性。

1. 网络安全隐患

计算机网络面临的安全威胁大体上可分为两种：一是对网络本身的威胁，包括对网络设备和网络软件系统平台的威胁；二是对网络中信息的威胁，除了包括对网络中数据的威胁外，还包括对处理这些数据的信息系统及应用软件的威胁。对网络安全的威胁主要来自人为的管理失误、恶意攻击、网络软件系统的漏洞和“后门”。

(1) 技术性缺陷导致的安全隐患　计算机网络中总会存在一些安全缺陷，如路由器配置错误、保留匿名 FTP 服务、开放的 Telet 访问及口令文件缺乏安全保护等。技术性的网络安全隐患主要表现在三个方面：第一是以传统宏病毒、蠕虫等为代表的入侵性病毒传播；第二是以间谍软件、广告软件、网络钓鱼软件、木马程序为代表的恶意代码威胁；第三是以黑客为首的有目标的随意攻击为代表的网络侵害。

(2) 安全管理漏洞导致的安全隐患　除技术性缺陷外,发生得最频繁的网络安全威胁实际上来自安全管理漏洞。只有把安全管理制度与安全管理技术手段相结合,整个网络系统的安全性才有保证。

网络攻击经常能够得逞主要有以下几方面的原因:一是由于现有的网络系统具有内在的安全脆弱性;二是由于管理者思想麻痹,对网络入侵造成的严重后果不够重视,不舍得投入必要的人力、财力、物力来加强网络的安全;三是没有采取正确的安全策略和安全机制。

2. 网络安全应对的方法

网络的安全策略,应是能全方位地针对各种不同的威胁和脆弱性提出的解决方案,这样才能确保网络和信息的机密性、完整性、可用性、可控性和不可否认性。计算机网络的安全策略可以分为物理安全策略、访问控制策略、攻击防范策略、加密认证策略和安全管理策略等。

(1) 物理安全策略　物理安全策略的目的是保护计算机网络通信系统和网络服务器等硬件的基础设施免受自然灾害、人为破坏和搭线攻击,确保网络系统有一个良好的工作环境。抑制和防止电磁泄漏是物理安全策略要解决的一个主要问题。

(2) 访问控制策略　访问控制策略是网络安全和保护的核心策略之一,其任务是保证网络资源不被非法使用和非法访问。访问控制策略包括入网访问控制策略、操作权限控制策略、目录安全控制策略、属性安全控制策略、网络服务器安全控制策略、网络监测和锁定控制策略,以及防火墙控制策略。

(3) 攻击防范策略　攻击防范策略是为了对来自外部网络的攻击进行积极的防御。积极防御有两种情况:及时发现外部对网络的攻击并且进行抵御;努力寻找网络自身的安全漏洞进行弥补。

(4) 加密认证策略　信息加密是网络安全的有效策略之一。一个加密的网络不但可防止非授权用户的搭线窃听和入网,而且也是对付恶意软件的有效方法之一。网络加密常用的方法有链路加密、端到端加密和节点加密三种。链路加密的目的是保护链路两端网络设备间的通信安全;端到端加密的目的是对源端用户到目的端用户的应用系统通信提供保护;节点加密的目的是对源节点计算机到目的节点计算机之间的信息传输提供保护。用户可以根据需要酌情选择上述加密方式。

(5) 安全管理策略　在网络安全中,除了诸如访问控制、攻击防范、加密认证等技术措施之外,加强网络的安全管理,制定有关规章制度,对于确保网络安全、可靠地运行将起到十分有效的作用。

从安全技术保障手段上来讲,应当采用先进的网络技术、工具、手段和产品,同时采取先进的备份手段。这样,一旦防护手段失效,可以迅速进行系统和数据的恢复。

3. 防火墙技术

防火墙技术是建立在现代通信网络技术和信息安全技术基础上的一种安全技术,用于抵御黑客对计算机网络的侵扰,常用于专用网络与公用网络的互联环境之中。以防火墙为代表的被动防卫型安全保障技术已被证明是一种较有效的、防止外部侵入的措施。

防火墙就是一个或一组网络设备(计算机或路由器等),用来在两个或多个网络间加强互相间的访问控制,以达到保护内部网络、防备外部网络的目的。防火墙的职责就是根据本单元的安全策略，对外部网络与内部网络交流的数据进行检查，符合的通过，不符合的拒绝；拒绝未授权的用户访问，同时允许合法用户不受妨碍地访问网络资源。防火墙能够抵御黑客对计算机网络的侵扰，如图 1.29 所示。

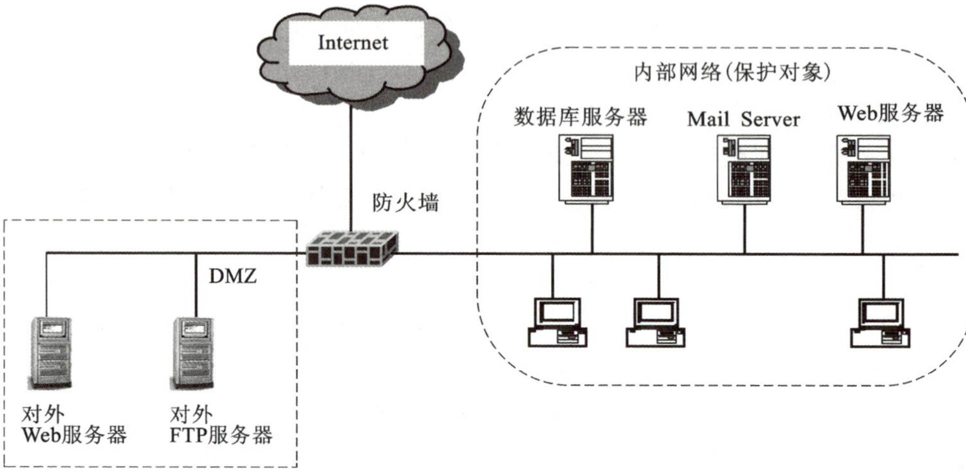

图 1.29　防火墙的作用

从防火墙工作原理划分，目前的防火墙主要有三种类型，包括过滤防火墙、代理防火墙、双穴主机防火墙。根据防火墙的物理特性，分为硬件防火墙和软件防火墙两大类。软件防火墙是一种安装在负责内外网络转换的网关服务器或者独立的个人计算机上的特殊程序；而硬件防火墙是一种以物理形式存在的专用设备，通常架设于两个网络的驳接处，直接从网络设备上检查过滤有害的数据报文。

1.4.6　网络管理

网络管理就是对网络进行规划、配置、监视及控制，以便更好地利用网络资源，确保网络高效、可靠和安全地运行。其实现的管理功能为故障管理、性能管理、配置管理、安全管理和计费管理。网络管理的通俗理解，就是对网络的设备运行进行监控。但是，网络设备能否被监控还要看它是否提供管理接口，是否内嵌有符合国际标准的代理(AGENT)程序。目前，主要有两个网络管理协议：SNMP 和 CMIP。SNMP 是基于 TCP/IP 的，几乎所有路由器和交换机厂家都提供了基于 SNMP 的网络管理功能。

1. SNMP 协议

SNMP(Simple Network Management Protocol，简单网络管理协议)是由一系列协议组和规范组组成的，它包含 4 个组成部分。

(1) SNMP NMS　SNMP 管理站，利用 SNMP 协议对网络设备进行管理和监控的系统。

(2) SNMP Agent　SNMP 代理是运行在被管理设备上的软件模块，用于维护被管理设备的信息数据(即 MIB)，还负责接收、处理、响应来自 NMS 的请求报文，也可以主动发送一些通知报文给 NMS。

(3) SNMP 协议　规定 NMS 和 Agent 之间是如何交换管理信息的应用层协议，以 GET、SET 方式替代了复杂的命令集，适应网管需求。

(4) MIB管理信息库　每个Agent都有自己的MIB库。MIB是一种对象数据库，由设备所维护的被管理对象组成。它们提供了一种从网络上的设备中收集网络信息的方法。从被管理设备中收集数据有两种方法：一种是轮询方法；另一种是基于中断的方法。

SNMP使用嵌入网络设备中的代理(Agent)软件来收集网络的通信信息和有关网络设备的统计数据。代理软件不断地收集统计数据，并把这些数据记录到一个MIB中。网管中心通过向代理的MIB发出查询信号可以得到这些信息，这个过程就叫轮询，如图1.30所示。网络管理员可以使用SNMP来评价网络的运行状况，并揭示出通信的趋势，如哪一个网段接近通信负载的最大能力或通信出错等。

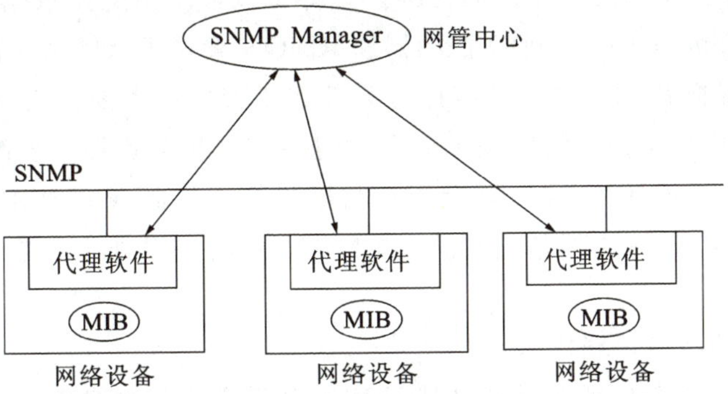

图1.30　SNMP网络管理工作方式

轮询方法的缺陷在于信息的实时性，尤其是错误的实时性，因为不合适的轮询间隔和顺序将影响轮询的结果。与之相比，当有异常事件发生时，基于中断的方法可以立即通知网络管理工作站。其优点在于实时性很强，缺点在于产生错误或自陷需要系统资源，从而影响网管功能。

面向自陷的轮询方法是上述两种方法的结合：网络管理工作站轮询在被管理设备中的代理来收集数据，并且在控制台上用数字或图形的表示方法来显示这些数据。被管理设备中的代理可以在任何时候向网络管理工作站报告错误情况，而无须等到管理工作站为获得这些错误情况而轮询它的时候才会报告。

2. CMIP协议

CMIP(the Common Management Information Protocol，公共管理信息协议)是由ISO制定的国际标准。CMIP主要是针对OSI七层协议模型的传统环境而设计的，采用报告机制，具有许多特殊的设施和能力，需要能力强的处理机和大容量的存储器，因此目前支持它的产品较少。但由于它是国际标准，因此发展前景很广阔。

CMIP采用面向对象的方法来描述被管理资源，用事件驱动的方法管理被管理对象。在网络管理过程中，CMIP通过事件报告进行工作，由网络中的各个设备监测设施在发现被检测设备的状态和参数发生变化后及时向管理进程进行事件报告。管理进程一般都对事件进行分类，根据事件发生时对网络服务影响的大小来划分事件的严重等级。网络管理进程很快就会收到事件报告，具有及时性的特点。

以上两种协议各有所长。SNMP是Internet组织用来管理TCP/IP互联网和以太网的，由于实现、理解和排错很简单,所以受到很多产品的广泛支持,但是安全性较差。CMIP 是一个更为有效的网络管理协议,把更多的工作交给管理者去做,减轻了终端用户的工作负担。此外,CMIP 建立了安全管理机制,提供授权、访问控制、安全日志等功能。但由于 CMIP 是由国际标准组织指定的国际标准,因此涉及面广,实施起来比较复杂且花费较高。

3. 网络管理技术

(1) 远程网络监控(Remote Monitor,RMON)

RMON 是为了扩展 SNMP 的 MIB-Ⅱ(管理信息库),使 SNMP 能更为有效、更为积极主动地监控远程设备。RMON MIB 由一组统计数据、分析数据和诊断数据构成,是对 SNMP 框架的重要补充。利用许多供应商生产的标准工具都可以显示出这些数据,因而它具有独立于供应商的远程网络分析功能。RMON 探测器和 RMON 客户机软件结合在一起在网络环境中实施监控。要有效实施 RMON 的监控功能,关键在于其探测器要具有存储统计数据历史的能力,这样就无须不停地轮询才能生成一个有关网络运行状况趋势的视图。当一个探测器发现一个网段处于一种不正常状态时,它会主动与网络管理控制台的 RMON 客户应用程序联系,并将描述不正常状况的捕捉信息转发。RMON 的强大之处在于它完全与 SNMP 框架兼容。

(2) 基于 Web 的网络管理技术

基于 Web 的网络管理模式就是通过基于 Web 浏览器进行网络管理,有两种实现方式:第一种是代理方式,即在一个内部工作站上运行 Web 浏览器(代理)。这个工作站轮流与站点设备通信,浏览用户与代理通信,同时代理与终端设备之间的通信。在这种方式下,网络管理软件成为操作系统上的一个应用,它介于浏览器和网络设备之间。在管理过程中,网络管理软件负责将收集到的网络信息传送到浏览器(Web 服务器代理),并将传统管理协议(如 SNMP)转换成 Web 协议(如 HTTP)。第二种是嵌入式,它将 Web 功能嵌入网络设备中,每个设备有自己的 Web 地址,管理员可通过浏览器直接访问并管理该设备。在这种情况下,网络管理软件与网络设备集成在一起。网络管理软件无须完成协议转换。所有的管理信息都是通过 HTTP 协议传输的。

(3) 面向业务的网络管理

新一代的网络管理系统,已开始从面向网络设备的管理向面向网络业务的管理过渡。这种网管思想把网络服务、业务作为网管对象,通过实时监测与网络业务相关的设备、应用,通过模拟客户实施测量网络业务的服务质量,通过收集网络业务的业务数据,实现全方位、多视角监测网络业务运行情况的目的,从而实现网络业务的故障管理、性能管理和配置管理。

1.4.7 VLAN 技术

VLAN(Virtual LAN,虚拟局域网)是通过路由器和交换设备在局域网的基础上建立的一个或多个逻辑的 LAN。每个 VLAN 可看成是一个虚拟工作组,它也是一组网段和站点的集合。它们可不受物理位置的限制,而像处于同一局域网那样。VLAN 技术解决了以太网的广播问题和安全性问题。每个 VLAN 是一个广播域,VLAN 内主机间通信就和在一个 LAN 内一样,而 VLAN 间则不能直接互通,这样,广播报文被限制在一个 VLAN 内。以太网交换机

上通过引入 VLAN,能带来如下好处:

(1) 限制的广播域　广播域被限制在一个 VLAN 内,节省了带宽,提高了网络处理能力。

(2) 增强局域网的安全性　不同 VLAN 内的报文在传输时是相互隔离的,即在一个 VLAN 内的用户不能和其他 VLAN 内的用户直接通信。如果不同 VLAN 要进行通信,则需要通过路由器或三层交换机等三层设备。

(3) 灵活构建虚拟工作组　用 VLAN 可以划分不同的用户到不同的工作组,同一工作组的用户也不必局限于某一固定的物理范围,网络构建和维护更方便灵活。

VLAN 的管理主要涉及 VLAN 的划分和 VLAN 的配置。VLAN 的划分即确定 VLAN 成员(站点和服务器)的方法。VLAN 的划分方式大致划分为以下 5 类。

1. 基于端口划分的 VLAN

这是常用的一种 VLAN 划分方法。这种划分方式比较简单,通过交换机配置命令将交换机端口划分到一个指定的 VLAN 中,所有连接到这个端口的工作站和服务器(包括通过这个端口级连)都属于这个 VLAN。这种方式的特点就是管理比较简单,但是灵活性不高。

2. 基于 MAC 地址划分 VLAN

这种划分 VLAN 的方法是根据每个主机的 MAC 地址来划分的,即针对每个 MAC 地址的主机来配置其相应的组。它实现的机制就是每一块网卡都对应唯一的 MAC 地址,VLAN 交换机跟踪属于 VLAN MAC 的地址。这种方式的 VLAN 允许网络用户从一个物理位置移动到另一个物理位置时,自动保留其所属 VLAN 的成员身份。如图 1.31 所示,MAC 地址 A 和 C 被划分到 VLAN3,因此对应主机 A 和 C 属于 VLAN3;VLAN6 也是依同理划分的。

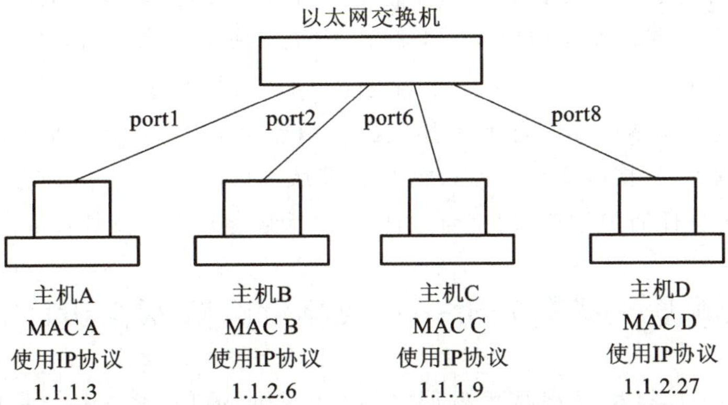

基于端口的VLAN

端口	所属VLAN
port1	VLAN3
port2	VLAN3
⋮	…
port6	VLAN6
⋮	…
port8	VLAN6

基于MAC地址的VLAN

MAC地址	所属VLAN
MAC A	VLAN3
MAC B	VLAN6
MAC C	VLAN3
MAC D	VLAN6

基于协议的VLAN

协议类型	所属VLAN
IP协议	VLAN3
IPX协议	VLAN6
⋮	…

基于子网的VLAN

IP子网	所属VLAN
1.1.1.1/24	VLAN3
1.1.2.1/24	VLAN6
⋮	…

图 1.31　VLAN 划分实例图

这种方式的优点在于灵活性很高,桌面工作站的移动变化都无须对交换机重新配置。缺点在于其管理比较复杂，需要做出每个 MAC 地址与 VLAN 的对应表。

3. 基于网络层协议划分 VLAN

VLAN 按网络层协议来划分，可分为 IP、IPX、DECnet、Apple Talk 等 VLAN 的网络。这种按网络层协议来组成的 VLAN，可使广播域跨越多个 VLAN 交换机。具体划分如图 1.31 所示。

这种划分方式对于希望针对具体应用和服务来组织用户的网络管理员来说是非常具有吸引力的。而且，用户可以在网络内部自由移动，但其 VLAN 成员身份仍然保持不变。

4. 根据 IP 组播划分 VLAN

IP 组播实际上也是一种 VLAN 的定义，即认为一个 IP 组播就是一个 VLAN。这种划分的方法将 VLAN 扩大到广域网，因此这种方法具有更大的灵活性，而且也很容易通过路由器进行扩展，主要适合于不同地理范围的局域网用户组成一个 VLAN。它不适合局域网，主要是效率不高。

5. 基于用户的 VLAN 划分方式

在这种方式中，VLAN 的划分根据用户登录到 NT 域的用户名来动态划分交换机端口的 VLAN，这种方式对客户机的要求是必须使用户端登录到 NT 域上，并且其 IP 地址设置为动态分配方式。同时，需要配置基于 Windows NT 的管理软件实现。对于交换机而言，它作为一个 VMPS 客户机来工作，当一个桌面工作站启动时，交换机接收到客户机的 DHCP 请求后，根据数据包中的源 MAC 地址向 VMPS 服务器（即用户注册工具）查询，用户注册工具返回一个默认的 VLAN；然后交换机转发这个数据包，这样桌面工作站通过 DHCP 获得默认 VLAN 的 IP 地址；最后登录到 NT 服务器上，执行 Windows NT 的脚本，同用户注册工具通信，用户注册工具根据该用户的用户名来判断用户的 VLAN。如果不符合，桌面工作站登录脚本执行 DHCP 释放和重新分配命令。用户注册工具向交换机发出一个动态 VLAN 成员再确认信息给交换机，将交换机端口划分到正确的 VLAN 中。这样，桌面工作站通过 DHCP 获得特定 VLAN 的 IP 地址。当用户退出登录时，登录退出脚本向用户注册工具发出取消登录信息，用户注册工具删除用户名同 MAC 地址的对应数据库，并将该交换机端口恢复到默认 VLAN 状态。这种方式的可管理性和灵活性非常高，用户可在任何地方获得它特有的权限。其缺点是需要额外投资。

1.5　计算机网络设计案例分析——数字化医院网络设计

数字化医院是基于计算机网络技术发展，应用计算机、通信、多媒体、网络等其他信息技术，突破传统医学模式的时空限制，实现疾病的预防、保健、诊疗、护理等业务管理和行政管理自动化数字化运作，实现全面的数字化。即联机业务处理系统（OLTP）、医院信息系统（HIS）、临床信息系统（CIS）、联机分析处理系统（OLAP）、互联网系统、远程医疗系统、智能楼宇管理系统。其特征是全网络（多系统全面高性能网络化）、全方位（医疗、教学、科研方面）、全关联（医院、社会、银行、社区、家庭全面关联）。

1. 数字化医院功能需求分析

根据医疗信息化的应用，数字化医院大概可划分为三个系统：管理信息系统、临床信息系统和其他信息系统。各系统又包括多个子系统，具体如表 1.5 所示。

表 1.5　数字化医院功能需求

管理信息系统	临床信息系统	其他信息系统
1.门诊预约、挂号子系统； 2.门诊/急诊患者管理子系统； 3.住院患者及床位管理子系统； 4.计价、收费子系统； 5.药库、药房管理子系统； 6.病案管理子系统； 7.医院信息统计子系统； 8.人事、工资管理子系统； 9.财务、科室成本管理子系统； 10.医院固定资产、设备管理子系统； 11.医院后勤、物流管理子系统； 12.信息综合查询及决策子系统	1.门诊医生工作站系统； 2.住院病人医嘱处理子系统； 3.护理信息系统； 4.电子病历子系统； 5.患者生命指标监护子系统； 6.手术室监控子系统； 7.临床实验室检查报告子系统； 8.医学影像诊断报告处理系统； 9.功能检查信息子系统； 10.病理图片、报告子系统； 11.血库管理子系统； 12.营养、配餐子系统； 13.临床用药咨询子系统	1.科研教学子系统； 2.档案管理子系统； 3.信息查询子系统； 4.办公子系统； 5.远程医疗子系统

其中，管理信息系统的应用特点是以文字、简单图形信息为主，数据量不大，但对于基础架构需要比较高的可靠性和安全性。在网络设计时，必须强调系统备份与网络冗余连接，要求网络有较好的容错能力，做到系统自动备份及线上及时管理，整个网络可靠地不间断工作，确保系统安全与稳定运作。临床信息系统的应用较为丰富，除一般文本信息外，医疗应用数据包含大量图形、视频、语音信息，要求安全、可靠，保证服务质量和高性能，既要同时支持语音、视频和数据等业务，又要方便以后的拓展。在某些关键应用上，对于服务质量、高性能、高可用性提出了更高的要求。其他信息系统如科研教学子系统等，其应用数据也包含语音、视频和数据等多种业务，但涉及远程访问等范畴，对网络服务器的安全访问、数据安全、网络出口带宽等有严格要求。

2. 网络设计方案

数字化医院的计算机网络设计方案如图 1.32 所示。

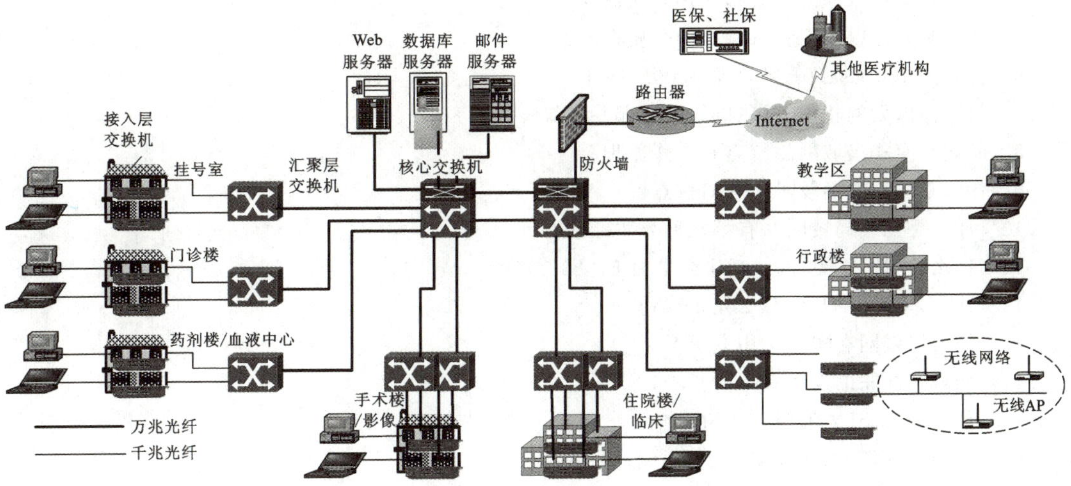

图 1.32　数字化医院的计算机网络设计方案

（1）根据不同系统的应用需求，进行不同网络设备的配置。对于影像科室/临床科室这些重要部门，由于涉及医学影像的传输，又是医院服务的关键，采用桌面千兆双机备份、主干万兆双机备份的交换连接；对于收费、挂号等需要运行 HIS/RIS/LIS 的流程管理部门，采用桌面千兆双机备份、主干千兆双机备份的交换连接；对于其他二线科室，不必采用双机备份，考虑到百兆与千兆的性价比，采用千兆连接。

（2）网络安全的设计。医院的网络安全主要包括两个方面：网络的可靠运行和数据安全。针对网络的安全运行，对传输链路和核心交换机、服务器等都必须进行冗余设计，网络中心配备 UPS，医院后备发电机组保障网络中心的后备电源。对于数据安全，主要采取路由器端防火墙设置、接入交换机安全设置、用户身份认证、入侵检测系统、虚拟专网、病毒防范等防范措施。

（3）在不便布线及某些特殊场所，采用无线网络的组网方式。

（4）采用网络模块化设计，确保网络升级和规模扩张的需求。

在线测试

思考题

1.1　名词解释

LAN；CSMA/CD；ADSL；FTTH

1.2　简述局域网的体系结构。

1.3　什么是快速以太网？有哪几种介质标准？

1.4　什么是千兆以太网？有哪几种介质标准？

1.5　什么是万兆以太网？有哪几种介质标准？

1.6　什么是 100Base-T？什么是 1000Base-T？

1.7　与千兆以太网相比，万兆以太网有哪些优势？

1.8　简述交换式局域网的特点和工作原理。

1.9　什么是三层交换技术？有何特点？

1.10　什么是无线局域网？有哪几种介质标准？

1.11　什么是 IEEE 802.11g？什么是 IEEE 802.11b？

1.12　什么是 HomeRF？什么是 IrDA？

1.13　扩展局域网有哪些常用方法？

1.14　局域网互联的设备有哪些？

1.15　什么是 xDSL？有哪些 DSL 技术？

1.16　什么是 FTTx？有何特点？

1.17　有哪些网络操作系统？有何特点？

1.18　什么是网络管理？有哪些功能？

1.19　什么是 SNMP？什么是 CMIP？

1.20　什么是防火墙？防火墙的组成与结构是什么？

1.21　计算机网络存在哪些安全隐患？

1.22　计算机网络的安全策略包括哪些内容？

1.23　什么是 VLAN？有哪些功能？

1.24　VLAN 有哪些划分方式？有何特点？

1.25　什么是 Internet？什么是 Intranet？

项目 2　综合布线系统

【知识目标】

1. 了解综合布线系统的组成及特点；
2. 熟悉网络传输介质；
3. 掌握综合布线系统设计的基本要求。

【能力目标】

1. 能够理解综合布线系统的组成；
2. 掌握综合布线系统的设计方法及设计要点；
3. 能对综合布线系统进行方案设计。

【课程思政】

中国光纤之父——赵梓森

2.1　综合布线系统概述

2.1.1　综合布线系统的定义

综合布线系统作为现代建筑的神经中枢，通过标准化的结构设计，将语音、数据、多媒体等信息传输到智能化各子系统终端，实现高效、灵活、可扩展的信息传输，是支撑建筑智能化、信息化的核心基础设施。它连接和管理着建筑物内部的所有信息传输路径，不仅承担着传输语音和数据的任务，而且还能够支持建筑自动化系统（BAS）、通信自动化系统（CAS）和办公自动化系统（OAS），是现代智能建筑不可或缺的组成部分。

综合布线系统采用标准的缆线与连接器件将所有语音、数据、图像及多媒体业务系统设备的布线组合在一套标准的布线系统中。其作为开放的结构化配线系统，综合了通信网络、信息网络及控制网络的配线，为其相互间的信号交互提供通道。美国电话电报公司（AT&T）贝尔实验室于 20 世纪 80 年代末率先提出建筑与建筑群综合布线系统（Premises Distribution System，PDS）的概念，并及时推出了结构化布线系统。我国国家标准《建筑与建筑群综合布线工程系统设计规范》（GB/T 50311—2000）对综合布线系统正式命名（Generic Cabling System，GCS）。综合布线系统是建筑物内或建筑群之间的一个模块化设计、统一标准实施的信息传输网络，解决了传统布线中不易解决的设备更新调整后重新布线的问题。综合布线系统既能使语音、数据、图像设备和交换设备与其他信息管理系统彼此连接，又能使设备与外部通信网络相连接，包括建筑物到外部网络或电信线路上的连接点与应用系统设备之间的所有电缆及相关联的布线部件。其具体内涵如下：

(1) 综合布线系统是一种标准通用的信息传输系统。

(2) 综合布线系统是用于语音、数据、影像和其他信息技术的标准结构化布线系统。

(3) 综合布线系统是按标准的、统一的和简单的结构化方式编制和布置各种建筑物(楼群)内各种系统的通信线路的系统。

(4) 综合布线结构包括网络系统、电话系统、电缆电视系统以及监控系统等。

2.1.2　综合布线系统的组成

随着综合布线系统产品和应用技术的不断发展，与之相关的综合布线系统的国内和国际标准也更加系列化、规范化、标准化和开放化。国际标准化委员会(ISO/IEC)、欧洲标准化委员会(CENELEC)和北美工业技术标准化委员会 TIA/EIA 都在努力制定更新的标准以满足技术和市场的需求。

1. 北美标准中综合布线系统的组成

1991 年，美国国家标准委员会(ANSI)、电信工业协会(TIA)、电子工业协会(EIA)共同制定了 TIA/EIA 568 建筑物通用布线标准，1995 年正式修订为 ANSI/TIA/EIA 568-A 商业建筑物电信综合布线标准。随后该标准不断修订，依次产生了 TIA/EIA 568-B、TIA/EIA 568-C、TIA/EIA 569-A、TIA/EIA 569-B、TIA/EIA 570-A、TIA/EIA 606 和 TIA/EIA 607-A 等标准。该标准将综合布线系统划分为以下六个相互独立的子系统(图 2.1)。

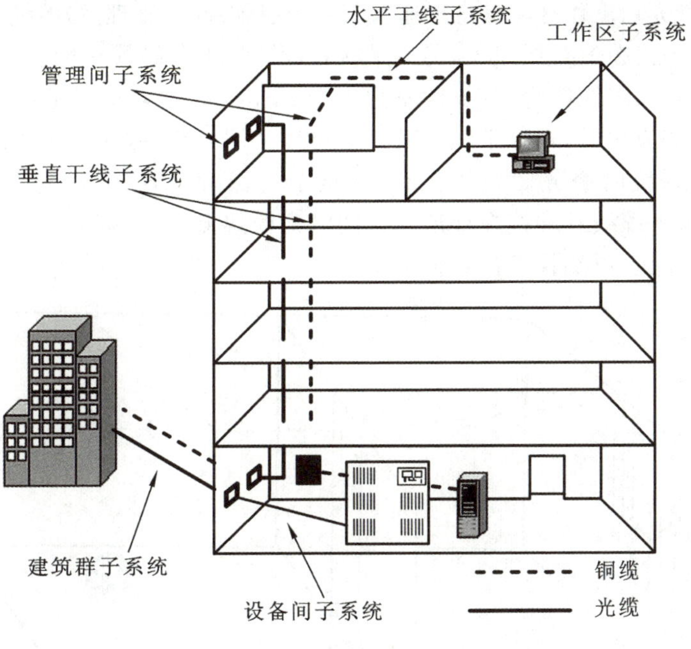

图 2.1　综合布线系统组成示意图(北美标准)

(1) 工作区子系统

一个独立的需要设置终端设备的区域宜划分为一个工作区。工作区子系统由信息插座及终端设备连接到信息插座的连接线或插接软线组成，如图 2.2 所示。它包括信息模块、插接软线、连接器和连接所需的扩展软线等，如 RJ45 连接缆线、RJ11 电话线、光纤跳线等。信息插座可以是 8 针/脚通用模块化插座，也可以是由电缆（如 RJ45）和光纤插座（如 ST、SC、LC）组成的多媒体插座。

终端设备可以是电话、计算机、传真机、电视机等。这些终端设备和信息插座连接时，可能需要某种电气转换装置。例如适配器，可使不同尺寸和类型的插头与信息插座相匹配，提供引线的重新排列。但是这种装置，按照国际布线标准 ISO/IEC11801 规定，并不是工作区的一部分。

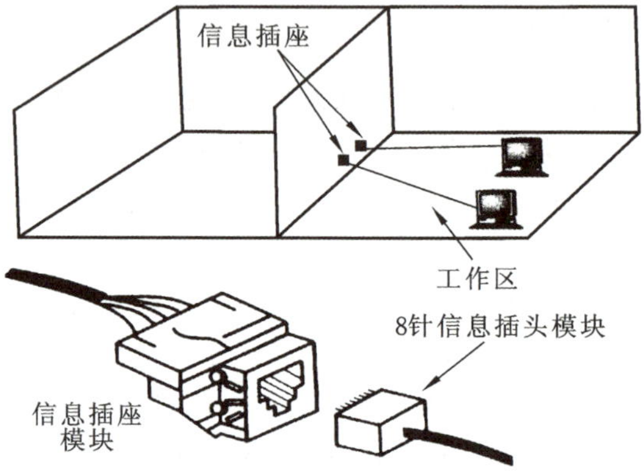

图 2.2　工作区

(2) 水平干线子系统

水平干线子系统是由工作区的信息插座及其到楼层配线间（管理间）的缆线组成的，如图 2.3 所示。通常缆线一端接在信息插座上，另一端接在配线架上。缆线一般为电缆或光缆，通常采用 4 对屏蔽或非屏蔽双绞线电缆，其长度不宜大于 90 m。这些双绞线电缆能支持大多数终端设备。在需要高带宽应用时，水平干线子系统也可以采用光缆，构建一个光纤到桌面的传输系统。当水平干线子系统的服务面积较大时，在这个区域可设置二级交接间或者集合点（CP 点）。这种情况的水平缆线一端接在楼层配线间的配线架上，另一端还要通过二级交接间的配线架（或者集合点）连接，再端接到信息插座上。

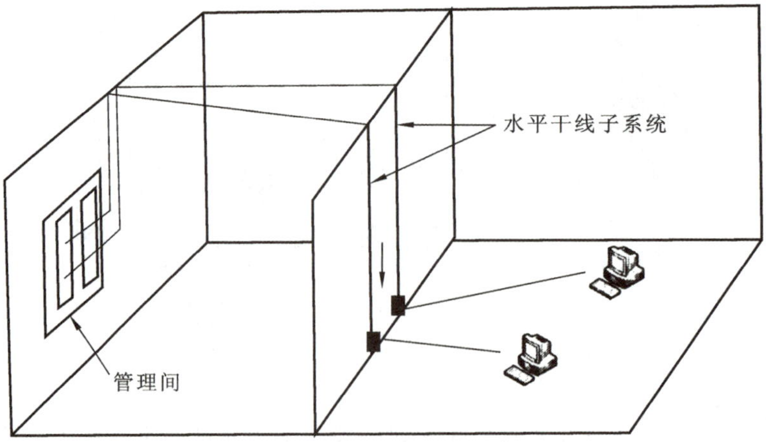

图 2.3　水平干线子系统

（3）管理间子系统

管理间子系统也称为楼层配线间、管理间（图 2.4），主要设备包括局域网交换机、布线配线系统、机柜、电源和其他相关设备。其主要功能是对本层楼或者某几个楼层所有的信息点实现配线管理及功能变换，是连接本层楼或者某几个楼层的水平子系统和垂直干线子系统的枢纽。在楼层配线间内水平干线电缆与垂直干线电缆端接，设备间内垂直干线电缆与设备连接，都需要安装相应的布线配线系统对线路进行交连或者互连端接，并通过跳线进行线路的调整、测试等管理工作，以实现综合布线系统的线路管理灵活性。这样当工作区内的终端设备需要移动到另一个工作区时，只需要简单地进行跳线插拔调整即可。

布线配线系统由配线架、理线架及各种各样的跳线板和跳线组成，如图 2.5 所示。跳线有多种类型，如光纤跳线和双绞线跳线、RJ11-110 鸭嘴电话跳线、RJ11-RJ45 跳线等。

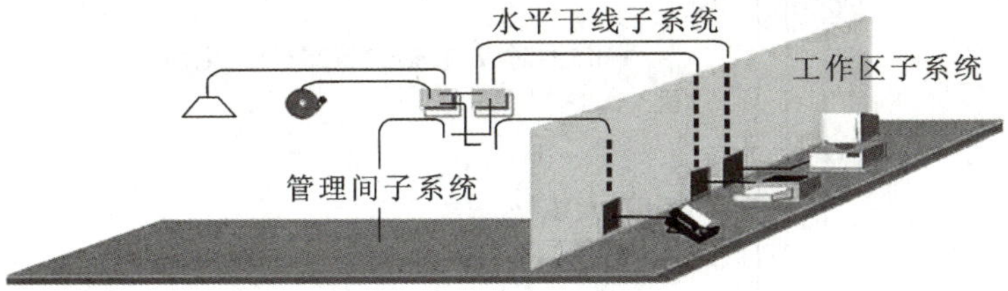

图 2.4　管理间子系统

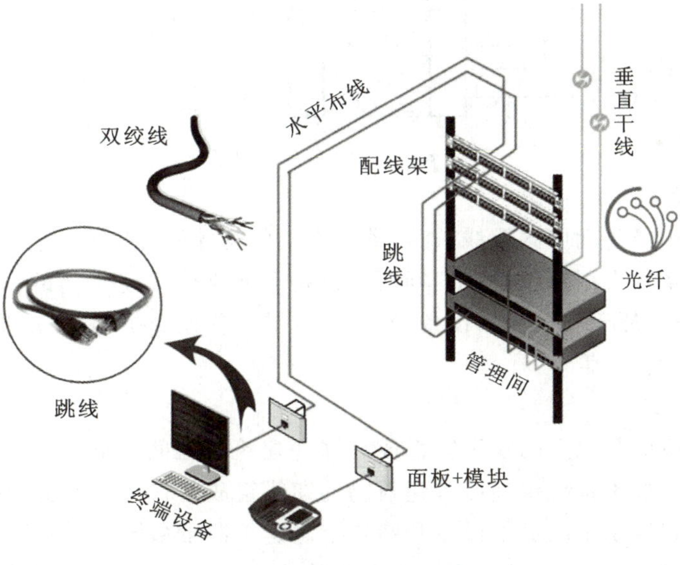

图 2.5　布线配线系统

（4）垂直干线子系统

垂直干线子系统是连接设备间和楼层配线间之间的连接缆线，是建筑物综合布线系统的主干部分。缆线一般为大对数双绞线电缆或光缆，两端分别端接在设备间和楼层配线间的配线架上，如图 2.6 所示。垂直干线子系统的缆线通常敷设于电缆竖井内或上升管路内。

垂直干线子系统与水平子系统的区别在于：水平子系统通常敷设在同一楼层上。垂直干线子系统通常位于垂直的弱电竖井内，并采用大对数双绞线电缆或光缆进行传输；而水平干线子系统多为 4 对双绞电缆或光缆。

点对点端接是最简单、最直接的配线方法。楼层配线架(FD)的每根干线电缆直接从建筑物配线架(BD)或设备间延伸到指定的楼层配线架。分支递减终接则是用一根大对数干线电缆或光缆来支持若干个楼层配线架的通信容量,经过电缆(光缆)分接出若干根缆线,它们分别延伸到相应的楼层配线架,并终接于目的地的配线设备。

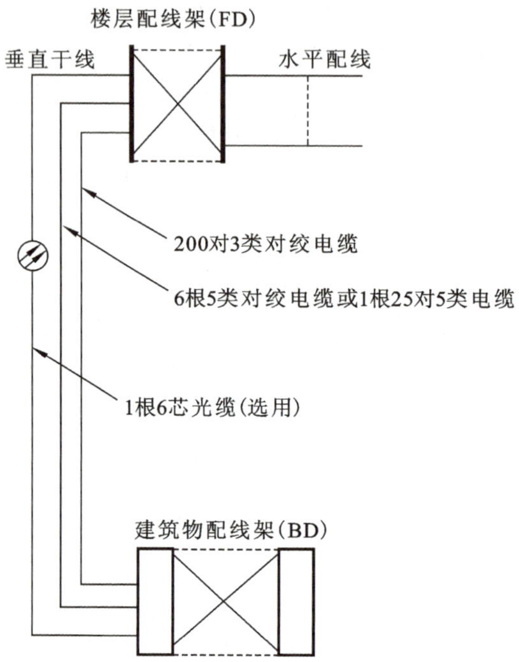

图 2.6　干线子系统示意图

(5) 设备间子系统

设备间子系统由设备间中的缆线、连接器和有关的支撑硬件组成,是用于放置综合布线缆线和相关连接硬件及其应用系统设备的场所。设备间通常位于建筑物的一楼至三楼,以便于进线汇接及设备搬运,便于安装通信设备、网络服务器及程控交换机、分光器等设备,实现建筑物综合布线网络的运行与管理。

(6) 建筑群子系统

建筑群由两个或两个以上的建筑物组成。这些建筑物之间彼此要进行信息交流,就需要信息传输通道。建筑群子系统由连接各建筑物的缆线组成。它将一个建筑物中的缆线延伸到建筑群的另外一些建筑物中的通信设备和装置上。建筑群子系统提供楼群之间通信所需的硬件设施,其中包括电缆、光缆,以及防止电缆上的脉冲电压进入建筑物的电气保护装置等。

2. 中国标准中综合布线系统的组成

我国也参照 ANSI/TIA/EIA 568 和 ISO/IEC 11801 的现行标准,结合国内具体实际情况制定并颁布了相关的国家标准。现行的标准及图集主要有《综合布线系统工程设计规范》(GB 50311—2016)、《综合布线系统工程验收规范》(GB/T 50312—2016)、《综合布线系统工程设计与施工》(20X101-3)。《综合布线系统工程设计规范》(GB 50311—2016)根据每个模块的作用,将综合布线划分成工作区、配线子系统、干线子系统、建筑群子系统、设备间、进线间和管理 7 个部分,如图 2.7 和图 2.8 所示。

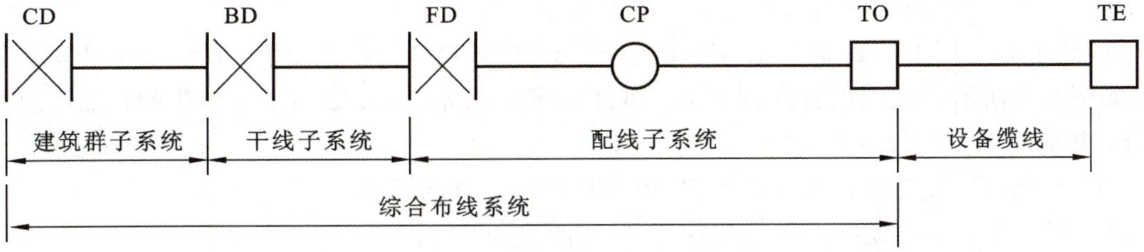

图2.7 综合布线系统基本构成

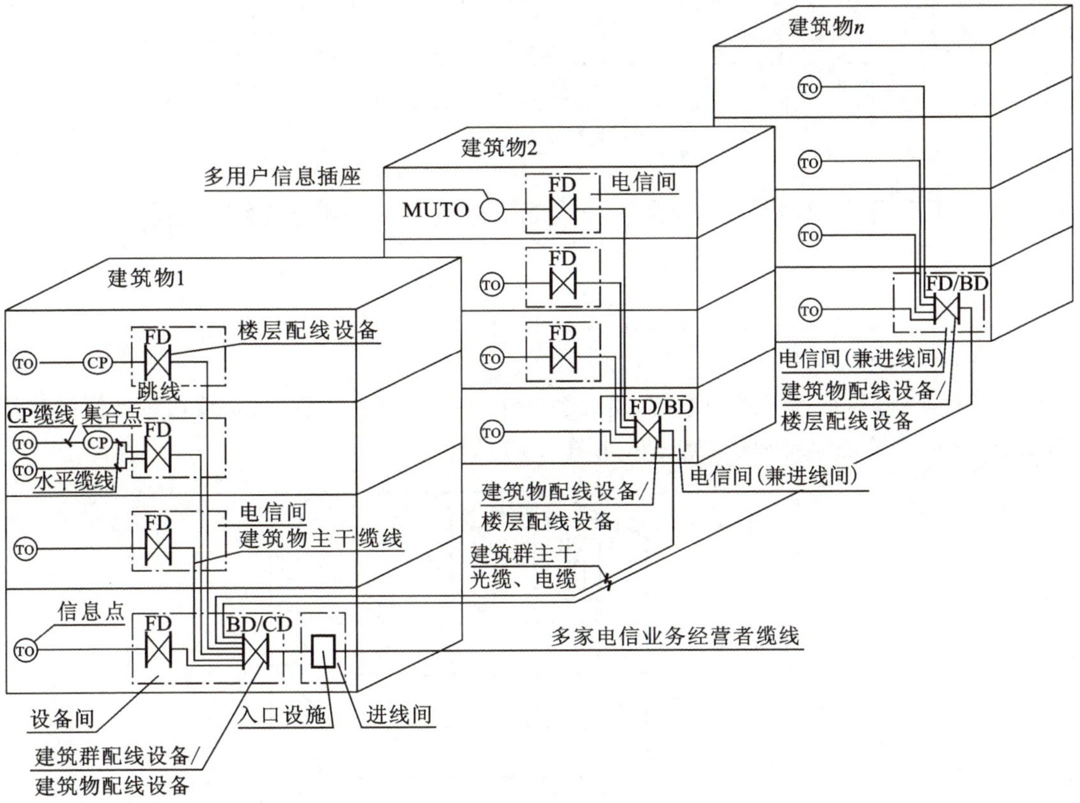

图2.8 综合布线系统基本构成示意图

(1) 工作区

一个独立的需要设置终端设备(TE)的区域宜划分为一个工作区。如图2.2所示,工作区应由配线子系统的信息插座模块(TO)、延伸到终端设备处的连接缆线及适配器组成。它用接插线在终端设备和信息插座之间进行搭接,相当于电话系统中连接电话机的用户线及电话机终端部分。在进行终端设备和信息插座连接时,可能需要某种电气转换装置使不同尺寸和类型的插头与信息插座相匹配,实现终端设备与信息插座的可靠连接。

(2) 配线子系统

配线子系统由工作区的信息插座模块、信息插座模块至电信间配线设备(FD)的水平缆线、电信间的配线设备及设备缆线和跳线组成。配线子系统水平缆线(对应北美标准中的水平干线子系统)的一端与电信间的配线设备相连,另一端与工作区子系统的信息插座相连,以便用户通过跳线连接各种终端设备,从而实现与网络的连接。由图2.3可知,配线子系统包含了北美标准中综合布线系统的管理间子系统及水平干线子系统。

配线子系统信道的最大长度不应大于 100 m，配线电缆、配线光缆一般直接连接到信息插座，如图 2.9 所示。采用集合点(CP)时，集合点配线设备与 FD 之间水平缆线的长度不应小于 15 m，并应符合下列规定：

① 集合点配线设备容量宜满足 12 个工作区信息点的需求。

② 同一个水平电缆路由中不应超过一个集合点(CP)。

③ 从集合点引出的 CP 电缆应终接于工作区的 8 位模块通用插座或多用户信息插座。

④ 从集合点引出的 CP 光缆应终接于工作区的光纤连接器。

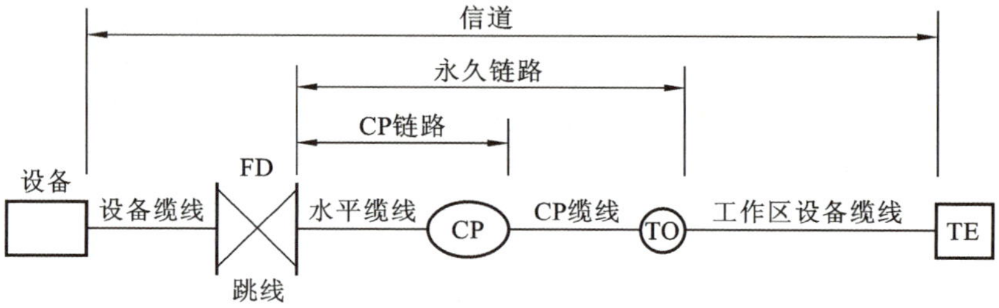

图 2.9　配线子系统缆线划分

(3) 干线子系统

干线子系统也称垂直干线子系统，由设备间至电信间的主干缆线、安装在设备间的建筑物配线设备(BD)及设备缆线和跳线组成，如图 2.10 所示。

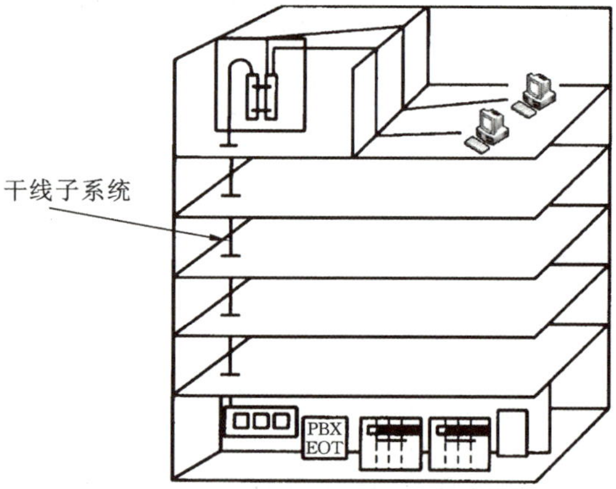

图 2.10　干线子系统

干线缆线一般采用大对数双绞电缆或多芯光缆，两端分别端接在设备间和楼层配线间的配线架上。建筑物干线电缆、光缆应直接端接到有关的楼层配线架，中间不应有转接点或接头。

(4) 建筑群子系统

建筑群由两个及两个以上建筑物组成。如图 2.8 所示，这些建筑物彼此之间要进行信息交流。建筑群子系统由连接多个建筑物之间的主干电缆和光缆、建筑群配线设备(CD)及设备缆线和跳线组成。该系统包括电缆、光缆和防止电缆的浪涌电压进入建筑物的电气保护设备。传输介质主要采用多模或单模光缆，或者大对数双绞线，缆线的两端分别端接在两幢建筑设备间的接续设备上。敷设方式既可采用地下管道敷设方式，也可采用悬挂方式。

(5) 设备间

设备间是每栋建筑物在适当地点进行配线管理、网络管理和信息交换的场地。综合布线系统设备间宜安装建筑物配线设备、建筑群配线设备、以太网交换机、电话交换机、计算机网络设备，入口设施也可安装在设备间。

为便于设备搬运、节省投资，设备间最好设置在每栋建筑物的第二层或第三层。设备间子系统由引入建筑的缆线、公共设备(如计算机主机、各种控制系统、网络互联设备、监控设备)和其他连接设备(如主配线架)等组成，将建筑物内公共系统需要相互连接的各种不同设备集中连接在一起，完成各个楼层配线子系统之间的通信线路的调配、连接和测试，并建立与其他建筑物的连接，从而形成对外传输的路径。

(6) 进线间

进线间是建筑物外部信息通信网络管线的入口部位，并可作为入口设施的安装场地。如图 2.8 所示，为方便建筑物外缆线进入建筑物，进线间通常设于地下一层。进线间主要供给多家电信业务经营者和建筑物布线系统安装入口设施共同使用，并满足室外电缆、光缆引入楼内成端与分支及光缆的盘长空间的需要。由于光缆至大楼(FTTB)、至用户(FTTH)、至桌面(FTTD)的应用会使得光纤的容量日益增多，进线间就显得尤为重要。同时，进线间的环境条件应符合入口设施的安装工艺要求。在建筑物不具备设置单独进线间或引入建筑内的电缆、光缆数量或容量较小时，也可以在缆线引入建筑物内的部位采用挖地沟或使用较小的空间完成缆线的成端与盘长。入口设施则可安装在设备间，但多家电信业务经营者的入口设施宜设置单独的场地，以便功能分区。建筑物内如果包括数据中心，需要分别设置独立使用的进线间。

(7) 管理

管理即对工作区、电信间、设备间、进线间、布线路径环境中的配线设备、缆线、信息插座模块等设施按一定的模式进行标识、记录和管理。管理内容包括管理方式、标识、色标、交叉连接等，如图 2.11 所示。

图 2.11　管理标识

综上，北美标准把综合布线系统划分为 6 个独立的子系统：工作区子系统、水平干线子系统、管理间子系统、垂直干线子系统、设备间子系统及建筑群子系统。各子系统之间相对独立。

我国国家标准将综合布线系统安装工程实际划分为7个部分:工作区、配线子系统、干线子系统、建筑群子系统、设备间、进线间和管理7个部分。该标准整合了电信间及水平干线子系统,并增设了进线间,方便运营商进线设备的安装与管理。对设备间、电信间、网络设备、缆线的标识与管理作出了详细的规定,规范了网络设备的管理,为后续系统运维打下良好的基础。

2.1.3 综合布线系统的特点

与传统的布线系统相比较,综合布线作为一种标准的开放式结构化布线系统,具有许多优越性,具体主要表现为兼容性、开放性、灵活性、可靠性、先进性和经济性。这些特点在实际综合布线工程设计、施工和维护中给人们带来了诸多便利。因此,综合布线系统广泛应用于住宅、工厂、校园、医院、城市治理等日常环境中。

1. 兼容性

综合布线的首要特点是它的兼容性。所谓兼容性,即它是一个完全独立的,与应用系统相对无关,可以适用于多种应用系统的性能。以往为一座大楼或一个建筑群内的语音或数据线路布线时,往往采取不同厂家生产的电缆线、配线插座以及接头等。例如,程控用户交换机通常采用双绞线,计算机系统通常采用同轴电缆。这些不同的设备使用不同的配线材料,而连接这些不同配线的接头、插座及端子板也各不相同,彼此互不相容。一旦需要改变终端机或电话机位置时,就必须敷设新的缆线,以及安装新的插座和接头。综合布线将语音、数据与监控设备的信号线经过统一的规划和设计,采用相同的传输介质、信息插座、交连设备、适配器等,把这些不同的信号综合到一套标准的布线中。由此可见,这个布线比传统布线大为简化,可节约大量的物资、时间和空间。

使用综合布线后用户可不用确定某个工作区的信息插座的具体应用,只要把某种终端设备(如个人计算机、电话、视频设备等)插入这个信息插座,然后在管理间和设备间的交连设备上进行相应的接线操作,这个终端设备就被接入各自的系统中了。

2. 开放性

对于传统的布线方式,只要用户选定了某种设备,也就选定了与之相适应的布线方式和传输介质。如果更换另一设备,那么原来的布线就要全部更换。可以想象,对于一个已经完工的建筑物,这种变化是十分困难的,要增加很多投资。

综合布线由于采用开放式体系结构,符合多种国际上现行的标准,因此,它几乎对所有著名厂商的产品(如计算机设备、交换机设备等)都是开放的,对所有通信协议也是支持的。

3. 灵活性

传统的布线方式是封闭的,其体系结构是固定的,若要迁移设备或增加设备,会相当困难而且麻烦,甚至是不可能的。综合布线采用标准的传输缆线和相关连接硬件进行模块化设计。因此,所有通道都是通用的,每条通道可支持终端。所有设备的开通及更改均无须改变布线,只需增减相应的应用设备以及在配线架上进行必要的跳线管理即可。另外,组网也可灵活多样,同一房间内用户终端与以太网工作站、令牌环网工作站可以并存,为用户组织信息流提供了必要条件。

4. 可靠性

传统的布线方式由于各个应用系统互不兼容,因而在一个建筑物中往往要有多种布线方案。因此,各类信息传输的可靠性要由所选用的布线可靠性来保证,各应用系统布线不当会造成交叉干扰。

综合布线采用高品质的材料和组合压接的方式构成一套高标准信息传输通道。所有缆线和相关连接件均通过ISO认证，每条通道都要采用专用仪器测试链路阻抗及衰减，以保证其电气性能。应用系统布线全部采用点到点端接。任何一条链路故障均不影响其他链路的运行，为链路的运行维护及故障检修提供了方便，从而保障了应用系统的可靠运行。各应用系统采用相同传输介质，因而可互为备用，提高了备用冗余。

5. 先进性

当今社会信息产业飞速发展，特别是多媒体技术使信息和语音传输界限被打破，因此，现在建筑物如若采用传统布线方式，就不能满足目前信息技术的需要，更不能适应未来信息技术的发展。综合布线采用光纤与双绞电缆混合的布线方式，较为合理地构成一套完整的布线，所有布线均采用世界上最新通信标准。链路均按八芯双绞电缆配置。6类双绞电缆的数据最大传输速率可达到1000 Mbps；对于特殊用户的需求，可把光纤引到桌面(Fiber To The Desk，FTTD)。干线的语音部分用电缆，数据部分用光缆，为同时传输多路实时多媒体信息提供了足够的裕量。

6. 经济性

综合布线系统将分散的专业布线系统综合到标准化的信息网络中，减少了布线系统的缆线品种和设备数量，简化了信息网络结构，统一了日常维护管理，大大减少了维护工作量，节约了维护管理费用。因此，采用综合布线系统虽然初次投资较多(占整个建筑投资的3%～5%)，但总体上看，符合技术先进、经济合理的要求。

2.2　网络传输介质

目前，综合布线使用的缆线主要有两类：光缆和电缆。电缆有双绞线电缆和同轴电缆。双绞线电缆又分为非屏蔽双绞线(UTP)电缆和屏蔽双绞线(STP)电缆。光纤主要分为62.5 μm/125 μm多模光纤、50 μm/125 μm多模光纤和8.3 μm/125 μm单模光纤。

2.2.1　双绞线电缆

双绞线电缆由多对双绞线外包缠护套构成，其护套称为电缆护套。电缆护套可以保护双绞线免遭机械损伤和其他有害物体的损坏。与其他绝缘体一样，它也能提高电缆的物理性能和电气性能。在某些情况下，还把电缆的护套再加一层外护套形成保护铠装(皮)。

在综合布线中使用的每一根电缆，其导线都是经过退火处理的。退火处理能改善它的机械性能，使得它在特定环境中能减少扭曲和振动应力。

1. 双绞线电缆的构成

双绞线电缆(TP)是综合布线系统工程中最常用的有线通信传输介质，也称对绞电缆，主要应用于计算机网络、电话语音等通信系统。双绞线较适合于近距离、环境单纯(远离磁场、潮湿等)的局域网络系统，可用来传输数字和模拟信号。双绞线由按规则螺旋结构排列的两根、四根或八根绝缘导线组成。双绞线每两根具有绝缘层的铜导线按一定密度互相绞缠在一起绞合成线对，且线对与线对之间按一定密度反时针相应地绞合在一起。在所有绞合在一起的线对外面，再包裹由绝缘材料制成的外皮。一个线对可以作为一条通信线路，各线对螺旋排列的目的是使各线对发出的电磁波相互抵消,从而使相互之间的电磁干扰最小。铜导线的直径为0.4～1 mm。其扭绞方向为反时针,绞距为3.81～14 cm,相邻双绞线的扭绞长度差约为1.27 cm。在一束电缆中的相邻线对使用不同的扭距,可提高抗干扰性。

铜电缆的直径通常用AWG(American Wire Gauge)单位来衡量。AWG数值越小,导线直径越大,电阻率也越小,线路长时电压降更小,长距离传输性能更好。根据双绞线电缆内铜导线直径大小,分为多种规格,如22、23、24和26等规格缆线(AWG是美国制定的缆线规格,也是业界常用的参考标准,如24AWG是指直径为0.5 mm的铜导线;23AWG是直径约为0.57 mm的6类非屏蔽双绞线)。100 Ω和120 Ω的双绞线铜导线直径为0.4～0.65 mm;150 Ω的双绞线铜导线直径为0.6～0.65 mm。

双绞线电缆内每根铜导线的绝缘层都有色标来标记。导线的颜色标记具体为白橙/橙、白蓝/蓝、白绿/绿、白棕/棕。在网络连接中,通常采用直通网线和交叉网线两种。直通网线两端均按同一标准(T568-A或T568-B)制作,用于交换机、集线器与计算机之间的连接。在同一个工程项目中,必须确保所有的端接采用同一标准:要么都是T568-A,要么都是T568-B,不可混用。交叉网线一端按T568-A标准制作,另一端按T568-B标准制作,用于交换机与交换机、集线器与集线器、计算机与计算机之间的连接。

2. 双绞线电缆的分类

双绞线电缆按是否屏蔽可分为屏蔽双绞线(Shielded Twisted Pair,STP)电缆和非屏蔽双绞线(Unshielded Twisted Pair,UTP)电缆两类。

(1) 屏蔽双绞线电缆。屏蔽双绞线电缆的外层由铝箔包裹,相对于非屏蔽双绞线具有更好的抗电磁干扰能力,造价也相对高一些。屏蔽双绞线电缆和非屏蔽双绞线电缆的结构,如图2.12所示。

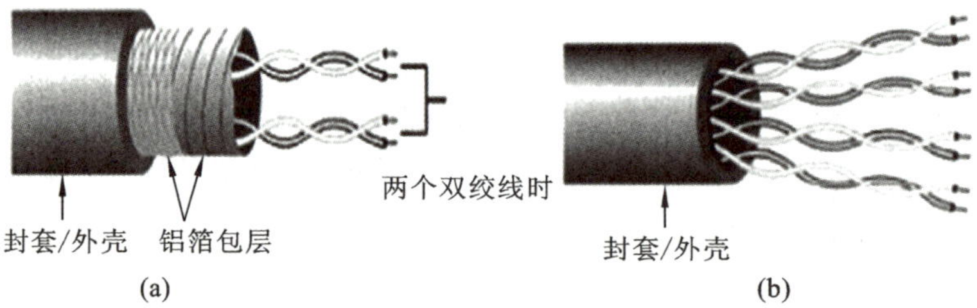

图 2.12 双绞线电缆的结构

(a)屏蔽双绞线电缆的结构;(b)非屏蔽双绞线电缆的结构

在双绞线电缆中增加屏蔽层的目的是提高电缆的物理性能和电气性能,减少周围信号对电缆中传输信号的电磁干扰。电缆屏蔽层由金属箔、金属丝或金属网构成。屏蔽双绞线电缆与非屏蔽双绞线电缆一样,电缆芯是铜导线,护套层是聚氯乙烯或橡胶,护套层内增加了金属层。电缆屏蔽层的设计有几种形式:屏蔽整个电缆;屏蔽电缆中的线对;屏蔽电缆中的单根导线等。

① F/UTP:总屏蔽层为铝箔屏蔽,没有线对屏蔽层的屏蔽双绞线;

② U/FTP:没有总屏蔽层,线对屏蔽为铝箔屏蔽的屏蔽双绞线;

③ SF/UTP:总屏蔽层为金属编织网+铝箔的双重屏蔽,没有线对屏蔽层的双重屏蔽双绞线;

④ S/FTP：总屏蔽层为金属编织网，线对屏蔽为铝箔屏蔽的双重屏蔽双绞线；

⑤ F/FTP：总屏蔽层为铝箔屏蔽，线对屏蔽为铝箔屏蔽的双重屏蔽双绞线。如图 2.13 所示。

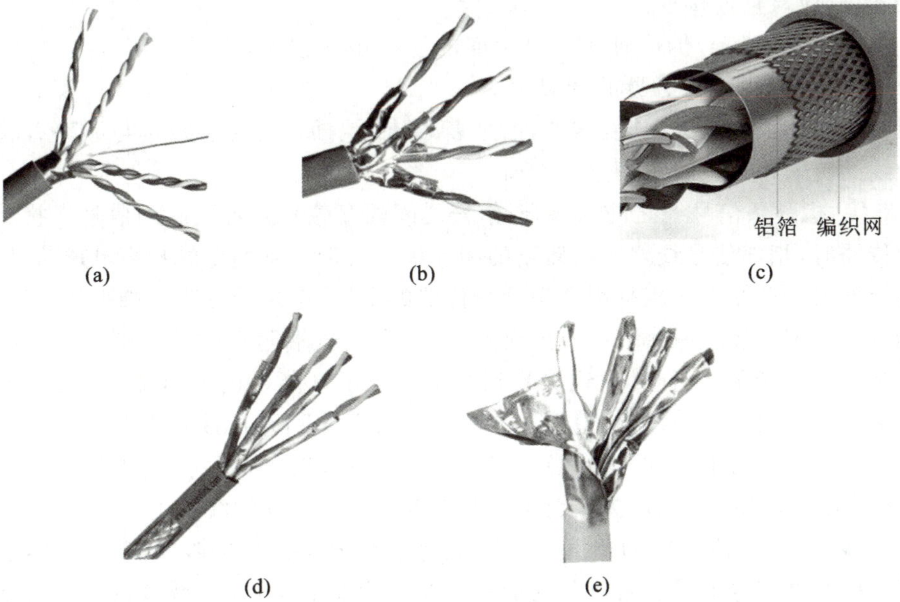

图 2.13　屏蔽双绞线电缆分类

(a)F/UTP；(b)U/FTP；(c)SF/UTP；(d)S/FTP；(e)F/FTP

(2) 非屏蔽双绞线电缆。非屏蔽双绞线电缆无金属屏蔽材料，只有一层绝缘胶皮包裹，价格相对便宜，组网灵活，更易于安装。UTP 电缆由于没有屏蔽层，因此在传输信息的过程中会向周围发射电磁波，易于被窃听，因此在保密性要求较高的场合应选用屏蔽双绞线电缆。屏蔽双绞线电缆及其配套设备成本高、安装复杂，普通民用建筑中多采用非屏蔽双绞线。UTP 电缆是有线通信系统和综合布线系统中最普遍的传输介质，广泛应用于语音、数据传输。

(3) 其他分类。双绞线电缆按性能指标分类，可分为 1 类、2 类、3 类、4 类、5 类、5e、6 类、7 类；按特性阻抗分类，主要有 100 Ω、120 Ω、150 Ω 等规格，常用的是 100 Ω 的双绞线电缆。按双绞线对数进行分类，可分为 1 对、2 对、4 对双绞线电缆，其中 4 对最常用。另外，还有 25 对、50 对、100 对的大对数双绞线电缆。

双绞线的传输性能与带宽有直接关系。带宽越大，双绞线的传输速率越高。目前，网络布线中常用 6 类双绞线，主要用于千兆以太网的数据传输。语音系统的布线常用 3 类、5 类双绞线。双绞线的传输距离与传输速率有关。在 10 Mbps 以太网中，3 类双绞线最大传输距离为 100 m，5 类双绞线最大传输距离可达 150 m。在 100 Mbps 以太网中，5 类双绞线最大传输距离为 100 m；在 1000 Mbps 以太网中，6 类双绞线最大传输距离为 100 m。

3. 双绞线的主要特性参数

双绞线的电气特性直接影响其传输质量，其电气特性参数同时也是布线工程的测试参数。

(1) 特性阻抗：指链路在规定工作频率范围内呈现的电阻。无论使用何种双绞线，使每对芯线的特性阻抗在整个工作带宽范围内应保证恒定、均匀。链路上任何点的阻抗不连续性将导致该链路信号发生反射和信号畸变。特性阻抗包括电阻及频率范围内的感性阻抗和容性阻抗，与线对间的距离及绝缘体的电气性能有关。

(2) 直流环路电阻：指一对导线电阻的和。它会消耗一部分信号，并将其转换成热量。在20～30 ℃环境下，双绞线电缆中每个线对的直流环路电阻最大值不能超过30 Ω。若超过，则表明接触不良，应检查连接点。

(3) 衰减(A)：指信号传输时在一定长度的缆线中的损耗，它是对信号损失的度量，单位为分贝(dB)，应尽量得到低分贝的衰减。

衰减与缆线的长度有关，长度增加，信号衰减随之增加，同时衰减量与频率有着直接的关系。双绞线的传输距离一般不超过100 m。

(4) 串扰：指两条信号线之间的耦合、信号之间的互感和互容引起的信号干扰。当信号在传输线上传播时，相邻信号线之间电磁场的相互耦合会产生不期望的噪声电压信号，即能量由一条线耦合到另一条线上。根据耦合类型和位置的不同，串扰可分为近端串扰和远端串扰。

近端串扰(NEXT)是一种信号干扰现象，发生在发送端附近的接收端点。它通常由邻近的信号线上的电磁场干扰引起，导致接收到的信号质量下降。远端串扰(FEXT)则发生在发送端以及接收端之间的信号线上，由发送端的信号线泄漏到邻近接收端的信号线上而引起的信号串扰。布线时尽可能增加线的间距，减小线的平行长度，从而减小串扰。

(5) 衰减串音比值(ACR)：指在受相邻发送信号线对串扰的线对上，其串扰损耗(NEXT)与本线对传输信号衰减值(A)的差值。ACR是系统信号噪声比的唯一衡量标准，它对于表示信号和噪声串扰之间的关系有着重要的价值。ACR值越高，意味着缆线的抗干扰能力越强。

(6) 等电平远端串音衰减(ELFEXT)：某线对上远端串扰损耗与该线路传输信号衰减的差值。

(7) 等电平远端串音功率和(PS ELFEXT)：在4对对绞电缆一侧测量3个相邻线对对某线对远端串扰总和(所有远端干扰信号同时工作，在接收线对上形成的组合串扰)。

(8) 回波损耗(RL)：因链路或信道特性阻抗偏离标准值导致功率反射而引起(布线系统中阻抗不匹配产生的反射能量)。由输出线对的信号幅度和该线对所构成的链路上反射回来的信号幅度的差值导出。回波损耗对于全双工传输的应用非常重要。电缆制造过程中的结构变化、连接器类型和布线安装情况是影响回波损耗数值的主要因素。

(9) 传播时延：指信号从链路或信道一端传播到另一端所需的时间。

(10) 传播时延偏差：指以同一缆线中信号传播时延最小的线对作为参考，其余线对与参考线对时延的差值(最快线对与最慢线对信号传输时延的差值)。

(11) 插入损耗：指发射机与接收机之间插入电缆或元器件产生的信号损耗，通常指衰减。

4. 双绞线电缆的文字标识

识读双绞线电缆外护套上的文字标识有助于正确选择双绞线、按规范要求进行综合布线设计与施工。不同生产厂家的双绞线电缆文字标识也不尽相同，一般包括以下信息：生产厂家名称、缆线规格、双绞线类型、缆线当前所处在的米数(英尺数)、生产日期等。例如，某公司生产的双绞线电缆(图2.14)如下所示：

×××× SYSTEM：公司名称

CABLE UTP CAT6 4PAIRS：非屏蔽6类4对电缆

24 AWG：线芯是24号，美国缆线规格标准

ISO11801：信息技术-用户基础设施结构化布线标准

D165-E：产品型号

HSYU-6：6 类双绞线

GB/T 18015.5：数字通信用对绞或星绞多芯对称电缆标准

20231018：生产日期

304M：线缆当前所处在的米数

图 2.14　某品牌 6 类双绞线线标

2.2.2　同轴电缆

同轴电缆是计算机网络布线中较早使用的一种传输介质，目前少数应用于闭路视频监控系统、视频监控等领域。

同轴电缆曾是局域网中最常见的传输介质之一，其频率特性比双绞线好，能进行较宽频带的信息传输（传输速率为 10 Mbps）。典型的同轴电缆中心有一根单芯铜导线，铜导线外面是绝缘层。绝缘层的外面有一层导电金属屏蔽层。金属屏蔽层可以是密集形的，也可以是网状形的。金属屏蔽层用来屏蔽电磁干扰和防止辐射。同轴电缆的最外层又包了一层绝缘塑料外皮，其结构如图 2.15 所示。

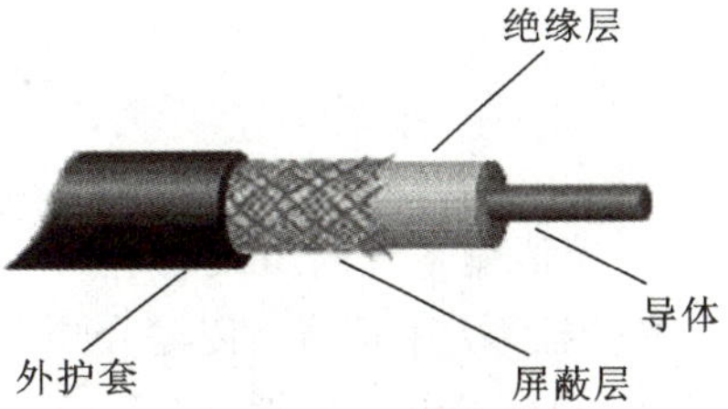

图 2.15　同轴电缆的结构

粗缆和细缆是指同轴电缆直径的大小。粗缆适用于较大型的计算机局部网络，它的标准距离长、可靠性高。由于安装时不需要切断电缆，因此可以根据需要灵活调整计算机的入网位置。但粗缆必须安装发送器和接收器电缆，安装难度也大，所以总体造价高。相反，细缆则比较简单，造价低。但由于安装细缆的过程中要切断电缆，两头装上基本网络连接头（BNC），然后接在 T 型连接器两端。当接头多时，容易产生接触不良的隐患。为了保持同轴电缆的正确电气特性，电缆的金属层必须接地。同时，电缆两端头必须安装端接匹配器来削弱信号反射作用。但无论是粗缆还是细缆，若线路某一节点发生故障，会影响到整根同轴电缆上所有的机器，给故障的诊断和修复带来很大的困难。因此，在综合布线中不用同轴电缆作为传输介质，而是采用双绞线电缆或光缆进行数据、语音的传输。

2.2.3　光缆

光缆由一捆光纤组成。与铜缆相比，光缆本身不需要电，虽然在建设初期所需的连接器、工具和人工成本很高，但其不受电磁干扰的影响，具有更高的数据传输速率和更远的传输距离。这使得光缆在某些应用中更具吸引力，成为目前综合布线系统中常用的传输介质之一。

1. 光纤结构

光纤是一种传输光束的细而柔韧的媒质，又称光导纤维。光纤是一种能传导光波的介质，可以使用玻璃和塑料制成。超高纯度石英玻璃纤维制作的光纤可以将传输损耗降到最低。光纤质地脆，易断裂，因此纤芯需要外加一层保护层。典型的光纤结构如图 2.16 所示，自内向外为纤芯、包层及涂覆层。纤芯的折射率较高，包层的折射率较低，光以不同的角度送入光纤芯，在包层和纤芯的界面发生反射，进行远距离传输。包层的外面有一层很薄的涂覆层，涂覆材料为硅酮树脂或聚氨基甲酸乙酯。涂覆层的外面套塑(或称二次涂覆)，套塑材料大多采用尼龙、聚乙烯或聚丙烯等，可防止周围环境对光纤的伤害，如水、火、电击等。

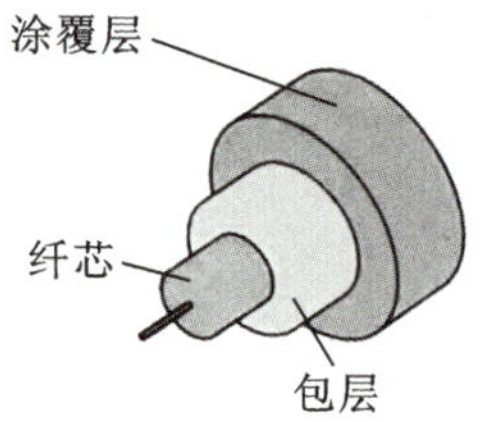

图 2.16　光纤结构

2. 光纤传输特性

光纤通过内部的全反射来传输一束经过编码的光信号。由于光纤的折射系数高于外部包层的折射系数，因此可以使入射的光波在外部包层的界面上发生全反射现象，如图 2.17 所示。

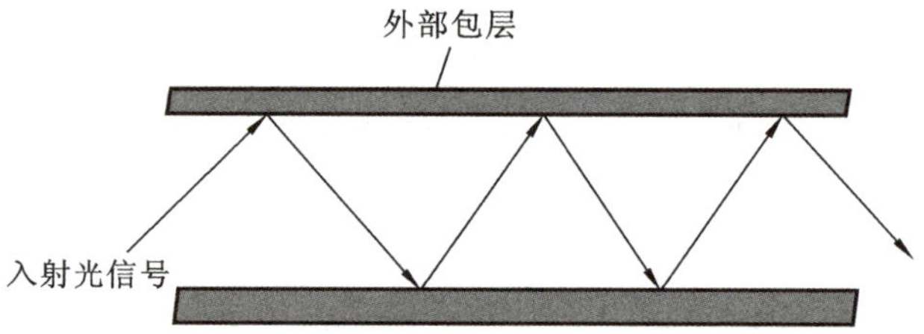

图 2.17　光纤传输特性

3. 光传输系统的组成

光传输系统由光源、传输介质、光发送器、光接收器组成，如图 2.18 所示。光源有发光二极管(LED)、光电二极管(PIN)、半导体激光器等，传输介质为光纤介质。光发送器的主要作用是将电信号转换为光信号，再将光信号导入光纤中。光接收器的主要作用是从光纤上接收光信号，再将光信号转换为电信号。

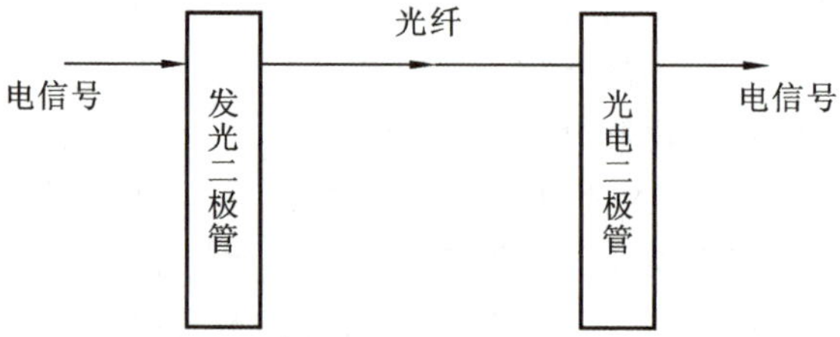

图 2.18　光传输系统

4. 光纤通信的特点

(1) 传输频带宽，通信容量大。

(2) 线路损耗低，传输距离远。

(3) 抗化学腐蚀能力强。

(4) 线径小，自重轻。

(5) 抗干扰能力强，应用范围广。

(6) 制造资源丰富。

5. 光纤的分类

光纤可以按构成材料、光传输模式、光纤的折射率分布等来进行分类。

(1) 按构成材料分类

按光纤的构成材料不同，可分为玻璃光纤、胶套硅光纤、塑料光纤三种。

(2) 按传输模式分类

按传输模式不同，光纤可分为单模光纤和多模光纤两种。

① 单模光纤

单模光纤(Single Mode Fiber，SMF)采用固体激光器作光源，在给定的工作波长上只能以单一模式的光传输信号。光信号可以沿着光纤的轴向传播，如图 2.19 所示。单模光纤没有模分散的特性，光信号损耗很小，离散也很小，传播距离较远。单模导入波长为 1310 nm 和 1550 nm。

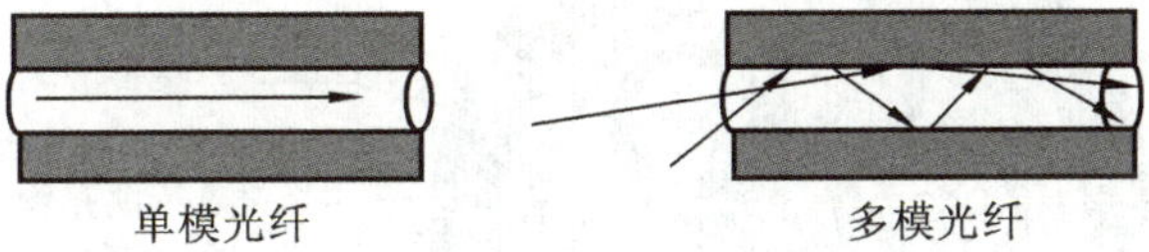

图 2.19　单模光纤和多模光纤光轨迹图

单模光纤的纤芯和包层有多种不同的尺寸，尺寸的大小将决定光信号在光纤中的传输质量。目前，常见的单模光纤主要有 8.3 μm/125 μm(纤芯直径/包层直径)、9 μm/125 μm 和 10 μm/125 μm 等规格。根据 TIA/EIA 标准，用于干线布线的单模光纤具有更高的带宽，且最远传输距离可以达到 3 km。电话公司通过特殊设备处理可以使单模光纤达到 65 km 的传输距离，因此单模光纤主要用于建筑物之间的互联或广域网连接。

② 多模光纤

多模光纤(Multi Mode Fiber，MMF)的纤芯直径较大，可以使用 LED 作为光源，也可以使用激光器作为光源。在给定的工作波长上，不同入射角的光线在光纤介质内部以不同的反射角传播，具有这种特性的光纤称为多模光纤。由于每一束光线有一个不同的模式，以多个模式同时传输光信号，从而形成模分散，限制了带宽和距离。多模光纤在光传输过程中比单模光纤损耗大，因此传输距离没有单模光纤远，可用带宽也相对小些。因此，多模光纤具有芯大、传输速度低、传输距离较短和成本较低的特点，其导入波长为 850 nm 和 1300 nm。

目前，常见的多模光纤主要有 50 μm/125 μm、62.5 μm/125 μm 和 100 μm/140 μm 等规格。多模光纤主要用于建筑物内的局域网干线连接。在综合布线系统中主要使用 62.5 μm 纤芯直径和 125 μm 包层直径的多模光纤，在传输性能要求更高的情况下，也可以使用 50 μm/125 μm 光纤。

目前，单模光纤与多模光纤的价格相差不大，但单模光纤的连接器件比多模光纤的昂贵得多，因此整个单模光纤的通信系统造价比多模光纤的也要贵得多。单模光纤与多模光纤的各种特性比较详见表 2.1。

表 2.1 单模光纤与多模光纤的特性比较

项目	单模光纤	多模光纤
纤芯直径	细(8.3 μm/10 μm)	粗(50 μm/62.5 μm)
耗散	极小	大
效率	高	低
成本	高	低
传输速率	高	低
光源	激光	发光二极管

6. 光缆

光缆由一捆光纤组成，外表覆盖一层较厚的防水、绝缘的表皮，从而增强光纤的防护能力，使光缆可以应用在各种复杂的综合布线环境中。光缆的结构如图 2.20 所示

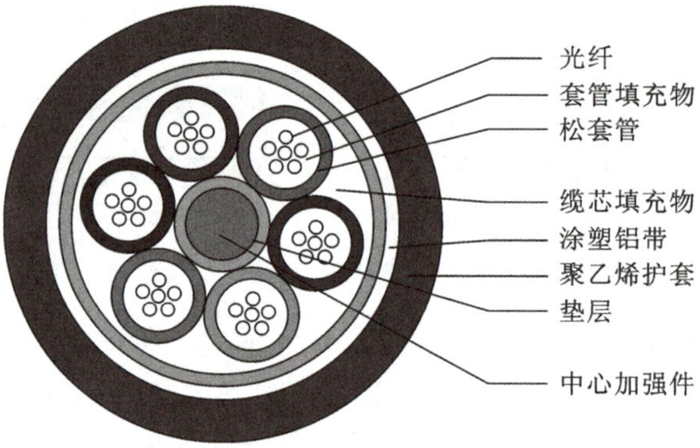

图 2.20 光缆的结构

为扩大传输容量，光缆一般含多根光纤且多为偶数，例如 6 芯、8 芯、12 芯、24 芯、48 芯等，一根光缆甚至可容纳上千根光纤。在综合布线系统中，一般采用纤芯为 62.5 μm/125 μm 规格的多模光缆，有时也用 50 μm/125 μm 和 100 μm/140 μm 的多模光缆。户外布线大于 2 km 时可选用单模光缆。

光缆的分类有多种方法，按照应用场合则可分为室内光缆、室外光缆、室内外通用光缆等；按照敷设方式可分为架空光缆、直埋光缆、管道光缆、水底光缆等；按照结构可分为紧套管光缆、松套管光缆、单一套管光缆等；按照缆芯结构可分为层绞式、中心束管式、骨架式和带状式等四种类型；按照光缆中的纤芯数可分为 4 芯、6 芯、8 芯、12 芯、24 芯、36 芯、48 芯、72 芯、…、144 芯等。在综合布线系统中，主要按照光缆的使用场合和敷设方式进行分类。

在光纤接入工程中，靠近用户的室内布线是较为复杂的，常规室内光缆的弯曲性能、抗拉性能已不能满足 FTTH(光纤到户)室内布线的需求。皮线光缆(图 2.21)将光通信单元(光

纤,1～4 芯)处于中心,两侧放置两根平行非金属加强件(FRP)或金属加强构件,外护套为聚氯乙烯或低烟无卤材料,结构简单,轻而软,易剥离,方便接续与安装维护,实用性强,因而广泛应用于室内布线,终端用户直接用缆。

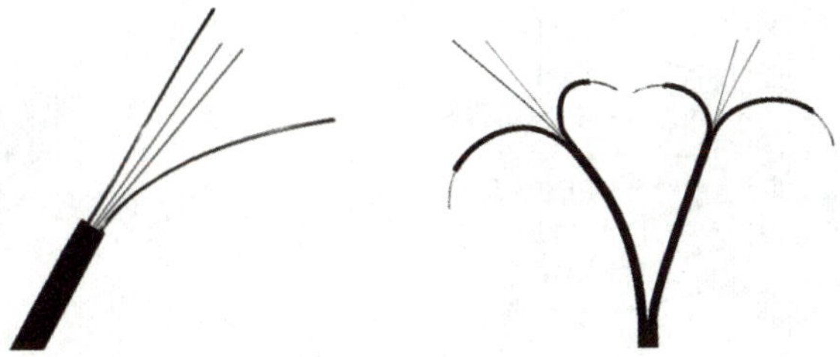

图 2.21　2 芯、4 芯皮线光缆

7. 常用光缆及其敷设方式

(1) 室内光缆

室内光缆的抗拉强度较小,保护层较差,但也更轻便、更经济。室内光缆主要适用于综合布线系统中的水平干线子系统和垂直干线子系统。室内光缆可以分为以下几种类型。

① 多用途室内光缆(图 2.22):多用途室内光缆的结构是按照各种室内所用场所的需要而定的。

② 分支光缆(图 2.23):多用于布线终接和维护。分支光缆便于各光纤的独立布线或分支布线。

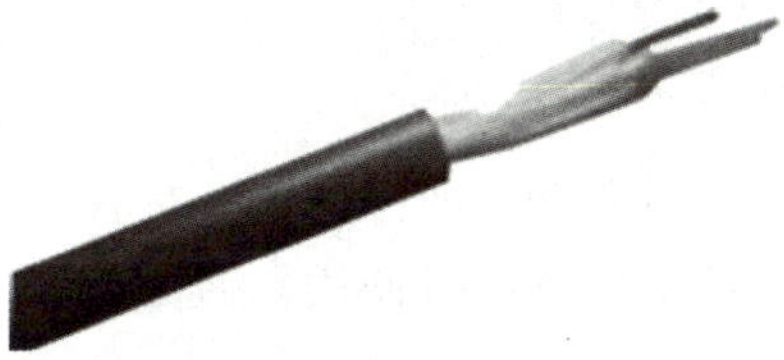

图 2.22　多用途室内光缆

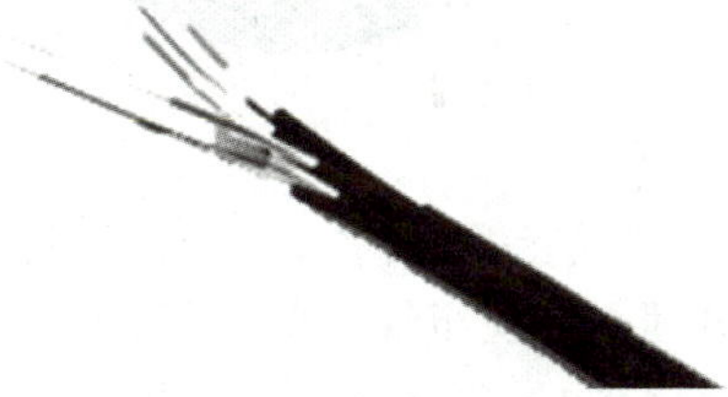

图 2.23　分支光缆

③ 互连光缆(图 2.24):为布线系统中语音、数据、视频图像传输设备互连所设计的光缆,使用的是单纤和双纤结构。互连光缆连接容易,在楼内布线中可用作跳线。

图 2.24　互连光缆

(2) 室外光缆

室外光缆的抗拉强度比较大,保护层厚重,在综合布线系统中主要用于建筑群子系统。根据敷设方式的不同,室外光缆可分为架空式光缆、管道式光缆、直埋式光缆、隧道光缆和水底光缆等。

① 架空式光缆(图 2.25):当地面不适宜开挖或无法开挖(如需要跨越河道敷设)时,可以考虑采用架空的方式敷设光缆。普通光缆虽然也可以架空敷设,但是往往需要预先敷设承重钢缆。而架空式光缆把两者合二为一,给施工带来了方便。

② 管道式光缆(图 2.26):在新建成的建筑物中都预留了专用的布线管道,因此,在布线中

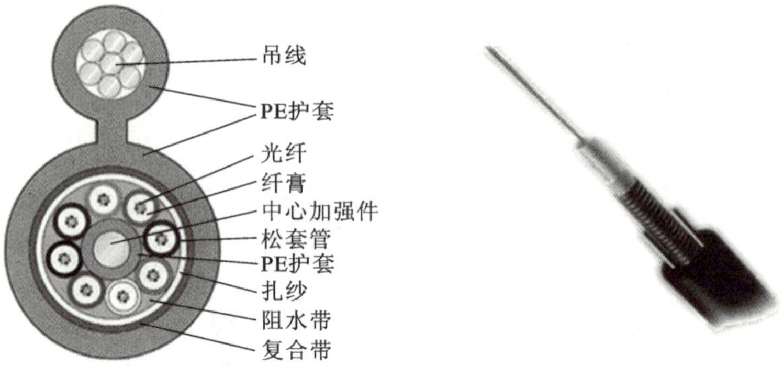

图 2.25　架空式光缆

多使用管道式光缆。管道式光缆的强度并不大,但是具有较好的防水性能,除了用于管道布线外,还可以通过预先敷设的承重钢缆来用于架空铺设。

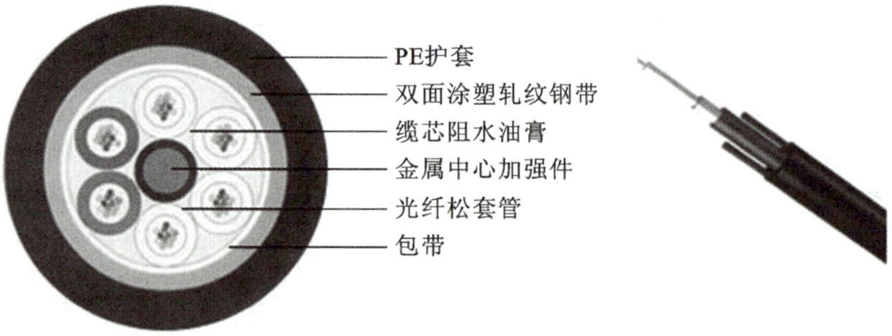

图 2.26　管道式光缆

③ 直埋式光缆(图 2.27):布线时需要在地下开挖一定深度的地沟(1 m 左右),用于埋设光缆。直埋式光缆布线简单易行,施工费用较低,在一般光缆敷设时使用。直埋式光缆通常有两层金属保护层,并且具有很好的防水性能。

图 2.27　直埋式光缆

④ 隧道光缆:指经过公路、铁路等交通隧道的光缆。

⑤ 水底光缆:指穿越江河、湖泊、海峡水底的光缆。

以上两种光缆需要选用优质光纤,以确保光缆具有优良的传输性能,在使用时要精确控制光纤余长，保证光缆具有优良的机械特性和温度特性。要有严格的工艺、原材料控制，保证光缆稳定工作 30 年以上。在松套管内填充特种油膏，对光纤进行关键性保护。采用全截面阻水结构，确保光缆具有良好的阻水防潮性能。中心加强构件采用增强玻璃纤维塑料(FRP)制成。双面覆膜复合铝带纵包，与 PE 护套紧密黏结，既确保了光缆的径向防潮，又增强了光缆耐侧压能力。如果选用非金属加强构件的光缆，可以适用于多雷地区。

(3) 室内/室外通用光缆

由于敷设方式的不同，室外光缆必须具有与室内光缆不同的结构特点。室外光缆要承受水蒸气扩散和潮气的侵入，必须具有足够的机械强度及防啮咬等保护措施。室外光缆由于有 PE 护套及易燃填充物，不适合室内敷设，因此人们在建筑物的光缆入口处为室内光缆设置了一个移入点，这样室内光缆才能可靠地在建筑物内进行敷设。室内/室外通用光缆(图 2.28)既可在室内使用也可在室外使用，不需要在室外向室内的过渡点进行熔接。

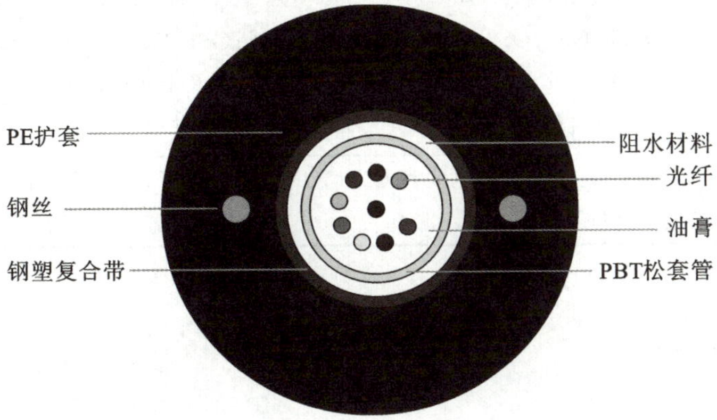

图 2.28　室内/室外通用光缆

2.2.4　电缆布线系统的分级、类别及选用

综合布线电缆布线系统的分级与类别如表 2.2 所示。

表 2.2　电缆布线系统的分级与类别

系统分级	系统产品类别	支持最高带宽(Hz)	支持应用器件	
			电缆	连接硬件
A	—	100 K	—	—
B	—	1 M	—	—
C	3 类(大对数)	16 M	3 类	3 类
D	5 类(屏蔽和非屏蔽)	100 M	5 类	5 类
E	6 类(屏蔽和非屏蔽)	250 M	6 类	6 类
E_A	6_A类(屏蔽和非屏蔽)	500 M	6_A 类	6_A 类
F	7 类(屏蔽)	600 M	7 类	7 类
F_A	7_A类(屏蔽)	1000 M	7_A 类	7_A 类

综合布线系统工程的产品类别及链路、信道等级的确定应综合考虑建筑物的性质、功能，应用网络和业务对传输带宽及缆线长度的要求，业务终端的类型，业务的需求及发展，性能价格，现场安装条件等因素，并应符合表 2.3 的规定。

表 2.3　布线系统等级与类别的选用

业务种类		配线子系统		干线子系统		建筑群子系统	
		等级	类型	等级	类型	等级	类型
语音		D/E	5/6(4 对)	C/D	3/5(大对数)	C	3(室外大对数)
数据	电缆	D、E、E_A、F、F_A	5、6_A、7、7_A(4 对)	E、E_A、F、F_A	6、6_A、7、7_A(4 对)	—	—
	光纤	OF=－300 OF=－500 OF=－2000	OM1、OM2、OM3、OM4 多模光纤；OS1、OS2 单模光纤及相应等级连接器件	OF=－300 OF=－500 OF=－2000	OM1、OM2、OM3、OM4 多模光纤；OS1、OS2 单模光纤及相应等级连接器件	OF=－300 OF=－500 OF=－2000	OS1、OS2 单模光纤及相应等级连接器件
其他应用		可采用 5/6/6_A类 4 对对绞电缆和 OM1、OM2、OM3、OM4 多模光纤，OS1、OS2 单模光纤及相应等级连接器件					

2.3　布线工艺

2.3.1　工作区

1. 工作区信息插座的安装宜符合下列规定：

(1) 安装在地面上的接线盒应防水和抗压。

(2) 安装在墙面或柱子上的信息插座底盒、多用户信息插座盒及集合点配线箱体的底部离地面的高度宜为 300 mm。

(3) 工作区内，线槽的敷设要合理、美观，多用户信息插座和集合点的配线箱体应安装于墙体或柱子等建筑物固定的永久位置。对于办公楼、综合楼等商用建筑物或公共区域大开间的场地，宜按开放型办公室综合布线系统要求进行设计。采用多用户信息插座(MUTO)时，每一个多用户插座宜能支持 12 个工作区所需的 8 位模块通用插座，并包括备用量。

(4) 信息插座的安装高度宜距地面 300 mm。地面上安装的信息插座必须采用金属面板，并且具有抗压和防水功能。

(5) 信息插座与终端设备的距离保持在 5 m 范围内。

(6) 网卡接口类型要与缆线接口类型保持一致。插座内安装的信息模块必须与计算机、打印机、电话机等终端设备内安装的网卡类型一致。例如，终端计算机为光模块网卡时，信息插座内必须安装对应的光模块。计算机为六类网卡时，信息插座内必须安装对应的六类模块。

2. 工作区的电源应符合下列规定：

(1) 每 1 个工作区至少应配置 2 个单相交流 220 V/10 A 电源插座。

(2) 工作区的电源插座应选用带保护接地的单相电源插座，保护接地与零线应严格分开。

(3) 在信息插座附近须设置电源插座，减少设备跳线的长度。为减少电磁干扰，电源插座与信息插座的距离应大于 200 mm，如图 2.29 所示。

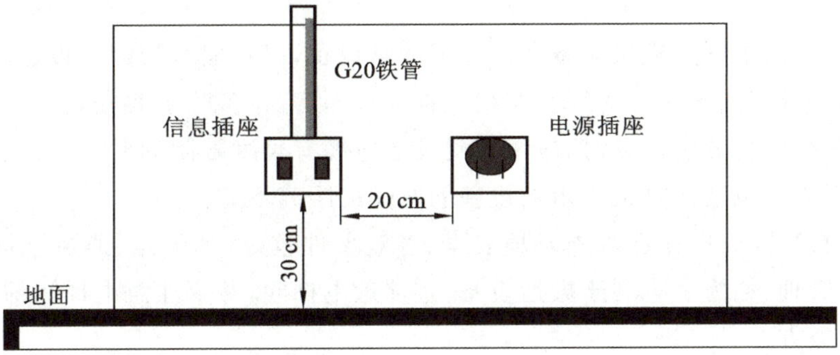

图 2.29　信息插座与地面、电源插座的安装距离

2.3.2　电信间

电信间也称为管理间或配线间，主要为楼层安装配线设备（机柜、机架、机箱等）和楼层信息通信网络系统设备的场地，并应在该场地内设置缆线竖井、等电位接地体、电源插座、UPS 电源配电箱等设施，一般设置在每个楼层的中间位置。电信间为连接其他子系统提供手段，是连接干线子系统和配线子系统的部分。当楼层信息点很多时，可以设置多个电信间。为了以最小的空间覆盖最大的面积，安排电信间位置时，设计人员应慎重考虑。电信间最理想的位置是位于楼层平面的中心，每个电信间的管理区域面积一般不超过 1000 m^2。

1. 电信间的数量应按所服务楼层面积及工作区信息点密度与数量确定。同楼层信息点数量不大于 400 个、水平缆线长度在 90 m 范围内时，宜设置一个电信间；当楼层信息点数量大于 400 个或水平缆线长度大于 90 m 时，宜设两个及两个以上电信间；每层的信息点数量较少，且水平缆线长度在 90 m 范围内时，可多个楼层合设一个电信间。

2. 电信间应与强电间分开设置，以保证通信安全。在电信间内或其紧邻处应设置相应的干线通道（或电缆竖井），各个电信间之间利用电缆竖井或管槽系统使它们互相之间的路由沟通，以达到网络灵活、安全畅通的目的。

3. 电信间的使用面积不应小于 5 m^2，也可根据工程中配线设备和网络设备的容量进行调整。

4. 电信间的设备安装和电源要求，应符合《综合布线系统工程设计规范》(GB 50311—2016)的规定：

(1) 电信间应设置不少于 2 个单相交流 220 V/10 A 检修用电源插座盒，每个电源插座的配电线路均应装设保护器。设备供电电源应由设备间或机房不间断电源(UPS)供电，并为了便于管理，可采用集中供电方式。

(2) 设备间如果安装电信设备或其他信息网络设备时，设备供电应符合相应的设计要求。

5. 电信间应采用外开丙级防火门，净宽不应小于 0.9 m；电信间内温度应为 10～35 ℃，相对湿度宜为 20%～80%。如果安装信息网络设备时，应符合相应的设计要求。

6. 电信间梁下净高不应小于 2.5 m。电信间的水泥地面应高出本层地面不小于 100 mm 或设置防水门槛。室内地面应有防潮、防尘、防静电等措施。

2.3.3 设备间

设备间是大楼的电话交换机设备和计算机网络设备,以及建筑物配线设备(BD)安装的地点,也是进行网络管理的场所。对综合布线工程设计而言,设备间主要安装总配线设备。当信息通信设施与配线设备分别设置时,应考虑到设备电缆有长度限制的要求,安装总配线架的设备间与安装电话交换机及计算机主机的设备间之间的距离不宜太远。

1. 设备间的位置应选择在内外环境安全、客观条件较好(如干燥、通风、清静和光线明亮等)和便于维护管理(如为了有利于搬运设备,宜邻近电梯间,并要注意电梯间的大小及其载重限制等细节)的地方。

2. 设备间的位置及大小应根据设备的数量、规模、最佳网络中心、网络构成等因素综合考虑确定。通常有以下几种因素会使设备间的设置方案有所不同:

(1) 主体工程的建设规模和工程范围的大小。

(2) 设备间内安装的设备种类和数量。

(3) 设备间有无常驻的维护管理人员,是专职人员用房还是合用共管的性质,都会影响到设备间的位置和房间面积的大小等。

3. 每幢建筑物内应至少设置一个设备间,如果用户电话交换机与计算机网络设备分别安装在不同的场地或有安全需要时,也可设置两个或两个以上的设备间,以满足不同业务的设备安装需要。

4. 建筑物综合布线系统与外部配线网连接时,应遵循相应的接口标准要求。

5. 设备间的设计应符合下列规定:

(1) 设备间宜处于干线子系统的中间位置,并应考虑主干缆线的传输距离、敷设路由与数量,也就是应布置在综合布线系统对外或内部连接各种通信设备或信息缆线的汇合集中处。

(2) 设备间位置应尽量靠近建筑物布放主干缆线的竖井位置,这样有利于网络系统互相连接,且距离较近。要求网络接口设备与引入通信管道处的间距不宜超过 15 m。

(3) 设备间宜设置在建筑物的首层或楼上层。当地下室为多层时,也可设置在地下一层。在高层建筑中,设备间也可以设置在一、二层。设备间的位置应便于接地装置的安装。尽量减少总接地线的长度,有利于降低接地电阻值。

(4) 设备间应远离供电变压器、发动机和发电机、X 射线检测设备、无线射频或雷达发射机等,以及有电磁干扰源存在的场所,也应远离粉尘、油烟、有害气体以及存有腐蚀性、易燃易爆物品的场所,如水泵房、厨房、油库、锅炉房等。在设备间的正上方或毗邻场所处,不应有厕所、浴室或其他潮湿、易积水区域等。

(5) 设备间室内温度应为 10～35 ℃,相对湿度应为 20%～80%,并应有良好的通风。

(6) 设备间梁下净高不应小于 2.5 m,采用外开双扇门,门宽不应小于 1.5 m。

6. 设备间的面积要求:

设备间的使用面积不仅要考虑所有设备的安装面积,还要预留工作人员管理操作的地方。

(1) 设备间内的空间应满足布线系统配线设备的安装需要，其使用面积不应小于 10 m^2。该面积不包括程控用户交换机、计算机网络设备等设施所需的面积。一个 10 m^2（2.5 m×4.0 m）的设备间，大约能安装 5 个 600 mm 宽的 19″机柜。在机柜中安装电话大对数电缆多对卡接式模块、数据主干缆线光/电配线架、理线架等，大约能支持总量为 6000 个信息点所需（其中电话和数据信息点各占 50%）的建筑物配线设备安装空间。

(2) 当系统信息插座大于 6000 个时，应根据工程的具体情况，每增加 1000 个信息点，宜增加 2 m^2。

(3) 设备间安装程控用户交换机、信息网络设备或光纤到用户单元通信设施机柜时相应增加面积。

(4) 设备间的面积确定同样需考虑机柜尺寸因素，光纤到用户单元通信设施工程使用的设备间，当采用 800 mm 宽机柜时，设备间面积不应小于 15 m^2。

7. 设备间的环境要求：

设备间内安装了计算机、计算机网络设备、电话程控交换机、建筑物自动化控制设备等硬件设备。这些设备的运行需要相应的温度、湿度、防尘、噪声、电磁场干扰、供电等要求。设备间内的环境设置可以参照国家计算机用房设计标准《数据中心设计规范》(GB 50174—2017)、程控交换机的《工业企业程控用户交换机工程设计规范》(CECS09:89)等相关标准及规范。

(1) 温湿度。综合布线有关设备的温湿度要求可分为 A、B、C 三级，设备间的温湿度也可参照三个级别进行设计。三个级别具体要求见表 2.4。

表 2.4　设备间温湿度要求

项目	A 级	B 级	C 级
温度(℃)	夏季：22±4 冬季：18±4	12～30	8～35
相对湿度	40%～65%	35%～70%	20%～80%

设备间的温湿度控制可以通过安装降温或加温、加湿或除湿功能的空调设备来实现。选择空调设备时，南方地区主要考虑降温和除湿功能；北方地区要全面具有降温、升温、除湿、加湿功能。空调的功率主要根据设备间的大小及设备数量而定。

(2) 尘埃。设备间内的电子设备对尘埃指标要求较高，指标过高会影响设备的正常工作，降低设备的工作寿命。设备间的尘埃指标一般可分为 A、B 两级，详见表 2.5。

表 2.5　设备间尘埃指标要求

项目	A 级	B 级
粒度(μm)	>0.5	>0.5
个数(粒/dm^3)	<10000	<18000

要降低设备间的尘埃指标，关键在于定期清扫灰尘。工作人员进入设备间时应更换干净的鞋具。

(3) 照明。为了方便工作人员在设备间内操作设备和维护相关综合布线器件，设备间内必须安装足够照明度的照明系统，并配置应急照明系统。设备间内距地面 0.8 m 处，照明度不应低于 200 lx。设备间配备的事故应急照明，在距地面 0.8 m 处，照明度不应低于 5 lx。

（4）噪声。为了保证工作人员的身体健康，设备间内的噪声应小于 70 dB。

（5）电磁场干扰。根据综合布线系统的要求，设备间无线电干扰的频率应在 0.15～1000 MHz 范围内，噪声不大于 120 dB，磁场干扰场强不大于 800 A/m。

（6）供电系统。设备间供电电源应满足以下要求：

① 频率：50 Hz；

② 电压：220 V/380 V；

③ 相数：三相四线制/单相三线制。

根据设备间内设备的使用要求，设备要求的供电方式分为以下三类：

① 需要建立不间断供电系统；

② 需建立带备用的供电系统；

③ 按一般用途供电考虑。

8. 在地震区，设备安装应按规定进行抗震加固。

9. 设备安装宜符合下列规定：

（1）机架或机柜前面的净空不应小于 800 mm，后面的净空不应小于 600 mm。

（2）壁挂式配线设备底部离地面的高度不宜小于 300 mm。

10. 设备间应提供不少于两个 220 V 带保护接地的单相电源插座，但不作为设备供电电源。

11. 设备间如果安装电信设备或其他信息网络设备时，设备供电应符合相应的设计要求。

2.3.4 进线间

在单栋建筑物或由连体的多栋建筑物构成的建筑群内应设置不少于 1 个进线间，供多家电信运营商和业务提供商使用，通常位于地下一层邻近外墙、便于管线引入的位置。为了保障通信设施的安全及通信畅通，进线间也可以设于建筑物的首层。

进线间因涉及因素较多，难以统一提出具体所需面积，可根据建筑物实际情况，并参照通信行业和国家的现行标准要求进行设计。

1. 进线间应设置管道入口。在进线间缆线入口处的管孔数量应留有充分的余量，以满足建筑物之间、建筑物弱电系统、外部接入业务及不少于 3 家电信业务经营者和其他业务服务商缆线接入的需求，并应留有不少于 4 孔的余量。

2. 进线间应满足室外引入缆线的敷设与成端位置及数量、缆线的盘长空间和缆线的弯曲半径等要求，并应提供安装综合布线系统及不少于 3 家电信业务经营者入口设施的使用空间及面积。进线间面积不宜小于 10 m^2。

3. 进线间宜靠近外墙和在地下设置，以便于缆线引入。进线间设计应符合下列规定：

（1）进线间应防止渗水，宜在室内设置排水地沟并与附近设有抽排水装置的集水坑相连。

（2）进线间应与电信业务经营者的通信机房，建筑物内配线系统设备间、信息接入机房、信息网络机房、用户电话交换机房、智能化总控室等及垂直弱电竖井之间设置互通的管槽。

（3）进线间应采用相应防火级别的外开防火门，门净高不应小于 2.0 m，净宽不应小于 0.9 m。

(4) 进线间宜采用轴流式通风机通风，排风量应按每小时不小于 5 次换气次数计算。

(5) 与进线间安装的设备无关的管道不应在室内通过。

(6) 进线间安装信息通信系统设施应符合设备安装设计的要求。

(7) 综合布线系统进线间不应与数据中心使用的进线间合设，建筑物内各进线间之间应设置互通的管槽。

(8) 进线间应设置不少于 2 个单相交流 220 V/10 A 电源插座盒，每个电源插座的配电线路均应装设保护器。设备供电电源应另行配置。

(9) 建筑群主干电缆和光缆、公用网和专用网电缆、光缆等室外缆线进入建筑物时，应在进线间由器件成端转换成室内电缆和光缆。缆线的终接处设置的入口设施外线侧配线模块应按出入的电缆、光缆容量配置。

(10) 综合布线系统和电信业务经营者设置的入口设施内线侧配线模块与建筑物配线设备(BD)或建筑群配线设备(CD)之间敷设的缆线类型和容量相匹配。

4. 进线间入口管道口所有布放缆线和空闲的管孔应采取防火材料封堵，做好防水处理。

5. 进线间如安装配线设备和信息通信设施时，应符合设备安装设计的要求。

2.3.5　缆线布放

1. 配线子系统缆线宜采用在吊顶、墙体内穿管或设置金属密封线槽及开放式(电缆桥架、吊挂环等)敷设。当缆线在地面布放时，应根据环境条件选用地板下线槽、网络地板、高架(活动)地板布线等安装方式。

2. 干线子系统垂直通道穿过楼板时宜采用电缆竖井方式，也可采用电缆孔、管槽的方式。电缆竖井的位置应上、下对齐。

3. 建筑群之间的缆线宜采用地下管道或电缆沟敷设方式，并应符合相关规范的规定。

4. 缆线应远离高温和电磁干扰的场地。

5. 管线的弯曲半径应符合表 2.6 的要求。

表 2.6　管线敷设允许的弯曲半径要求

缆线类型	弯曲半径
2 芯或 4 芯室内光缆	>25 mm
其他芯数和主干光缆	不小于光缆外径的 10 倍
4 对屏蔽、非屏蔽电缆	不小于电缆外径的 4 倍
大对数主干电缆	不小于电缆外径的 10 倍
室外光缆、电缆	不小于缆线外径的 10 倍

6. 缆线布放在管与线槽内的管径与截面利用率，应根据不同类型的缆线做不同的选择。管内穿放大对数电缆或 4 芯以上光缆时，直线管路的管径利用率应为 50%～60%，弯管路的管径利用率应为 40%～50%。管内穿放 4 对对绞电缆或 4 芯及以下光缆时，截面利用率应为 25%～30%。布放缆线在线槽内的截面利用率应为 30%～50%。

7. 允许综合布线电缆、电视电缆、火灾报警电缆、监控系统电缆合用金属电缆桥架，但与电视电缆宜用隔板分开。利用金属隔板分开是为了防电磁干扰。

8. 建筑物暗配线一般可采用塑料管或金属配线材料。

9. 干线子系统垂直通道有下列三种方式可供选择：

(1) 电缆孔方式。通常用一根或数根外径为 63～102 mm 的金属管预埋在楼板内，金属管高出地面 25～50 mm，也可直接在楼板上预留一个大小适当的长方形孔洞。孔洞一般不小于 600 mm×400 mm（也可根据工程实际情况确定）。

(2) 管道方式。包括明管或暗管敷设。

(3) 电缆竖井方式。在新建工程中，推荐使用电缆竖井的方式。

10. 某些结构（如“＋”型等）的 6 类电缆在布放时为减少对绞电缆之间串音对传输信号的影响，不要求完全做到平直和均匀，甚至可以不绑扎，因此对布线系统管线的利用率提出了较高要求。对于综合布线管线，可以采用管径利用率和截面利用率的公式加以计算，得出管道缆线的布放根数。

(1) 管径利用率＝d/D。其中，d 为缆线外径；D 为管道内径。

(2) 截面利用率＝A_1/A。其中，A_1 为穿在管内的缆线总截面面积；A 为管道的内截面面积。

缆线的类型包括大对数屏蔽与非屏蔽电缆（25 对、50 对、100 对），4 对对绞屏蔽与非屏蔽电缆（5 类、6 类、7 类）及光缆（2 芯至 24 芯）等。尤其是 6 类屏蔽缆线因构成的方式较复杂，缆线的直径与硬度有较大的差异，在设计管线时应引起足够的重视。为了保证水平电缆的传输性能及成束缆线在电缆线槽中或弯角处布放不会产生溢出现象，故槽盒截面利用率宜在 30%～50%的范围。

2.4　综合布线各子系统的布线

2.4.1　综合布线系统工程设计流程

智能建筑是由智能化建筑环境内的系统集成中心利用综合布线系统连接并控制“3A”（BAS、CAS 和 OAS）系统组成的。综合布线系统设计得是否合理，直接影响到“3A”功能。

设计一个合理的综合布线系统一般有如下 7 个步骤：

(1) 用户信息需求分析。

(2) 获取尽可能全面的建筑资料。

(3) 系统结构设计。

(4) 布线路由设计。

(5) 可行性论证。

(6) 绘制综合布线施工图。

(7) 编制综合布线用料清单。

综合布线系统的设计过程，可用图 2.30 所示的流程图来描述。

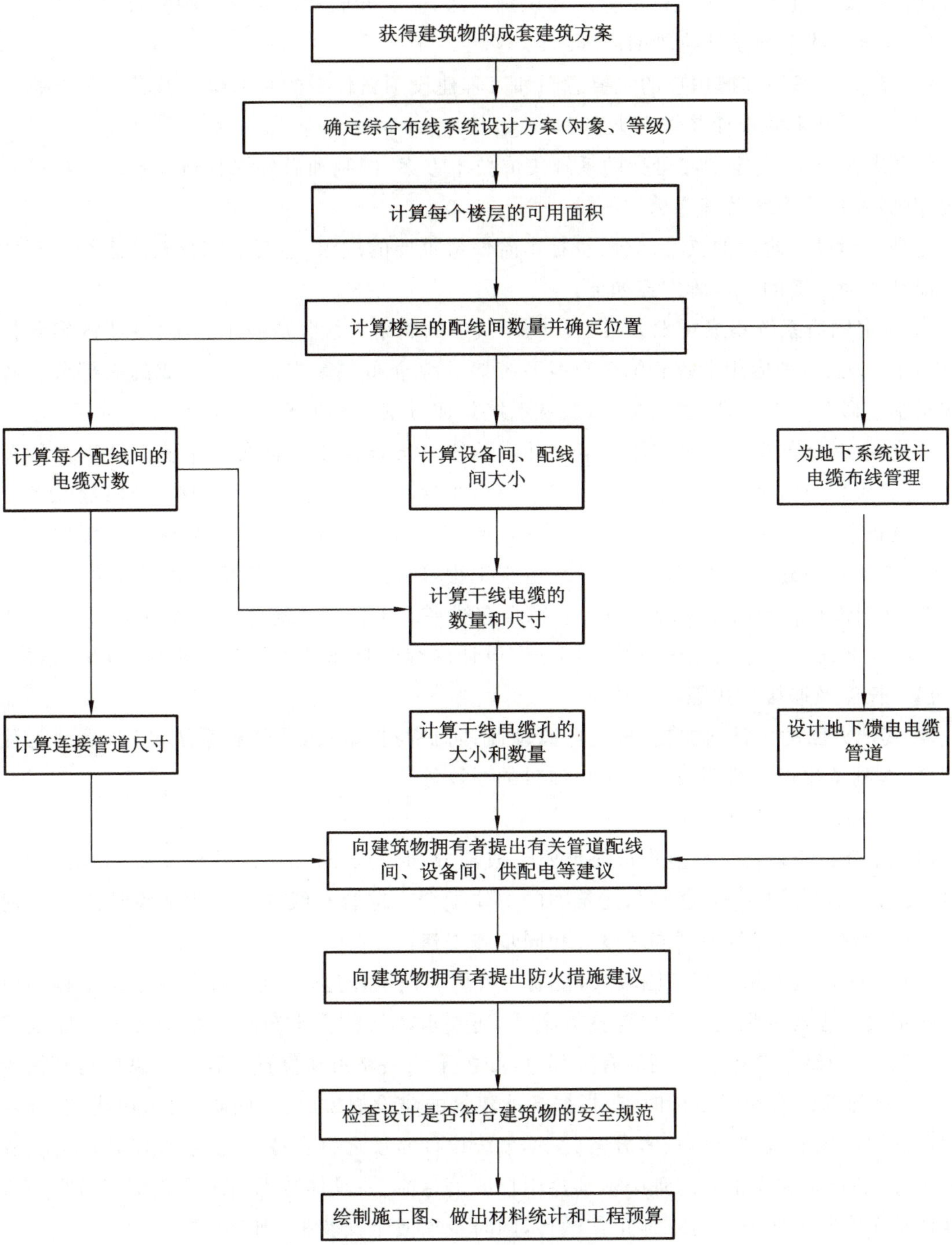

图 2.30　综合布线系统设计流程图

2.4.2　综合布线系统工程的设计内容与要求

设计综合布线各子系统时，应当考虑到环境限制和用户要求，同时应该考虑到灵活性。在设计阶段应当明确：各承包商的范围及各自不同的责任；布线结构及使用的设备部件；各楼层配线间的位置及规模；布线元件的标记和识别方法；安装验收和性能保证的验收方法等。

1. 综合布线系统设计阶段的内容

（1）充分了解和掌握用户的主要意图和工程建设项目任务的基本概况及其主要依据。在此基础上进行技术性选样并作出决定。

（2）认真研究，制定切实可行的系统集成技术方案；编制和做好综合布线系统工程的总体方案，并做好各子系统及其他部分的设计。

这是工程设计阶段的核心部分，也是本阶段最重要的成果，它对于综合布线系统工程的质量保证是最为关键的。具体内容如下：

① 制定网络系统集成技术方案。智能建筑中的网络系统集成技术方案，主要内容包括计算机网络系统、各种应用系统和综合布线系统等。综合布线系统是系统集成的一部分。各个组成系统应做到相互协调、密切配合，服从系统集成方案的整体要求。

② 制定综合布线系统的总体方案设计。总体方案设计是综合布线系统设计工作的关键部分，它直接影响智能建筑的智能化水平和通信质量。其内容包括通信网络总体结构、各个布线子系统的组成、系统工作的主要技术指标、通信设备器材和布线部件的选型和配置等。此外，还应考虑房屋建筑工程、计算机、有线电视工程等其他工程的特殊要求和配合协调。

③ 分别进行各布线子系统的设计。综合布线系统中含有建筑群主干布线子系统、建筑物主干布线子系统和水平布线子系统三部分。设计内容包括缆线和设备的规格、容量、结构、路由、位置、长度及连接方式等。

④ 其他方面的设计。如交、直流电源设计；防护与接地设计；屏蔽系统设计；绘制工程设计图纸，编制工程设计说明及建筑工程项目的预算等。

2. 工程设计阶段的要求

（1）综合布线系统是智能建筑的重要组成部分，它与建筑物中的其他管线（如给排水、电力、供暖通风等系统）一样，必须与建筑物的主体配合。综合布线系统工程的设计应纳入建筑物的总体设计之中，尽量做到同时设计和同步施工建设。

（2）智能建筑如果工程范围较大，且需与公用通信网相连时，其综合布线系统工程的设计除按规定要考虑与公用通信网的连接方案外，还要求建筑群主干布线子系统必须与建设规划相互协调，并应纳入其街区规划的有关部分（如主干线路路由和位置的确定），以便与其衔接。

（3）在进行综合布线设计时，应根据智能建筑的建设规模、用户性质、使用功能、客观环境和信息需要等因素确定总体技术方案（又称系统设计），使之符合技术先进、经济合理的工程建设准则；产品选型和设备的配置必须满足用户的信息需要；具体技术措施应该切实可行、有效；要保证整个布线系统安全可靠地正常运行，同时要求便于安装施工和维护。

（4）综合布线系统应与 BAS、CAS 和 OAS 等密切结合，由主体设计单位全面负责、统一规划和综合集成，各系统的具体建设应服从整体要求，分别实施。

（5）综合布线系统工程设计必须遵循国际标准、国家标准或我国现行的通信行业标准和有关规定。

2.4.3　工作区子系统的布线

1. 工作区子系统设计规范与要求

在综合布线中，一个独立的需要设置终端设备(TE)的区域宜划分为一个工作区。工作区应由配线子系统的信息插座模块(TO)延伸到终端设备处的连接缆线及适配器组成。工作区的终端设备可以是电话、计算机，也可以是检测仪表、测量传感器等。

对工作区子系统设计的基本要求是：确定系统的规模，即确定在该系统中设置多少个信息插座，同时还要为将来留出一定的余量；信息插座必须具有开放性；信息插座的技术指标必须符合相关标准；工作区子系统的布线长度按照《综合布线系统工程设计规范》(GB 50311—2016)的布线系统信道长度要求进行设计，并选用符合要求的适配器等。

2. 工作区适配器的选用宜符合下列规定：

(1) 设备的连接插座应与连接电缆的插头匹配，不同的插座与插头之间应加装适配器。

(2) 在连接使用信号的数模转换，光、电转换，数据传输速率转换等相应的装置时，应采用适配器。

(3) 对于网络规程的兼容，应采用协议转换适配器。

(4) 各种不同的终端设备或适配器均应安装在工作区的适当位置，并应考虑现场的电源与接地。

3. 每个工作区的服务面积，应按不同的应用功能确定。

(1) 目前建筑物的功能类型较多，大体上可以分为商业、文化、媒体、体育、医院、学校、交通、住宅、通用工业等类型，因此，对工作区面积的划分应根据应用的场合进行具体的分析后确定，工作区面积需求可参照表2.7所示内容。

表2.7　工作区面积划分表

建筑物类型及功能	工作区面积(m^2)
网管中心、呼叫中心、信息中心等终端设备较为密集的场地	3～5
办公区	5～10
会议、会展	10～60
商场、生产机房、娱乐场所	20～60
体育场馆、候机室、公共设施区	20～100
工业生产区	60～200

(2) 对于应用场合，如终端设备的安装位置和数量无法确定时，或使用场地为大客户租用并考虑自行设置计算机网络时，工作区的面积可按区域(租用场地)面积确定。

(3) 对于IDC机房(为数据通信托管业务机房或数据中心机房)，可按生产机房每个机架的设置区域考虑工作区面积。对于此类项目，涉及数据通信设备安装工程设计时，应单独考虑实施方案。

4. 工作区子系统的设计步骤

工作区子系统在设计时的步骤一般为：首先与用户进行充分的技术交流，了解建筑物的用途；然后进行工作区信息点的统计；最后确定工作区信息点的位置。

（1）用户信息点需求的调查和分析

需求分析首先从整栋建筑物的用途开始；然后按照楼层进行分析；最后再到楼层的各个工作区或者房间。逐步明确和确认每层和每个工作区的用途和功能；分析每个工作区的需求；规划工作区的信息点数量和位置。

（2）和用户进行技术交流

在前期用户需求分析的基础上，与用户（如用户技术负责人、项目或行政负责人）进行技术交流。进一步了解用户的需求，特别是未来的发展需求。在交流中，要重点了解每个房间或者工作区的用途，工作区域、工作台位置、设备安装位置等详细信息，并做好详细的书面记录。

（3）阅读建筑物图纸和工作区编号

索取和阅读建筑物设计图纸，通过阅读建筑物图纸掌握建筑物的土建结构、强电路径、弱电路径，特别是主要电气设备和电源插座的安装位置，重点了解在综合布线路径上的电气设备、电源插座、暗埋管线等。在阅读图纸时，进行记录或标记有助于将信息插座设计在合适的位置，避免强电或电气设备对综合布线系统的影响。

为工作区信息点命名和编号是一项非常重要的工作。命名必须准确表达信息点的位置或者用途，且与工作区的名称相对应。这个名称从项目设计开始到竣工验收以及后续维护要一致，如果在后续使用中改变了工作区名称或者编号，必须及时制作名称变更对应表，作为竣工资料保存。

（4）工作区信息点的配置

《综合布线系统工程设计规范》(GB 50311—2016)根据建筑物的用途不同来划分工作区的面积，明确信息点的配置。每个工作区需要设置一个数据信息点和电话信息点，或者按用户需要设置。也有部分工作区需要支持数据终端、电视机及监视器等终端设备。

每一个工作区（或房间）信息点数量的确定范围比较大，从现有的工程实际应用情况分析，有时有 1 个信息点，有时可能会有 10 个信息点；有时只需要电缆信息模块，有时还需要预留光缆备份的信息插座模块。因为建筑物用途不一样，功能要求和实际需求不一样，信息点数量不能仅按办公楼的模式确定，要考虑多功能和未来扩展需要，尤其是对于专用建筑（如电信、金融、体育场馆、博物馆等建筑）及计算机网络存在内、外网等多个网络时，更应加强需求分析，作出合理的配置。

（5）工作区信息点点数统计

工作区信息点点数统计表简称点数表，是设计和统计信息点数量的基本工具和手段。在需求分析和技术交流的基础上，首先确定每个房间或者区域的信息点位置和数量，然后制作和填写点数统计表。点数统计表是首先按照楼层，然后按照房间或者区域逐层逐房间地规划和设计网络数据、光纤口、语音等信息点点数，再把每个房间规划的信息点数量填写到点数表对应的位置。每层填写完毕后，就能够统计出该层的信息点点数；全部楼层填写完毕后，就能统计出该建筑物的信息点点数。

在填写点数表时，从楼层的第一个房间或者区域开始，逐间分析需求和划分工作区，确认信息点数量和大概位置。在每个工作区首先确定网络数据信息点的数量，然后考虑电话语音信息点的数量，同时还要考虑其他控制设备的设置要求。例如，在门厅和重要办公室入口位置考虑设置指纹考勤机、门警系统网络接口等。

(6) 确定信息插座数量

如果工作区配置单孔信息插座，那么信息插座、信息模块、面板数量应与信息点数量相当。如果工作区配置双孔信息插座，那么信息插座、面板数量应为信息点数量的一半，信息模块数量应与信息点数量相当。假设信息点数量为 M，信息插座数量为 N，信息插座插孔数为 A，则应配置信息插座的计算公式为：

$$N=\mathrm{INT}(M/A)$$

式中，INT()为向上取整函数。

考虑系统应为以后扩充留有余量，因此最终配置信息插座的总量 P 应为：

$$P=N+N\times 3\%$$

式中，N 为应配置的信息插座，$N\times 3\%$ 为富余量。

(7) 工作区信息点安装位置

安装在房间内墙壁或柱子上的信息插座、多用户信息插座或集合点配线模块装置，其底部离地面的高度宜为 300 mm，以便维护和使用。如有高架活动地板时，其离地面高度应以地板上表面计算高度，距离也为 300 mm。

2.4.4 配线子系统的布线

1. 设计规范

配线子系统是综合布线的一部分，由工作区的信息插座模块、信息插座模块至电信间配线设备(FD)的配线电缆和光缆、电信间的配线设备及设备缆线和跳线等组成，具有面积广、信息点点数多和水平缆线长等特点。一般来说，进行配线子系统设计时，应考虑如下要求：

(1) 根据工程提出的近期和远期的终端设备设置要求、用户性质、网络构成及实际需要确定建筑物各层需要安装信息插座模块的数量及其位置，配线应留有扩展余地。

(2) 对一次性建设方案和分期建设方案进行比较，从而确定最佳方案。

2. 配线子系统布线的规定

(1) 配线子系统水平缆线采用的非屏蔽或屏蔽 4 对对绞电缆、室内光缆，应与各工作区光/电信息插座类型相适应。

(2) 电信间 FD(设备间 BD、进线间 CD)处，通信缆线和计算机网络设备与配线设备之间的连接方式应符合下列规定：

① 在 FD、BD、CD 处，电话交换系统配线设备模块之间宜采用跳线互连，如图 2.31 所示。

② 计算机网络设备与配线设备的连接方式。

A. 在 FD、BD、CD 处，计算机网络设备与配线设备模块之间宜经跳线交叉连接，如图 2.32 所示。

B. 在 FD、BD、CD 处，计算机网络设备与配线设备模块之间可经设备缆线互连，如图 2.33 所示。

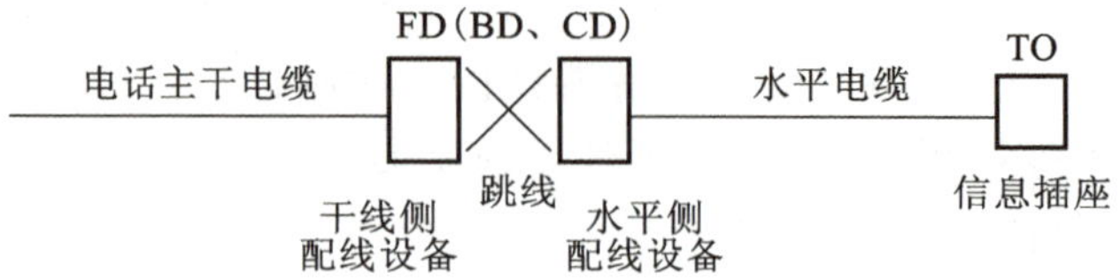

图 2.31　电话交换系统连接方式

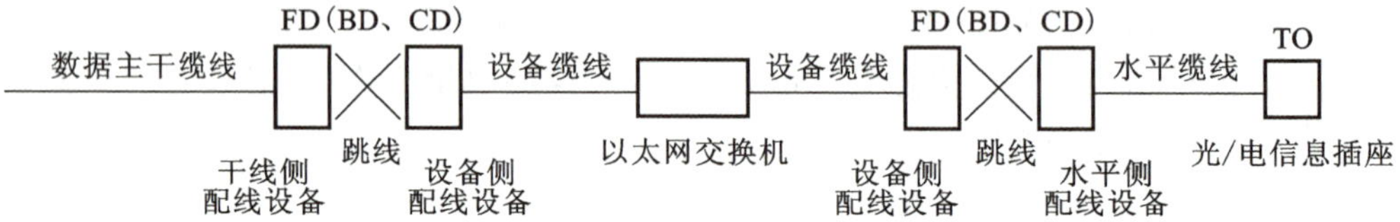

图 2.32　数据系统连接方式(交叉连接)

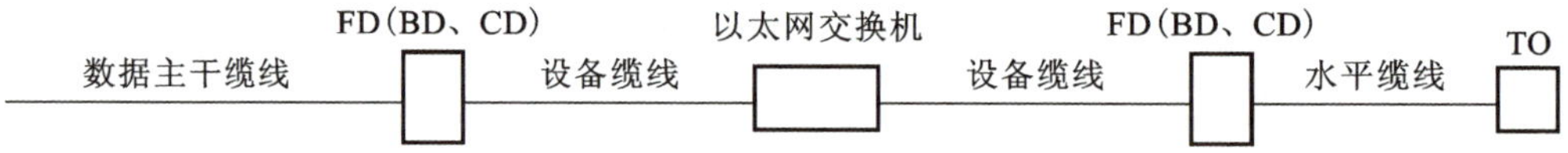

图 2.33　数据系统连接方式(互连)

(3) 每一个工作区信息插座模块(电、光)数量不宜少于 2 个,并满足各种业务的需求。

(4) 底盒数量应以插座盒面板设置的开口数确定,每一个底盒支持安装的信息点数量不宜大于 2 个。

(5) 光纤信息插座模块安装的底盒大小与深度应充分考虑到水平光缆(2 芯或 4 芯)终接处的光缆盘留空间和满足光缆对弯曲半径的要求。

(6) 工作区的信息插座模块应支持不同的终端设备接入,每一个 8 位模块通用插座应连接 1 根 4 对对绞电缆;对每一个双工或 2 个单工光纤连接器件及适配器连接 1 根 2 芯光缆。

(7) 从电信间至每一个工作区的水平光缆宜按 2 芯光缆配置。至用户群或大客户使用的工作区域时,备份光纤芯数不应小于 2 芯,水平光缆宜按 4 芯或 2 根 2 芯光缆配置。

(8) 连接至电信间的每一根水平缆线均应终接于 FD 处相应的配线模块,配线模块与缆线容量相适应。

(9) 电信间 FD 主干侧各类配线模块应根据主干缆线所需容量要求、管理方式及模块类型和规格进行配置。

(10) 电信间 FD 采用的设备缆线和各类跳线宜根据计算机网络设备的使用端口容量和电话交换系统的实装容量、业务的实际需求或信息点总数的比例进行配置,比例范围宜为 25%～50%。

(11) FD 干线侧配线模块可根据主干 4 对对绞电缆或主干光缆的总容量加以配置。

3. 配线子系统的布线模型

配线子系统信道的最大长度不应大于 100 m,其中水平缆线长度不大于 90 m;工作区设备缆线、电信间配线设备的跳线和设备缆线之和不应大于 10 m,当大于 10 m 时,水平缆线长度(90 m)应适当减少。楼层配线设备(FD)跳线、设备缆线及工作区设备缆线各自的长度不应大于 5 m(图 5.34)。因此,若水平布线距离超过 90 m,应考虑室内多模或单模光缆直接布设到桌面的方案。

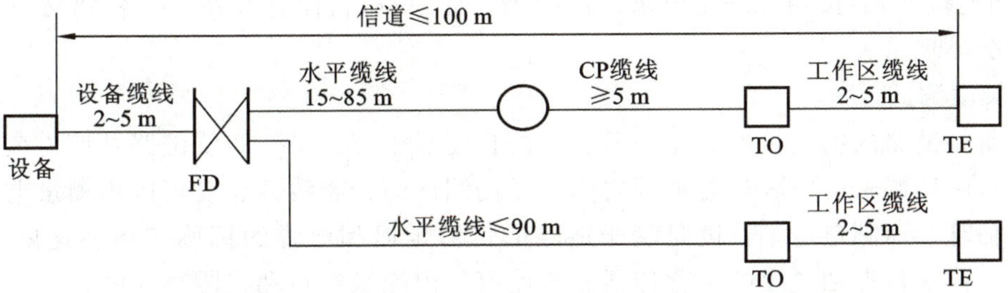

图 2.34　电缆水平布线模型

4. 配线子系统线缆选择

(1) 确定线缆的类型

① 选择配线子系统的缆线，首先要根据建筑物信息的类型、容量、带宽和传输速率来确定：

a. 对于计算机网络和电话语音系统，应优先选择 4 对非屏蔽双绞线电缆；

b. 对于屏蔽要求较高的场合，可选择 4 对屏蔽双绞线；

c. 对于传输速率、保密性要求高的场合，可采用室内多模或单模光缆直接布设到桌面的方案。

② 根据 ANSI EIA/TIA 568B.1 标准，在配线子系统中推荐采用的缆线型号为：

a. 4 线对 100 非屏蔽双绞线(UTP)对称电缆；

b. 4 线对 100 屏蔽双绞线(STP)对称电缆；

c. 50 μm/125 μm 多模光缆、62.5 μm/125 μm 多模光缆；

d. 8.3 μm/125 μm 单模光缆。

2.5　综合布线的测试和验收鉴定

缆线是传输信息的介质，缆线及相关连接硬件安装的质量对通信的应用起着决定性作用，因而综合布线的测试非常重要。缆线测试仪对综合布线施工人员来说是必不可少的工具。综合布线工程电气测试包括电缆系统电气性能测试及光纤系统性能测试。电缆系统电气性能测试项目应根据布线信道或链路的设计等级和布线系统的类别要求制定。各项测试结果应有详细记录，作为竣工资料的一部分。

工程的验收是全面考核工程的建设工作、检验设计和工程质量的重要环节，对保证工程质量和效率将起到重要的作用。

2.5.1　综合布线系统电气性能的测试

1. 综合布线系统电气性能测试的内容

(1) 接线图的测试

接线图测试主要是测试水平电缆终接在工作区或电信间配线设备的 8 位模块式通用插座

的安装连接是否正确。正确的线对组合为1/2、3/6、4/5、7/8，分为非屏蔽和屏蔽两类。对于非RJ45的连接方式，按相关规定要求列出结果。如果接错，便有开路、短路、错对、反接、串饶等5种情况出现。

(2) 长度测试

长度是指链路的物理长度。每一条链路的长度必须有记录。布线链路及信道缆线长度应在测试连接图所要求的极限长度范围之内。现场测试综合布线的长度可以用测量电子长度的方法进行估算。而测量电子长度是基于链路的传输延迟和电缆的标称传播相速度(NVP)值来实现的。传输延迟和电缆的标称传播相速度值是由绝缘材料和绞距决定的。

(3) 衰减

衰减(AT)是信号沿链路传输损失的量度。通常衰减是频率的持续函数，信号频率越高，其衰减幅度越大。随着链路长度的增加，衰减幅度会增大，即电信号损失得越多。信号衰减到一定程度时，将会引起链路传输的信息不可靠。引起衰减的原因还有温度、阻抗不匹配以及连接点接触不良等因素。

(4) 近端串扰

近端串扰是指在一条双绞线电缆链路中，一对线对另一对线的信号耦合。测试时是以测得的近端串扰损耗大小来衡量串扰的程度。对于双绞线电缆链路，近端串扰是一个关键的性能指标，也是最难测量精确的一个指标，尤其是随着信号频率的增加，其测量难度就更大了。近端串扰与长度没有比例关系，测量出的近端串扰决不能按长度分摊。另外，施工的工艺问题也会产生近端串扰(如端接处电缆被剥开，或失去双绞线的长度过长)。

(5) 直流环路电阻

任何导线都存在电阻。直流环路电阻是指一对双绞线电阻之和。当信号在双绞线中传输时，会消耗一部分能量且在导体中转换为热量。100 Ω非屏蔽双绞线电缆直流环路电阻不大于19.2 Ω/100 m；150 Ω屏蔽双绞线电缆直流环路电阻不大于12 Ω/100 m。每对双绞线之间相差要小于0.1 Ω。测量直流环路电阻时，应在每对双绞线远端短路，在近端测量直流环路电阻，其值应与电缆中导体的长度和直径相符合。

(6) 特性阻抗

一般来说，双绞线电缆的特性阻抗是一个常数。所谓的100 ΩUTP、120 ΩFTP、150 ΩSTP中的100 Ω、120 Ω、150 Ω，就是指双绞线电缆的特性阻抗。一个选定的平衡电缆通道的特性阻抗极限不超过正常阻抗的15%。特性阻抗的测试是作为预公布标准提出的，标记为f. f. s. (for future study)的指标，目前不是必须认证的参数。然而，现在市场出售的测试仪都可以测试这项指标。

(7) 结构回波损耗

它表征100 Ω双绞线电缆终接100 Ω阻抗时，输入阻抗的波动。双绞线电缆的特性阻抗、传输速度和长度，各段双绞线电缆的接续方式和均匀性都直接影响到结构回波损耗。在综合布线的任一接口测得的平衡电缆结构回波损耗应符合或超过规范中给出的值所连成的折线。在测试期间，通道远端应接一个大小与正常阻抗相匹配的电阻来终接。

(8) 传输延迟

这一参数代表了信号从链路的起点到终点的延迟时间。它的正式定义是一个10 MHz的正弦波的相位漂移。实际上，它经常是通过脉冲的延迟时间来测量的。由于脉冲的变形，使得这两个定义不完全一致。由于电信号在双绞线电缆并行传输的速率差异过大，会影响信号的完整性而产生误码。因此，要以传输时间最长的一对为准，计算其他线对与该线对的时间差异。所以，传输延迟的表示会比电子长度测量精确得多。对于某些高速局域网来说，两个线对间的传输延迟的偏差是十分重要的参数。常用的双绞线电缆、同轴电缆，所用的介质材料决定了其相应的传输延迟。双绞线电缆传输延迟 4.5～6 ns/m，同轴电缆传输延迟 4～5 ns/m。

(9) 衰减/串扰比

衰减/串扰比(ACR)不是一个独立的测量值，而是以 dB 表示的近端串扰与以 dB 表示的衰减的差值。衰减、近端串扰和衰减/串扰比都是频率的函数，应在同一频率下进行运算。

(10) 综合近端串扰

综合近端串扰是指当发送与接收信号同时进行时，在这根电缆中线对间所产生的电磁干扰。在一根电缆中，使用多对双绞线进行发送和接收信息会增加这根电缆中某线对的串扰。例如，在 4 对双绞线电缆的 3 对双绞线中同时发送信号，而在另一线对测量其串扰值，就称为综合近端串扰。综合近端串扰的值是电缆中所有线对对被测线对所产生的近端串扰之和，通常用功率平方和的平方根值来计算。如果一个综合布线 5 类通道能够满足综合近端串扰的要求，那么它就能支持多种信号的应用。超 5 类双绞线电缆的近端串扰只有 5 类双绞线电缆要求的 1/8。

2. 综合布线系统电气性能测试的方法

(1) 电缆系统电气性能测试

在《综合布线系统工程验收规范》(GB 50312—2016)中，提供了两个对绞电缆的测试模型，分别是永久链路性能测试连接模型和信道性能测试连接模型。

① 永久链路性能测试连接模型。该模型为工程安装人员和用户提供了用于测量安装的固定链路的性能。它由最长 90 m 水平电缆、两端插接件和转接连接器组成，可以包括一个 CP 链路。在使用永久链路测试时可排除跳线在测试过程中本身带来的误差，从技术上消除了测试跳线对整个链路测试结果的影响，使测试结果更准确、合理。如图 2.35 所示。

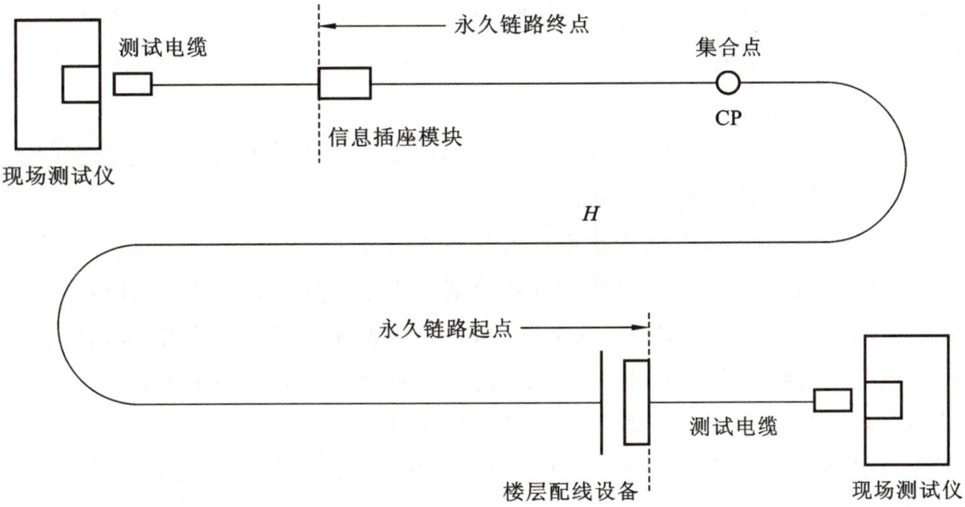

图 2.35　永久链路性能测试连接模型

② 信道性能测试连接模型。该模型是指从网络设备跳线到工作区跳线间端到端的连接，包括最长为 90 m 的建筑物中固定的水平电缆、水平电缆两端的接插件(一端为工作区信息插座，另一端为楼层配线架)、一个靠近工作区的可选的附属转接连接器、最长为 10 m 的在楼层配线架上的两处连接跳线和最长为 10 m 的用户终端连接线。如图 2.36 所示。

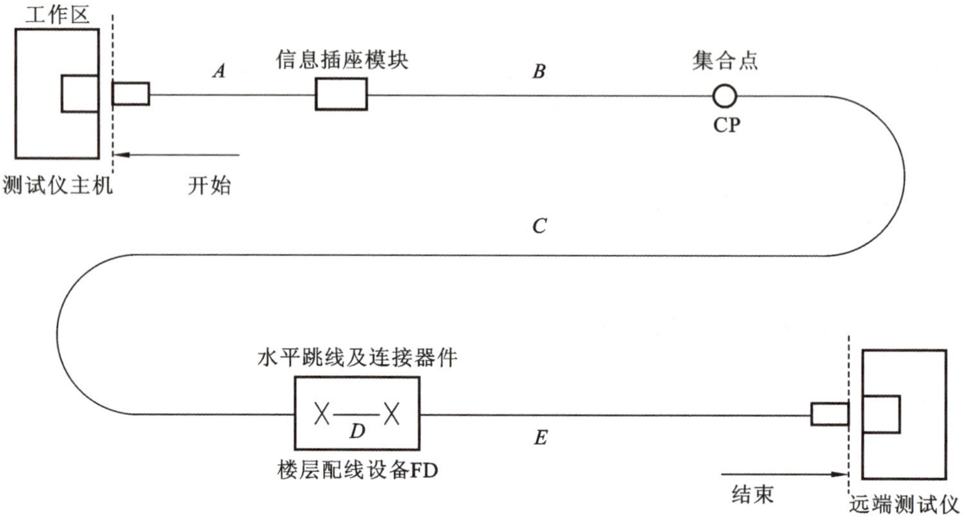

图 2.36 信道性能测试连接模型

其中，A 为工作区终端设备电缆长度；B 为 CP 缆线长度；C 为水平电缆长度；D 为配线设备连接跳线长度；E 为配线设备到设备连接电缆长度。要求 $B+C<90$ m；$A+D+E\leqslant 10$ m。

信道测试适用于设备开通前测试、故障恢复后测试、升级扩容设备前再认证测试等。进行信道测试时，因跳线更换导致每次测得的参数不一致，因此测试的结果不宜作为永久保存的验收文本。实际上，若永久链路测试和跳线测试合格，信道测试一定会合格。另外，信道验收测试应在工程完工后及时实施，否则经常会因信道的组成缺失器件而无法完成测试工作。所以，永久链路测试应作为首选的认证测试方式，其次选择信道方式。

(2) 光纤链路测试

光缆布线系统的测试是工程验收的必要步骤，也是工程承包商向业主兑现合同的最后工序。只有通过了系统测试，才能表示布线系统已完成。

光纤的种类很多，但光纤及其传输系统的基本测试方法大体上是一样的，所使用的测试仪器(设备)也基本相同。目前，绝大多数光纤系统都采用标准类型的光纤、发射器和接收器。由于光纤的大多数特性参数不受安装方法的影响，已经由光纤厂家进行了测试，无须进行现场测试，所以，对光纤或光纤传输系统而言，其基本的测试参数只是连续性和衰减。一般可根据测量的结果确定光纤连续性，分析光纤的衰减和发生光衰减的部位。

① 测试前应对所有的光连接器件进行清洗，并将测试接收器校准至零位。

② 测试应包括以下内容：

A. 在施工前进行光器材检验时，一般检查光纤的连通性，必要时宜采用光纤测试仪(稳定光源和光功率计组合)对光纤信道或链路的插入损耗和光纤长度进行测试。

B. 对光纤信道或链路(包括光纤、连接器件和熔接点)的衰减进行测试,同时测试的光跳线的衰减值可作为设备连接光缆的衰减参考值,整个光纤信道或链路的衰减值应符合设计要求。

③ 光缆的测试方法有连通性测试、端-端损耗测试、收发功率测试和反射损耗测试四种,现简述如下。

A. 连通性测试。连通性测试是最简单的测试方法,只需在光纤一端导入光线(如红光笔),最远可达大约 5000 km 的距离。通过发送可见光,技术人员在光纤的另外一端查看是否有红光。有光闪表示连通;看不到光即可判定光缆中的断裂与弯曲。此测试方式可作为尾纤、跳线或者光纤段连续性测试非常有用的工具,在对使用要求不高的项目中经常用作验收标准。

B. 端-端的损耗测试。端-端的损耗测试采取插入式测试方法,使用一台光功率计和一个光源,先以被测光纤的一端(被测链路起始端)作为参考点,由光源注入参考光功率值,然后在被测光纤另一端进行端-端测试并记录下信号增益值,两者之差即为实际端-端的损耗值。将该值与 FDDI 标准值相比,就可确定这段光缆的连接是否有效。插入法的测量原理如图 2.37 所示。

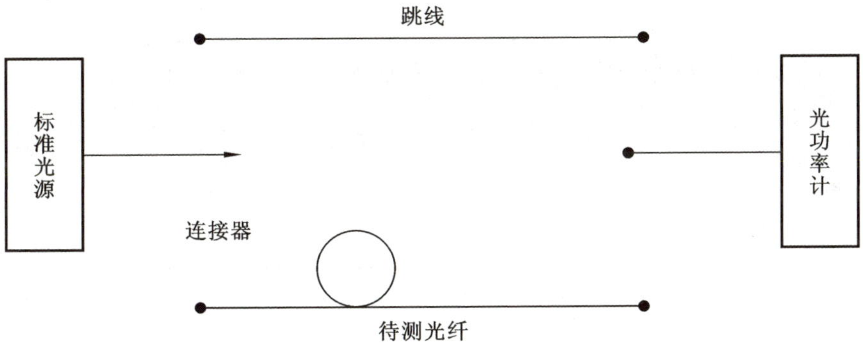

图 2.37　端-端损耗测量示意图

C. 收发功率测试。收发功率测试是测量布线系统光纤链路的有效方法,使用的设备主要是光功率计和一段跳线。在实际的应用中,链路的两端可能相距很远,但只要测得发送端和接收端的光功率,即可判定光纤链路的状况。

D. 反射损耗测试。反射损耗测试是非常有效的光纤链路检修手段。它使用 OTDR(光时域反射计)来完成测试工作,其基本原理就是利用导入光与反射光的时间差来测定距离,据此可以准确判断故障的位置。OTDR 测试文档可为网络诊断和网络扩展提供重要的数据。

(3) 测试记录表

测试完毕后,填写测试记录表(表 2.8、表 2.9)。

表 2.8　电缆性能指标测试记录

工程项目名称			备注
工程编号			
测试模型	链路(布线系统级别)		
	信道(布线系统级别)		
信息点位置	地址码		
	缆线标识编号		
	配线端口标识码		
测试指标项目	是否通过测试		处理情况
测试记录	测试日期、测试环境及工程实施阶段：		
	测试单位及人员：		
	测试仪表型号、编号、精度校准情况和制造商；测试连接图、采用软件版本、测试对绞电缆及配线模块的详细信息(类型和制造商、相关性能指标)：		

表 2.9　光纤性能指标测试记录

<table>
<tr><td>工程项目名称</td><td colspan="3"></td><td>备注</td></tr>
<tr><td>工程编号</td><td colspan="3"></td><td></td></tr>
<tr><td rowspan="2">测试模型</td><td colspan="2">链路(布线系统级别)</td><td></td><td></td></tr>
<tr><td colspan="2">信道(布线系统级别)</td><td></td><td></td></tr>
<tr><td rowspan="3">信息点位置</td><td colspan="2">地址码</td><td></td><td rowspan="3"></td></tr>
<tr><td colspan="2">缆线标识编号</td><td></td></tr>
<tr><td colspan="2">配线端口标识码</td><td></td></tr>
<tr><td>测试指标项目</td><td>光纤类型</td><td>测试方法</td><td>是否通过测试</td><td>处理情况</td></tr>
<tr><td></td><td></td><td></td><td></td><td></td></tr>
<tr><td></td><td></td><td></td><td></td><td></td></tr>
<tr><td></td><td></td><td></td><td></td><td></td></tr>
<tr><td></td><td></td><td></td><td></td><td></td></tr>
<tr><td></td><td></td><td></td><td></td><td></td></tr>
<tr><td rowspan="3">测试记录</td><td colspan="4">测试日期、测试环境及工程实施阶段：</td></tr>
<tr><td colspan="4">测试单位及人员：</td></tr>
<tr><td colspan="4">测试仪表型号、编号、精度校准情况和制造商；测试连接图、采用软件版本、测试光缆及适配器的详细信息(类型和制造商、相关性能指标)：</td></tr>
</table>

2.5.2 综合布线系统工程的验收

作为一个工程项目，都要经过立项、设计、施工和验收。工程的验收是全面考核工程的建设工作，检验设计和工程质量的重要环节，对保证工程质量和速度将起到重要的作用。工程的验收体现在新建、扩建、改建工程的全过程，就综合布线系统工程而言，由于与土建工程密切相关，又涉及与其他行业间的接口处理，因此，其验收涉及环境、土建、器材、设备、布线、电气等多方面的内容。其中，电气性能的测试是一个重要的内容。

1. 工程验收的基本要求

工程验收全面考核综合布线系统工程建设工作，主要检查工程施工是否符合设计要求和有关施工规范。用户要确认工程是否达到了原来的设计目标，质量是否符合要求，有无不符合原设计中涉及有关规范的地方。

工程竣工后，施工单位应在工程验收之前，将工程竣工技术资料移交给建设单位。综合布线系统工程的竣工技术资料应包括：安装工程量；工程说明；设备、器材明细表；竣工图纸；测试记录；工程变更、检查记录，以及在施工过程中需要更改设计或采取相关措施，由建设、设计、施工单位之间认可的双方洽商记录；随工验收记录；隐蔽验收签证；工程决算等。

2. 工程验收阶段

综合布线系统工程的验收涉及工程的全过程，其验收根据施工过程分为随工验收、初步验收、竣工验收三个阶段。而每一阶段根据工程内容、施工性质、进度的不同，其验收的内容也不同。

(1) 随工验收

在工程施工过程中，为考核施工单位的施工水平并保证施工质量，应对所用材料、工程的整体技术指标和质量有一个了解和保障。而且对一些日后无法检验的工程内容，在施工过程中应进行部分验收，并完成日后无法验收的部分工程内容的验收工作。这样可以及早地发现工程质量问题，避免造成人力和物力的大量浪费。

随工验收应对隐蔽工程部分做到边施工边验收，在竣工验收时，一般不再对隐蔽工程进行验收。

(2) 初步验收

初步验收是在工程完成施工调试之后进行的验收工作。初步验收的时间应在原定计划的建设工期内进行，由建设单位组织相关单位参加。初步验收的工作内容包括检查工程质量，审查竣工资料，对发现的问题提出处理意见，并组织相关责任单位落实解决。

对所有的新建、扩建和改建项目，都应在完成施工调试之后进行初步验收。初步验收是为竣工验收做准备。

(3) 竣工验收

竣工验收是工程建设的最后一道工序，是工程完工后进行的最后验收，是对工程施工过程中所有建设内容依据设计要求和施工规范进行全面检验。如果全部合格，且全部竣工图样、资料等文档齐全，工程即可交付业主使用。

3. 工程验收依据与竣工文件内容

(1) 验收的依据

综合布线系统工程的验收依据有以下几项规定。

① 综合布线系统工程应按我国通信行业标准《信息通信综合布线系统 第1部分:总规范》(YD/T 926.1—2023)、《信息通信综合布线系统 第2部分:光纤光缆布线及连接件通用技术要求》(YD/T 926.2—2023)、《信息通信综合布线系统 第3部分:对称电缆布线及连接件通用技术要求》(YD/T 926.3—2024)中规定的总体网络结构、链路性能要求、屏蔽和接地系统以及管理要求等方面进行验收。

② 工程竣工验收项目的内容和方法,应按《综合布线系统工程验收规范》(GB/T 50312—2016)的规定执行。

综合布线系统线缆链路的电气性能验收测试,应按《综合布线系统工程验收规范》(GB/T 50312—2016)的规定执行。

综合布线系统工程的验收除应符合上述规范外,还应符合国家标准《通信线路工程验收规范》(GB 51171—2016)、《通信管道工程施工及验收标准》(GB/T 50374—2018)等相关规定。

③ 随着综合布线系统技术的发展,有些标准将会被修订或补充,因此,在工程验收时,应密切注意当时有关部门发布的临时规定,以便结合工程实际情况进行验收。

④ 具体的工程验收还要依据该工程的立项申请书、招投标文件、工程计划任务书、工程技术设计文件、施工图、技术规范、材料设备技术说明书等进行。

(2) 竣工文件内容

综合布线系统工程的竣工文件包括系统图、施工平面图和详图、各配线架布局图、路由图,以及传输性能自测报告等。

① 综合布线系统图。综合布线系统图反映了整个布线系统的基本情况。例如:光缆的数量、类别、路由,每根光缆的芯数;垂直双绞线电缆的数量、类别、路由;每楼层水平双绞线电缆的数量、类别、信息端口数;各配线架在建筑中的楼层位置,连接硬件的数量、类别;系统的接地位置和每楼层配线间的接地位置。

② 综合布线工程施工平面图和详图。施工平面图反映了每楼层信息插座在房间中的位置、类别及编号。平面图的信息插座符号和数量须与系统图保持一致,且符合《综合布线系统工程设计规范》(GB 50311—2016)要求。若工程较复杂,还需要绘制详图,用于展示网络中心、机房等机柜布置。

③ 综合布线各配线架布局图。布局图反映了各配线架双绞线电缆数量、类别;配线连接硬件的数量、类别;进出线位置、编号及色标;光缆布线系统中各配线架内光端口的编号、连接硬件的数量,光纤的数量、类别。若已做跳线,则应反映跳线的走向。

④ 综合布线系统路由图。路由图反映路由的类型、接地情况,路由在楼层间、楼层内的走向及其占用情况。

⑤ 综合布线系统传输性能自测报告。自测报告应反映每个信息端口水平布线电缆、垂直电缆的每一对以及光缆布线的每芯光纤测试通过与否的情况。测试未通过的应在自测报告中注明。

综合布线系统的文档资料必须按有关技术档案的管理规定进行管理。

4. 工程验收项目与内容

(1) 施工前检查

① 环境要求。验收内容包括:A. 地面、墙面、门、电源插座及接地装置;B. 机房面积、预留孔洞;C. 施工电源;D. 活动地板敷设等。

② 器材检验。验收内容包括：A. 外观；B. 型号、规格和数量；C. 电缆电气性能抽样测试；D. 光纤特性测试。

③ 安全及防火要求。验收内容包括：A. 消防器材；B. 危险物的堆放；C. 预留孔洞防火措施。

(2) 设备安装

① 设备机架(柜)。验收内容包括：A. 规格、型式和外观；B. 安装垂直、水平度；C. 油漆不得脱落，标志完整齐全；D. 各种螺丝必须紧固；E. 防震加固措施；F. 接地措施。验收方式为随工检验。

② 配线部件及信息插座。验收内容包括：A. 规格、位置和质量；B. 各种螺丝钉必须拧紧；C. 标志齐全；D. 安装符合工艺要求；E. 屏蔽层可靠连接。验收方式为随工检验。

(3) 电缆与光缆布放(楼内)

① 电缆桥架及槽道安装。验收内容包括：A. 安装位置正确；B. 安装符合工艺要求；C. 接地可靠。验收方式为随工检验。

② 缆线布放。验收内容包括：A. 缆线规格、路由及位置；B. 符合布放缆线工艺要求。验收方式为随工检验。(注：若为电缆暗敷，还应进行接地验收，验收方式为隐蔽工程检验。)

(4) 电缆与光缆布放(楼外)

① 架空缆线。验收内容包括：A. 吊线规格、架设位置及装设规格；B. 吊线垂度；C. 缆线规格；D. 卡、挂间隔；E. 缆线的引入符合工艺要求。验收方式为随工检验。

② 管道缆线。验收内容包括：A. 使用管孔孔位；B. 缆线规格；C. 缆线走向；D. 回填土夯实质量。验收方式为隐蔽工程签证。

③ 埋式缆线。验收内容包括：A. 缆线规格；B. 敷设位置和深度；C. 缆线防护设施的安装质量。验收方式为隐蔽工程签证。

④ 隧道缆线。验收内容包括：A. 缆线规格；B. 安装位置及路由；C. 土建设计符合工艺要求。验收方式为隐蔽工程签证。

⑤ 其他验收项目。包括：A. 通信线路与其他设施的间距；B. 进线室安装及施工质量。验收方式为随工检验或隐蔽工程签证。

(5) 缆线终端

验收项目为信息插座、配线模块、光纤插座以及各类跳线。验收内容是符合工艺要求。验收方式为随工检验。

(6) 系统测试

① 验收项目为工程电气性能测试。验收内容包括：A. 连接图；B. 长度；C. 衰减；D. 近端串扰(两端都应测试)；E. 设计中特殊规定的测试内容。验收方式为竣工检验。

② 验收项目为光纤特性测试。验收内容包括：A. 类型(单模或多模)；B. 衰减；C. 反射。验收方式为竣工检验。

③ 验收项目为系统接地。验收内容为符合设计要求。验收方式为竣工检验。

(7) 工程总验收

综合布线系统工程检验的项目和内容如下：

① 竣工技术文件。竣工技术文件应保证质量，做到外观整洁、内容齐全、数据准确。竣工技术文件应按下列规定进行编制：

A. 工程竣工后，施工单位应在工程验收以前将工程竣工技术资料交给建设单位。

B. 综合布线系统工程的竣工技术资料应包括竣工图纸；设备材料进场检验记录及开箱检验记录；系统中文检测报告及中文测试记录；工程变更记录及工程洽商记录；随工验收记录，分项工程质量验收记录；隐蔽工程验收记录及签证；培训记录及培训资料。

C. 综合布线系统工程的竣工图纸应包括说明、设计系统图及反映各部分设备安装情况的施工图。竣工图纸应表示以下内容：安装场地和布线管道的位置、尺寸、标识符等；设备间、电信间、进线间等安装场地的平面图或剖面图，以及信息插座模块安装位置；缆线布放路径、弯曲半径、孔洞、连接方法及尺寸等。

② 综合布线系统工程，应按《综合布线系统工程验收规范》(GB/T 50312—2016)所列项目、内容进行检验。检验应作为工程竣工资料的组成部分及工程验收的依据之一，并应符合下列规定：

A. 进行系统工程安装质量检查时，各项指标符合设计要求，被检项检查结果应为合格；被检项的合格率为 100%，工程安装质量应为合格。

B. 竣工验收需要抽验系统性能时，抽样比例不应低于 10%，抽样点应包括最远布线点。

C. 系统性能检测单项合格判定应符合下列规定：

第一，一个被测项目的技术参数测试结果不合格，则该项目应为不合格。当某一被测项目的检测结果与相应规定的差值在仪表准确度范围内时，则该被测项目应为合格。

第二，按规范的指标要求，采用 4 对对绞电缆作为水平电缆或主干电缆，所组成的链路或信道有一项指标测试结果不合格，则该水平链路、信道或主干链路、信道应为不合格。

第三，主干布线大对数电缆中按 4 对对绞线对测试，若有一项指标不合格，则该线对应为不合格。

第四，当光纤链路、信道测试结果不满足规范的指标要求时，则该光纤链路、信道应为不合格。

第五，未通过检测的链路、信道的电缆线对或光纤可在修复后复检。

③ 竣工检测综合合格判定应符合下列规定：

A. 对绞电缆布线全部检测时，无法修复的链路、信道或不合格的线对数量有一项超过被测总数的 1%，应为不合格。进行光缆布线系统检测时，系统中有一条光纤链路、信道无法修复，则为不合格。

B. 对绞电缆布线抽样检测时，被抽样检测点(线对)不合格比例不大于被测总数的 1%，应为抽样检测通过，不合格点(线对)应予以修复并复检。被抽样检测点(线对)不合格比例如果大于 1%，为一次抽样检测未通过，应进行加倍抽样。当加倍抽样不合格比例不大于 1%，为抽样检测通过；当加倍抽样不合格比例仍大于 1%，为抽样检测不通过，应进行全部检测，并按全部检测要求进行判定。

C. 当全部检测或抽样检测的结论为合格时，则竣工检测的最后结论应为合格；当全部检测的结论为不合格时，则竣工检测的最后结论应为不合格。

④ 综合布线管理系统的验收合格判定应符合下列规定：

A. 标签和标识应抽检 10%，系统软件功能应全部检测，检测结果符合设计要求，应为合格。

B. 智能配线系统应检测电子配线架链路、信道的物理连接，以及与管理软件中显示的链路、信道连接关系的一致性，抽检10%，连接关系全部一致应为合格；有一条及以上链路、信道不一致时，应整改后重新抽测。

对于光纤而言，光纤到用户单元系统工程中用户光缆的光纤链路全部测试并合格，工程质量应判定为合格。综合布线系统工程竣工验收时检查随工测试记录报告，如被测试项目指标参数合格率达不到100%，可由验收小组提出抽测。抽测也可以由第三方认证机构实施。

2.6 工程案例

不同行业、不同用途的办公楼对综合布线系统的要求差别很大。设计办公楼综合布线系统时，首先要了解用户所属行业和用户需求，然后再根据建筑物的具体情况进行设计，这样才能做到设计具有针对性。下面以某企业综合办公楼设计的综合布线系统设计方案为例来说明。

1. 工程概况

用地位于南方某省某市，总建筑面积为5672 m^2（地上4643 m^2，地下1029 m^2），建筑占地面积为891 m^2。建筑层数：地下1层，地上1～5层为办公用房，局部6层为出屋面楼梯间、电梯机房及设备用房。建筑高度为18.3 m（室外地坪至出屋面高度）。

2. 设计依据和原则

(1)《民用建筑电气设计标准》(GB 51348—2019)；
(2)《智能建筑设计标准》(GB 50314—2015)；
(3)《综合布线系统工程设计规范》(GB 50311—2016)；
(4)《有线电视网络工程设计标准》(GB/T 50200—2018)；
(5)《电子会议系统工程设计规范》(GB 50799—2012)；
(6)《厅堂扩声系统设计标准》(2024年版)(GB/T 50371—2006)；
(7)《安全防范工程技术标准》(GB 50348—2018)；
(8)《入侵报警系统工程设计规范》(GB 50394—2007)；
(9)《视频安防监控系统工程设计规范》(GB 50395—2007)；
(10)《出入口控制系统工程设计规范》(GB 50396—2007)；
(11)《民用闭路监视电视系统工程技术规范》(GB 50198—2011)；
(12)《视频安防监控系统技术要求》(GA/T 367—2001)；
(13)《火灾自动报警系统设计规范》(GB 50116—2013)；
(14)《数据中心设计规范》(GB 50174—2017)；
(15)《低压配电设计规范》(GB 50054—2011)；
(16)《建筑物电子信息系统防雷技术规范》(GB 50343—2012)；
(17)《建筑设计防火规范》(2018年版)(GB 50016—2014)；
(18)《钢制电缆桥架工程技术规程》(T/CECS 31—2017)；
(19) 建设单位提供的与本工程有关的资料和设计要求；现行的其他国家有关设计、规范、标准。

在进行综合布线设计时，除符合国家、行业和协会的相应标准外，还应遵循先进性、实用性、灵活性、模块化、可扩充性、可靠性、经济性和可持续发展的原则，注意社会经济、环境效益的统一，避免技术浪费。

3. 用户需求分析

根据《某企业办公楼综合布线系统工程招标书》对计算机网络系统提出的基本要求和初步设想可知，综合布线系统是整个该企业计算机网络系统的重要组成部分，是该企业信息传输的基础设施。因此，在进行综合布线系统规划时，将按照“统一考虑、分别实施、物尽其用、经济合理”的原则进行分类实施。

经调研，企业经营性质要求必须有高速主干网支撑其多媒体信息的传输，综合布线系统作为计算机网络的基础设施，可以作为主干网的必要支撑。同时，综合布线系统也应支持全部的介质类型、互连方案和建筑环境，并应用于任何网络结构配置，提供极其灵活的特性来适应未来应用的变化。

综上所述，依据《综合布线系统工程设计规范》(GB 50311—2016)，本工程综合布线系统配置为光缆、6类电缆和3类大对数电缆。该系统为本大楼提供语音、数据、远程视频、多媒体等信息服务的快速传输通道，支持万兆主干、千兆到桌面。

4. 设计方案

(1) 系统组成

系统由工作区、配线子系统、干线子系统、智能化专业机房子系统等部分组成。

(2) 系统设计

① 工作区：信息插座布置详见平面图，信息插座底边距地0.3 m暗装。

② 配线子系统：水平配线缆线采用6类非屏蔽双绞线，走廊部分缆线于综合布线系统防火金属线槽内敷设。线槽至信息点缆线穿阻燃硬塑料管于吊顶内、沿墙或沿地面暗敷。配线设备和机柜设置于电井布线机柜内。机柜内配置相应的光纤配线架、RJ45配线架、110语音配线架及设备缆线和跳线。具体数量由对应楼层的信息点确定。

③ 干线子系统：数据干线缆线采用12芯室内多模光纤，从一层计算机房引去各层电井；语音干线缆线采用3类25对大对数电缆从一层计算机房引去各层电井；垂直缆线沿电井内金属线槽敷设。

(3) 智能化专业机房

智能化专业机房设置于一层计算机房。智能化专业机房(电井)设置光纤配线架、110配线架等配线设备及设备缆线和跳线等。所有设备安装于机柜内，光纤入户处安装防电涌保护器，做好防雷接地保护措施。

(4) 局域网设计

① 系统用于智能设备信号传输，水平配线缆线采用6类非屏蔽双绞线，走廊部分缆线于综合布线系统防火金属线槽内敷设。线槽至各智能化子系统设备缆线穿阻燃硬塑料管于吊顶内、沿墙或沿地面暗敷。配线设备和机柜设置于电井布线机柜内。机柜内配置相应的光纤配线架及跳线，各智能化子系统设备缆线直接由接入交换机引出。

② 系统在一层计算机房设置总配线架，用于各功能区、各楼层的缆线接入：数据干线缆线采用12芯室内多模光纤从一层计算机房引入各层电井，垂直缆线沿电井内金属线槽敷设。

(5) 管线敷设

走廊内的防火金属线槽在吊顶内敷设或距梁底0.3 m吊装，电井内的防火金属线槽在竖井内垂直敷设。光缆及大对数电缆在线槽内敷设；非屏蔽网络双绞线沿电井及走廊的线槽敷设，由线槽引出后穿阻燃硬塑料管在吊顶内或墙内暗敷。每根 PC20 管内穿线数量不得超过 2 根 6 类非屏蔽双绞线。

（6）防雷接地

在一层计算机房和消防控制室等场所设置等电位接地网及局部等电位端子箱。系统采用共用接地体，系统接地电阻不大于 1 Ω。进出建筑物的金属缆线、光缆金属接头、光缆金属挡潮层、光缆加强芯以及室内各系统的金属线槽、设备机架、金属管件等均须做好接地措施，各信号源及进线设置防浪涌保护。

所有电气装置正常不带电的金属部分（配电箱、插座箱外壳等）及各插座接地孔均与 PE 线可靠焊（连）接，采用 M 型等电位连接网络，系统的各金属组件不得与接地系统各组件绝缘。M 型等电位连接应通过多点连接组合到等电位连接网络中去，形成 M 型连接方式。每台设备的等电位连接线的长度不大于 0.5 m，并设两根等电位连接线安装于设备的对角处，其长度相差不超过 20%。地板、吊顶及骨架、铝窗、彩钢板墙板及墙龙骨等都必须和机房的等电位接地网可靠连接，连接缆线采用不小于 6 mm^2 截面的橡胶绝缘铜芯软电线。总配电柜处需装设Ⅰ级试验的电涌保护器。电涌保护器的电压保护水平值不大于 2.5 kV，每一保护模式的冲击电流值不小于 12.5 kV。连接电涌保护器的导体采用不小于 6 mm^2 截面的橡胶绝缘铜芯软电线，电源线路浪涌保护器在各个位置安装时，浪涌保护器的连接导线应短直，其总长度不大于 0.5 m。

（7）建筑物电子信息系统防雷

系统在电气设计防雷接地基础上，对系统的电源及信号防浪涌保护以及系统保护地与工作接地进行加强处理。

① 本系统在各层电井内设置楼层等电位接地端子箱（FEB）；在一层消防控制室和计算机房等房间设置局部等电位接地端子箱（LEB）。通过 25 mm^2 截面的铜芯绝缘导线连接到总等电位接地端子箱（MEB）。总等电位接地端子箱由电气专业提供，要求其与建筑物共用接地体连接。

② 在电井设置接地主干线，采用 50 mm^2 截面的铜质导线敷设。

③ 对从建筑外引入/引出的智能化专业机房、电井内的铜缆信号线串接串联式电涌保护器，机箱、设备金属外壳及金属线槽等应做好接地措施。进出建筑物的电缆屏蔽层、金属护套、金属保护管、光缆金属接头、光缆金属挡潮层、光缆加强芯以及室内各系统的金属线槽应做好接地处理。接地电阻应满足相关防雷规范要求。

④ 对室外防水箱内的用电电源进线串接串联式防浪涌保护器，所有室外机箱、设备金属外壳、线路金属保护管、光缆金属接头、光缆金属挡潮层、光缆加强芯、室外金属立杆等应做好接地措施，露出地面的缆线套钢管保护并良好接地。

（8）节能措施

综合布线系统设备的选择在满足系统要求的基础上应充分考虑节能效果，选择低能耗的智能设备，不选取高能耗或未经国家有关部门检验合格的产品。

以上是办公楼综合布线系统工程设计较为典型的实例，它具有办公楼综合布线系统设计的一般特点。该方案突出的技术先进性与超前性，能满足用户在未来较长一段时间内的发展需求，具有高效、经济的特点。

在线测试

思考题

2.1　综合布线系统划分为哪几个部分？

2.2　综合布线系统有哪些特点？

2.3　常见的网络传输介质有哪些？

2.4　单模光纤和多模光纤有什么不同之处？

2.5　电信间安装的基本要求有哪些？

2.6　设备间设计有哪些基本规定？

2.7　进线间设计有哪些基本规定？

2.8　综合布线工程电气测试包括哪几方面？

2.9　工程验收有哪些基本要求？

2.10　工程验收的项目和内容有哪些？

项目 3　火灾自动报警与联动系统

【知识目标】

1. 掌握火灾自动报警系统的构成；
2. 熟悉系统安装和布线；
3. 了解消防设备联动控制。

【能力目标】

1. 具备消防火灾自动报警系统安装和布线的能力；
2. 了解火灾自动报警系统的构成和要点；
3. 具有消防设备联动控制系统安装与调试能力。

【课程思政】

天津滨海新区特大火灾事故引起的思考

消防作为一门学科，正伴随着现代科学技术的发展进入高科技综合学科的行列，是现代建筑中的重要内容。有效监测建筑火灾、控制火灾、迅速扑灭火灾，保障人民生命和财产的安全，保障国民经济建设，是火灾自动报警与联动系统的任务。建筑消防系统就是为完成上述任务而建立的一套完整、有效的体系。该体系就是在建筑物内部，按国家有关规定设置的必需的火灾自动报警及消防设备联动控制系统、建筑灭火系统、防烟排烟系统等建筑消防设施。

3.1　火灾自动报警系统的构成与线制

火灾自动报警系统的构成按建筑防火类别和保护对象级别不同而有所区别。

3.1.1　建筑防火分类

民用建筑根据其建筑高度和层数可分为单、多层民用建筑和高层民用建筑。高层民用建筑根据其建筑高度、使用功能和楼层的建筑面积可分为一类和二类。民用建筑的分类见表 3.1。

(1)一类防火建筑。它指的是楼层在 19 层及以上的普通住宅，建筑高度超过 24 m 的高级住宅。医院、百货大楼、广播大楼、高级宾馆，以及重要的办公大楼、科研大楼、图书馆、档案馆等，都属于一类防火建筑。

(2)二类防火建筑。二类防火建筑指的是 10～18 层的普通住宅，建筑高度超过 24 m，但又不超过 50 m 的教学大楼、办公大楼、科研大楼、图书馆等建筑。

表 3.1　民用建筑的分类(GB 50016—2014)

名称	高层民用建筑		单、多层民用建筑
	一类	二类	
住宅建筑	建筑高度大于 54 m 的住宅建筑(包括设置商业服务网点的住宅建筑)	建筑高度大于 27 m,但不大于 54m 的住宅建筑(包括设置商业服务网点的住宅建筑)	建筑高度不大于 27 m 的住宅建筑(包括设置商业服务网点的住宅建筑)
公共建筑	1. 建筑高度大于 50 m 的公共建筑; 2. 建筑高度在 24 m 以上部分任一楼层建筑面积大于 1000 m² 的商店、展览、电信、邮政、财贸金融建筑和其他多种功能组合的建筑; 3. 医疗建筑、重要公共建筑; 4. 省级及以上的广播电视和防灾指挥调度建筑、网局级和省级电力调度建筑; 5. 藏书超过 100 万册的图书馆、书库	除一类高层公共建筑外的其他高层公共建筑	1. 建筑高度大于 24 m 的单层公共建筑; 2. 建筑高度不大于 24 m 的其他公共建筑

注:1. 表中未列入的建筑,其类别应根据本表类比确定。

2. 除本规范另有规定外,宿舍、公寓等非住宅类居住建筑的防火要求,应符合本规范有关公共建筑的规定。

3. 除本规范另有规定外,裙房的防火要求应符合本规范有关高层民用建筑的规定。

3.1.2　火灾自动报警系统的构成和形式

火灾自动报警系统一般由两大部分组成:一是探测报警子系统,其主要功能是感知火灾信息并发出报警信号;二是自动减灾灭火系统,其主要功能是启动所有联动设备分割火灾区域、自动灭火,最大限度地减少火灾损失。图 3.1 所示为火灾自动报警系统构成示意图。

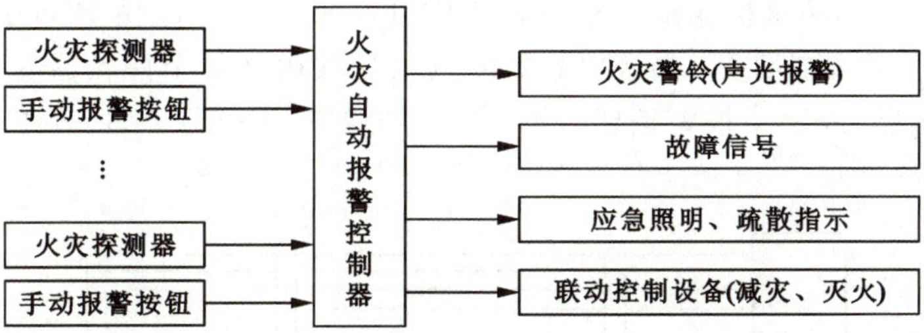

图 3.1　火灾自动报警系统构成示意图

根据建筑防火分类和火灾自动报警系统保护对象分级,火灾自动报警系统一般有区域报警系统、集中报警系统、控制中心报警系统三种。

报警区域应根据防火分区或楼层划分,可将一个防火分区或一个楼层划分为一个报警区域,也可将发生火灾时需要同时联动消防设备的相邻几个防火分区或楼层划分为一个报警区域。

1. 区域报警系统

区域报警系统设计应符合下列要求:

(1) 仅需要报警,不需要联动自动消防设备的保护对象,宜采用区域报警系统。

(2) 区域报警系统应由火灾探测器、手动火灾报警按钮、火灾声光报警器及火灾报警控制器等组成,系统中可包括消防控制室图形显示装置和指示楼层的区域显示器。

(3) 火灾报警控制器应设置在有人值班的场所。

2. 集中报警系统

集中报警系统设计应符合下列要求:

(1) 不仅需要报警,同时需要联动自动消防设备,且只设置一台具有集中控制功能的火灾报警控制器和消防联动控制器的保护对象,应采用集中报警系统,并应设置一个消防控制室。

(2) 系统应由火灾探测器、手动火灾报警按钮、火灾声光报警器、消防应急广播、消防专用电话、消防控制室图形显示装置、火灾报警控制器、消防联动控制器等组成。

(3)系统中的火灾报警控制器、消防联动控制器和消防控制图形显示装置、消防应急广播的控制装置、消防专用电话总机等起集中控制作用的消防设备,应设置在消防控制室内。

3. 控制中心报警系统

控制中心报警系统设计除应满足集中报警系统设计的要求外,还需符合下列要求:

(1)设置两个及以上消防控制室的保护对象,或已设置两个及以上集中报警系统的保护对象,应采用控制中心报警系统。

(2)有两个及以上消防控制室时,应确定一个主消防控制室。

(3)主消防控制室应能显示所有火灾报警信号和联动控制状态信号,并应能控制重要消防设备;各分消防控制室内消防设备之间可以互相传输、显示状态信息,但不应互相控制。

3.1.3　火灾自动报警系统的线制

火灾自动报警系统的线制通常是指各报警控制器输入导线的类型和输入导线的根数,一般分为多线制系统和总线制系统。

1. 多线制系统

图 3.2 所示是多线制系统连接示意图。图中 T_1、…、T_{n-1}、T_n 为分布于各探测区的 n 个火灾探测器(含手动报警按钮)。报警控制器的输入导线由到每个探测器的 2 根 24 V 公共电源线及各火灾探测器(或手动报警按钮)的一根信号线 S_1、…、S_{n-1}、S_n 等组成,所以报警控制器的输入线共有 $n+2$ 根。

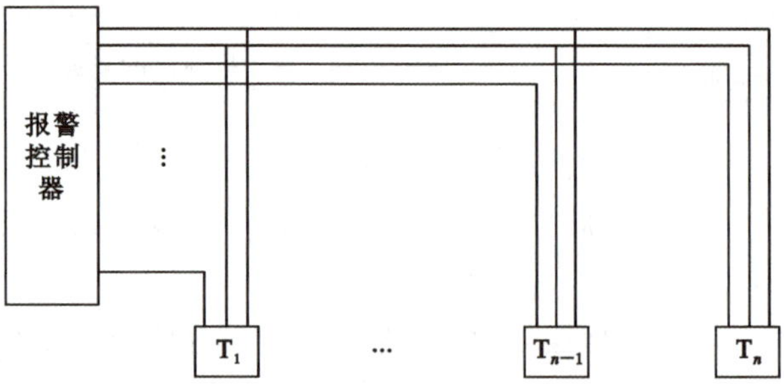

图 3.2　多线制系统连接示意图

上述连接方式称为多线制连接方式。多线制系统根据信号线和部位线的不同,还有 $n+3$、$2n+1$ 等形式。

由于多线制系统有连接线多、成本高、可靠性差、维护不便等缺点,目前已基本不用。

2. 总线制系统

总线制系统是指报警控制器的输入线由探测器和其他外部设备的几根公共导线组成。根据公共线数量的不同，它可分为二总线制、三总线制和四总线制等，目前应用得最广泛的是二总线制。

图 3.3 所示是二总线制的两种不同连接方式。若在环形连接方式的每个总线上所带设备加装短路隔离器，则当任何一处发生短路或开路故障时，均不影响系统正常运行，系统可靠性大大提高。

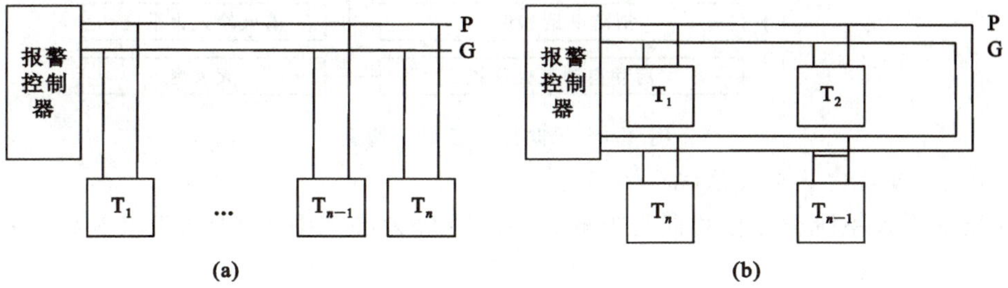

图 3.3　二总线制系统连接示意图

(a) 树枝式二总线制；(b) 环形二总线制

总线制系统的特点是：接在总线制上的每个探测器（或其他设备）均设置有一个不重复的独立地址；对应总线上的设备内部有一确定自身地址的编码电路与系统一一对应，从而能降低安装和运行过程中的差错率。

与多线制系统相比，总线制系统具有以下优点：

(1) 总线制采用多回路连接方式，大大提高了单台报警控制器的容量，可提高十倍至百倍的容量。

(2) 总线制系统中采用了许多功能模块，增强了总线对输入输出设备的控制能力及系统设计的灵活性。

3.2　消防设备的联动控制

当火灾发生时能迅速地通知并引导人们安全撤离火灾现场、防止火灾蔓延、排出有毒烟雾、开启自动灭火设备实施自动灭火等的所有设备称为消防联动设备，确保这些设备在火灾发生时能正常发挥效益的控制称为消防设备的联动控制。图 3.4 所示为消防联动设备示意图。

3.2.1　自动灭火系统控制

自动灭火系统是智能建筑配备的早期灭火系统。当消防控制中心火灾报警控制器收到火灾报警信号并确认无误时，立即输出联动控制信号，实现自动灭火以达到减灾的目的。

图 3.4 中显示的自动灭火设备有自动喷淋灭火系统（水）、CO_2 灭火系统、泡沫灭火系统、干粉灭火系统、消火栓灭火系统、灭火炮等。自动喷淋灭火系统（水）和消火栓灭火系统最常用，适用面最广；对非常珍贵的特藏库、珍品库房及重要的音像制品库房，宜设置 CO_2 灭火系统；泡沫灭火系统适用于非水溶性甲、乙、丙类液体可能泄漏的室内场所；大型体育馆等场所一般采用灭火炮。

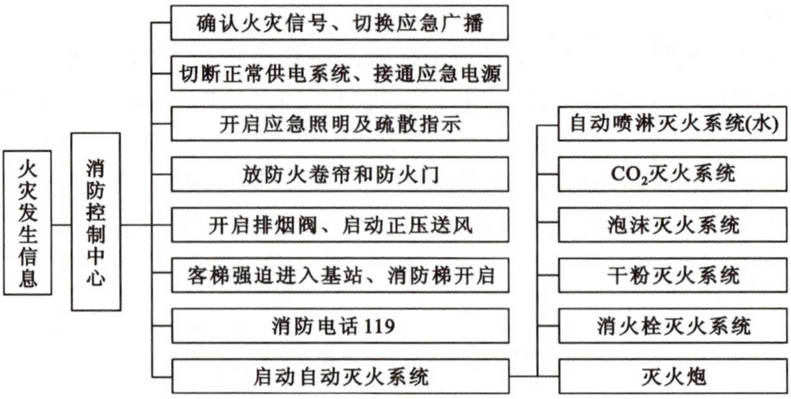

图 3.4　消防联动设备示意图

3.2.1.1　自动喷淋灭火系统

自动喷淋灭火系统根据信号获得方式的不同可分为湿式喷淋、干式喷淋和预作用喷淋三种形式。

(1) 湿式喷淋灭火系统

湿式喷淋灭火系统是利用感温喷头探测环境温度的变化。当环境温度达到或超过设定温度时，感温喷头玻璃球膨胀破裂，喷头支撑密封垫脱开，喷出压力水；消防水管网压力随之降低，当管网水压力降低到某一设定值时，湿式报警阀上的压力开关动作，水压信号转换成电信号，启动喷淋水泵运行；在喷淋灭火的同时，水流通过装在主管道分支处的水流指示器输出电信号至消防控制中心报警。图 3.5 所示为湿式喷淋灭火系统控制原理框图。

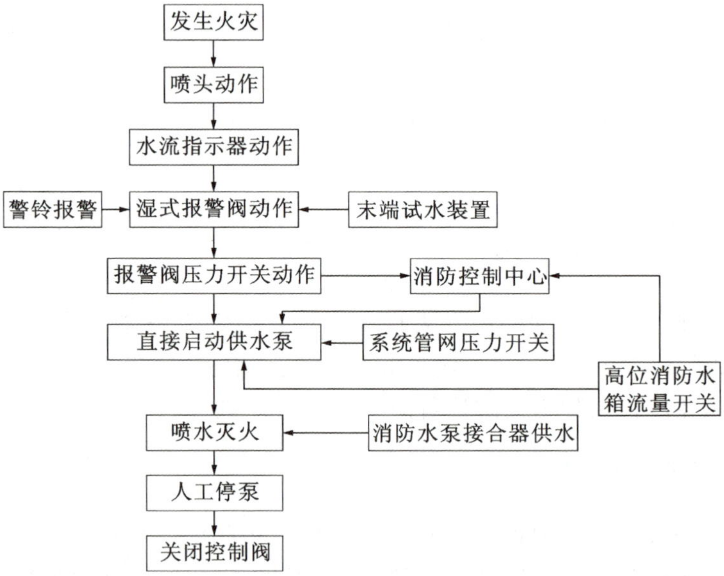

图 3.5　湿式喷淋灭火系统控制原理

(2) 干式喷淋灭火系统

干式喷淋灭火系统的管网中平时充入压缩空气，火灾发生时喷头打开，空气外泄使管网压力降低；当管网气压降到某一设定值时水阀自动打开，泵机运行，压力水进入管网并喷出灭火；水流指示器输出报警信号，压力继电器监测管网消防水压力，当管网水压低于设定值时，压力继电器输出信号启动加压水泵。图 3.6 显示了干式喷淋灭火系统的控制原理。

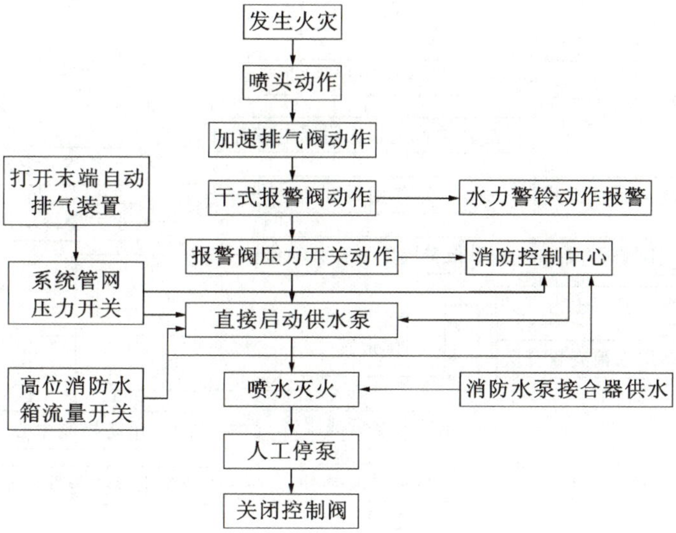

图 3.6　干式喷淋灭火系统控制原理

由于干式喷淋灭火系统管网平时充满压缩空气，所以不存在消防水渗漏现象及管道冰冻爆裂事故，故适用于环境温度较低、可能有冰冻的建筑物。

(3) 预作用喷淋灭火系统

预作用喷淋灭火系统采用火灾探测器作信号源。火灾发生时，安装在被监控场所的探测器首先动作输出报警信号；火灾消防报警中心收到报警信号后，在报警的同时立即通过外触点打开排气阀，迅速排出管网内的低压空气，使消防水进入管网，这种方式称为预作用；当火灾使环境温度升至闭式喷头动作温度时，喷头打开，系统喷水灭火；水流指示器输出信号。系统中由于采用了灭火前的预作用，克服了湿式喷淋灭火系统消防水可能渗漏的弊病，同时避免了干式喷淋系统必须排出管网内压缩空气才能喷水灭火的时间延误。图 3.7 所示是预作用喷淋灭火系统控制图。

3.2.1.2　喷淋水泵电气控制

消防工程中，喷淋水泵电气控制就是对喷淋水泵实施启停控制。当喷淋灭火系统实施灭火时，管网压力下降至设定值，装设在管网上的湿式报警阀动作，压力继电器输出电信号启动喷淋泵；同时，安装在消防水管网主管分支处的水流指示器动作，输出报警信号。湿式自动喷水灭火系统喷淋泵控制原理图、流程图如图 3.8、图 3.9 所示。

消防控制中心对喷淋灭火系统应具有下列控制和监测功能：

(1) 控制喷淋泵的启动和停止；

(2) 监视喷淋泵电源的工作情况；

(3) 监视喷淋灭火系统各控制阀的工作情况；

(4) 检测干式喷淋灭火系统管网的最高和最低气压；

(5) 检测预作用喷淋灭火系统的最低气压；

(6) 检测报警阀和水流指示器的动作状态；

(7) 检测消防水池、水箱的水位。

3.2.1.3　消火栓水泵控制

建筑物内消火栓灭火系统由消防水箱(或消防水池)、消防水泵、管网、室内消火栓和水泵

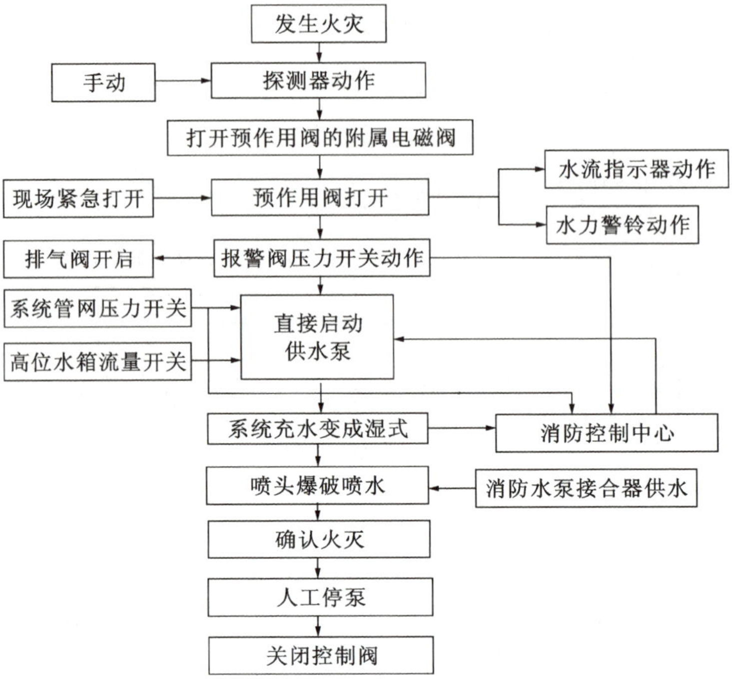

图 3.7　预作用喷淋灭火系统控制图

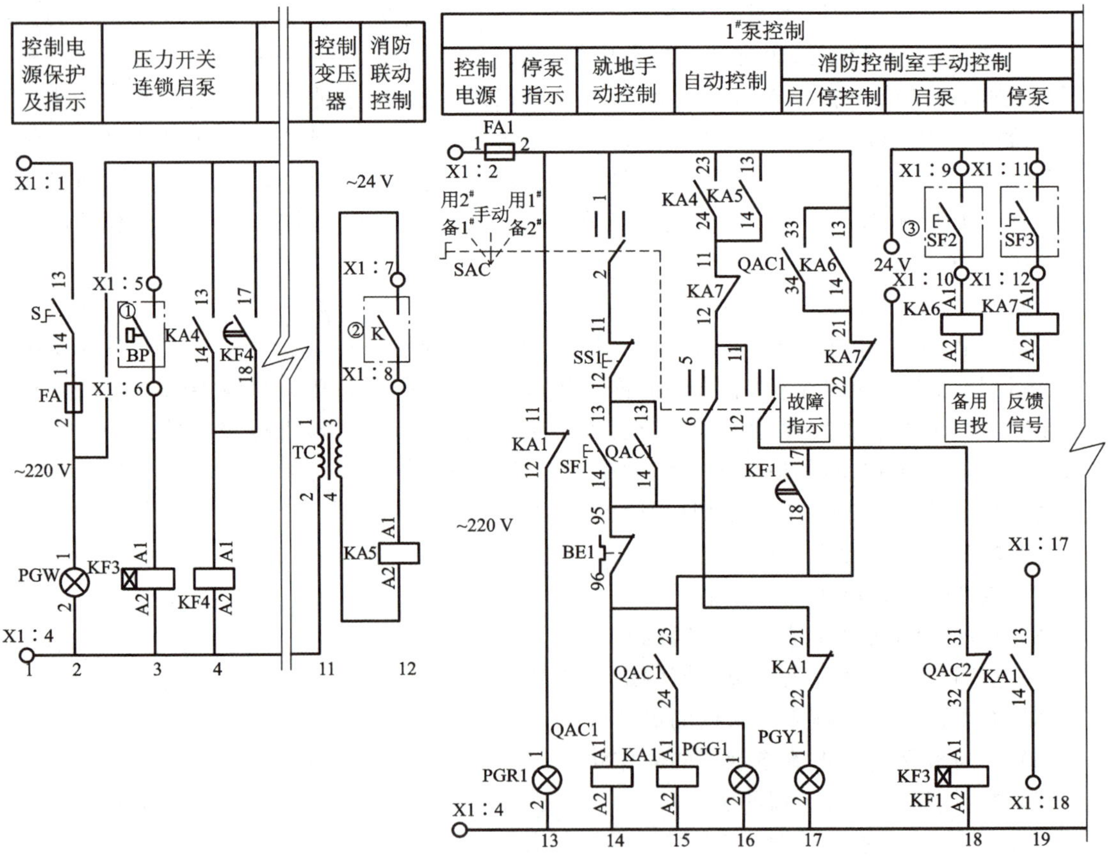

图 3.8　湿式自动喷水灭火系统喷淋泵控制原理图

接合器等组成。

室内消火栓设备由水枪、水带、消火栓和手动报警按钮等组成，如图 3.10 所示。

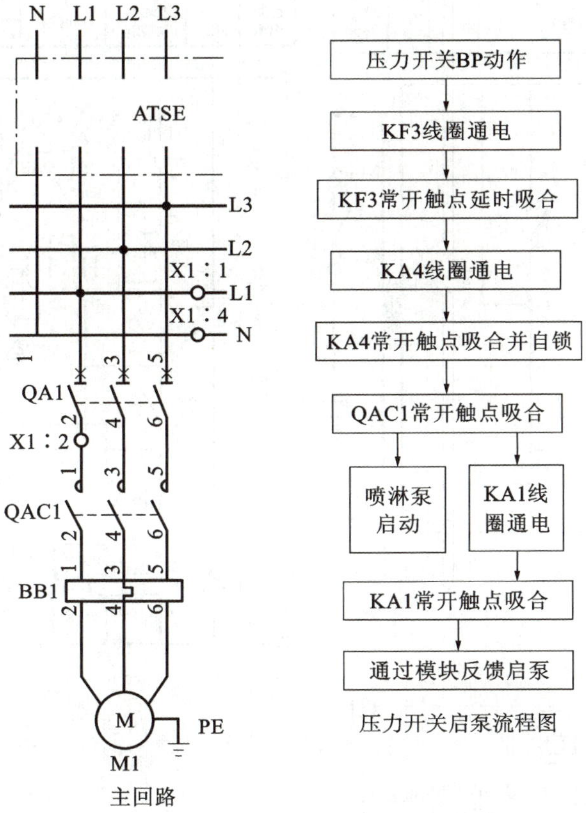

图 3.9　湿式自动喷水灭火系统喷淋泵控制流程图

图 3.10　室内消火栓及手动报警按钮

湿式消火栓的启动方式有联动控制和手动控制两种。联动控制方式是将消火栓系统出水干管上设置的低压压力开关、高位消防水箱出水管上设置的流量开关或报警阀压力开关等信号作为触发信号，直接控制启动消火栓泵。它不应受消防联动控制器处于自动或手动状态影响。当设置消火栓按钮时，消火栓按钮的动作信号应作为报警信号及启动消火栓泵的联动触发信号，由消防联动控制器联动控制消火栓泵的启动。手动控制方式是将消火栓泵控制箱(柜)的启动、停止按钮用专用线路直接连接至设置在消防控制室内的消防联动控制器的手动控制盘上，并应直接手动控制消火栓泵的启动、停止。

消火栓泵的动作信号应反馈至消防联动控制器。

常见的消防水泵电气控制原理图如图 3.11 所示，其控制功能应包含：

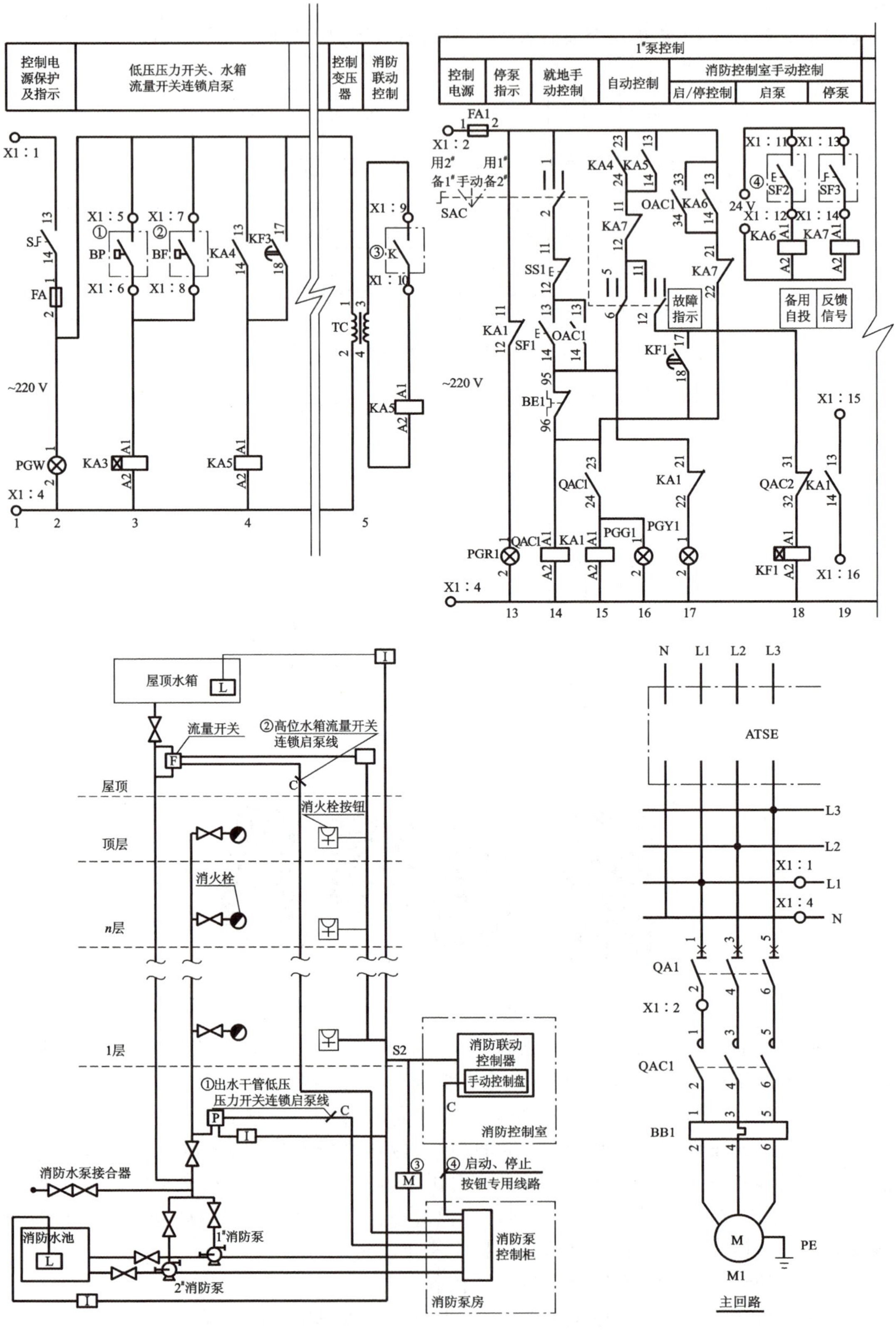

图 3.11　消防水泵电气控制原理图

(1) 一用一备自投入功能；

(2) 自动和手动相结合且能相互切换控制；

(3) 管网水压监测控制功能；

(4) 消防水箱水位监测控制功能；

(5) 运行状态在消防控制中心的显示功能。

3.2.2　CO_2 自动灭火系统

CO_2 自动灭火系统属于气体灭火。该系统适用于不能采用水或泡沫灭火的场所，如柴油发电机房、变配电所、计算机房、档案资料室、图书馆珍藏室、精密仪器设备室、易燃液体(气体)仓库等。

CO_2 自动灭火系统主要由火灾探测器、火灾报警控制器、二氧化碳储瓶、容器阀、液流单向阀、高压软管、集流管、安全阀、选择阀、压力信号器、启动瓶、电磁阀、气路单向阀、喷嘴及高压管道、管件、瓶组架等组成。

当火灾发生时，火灾探测器输出火警信号(或由手动报警按钮输出火警信号)；火灾报警控制器收到火警信号经确认后输出声光报警信号，同时输出主令控制信号，打开启动瓶上的电磁阀并开启二氧化碳储瓶；释放二氧化碳气体进行灭火。

CO_2 灭火系统常采用单元独立系统(图 3.12)和组合分配系统(图 3.13)。前者适用于单一区域防火；后者适用于相对集中的多个区域防火。

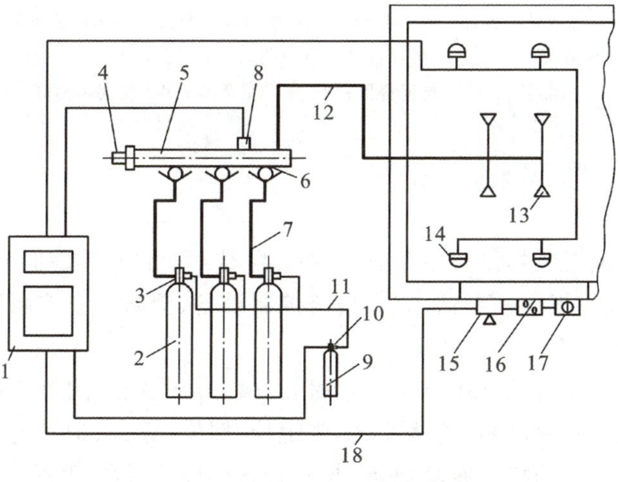

图 3.12　单元独立系统示意图

1—报警控制器；2—二氧化碳储瓶；3—容器阀；4—安全阀；5—急流管；6—液流单向阀；7—压力软管；8—压力信号器；9—启动瓶；10—电磁阀；11—启动管路；12—灭火剂管路；13—喷嘴；14—探测器；15—声光报警器；16—紧急启停盒；17—放气指示灯；18—电气线路

3.2.3　自动防火排烟系统

自动防火排烟系统设备有防火卷帘、防火门、防烟垂壁、排烟风机及正压送风机等。这些设备均能由火灾自动报警控制器的联动控制盘进行控制，也能进行手动直接控制；有的也可由自带传感探测器控制。当火灾发生时，这些联动设备能迅速地将危害人体生命的一氧化碳及燃烧物释放的有毒气体排出，确保人们疏散时的安全；同时，能防止火灾蔓延，将火势限制在某一区域，减小火灾损失，并为灭火提供方便。

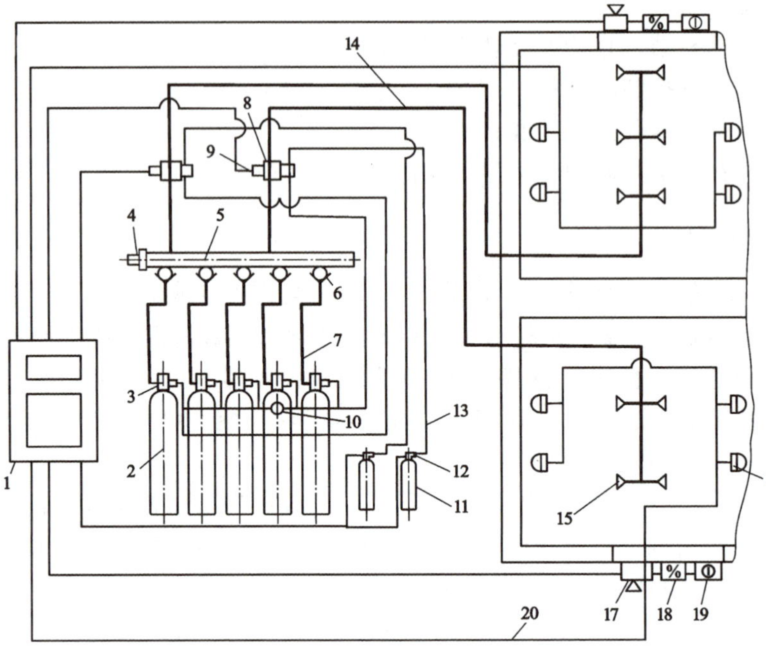

图 3.13　组合分配系统示意图

1—报警控制器；2—二氧化碳储瓶；3—容器阀；4—安全阀；5—急流管；6—液流单向阀；7—压力软管；8—选择阀；9—压力信号器；10—气路单向阀；11—启动瓶；12—电磁阀；13—气动管路；14—灭火剂管路；15—喷嘴；16—探测器；17—声光报警器；18—紧急启停盒；19—放气指示灯；20—电气线路

3.3　火灾自动报警系统的安装

火灾自动报警系统安装的设备主要有火灾探测器、手动报警按钮、声光显示报警器、各类模块（中继器）、区域火灾报警控制器、集中报警控制设备、消防中心控制设备、图像显示与打印操作设备、消防备用电源等。

火灾自动报警系统安装的常用材料有管材、线槽、金属软管、阻燃塑料管、电线、接线盒、管箍、护口、管卡子、焊条、防火涂料、防锈漆、膨胀螺栓、胀塞、锯条、记号笔、绑带等。

系统安装时主要使用的机具有套丝机、套丝板、液压弯管器、手动弯管器、电焊机、气焊工具、手电钻、开孔器、压线钳子、射钉枪、钢锯、手锤、活扳手、电烙铁、水平尺、直尺、角尺、钢卷尺、工具袋、工具箱、万能表、兆欧表、试铃、对讲电话、步话机、试烟器等。

3.3.1　火灾探测器

火灾探测器按探测传感对象不同可分为感烟探测器、感温探测器、感光探测器和气体探测器等。感烟探测器又称早期火灾探测器；感温探测器称中期火灾探测器；感光探测器称晚期火灾探测器。

火灾探测器根据外形特征和使用场合不同又分为点型火灾探测器和线型火灾探测器。

1. 点型火灾探测器的安装

点型火灾探测器有感烟探测器、感温探测器和感光（火焰）探测器等，如图 3.14 所示。

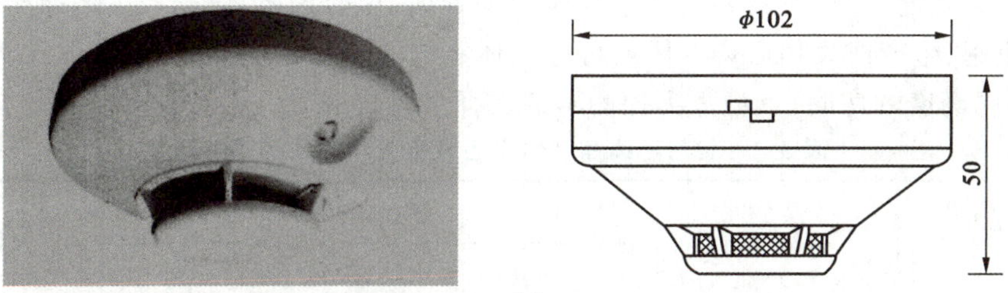

(a)

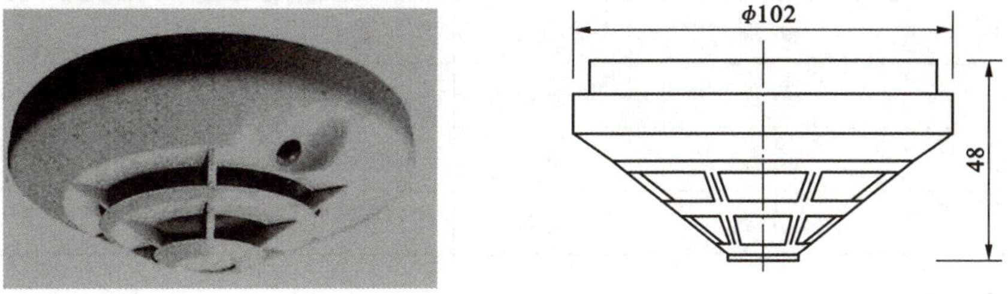

(b)

图 3.14　点型火灾探测器

(a) ISL380 智能光电感烟探测器及外形尺寸；(b) ISL330 智能感温探测器及外形尺寸

点型火灾探测器安装分为预埋盒安装、底座安装和探测器安装三部分，如图 3.15 所示。

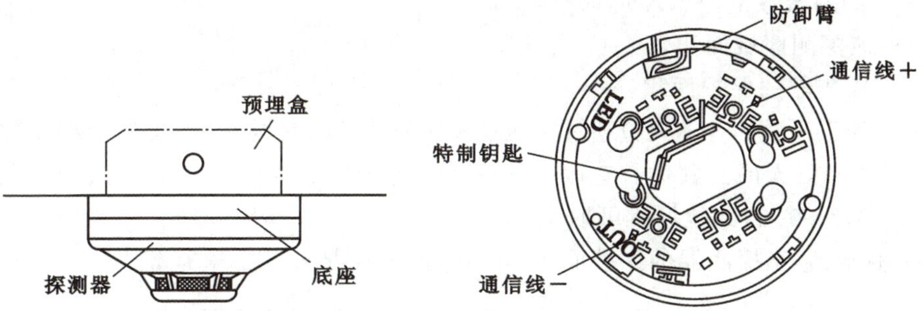

(a)　(b)

图 3.15　点型火灾探测器安装示意图

(a) 预埋盒、座底和探测器配合图；(b) 底座布线及防卸装置

预埋盒、配管在工程灌注混凝土楼板时已经预埋，安装时首先配线，然后安装底座，最后安装探测器。点型火灾探测器底座有两个接线端子，并具有防拆卸功能，一经启动，无专用工具无法拆卸。

2. 点型火灾探测器的选择

根据《火灾自动报警系统设计规范》(GB 50116—2013)的规定，火灾探测器的选择应符合下列要求：

① 对火灾初期有阴燃阶段，产生大量的烟和少量的热，很少或没有火焰辐射的场所，应选择感烟探测器。

② 对火灾发展迅速，可产生大量热、烟和火焰辐射的场所，可选择感温探测器、感烟探测器、火焰探测器或其组合。

③ 对火灾发展迅速，有强烈的火焰辐射和少量烟、热的场所，应选择火焰探测器。

④ 对使用、生产或聚集可燃气体或可燃液体蒸气的场所，应选择可燃气体探测器。

针对不同高度的房间，点型火灾探测器的选择参见表 3.2。

表 3.2　针对不同高度的房间点型火灾探测器的选择

房间高度 h (m)	感烟探测器	感温探测器			火焰探测器
		一级	二级	三级	
$12<h\leqslant 20$	不适合	不适合	不适合	不适合	适合
$8<h\leqslant 12$	适合	不适合	不适合	不适合	适合
$6<h\leqslant 8$	适合	适合	不适合	不适合	适合
$4<h\leqslant 6$	适合	适合	适合	不适合	适合
$h\leqslant 4$	适合	适合	适合	适合	适合

3. 点型火灾探测器的设置数量和布置

探测区域内的每个房间至少应设置一只火灾探测器。同时，一个探测区域内所需设置的探测器数量不应小于下式的计算值：

$$N=\frac{S}{K\cdot A} \tag{3.1}$$

式中　N——探测器数量，只，N 应取整数；

S——该探测区域面积，m^2；

A——探测器的保护面积，m^2；

K——修正系数。容纳人数超过 10000 人的公共场所宜取 0.7～0.8；容纳人数为 2000～10000 人的公共场所宜取 0.8～0.9；容纳人数为 500～2000 人的公共场所宜取 0.9～1.0；其他场所可取 1.0。

感烟探测器、感温探测器的保护面积 A 和保护半径 R 按表 3.3 确定。

表 3.3　感烟探测器、感温探测器的保护面积 A 和保护半径 R

火灾探测器的种类	地面面积 $S(\mathrm{m}^2)$	房间高度 $h(\mathrm{m})$	一只探测器的保护面积 A 和保护半径 R					
			房间坡度 θ					
			$\theta\leqslant 15°$		$15°<\theta\leqslant 30°$		$\theta>30°$	
			$A(\mathrm{m}^2)$	$R(\mathrm{m})$	$A(\mathrm{m}^2)$	$R(\mathrm{m})$	$A(\mathrm{m}^2)$	$R(\mathrm{m})$
感烟探测器	$S\leqslant 80$	$h\leqslant 12$	80	6.7	80	7.2	80	8.0
	$S>80$	$6<h\leqslant 12$	80	6.7	100	8.0	120	9.9
		$h\leqslant 6$	60	5.8	80	7.2	100	9.0
感温探测器	$S\leqslant 30$	$h\leqslant 8$	30	4.4	30	4.9	30	5.5
	$S>30$	$h\leqslant 8$	20	3.6	30	4.9	40	6.3

感烟探测器、感温探测器的安装间距，应根据探测器的保护面积 A 和保护半径 R 确定，并不应超过图 3.16 探测器安装间距的极限曲线 D_1～D_{11}（含 D_9'）所规定的范围。

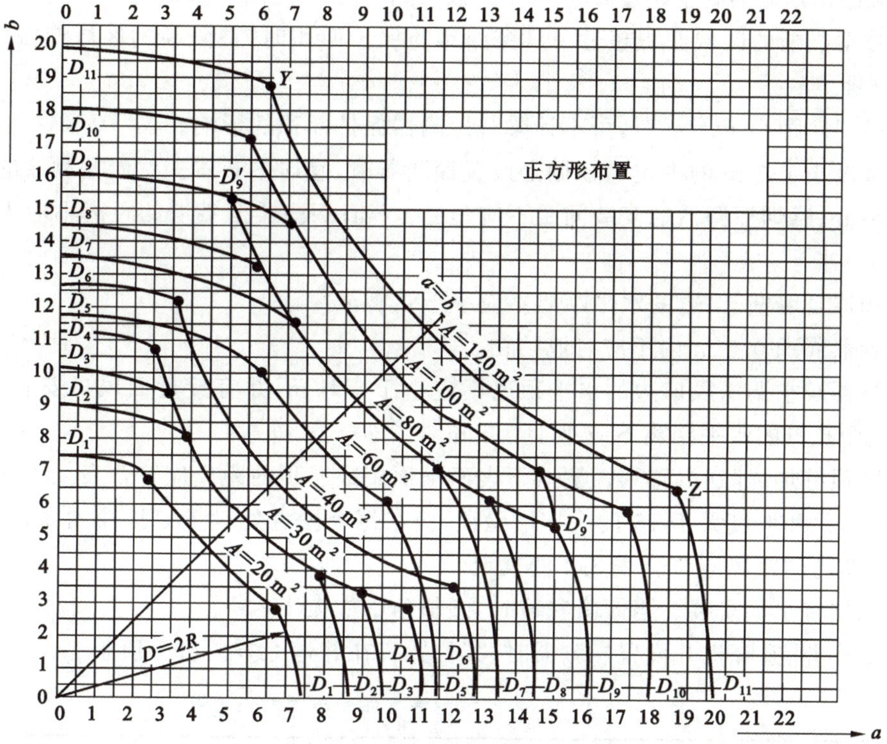

图 3.16　探测器安装间距的极限曲线

在有梁的顶棚上设置感烟探测器、感温探测器时，应符合下列规定：

① 当梁凸出顶棚的高度小于 200 mm 时，可不计梁对探测器保护面积的影响。

② 当梁凸出顶棚的高度为 200～600 mm 时，应按图 3.17 确定不同高度的梁对探测器设置的影响。

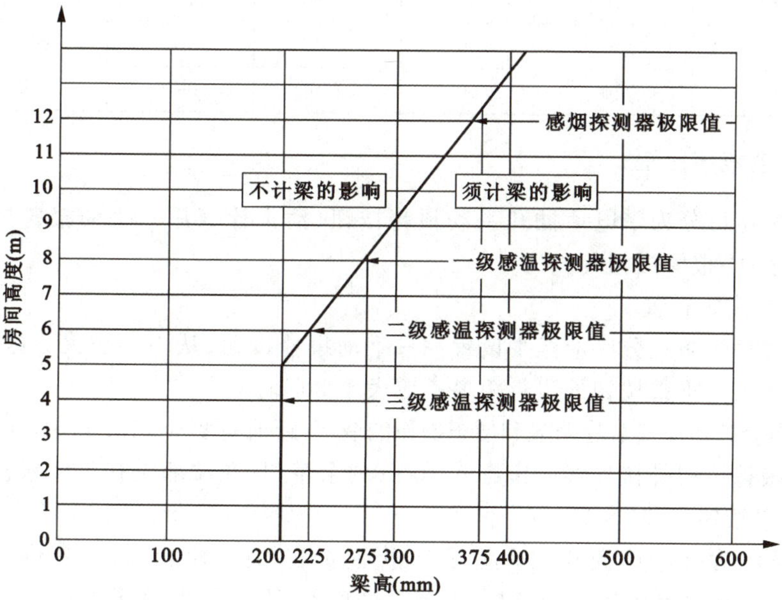

图 3.17　不同高度的梁对探测器设置的影响

③ 当梁凸出顶棚的高度超过 600 mm 时，被梁隔断的每个梁间区域至少应设置一只探测器。

④ 当被梁隔断的区域面积超过一只探测器的保护面积时，被隔断的区域应按式(3.1)计算探测器数量。

⑤ 当梁间净距小于 1 m 时，可不计梁对探测器保护面积的影响。

⑥ 在宽度小于 3 m 的内走道顶棚上设置探测器时，宜居中布置。感温探测器的安装间距不应超过 10 m；感烟探测器的安装间距不应超过 15 m；探测器至端墙的距离不应大于探测器安装间距的一半。

⑦ 探测器至墙壁、梁边的水平距离不应小于 0.5 m。

⑧ 探测器周围 0.5 m 内不应有遮挡物。

⑨ 探测器至空调送风口边的水平距离不应小于 1.5 m，并宜接近回风口安装；探测器至多孔送风顶棚孔口的水平距离不应小于 0.5 m。

⑩ 当屋顶有热屏障时，感烟探测器下表面至顶棚或屋顶的距离应符合表 3.4 的规定。

锯齿型屋顶和坡度大于 15°的人字形屋顶，应在每个屋脊处设置一排探测器，探测器下表面至屋顶最高处的距离应符合表 3.4 的规定。

⑪ 探测器宜水平安装。当倾斜安装时，倾斜角不应大于 45°。

⑫ 在电梯井、升降机井设置探测器时，其位置宜在井道上方的机房顶棚上。

表 3.4　感烟探测器下表面至顶棚或屋顶的距离

探测器的安装高度 h (m)	感烟探测器下表面至顶棚或屋顶的距离 d(mm)					
	顶棚或屋顶坡度 θ					
	$\theta\leqslant15°$		$15°<\theta\leqslant30°$		$\theta>30°$	
	最小	最大	最小	最大	最小	最大
$h\leqslant6$	30	200	200	300	300	500
$6<h\leqslant8$	70	250	250	400	400	600
$8<h\leqslant10$	100	300	300	500	500	700
$10<h\leqslant12$	150	350	350	600	600	800

3.3.2　手动报警按钮

手动报警按钮可分为带电话插孔手动报警按钮（消火栓兼用）、手动报警按钮（消火栓兼用）和消火栓（手动）报警按钮等。

1. 手动报警按钮布置

报警区内的每个防火分区应至少设置一只手动报警按钮，从一个防火分区内的任何位置到最近一个手动火灾报警按钮的步行距离不应大于 30 m。

手动火灾报警按钮应安装在明显和便于操作的墙上，距地高度 1.5 m，安装应牢固且不应倾斜。

手动火灾报警按钮外接导线应留有 0.10 m 的余量，且在端部应有明显标志。

2. 手动报警按钮安装

图 3.18 所示为带电话插孔编码型手动报警按钮（消火栓兼用）的外形(J-SAP-M-JBF-101F/P)。这种手动报警按钮的特点是：内置微处理器，手动推进弹簧按钮，内部开关动作，报

警信号送到报警控制器；内置复位按钮，手动复位；有一组无源触点输出；二总线无极性；带电话插孔，配合电话手柄；作消火栓报警时，双灯显示，可直接启动消防泵。

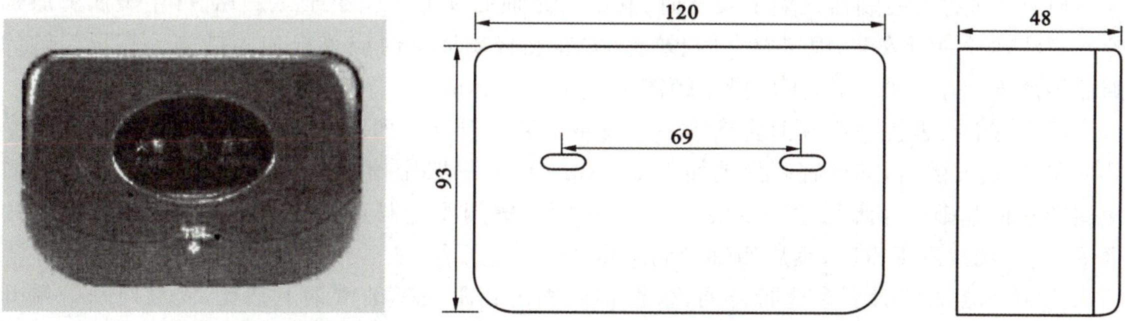

图 3.18　带电话插孔编码型手动报警按钮(消火栓兼用)外形

图 3.19 所示是用于手动报警按钮时的接线示意图。布线施工时，通过预埋盒或用膨胀螺栓将底座固定；探测总线采用 2×(1.0～1.5) mm^2 导线；安装前用编码器写入对应的地址编码；端子 2 和 4 分别接二总线 L1 和 L2，端子 7、8 接电话线，端子 11、12 正常时形成常开触点，手动报警按钮按下时闭合，可用来控制现场声光报警，需另接电源 24 V；插拔式的结构可在布线工程调试前再将手报部件插入底座，易于施工和维护。

图 3.20 所示是消火栓报警按钮接线示意图。与图 3.19 不同的是，端子 9、10 分别接 24 V 电源正极和消防泵的回答灯，点亮启泵回答灯。注意极性不能接反。

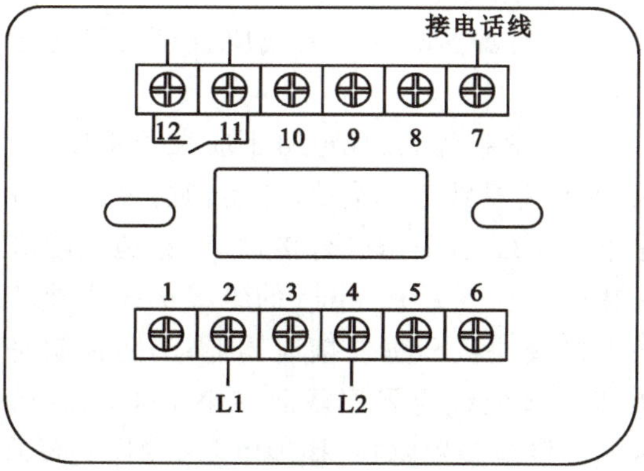

图 3.19　用于手动报警按钮时的接线示意图

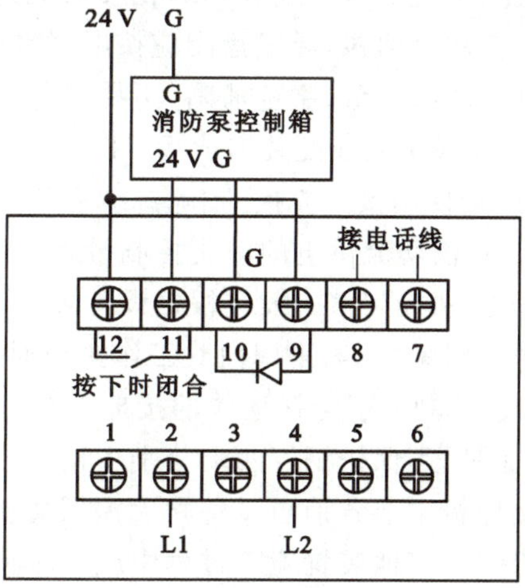

图 3.20　消火栓报警按钮接线示意图

3.3.3　火灾报警控制器安装

火灾报警控制器是接收火灾探测器和火灾报警按钮的火灾信号及其他报警信号，发出声、光报警，指示火灾发生的部位，按照预先编制的逻辑顺序发出控制信号，联动各种灭火控制设备，迅速有效地扑灭火灾，降低火灾损失。火灾报警控制器一般应设置在消防中心、消防值班室、警卫室及其他规定有人值班的房间或场所。控制器的显示操作面板应避开阳光直射，房间内无高温、高湿、尘土、腐蚀性气体。

火灾报警控制器安装前土建的屋顶、楼板应施工完毕，且无渗漏现象；室内地面、门窗、吊顶等安装已结束；有损设备安装的装饰工作已全部结束。

(1) 区域报警控制器在墙上安装时，其底边距地面高度不应小于 1.5 m，可用金属膨胀螺栓或埋注螺栓进行安装，固定要牢固、端正，安装在轻质墙上时应采取加固措施。靠近门轴的侧面距离不应小于 0.5 m，正面操作距离不应小于 1.2 m。

(2) 集中报警控制室或消防控制中心设备安装应符合下列要求：

① 落地安装时，其底宜高出地面 0.05～0.20 m，一般用槽钢作为基础，如有活动地板时使用的槽钢基础应在水泥地面生根，并固定牢固。槽钢要先调直除锈，并刷防锈漆，安装时用水平尺、小线找好平直度，然后用螺栓固定牢固。

② 控制柜按设计要求进行排列，根据柜的固定孔距在基础槽钢上钻孔，安装时从一端开始逐台安装就位。用螺丝固定、用小线找平找直后，再将各螺栓紧固。

③ 控制设备前操作距离：单列布置时不应小于 1.5 m，双列布置时不应小于 2 m；在值班人员经常工作的一面，控制盘到墙的距离不应小于 3 m，盘后维修距离不应小于 1 m；控制盘排列长度大于 4 m 时，控制盘两端应设置宽度不小于 1 m 的通道。

④ 区域控制室安装落地控制盘时，参照上述有关要求安装施工。

(3) 火灾报警控制器配线和接地要求：

① 对引入火灾报警控制器的电缆或导线，首先应进行对线器校线，按图纸要求编号；然后用兆欧表测相间、对地等绝缘电阻，其绝缘电阻不应小于 20 MΩ；全部合格后再按不同电压等级、用途、电流等将导线分别绑扎成束引到端子板，按接线图进行压线。应注意每个接线端子接线不应超过两根，导线盘圈应按顺时针方向；多股线应刷锡，导线应有适当余量，标志编号应正确且与图纸一致，字迹清晰，不易褪色；配线应整齐，避免交叉。

② 导线引入线配装完成后，在进线管处应封堵；控制器主电源引入线应直接与消防电源连接，严禁使用接头连接，主电源应有明显标志。

③ 凡由交流供电的消防控制设备，外壳及基础应可靠接地，接地电阻不应大于 4 Ω。

④ 消防控制室一般应根据设计要求设置专用接地装置做工作接地(是指消防控制设备信号地域逻辑地)。当采用独立工作接地时，电阻应小于 4 Ω；当采用联合接地时，接地电阻应小于 1 Ω。控制室引至接地体的接地干线应采用一根截面不小于 16 mm^2 的绝缘铜线或独芯电缆，穿保护管，保护钢管两端分别压接在控制设备工作接地板和室外接地体上；消防控制室的工作接地板引至各消防设备和火灾报警控制器的工作接地线应采用截面不小于 4 mm^2 的铜芯绝缘线。接地装置施工过程中应分不同阶段做电气接地装置隐检、接地电阻摇测、平面示意图等质量检查记录。

⑤ 其他火灾报警设备和联动设备安装，按有关规范和设计厂家要求进行安装接线。

3.4　火灾自动报警系统的布线

3.4.1　火灾自动报警系统配置导线要求

(1) 火灾自动报警系统的传输线路和 50 V 以下供电控制线路，应采用电压等级不低于交流 250 V 的铜芯绝缘导线或铜芯电缆；交流 220/380 V 的供电和控制线路，应采用电压等级不低于交流 500 V 的铜芯绝缘导线或铜芯电缆。

(2) 火灾自动报警系统传输线路的线芯截面选择,除应满足自动报警装置技术条件的要求外,还应满足机械强度的要求。铜芯绝缘导线、铜芯电缆线芯的最小截面面积不应小于表 3.5的规定。

表 3.5 铜芯绝缘导线和铜芯电缆线芯的最小截面面积

序号	类别	线芯的最小截面面积(mm^2)
1	穿管敷设的绝缘导线	1.00
2	线槽内敷设的绝缘导线	0.75
3	多芯电缆	0.50

3.4.2 火灾自动报警系统室内布线要求

(1) 火灾自动报警系统的传输线路应采用穿金属管、经阻燃处理的硬质塑料管或封闭式线槽保护方式布线。

(2) 消防控制、通信和警报线路采用暗敷设时,宜采用穿金属管或经阻燃处理的硬质塑料管保护,并应敷设在不燃烧体的结构层内,且保护层厚度不宜小于 30 mm。当采用明敷设时,应采用穿金属管或金属线槽保护,并应在金属管或金属线槽上采取防火保护措施。

采用经阻燃处理的电缆时,可不穿金属管保护,但应敷设在电缆竖井或吊顶内有防火保护措施的封闭式线槽内。

(3) 火灾自动报警系统用的电缆竖井宜与电力、照明用的低压配电线路电缆竖井分别设置。如受条件限制必须合用时,两种电缆应分别布置在竖井的两侧。

(4) 从接线盒、线槽等处引到探测器底座盒、控制设备盒、扬声器箱的线路均应加金属软管保护。

(5) 火灾探测器的传输线路宜选择不同颜色的绝缘导线或电缆。正极"+"线应为红色;负极"—"线应为蓝色。同一工程中相同用途导线的颜色应一致,接线端子应有标号。

(6) 接线端子箱内的端子宜选择压接或带锡焊接点的端子板,其接线端子上应有相应的标号。

(7) 火灾自动报警系统的传输网络不应与其他系统的传输网络合用。

3.5 工程案例

某综合楼火灾自动报警系统施工图如图 3.21 至图 3.29 所示。

3.5.1 火灾自动报警系统施工图的组成

火灾自动报警系统施工图一般应由设计说明、主要设备材料表、施工平面图和系统图等组成。

1. 设计说明

火灾自动报警系统设计说明一般应包含下列内容:

(1) 火灾自动报警系统形式;

（2）消防联动控制说明；

（3）设计依据；

（4）安装施工要求；

（5）图纸中无法表明的问题；

（6）验收依据及要求。

2. 主要设备材料表

主要设备材料一般以表格形式出现，表格项目栏一般有序号、图例、名称、规格、单位、数量和备注。

3. 施工平面图

火灾自动报警系统施工平面图应显示所有需安装设备的性质及平面具体位置，所有配管配线平面走向、垂直走向及具体位置。

4. 系统图

系统图能直观地反映火灾自动报警系统与联动控制的方式，显示垂直配线情况、系统控制情况及控制室设备情况。

3.5.2　火灾自动报警系统施工图的阅读

火灾自动报警系统施工图阅读顺序一般是设计说明、主要设备材料表、施工平面图和系统图。

1. 火灾自动报警系统施工图设计说明

从图 3.21 中可以了解到：

（1）本系统采用消防控制中心报警，且消防控制室设置在本建筑物的一楼。

（2）设计依据为《建筑设计防火规范》(GB 50016—2014)和《火灾自动报警系统设计规范》(GB 50116—2013)。

（3）消防控制室中的主要设备有汉字液晶显示火灾报警控制器（联动型）、消防通信系统主机、稳压电源、多线制联动盘、消防广播系统主机等。

（4）火灾自动报警和消防联动控制要求及控制原理。

（5）安装施工应注意的事项。

（6）图纸中无法表明的一些问题，如各类平面布线穿管敷设方式等。

（7）验收依据为《火灾自动报警系统施工及验收标准》(GB 50166—2019)。

2. 主要设备材料表

从图 3.22 中可以大致了解到本综合楼的主要设备材料和火灾自动报警系统设备的配置，为施工提供了材料和设备的准备依据。

3. 火灾自动报警系统施工平面图

综合楼图 3.23 至图 3.29 分别显示了火灾自动报警系统中各类火灾探测器、手动报警按钮、消防广播、消火栓按钮、水流指示器、消防电话、集中火灾报警控制器等的具体位置，指明了各路配线的平面走向及垂直配线的走向。

以图 3.24 综合楼一层火灾自动报警系统平面图为例。

一层设置有消防控制室，消防控制室兼监控室；消防室内设置有火灾自动报警及联动控制一体机，由一体机引出各路总线至弱电井接线箱进行垂直配线；一层火灾探测器等设备直接由消防控制室控制。配合系统图在平面图中可清楚地了解各设备的具体布置位置、设备之间的配线情况和线路走向。

4. 火灾自动报警系统图

从图 3.29 综合楼火灾自动报警系统图中可了解本系统是一个智能型火灾自动报警系统。消防控制柜是由火灾自动报警控制器、消防电话、联动控制盘和电源组成的一体机柜。从一体机引出的线路有 6 路火灾自动报警二总线、22 对消防电话线、18 路直接启泵线路、6 路直流电源线、2 路消防广播线等。每一层楼设置一个接线箱，接线箱内设置有楼层隔离模块。

设计说明

一、本系统采用消防控制中心报警，消防控制室设置在一楼。

二、设计依据

1.《建筑设计防火规范》(GB 50016—2014)；

2.《火灾自动报警系统设计规范》(GB 50116—2013)。

三、消控室主要设备

(1) 汉字液晶显示火灾报警控制器(联动型)；(2) 消防通信系统主机；(3) 稳压电源；(4) 多线制联动盘；(5) 消防广播系统主机。

四、火灾自动报警及消防联动控制要求

1. 火灾信号通过烟感、温感探测器或手动报警按钮传至消控室火灾自动报警控制器，动作后有动作反馈信号反馈至报警器(自动/手动)。

2. 当火灾确认后，手动关闭非消防电源，非消防电源切断后有反馈信号反馈至报警主机(总线联动控制盘控制)。

3. 当某层水流指示器或信号阀动作后，消控室应有相应的动作信号反馈。

4. 当火灾确定后，强迫所有电梯回降至首层，并切断非消防电梯电源并接收其反馈信号(自动/手动)，动作后均有动作信号反馈至消控室。

5. 控制消火栓泵的启动(自动/手动)停止，显示消火栓泵的运行、停止、故障状态。

6. 控制喷淋泵的启动(自动/手动)停止，显示喷淋泵的运行、停止、故障状态。

7. 显示消火栓按钮位置，当系统处于自动状态时，消火栓泵、消防水泵、送风机均由消控室控制台直接控制。

8. 当火灾确认后，启动火灾层及火灾上下层警铃(自动/手动)。

9. 火灾确认后，关闭相应层作防火隔断的防火卷帘(自动/手动)。

10. 水泵房压力开关动作后，信号反馈到消控室，并自动启动喷淋泵。

五、施工注意事项

1. 探测器与照明灯具的水平距离不应小于 0.2 m。

2. 探测器与各种自动灭火喷头的净距离不小于 0.3 m。

3. 感温探测器与各种高温光源灯具的净距离大于 0.5 m。

4. 探测器与墙壁、梁边的水平距离不小于 0.5 m。

5. 探测器距空调送风口边的水平距离不小于 1.5 m。

6. 探测器距多孔送风顶棚孔口的水平距离不应小于 0.5 m。

7. 施工时请注意调整探测器位置，以满足上述要求。

8. 各风机及正压送风口防火阀型号及安装位置见防排烟图。

六、其他

1. 火灾自动报警及电源控制平面线 CS20 CC WC。

2. 消防广播及电话平面线穿 SC20 沿楼板、墙暗敷。

3. 设备直接启动控制平面线穿 SC25 沿楼板、墙暗敷。

七、验收执行《火灾自动报警系统施工及验收标准》(GB 50166—2019)。

图 3.21　火灾自动报警系统施工图设计说明

序号	图例	名称	规格	单位	数量	备注
1		带电话插孔的手动报警按钮		个	17	
2		PFJ-排风机电控箱		个	3	
3		XFB-消火栓泵电控箱		个	1	
4		PLB-喷淋泵电控箱		个	1	
5		SFJ-正压送风或通风机电控箱		个	2	
6		FHJL-防火卷帘电控箱		个		
7		DT-电梯电控箱		个	3	
8		PYJ-排烟或通风机电控箱		个	2	
9		消防广播扬声器		只	105	
10		消火栓启泵按钮		个	34	
11		警铃		个	74	
12		智能烟感探测器		个	473	
13		智能温感探测器		个	80	
14		水流指示器		个	19	
15		消防电话		个	8	
16	JXX	接线箱		只	17	
17	G	总线隔离模块		个	17	
18	C	输出控制模块		个	171	
19	M	输入模块		个	40	
20	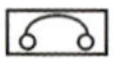	消防电话插孔		个	2	
21		手动报警按钮		个	70	
22		集中型火灾报警控制器		个	1	
23		信号闸阀		个	19	
24	F	压力信号反馈器		个	1	
25	P	压力开关		个	2	

图 3.22　主要设备材料表

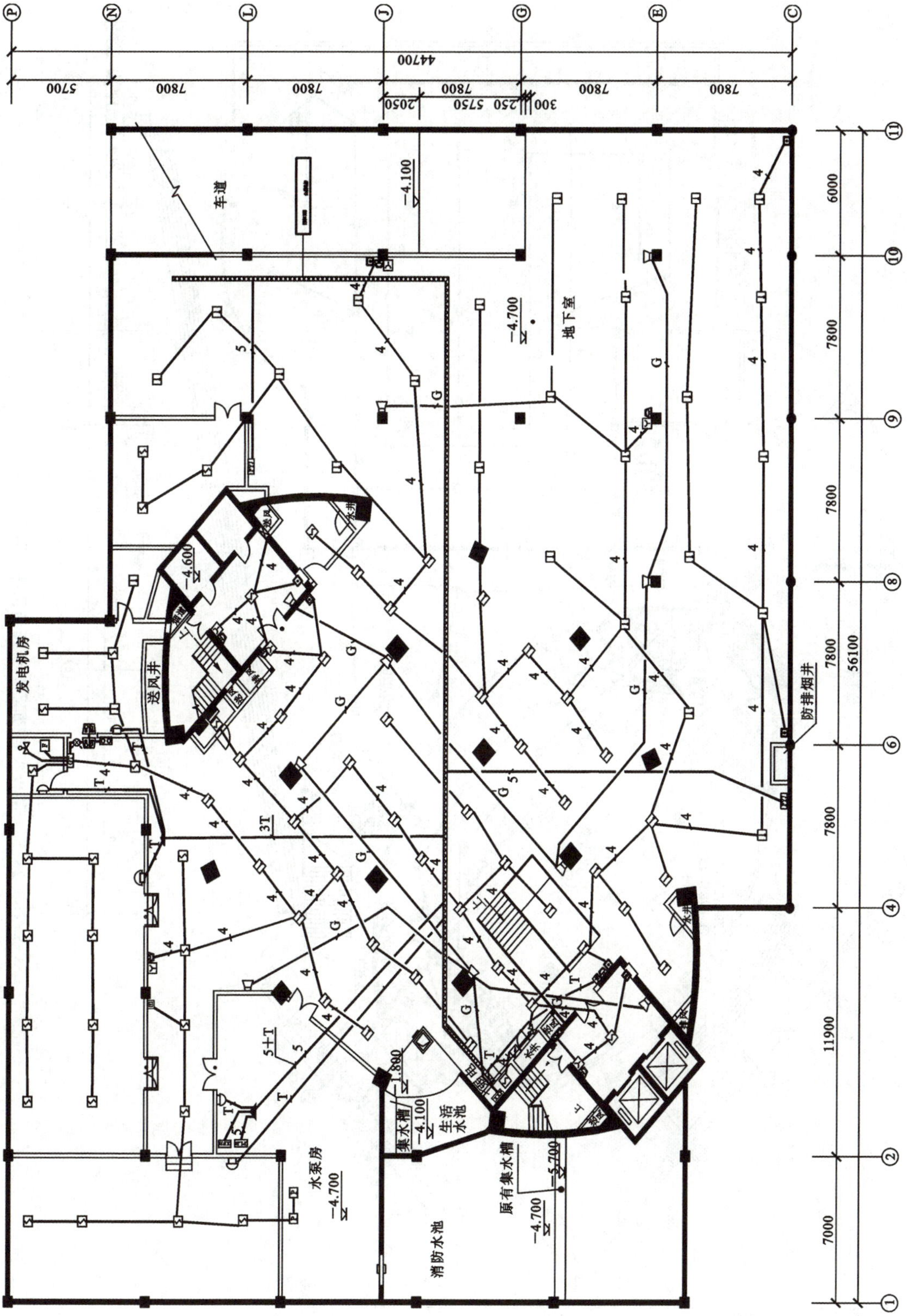

图 3.23　地下层火灾自动报警系统施工平面图（1 : 100）

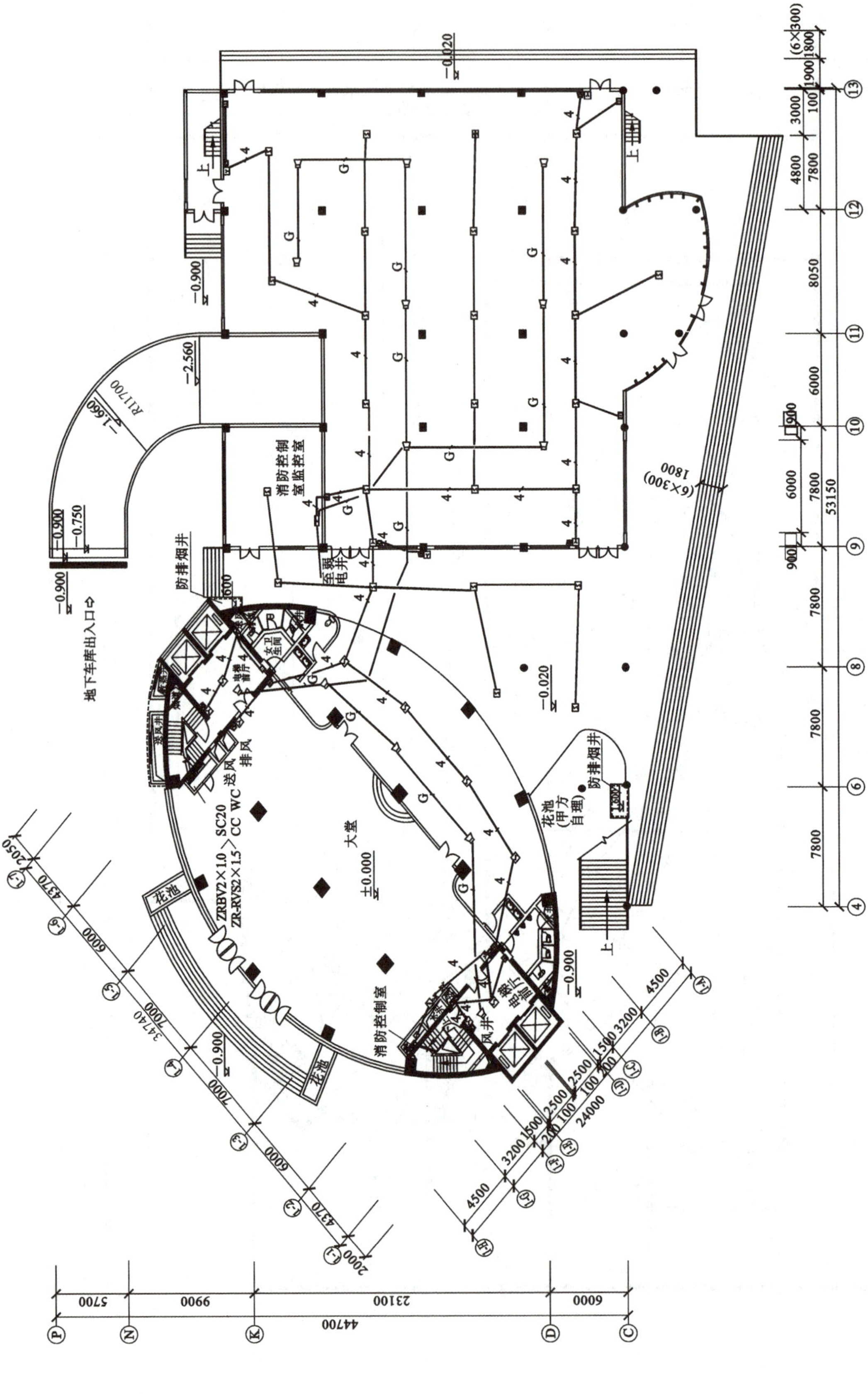

图 3.24　一层火灾自动报警系统施工平面图(1：100)

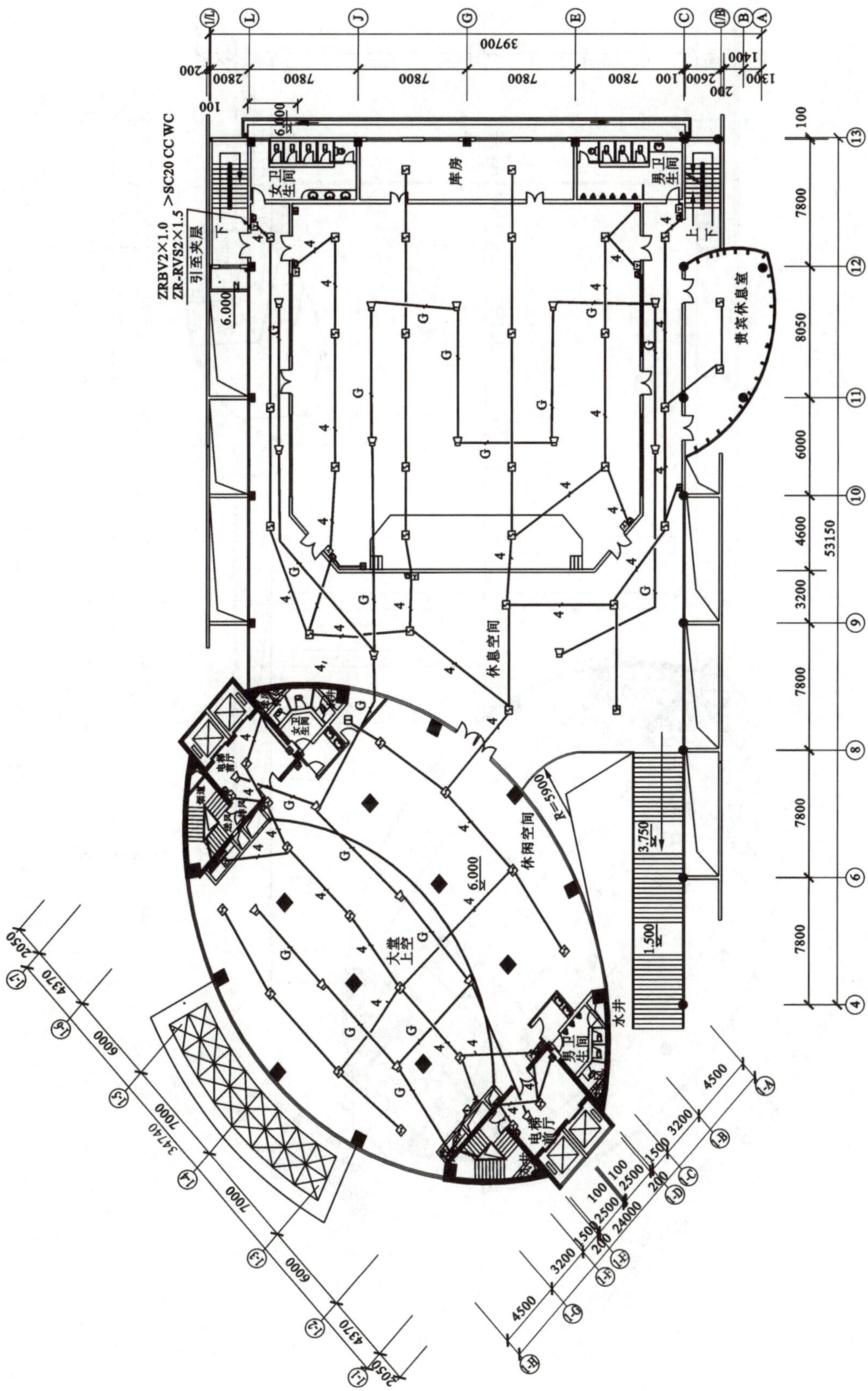

图 3.25　二层火灾自动报警系统施工平面图(1：100)

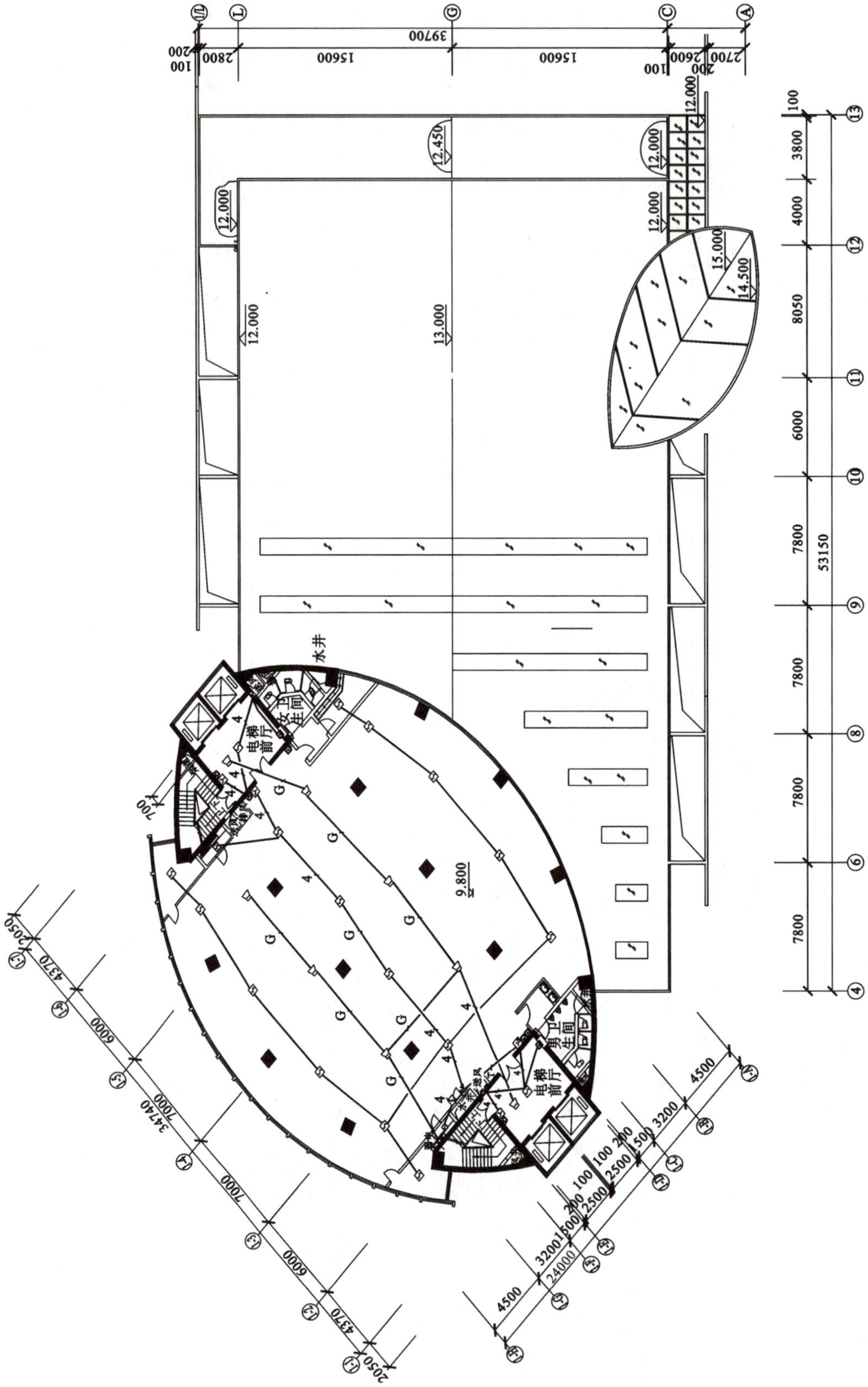

图 3.26　三层火灾自动报警系统施工平面图（1：100）

火灾自动报警平面线说明

图例	线路名称	导线规格	保护管径
—	信号线	ZR-RVS2×1.5	SC20
4	信号线＋电源线	ZR-RVS2×1.5 ZRBV2×1.5	SC20
5	直接控制线	NH-BV5×1.5	SC25
G	消防广播线	NH-RVS2×1.5	SC20
T	消防电话线	ZR-RVVP2×1.5	SC20
火灾自动报警系统按有装修天花设计平面图			

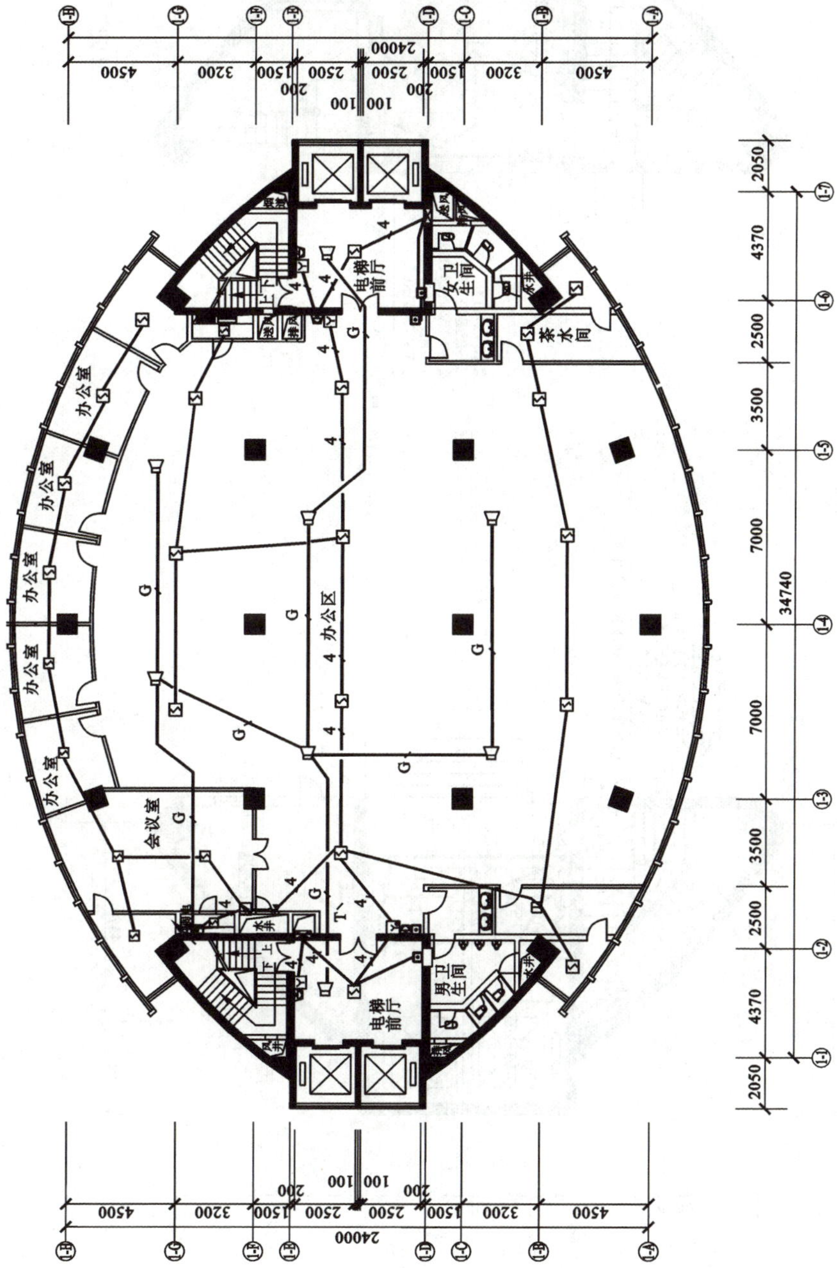

图3.27　四～六层火灾自动报警系统施工平面图(1∶100)

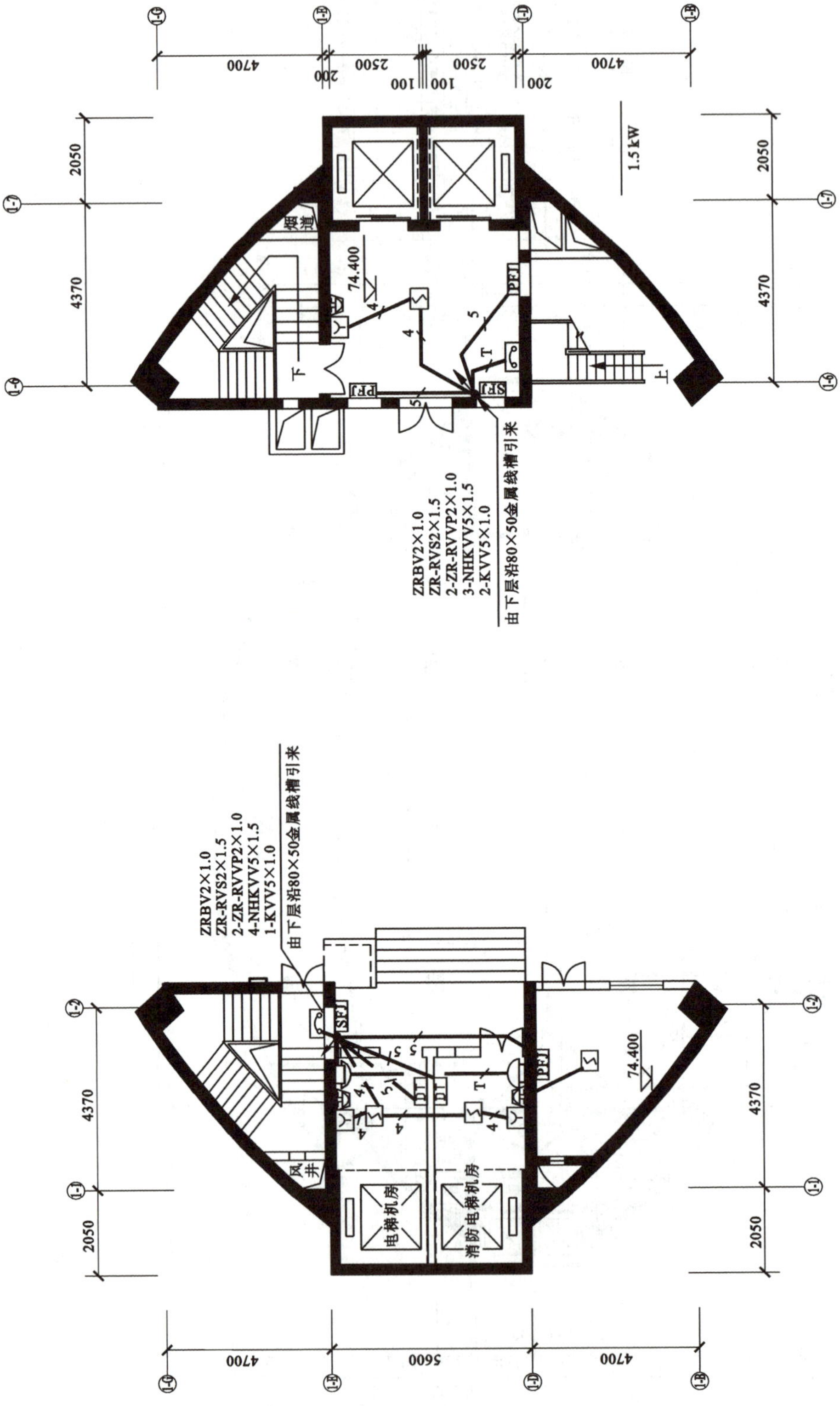

图3.28 屋顶火灾自动报警系统施工平面图(1:100)

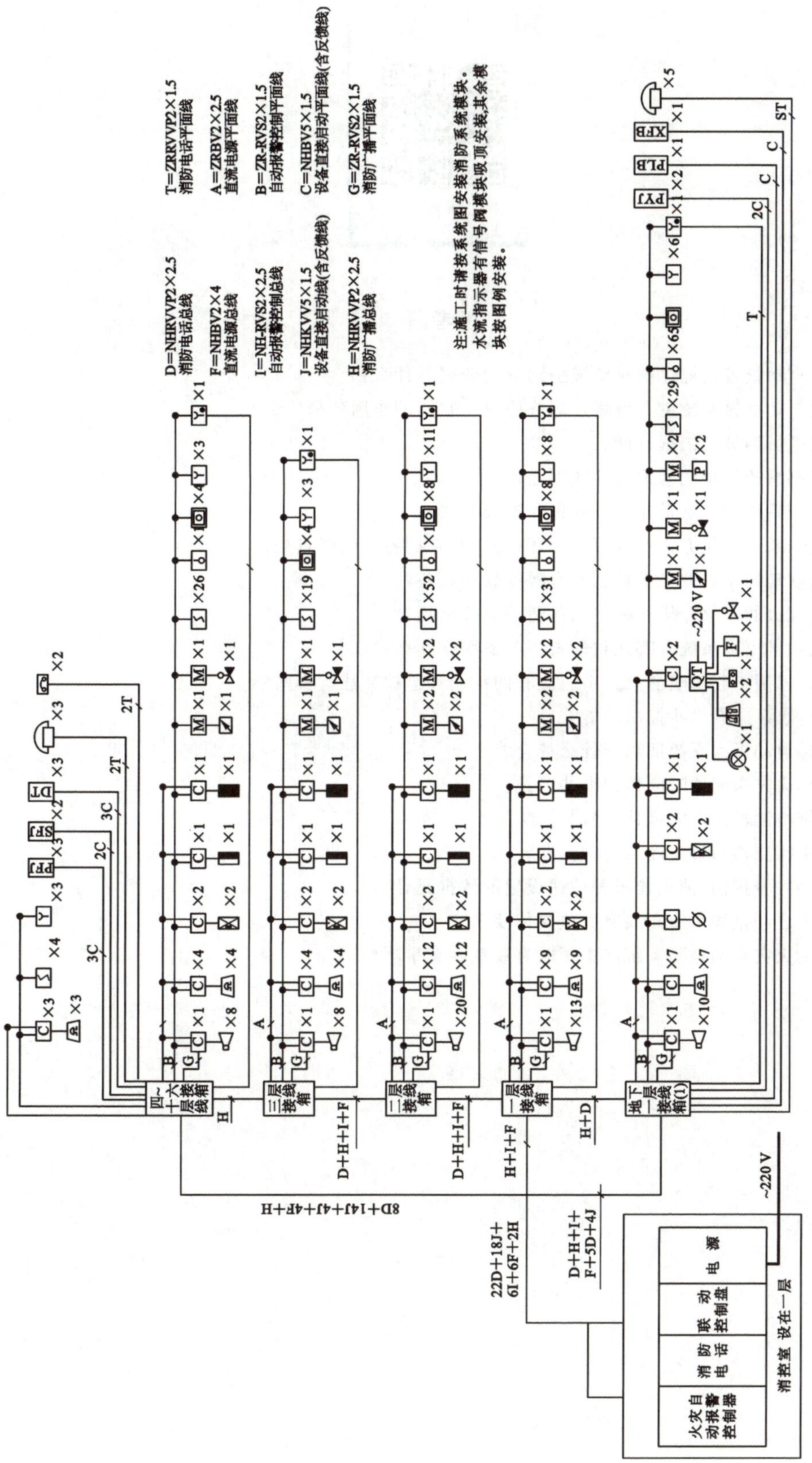

图 3.29　火灾自动报警系统图(1：100)

在线测试

思考题

3.1 火灾自动报警系统保护对象级别划分的依据是什么？

3.2 火灾自动报警系统主要由哪几部分构成？它们的作用各是什么？

3.3 报警区域划分的依据是什么？

3.4 多线制系统与总线制系统的区别是什么？

3.5 总线制系统的特点是什么？有哪些连接方式？

3.6 总线制系统连接方式有树枝式和环形两种，它们各自的优点是什么？

3.7 消防联动控制的意义是什么？有哪些联动设备？

3.8 自动灭火的灭火介质有哪些？各适用于什么场合？

3.9 自动喷淋灭火系统有哪几种形式？各适用在什么地区？

3.10 消防控制中心对喷淋灭火系统应有的控制和监控功能有哪些？

3.11 消防水泵应有哪些控制功能？

3.12 CO_2 自动灭火系统适用于什么场合？

3.13 选择火灾探测器时应考虑哪些问题？

3.14 报警控制器的功能是什么？

3.15 火灾探测器布置应注意哪些问题？

3.16 手动报警按钮、消火栓报警按钮设置的依据是什么？

3.17 火灾自动报警系统布线有哪些具体要求？

3.18 阅读火灾自动报警系统施工图时有哪些注意事项？

项目4　建筑设备监控系统

【知识目标】

1. 掌握BAS各子系统的监测参数与控制方法。
2. 熟悉基本PID控制，楼宇控制系统的典型设备。
3. 了解BAS的功用及构成，空气调节基础知识。

【能力目标】

1. 具备分析各子系统的监测参数及控制方法的能力；
2. 了解BAS设备联动控制，BAS的功用及构成；
3. 能对建筑设备监控系统安装、布线、调试。

【课程思政】

中国智能建筑行业的奠基人程大章

建筑设备监控系统又称楼宇设备控制系统，简称为BAS(Building Automation System)，是智能建筑中一个重要的组成部分，以建筑设备和环境为对象进行测量、监视、控制和调节，对于保证室内工作条件、设备运行安全、合理利用资源、节约能耗和保护环境，都有十分重要的作用。

建筑设备监控系统的监控范围包括冷热源、供暖通风及空气调节、给水排水、供配电、照明、电梯等，并宜包括以自成控制体系方式纳入管理的专项设备监控系统等。

4.1　控制系统基本原理及控制器调节特性

将湿度、温度、压力等非电物理量通过传感器转换成电压、电流等电气信号并非最终目的，还需对被测物理量进行深入分析、比较和调整，达到对其进行有效控制的目的。

建筑设备监控系统应由传感器、执行器、控制器、被控对象、人机界面、数据库、通信网络和接口等组成。

而数字控制器又是楼宇设备控制系统的核心部分，其控制手段、控制策略和控制方式以及调节特性决定了整个楼宇控制系统的可靠性、有效性和智能性。

4.1.1　控制系统基本原理

按照控制系统是否具有反馈环节，其可分为开环控制和闭环控制两种。没有反馈环节的称为开环控制系统；反之称为闭环控制系统。随着现代控制理论的不断发展，模糊控制、人工智能控制等方法也逐步运用到楼宇控制系统中。下面对开环控制系统和闭环控制系统两种最基本控制系统作简要说明。

1. 开环控制系统

如果系统的输出量不被引回来对系统的控制部分产生影响，则这样的系统称为开环控制系统。由于没有反馈控制作用，开环控制系统的优点是结构简单、造价低廉、容易实现，并且系统的稳定性好。对于那些输入量和输出量之间的关系固定不变，而且内部参数或外部负载等扰动因素不大，或者这些扰动能预先确定并进行补偿，则应尽量采用开环控制系统。但是，开环控制系统的控制精度低、抗干扰能力差，所以常用在干扰不强烈、控制精度要求不高的场合。开环控制原理如图 4.1 所示。

图 4.1　开环控制原理图

2. 闭环控制系统

如果系统的输出量被引回来作用于系统的控制部分，形成闭合回路，则这样的系统称为闭环控制系统，也称为反馈控制系统。其特点是由输入信号和输出信号的偏差对系统进行控制，即系统的输出量对控制量有直接的影响。将检测出来的输出量送回系统的输入端并与输入信号相减的过程称为负反馈。输入信号（又称给定值）与反馈信号（又称测量值）之差称为偏差。偏差作用在控制器上，使系统的输出值趋近于给定值。闭环控制的实质即是利用负反馈的作用来减少系统的偏差。

应用在工程上就是通过测量元件对被控制对象的被控参数进行测量，与给定值进行比较。如有偏差，控制器就产生控制作用驱动执行机构工作，直到被控参数值满足预定需求为止。

无论造成偏差的因素是外来干扰（如环境条件等）还是内部干扰（如给定值变化），闭环系统的控制作用总是使偏差趋向下降。因此，它具有自动修正被控量偏离给定值的能力，且精度高、适应面广，是基本的控制系统。闭环控制原理如图 4.2 所示。

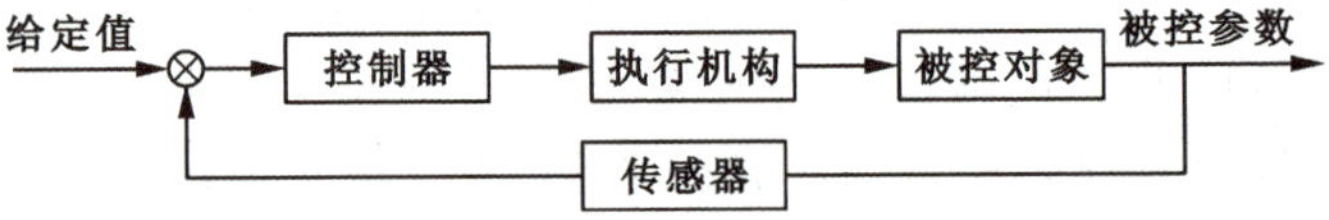

图 4.2　闭环控制原理图

4.1.2　控制系统性能指标

楼宇设备控制系统的控制性能指标可以用稳定性、能控性、能观测性、稳态特性、动态特性等来表征，相应地可以用稳定裕度、稳态指标、动态指标和综合指标来衡量一个控制系统性能的优劣。

1. 系统的稳定性

稳定性是指控制系统受到外界或内部各种因素的扰动作用，其平衡状态被破坏以后，经过自动调节，使系统重新回到稳定状态的能力。系统受到扰动后，偏离了原来的平衡状态。扰动消失以后，如果系统不能恢复到原来的平衡状态，则这种系统是不稳定的；反之，如果扰动消失后，系统经过自身的调节作用，使偏离逐渐减小，最后恢复到平衡状态，那么这种系统就是稳定的。控制系统只有稳定才有可能谈得上系统性能的优劣。

2. 系统的能控性和能观测性

控制系统的能控性和能观测性在多变量最优控制中是两个重要的概念，能控性和能观测性从状态的控制能力和状态的测辨能力两个方面揭示了控制系统的两个基本问题。

3. 动态指标

在经典控制理论中，用动态时域指标来衡量系统性能的优劣。动态指标能够比较直观地反映控制系统的过渡过程特性。动态指标包括超调量 σ、调节时间 t_s、峰值时间 t_p、衰减比 η 和震荡次数 N。过渡过程特性如图 4.3 所示。

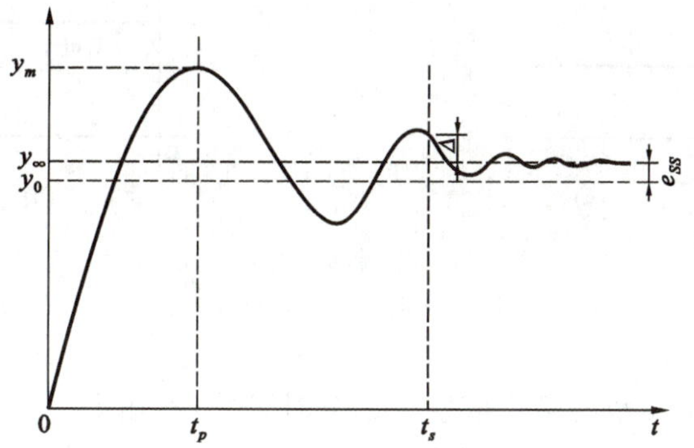

图 4.3　过渡过程特性图

4. 稳态指标

稳态指标是衡量控制系统精度的指标，用稳态误差 e_{SS} 来表征。稳态误差表征了控制精度，因此稳态误差越小越好。稳态误差与控制系统本身的特性有关，也与系统的输入信号的形式有关。

5. 综合指标

在现代控制理论中，如最优控制系统的设计，经常使用综合性指标来衡量一个控制系统。选择不同的性能指标，使得系统的参数、结构等也不同。所以，设计时应当根据具体情况和要求，正确选择性能指标。

4.1.3　基本 PID 控制

按偏差的比例、积分、微分(PID)进行控制，是连续系统控制理论中技术最成熟、应用最广泛的一种控制技术。它的结构简单、参数调整方便，是在长期的工程实践中总结出来的一套有效的控制方法。PID 调节在楼宇设备控制系统中有着大量的应用。针对楼宇设备控制，由于难以建立精确的数学模型，系统的参数经常发生变化，人们往往采用 PID 控制技术，根据经验进行在线调整，从而得到满意的控制效果。

1. 比例调节(P)

比例调节的特性：当被调参数与给定值有偏差时，调节器能按被调参数与给定值的偏差大小与方向发出与偏差成正比例的控制信号。比例调节器的方程为：

$$u(t) = K_p e(t)$$

式中　$u(t)$——调节器的输出；

　　$e(t)$——调节器的输入，它是测量值与给定值之差；

　　K_p——比例常数，也就是调节器的放大倍数。

比例调节器的特点是调节速度快、稳定性高、不容易产生过调节现象。其缺点是调节过程最终有残余偏差，而且被调参数不能回到给定值，特别是负载变化幅度较大时，残余偏差更大。

对于扰动大且惯性也较大的系统，若采用单纯的比例调节则很难兼顾动态和静态特性。比例调节通常用在对调节精度要求不太高、调节时允许有残余偏差且工艺要求变化较快的地方，如锅炉水位控制及高容量贮罐中压力、流量的调节等。比例调节器特性如图 4.4 所示。

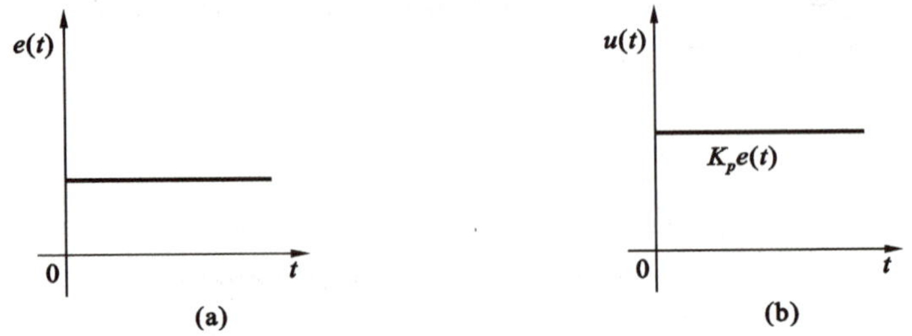

图 4.4　比例调节器特性图

(a) 输入波形；(b) 输出波形

2. 积分调节(I)

积分调节是指当被调参数与给定值发生偏差时，调节器输出使调节机构动作，一直到被调参数与给定值之间偏差消失为止。因而调节工程结束时，被调参数回到给定值，即误差残余为零，其方程为：

$$u(t) = \frac{1}{T_i}\int e(t)\mathrm{d}t$$

式中　$u(t)$——调节器输出；

T_i——积分时间常数；

$e(t)$——调节器的输入，它是测量值与给定值之差。

采用积分调节要求被调参数具有自平衡能力，自平衡能力越大，调节的质量越好。且调节速度要求较低，干扰的作用不能变化得太快，因此积分调节器单独使用的场合不多，只能用在一些小型的调节上。积分调节多用于压力、流量和液位的调节，而不宜用于温度调节。积分调节器特性如图 4.5 所示。

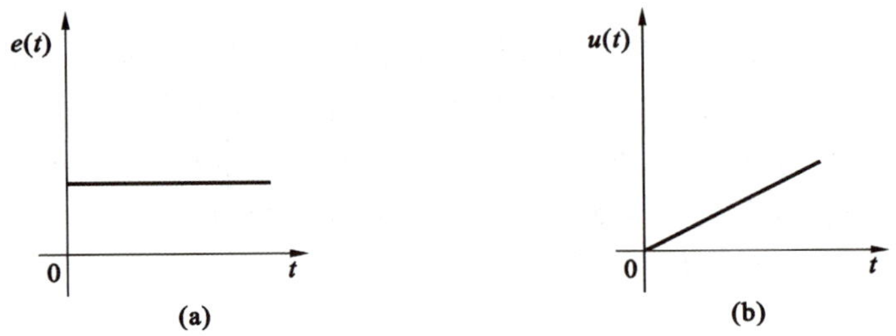

图 4.5　积分调节器特性图

(a) 输入波形；(b) 输出波形

3. 比例积分调节(PI)

要真正做到无偏差调节，更多的是用比例积分调节。比例积分调节的特点是当被调参数与给定值发生偏差时，调节器的输出信号不仅与输入偏差保持比例关系，同时还与偏差存在的时间长短成比例。比例积分调节综合了比例调节和积分调节的优点。其方程为：

$$u(t) = K_p e(t) + T_i \frac{\mathrm{d}e(t)}{\mathrm{d}t}$$

式中　$u(t)$——调节器输出；

K_p——比例常数，也就是调节器的放大倍数；

T_i——积分时间常数；

$e(t)$——调节器的输入，它是测量值与给定值之差。

对于 PI 调节器，只要有偏差存在，积分调节就不断起作用。PI 调节器能够将比例调节的快速性与积分调节消除静差的作用结合起来，所以 PI 调节既克服了单纯比例调节存在静差的缺点，又避免了积分调节响应慢的缺点，即静态和动态特性均得到了改善。比例积分调节器特性如图 4.6 所示。

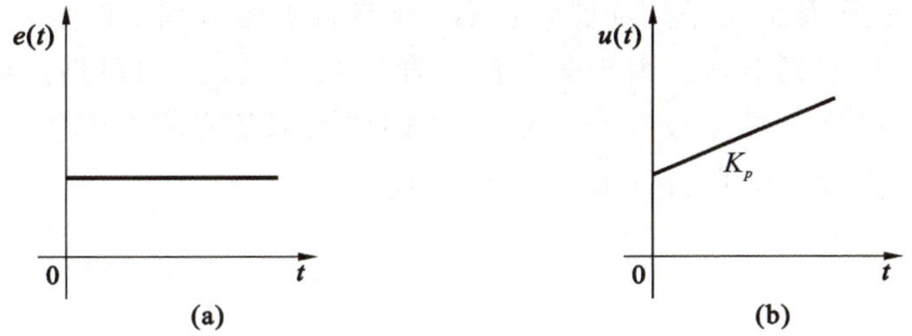

图 4.6　比例积分调节器特性图

(a) 输入波形；(b) 输出波形

4. 比例微分调节(PD)

比例微分调节的特点是：当被调参数与给定值发生偏差时，调节器的输出信号不仅与输入偏差保持比例关系，同时还与偏差的变化速度有关。其方程为：

$$u(t) = K_p e(t) + T_d \frac{\mathrm{d}e(t)}{\mathrm{d}t}$$

式中　$u(t)$——调节器输出；

K_p——比例常数；

T_d——微分时间常数；

$e(t)$——调节器的输入，它是测量值与给定值之差。

在调节器中加入微分作用，即在偏差刚出现、偏差值尚不大时，根据偏差变化的速度，提前给出较大的调节作用，使偏差尽快消除。由于调节及时，可以大大减少系统的动态偏差及调节时间，从而改善了过程的动态品质。比例微分调节器特征如图 4.7 所示。

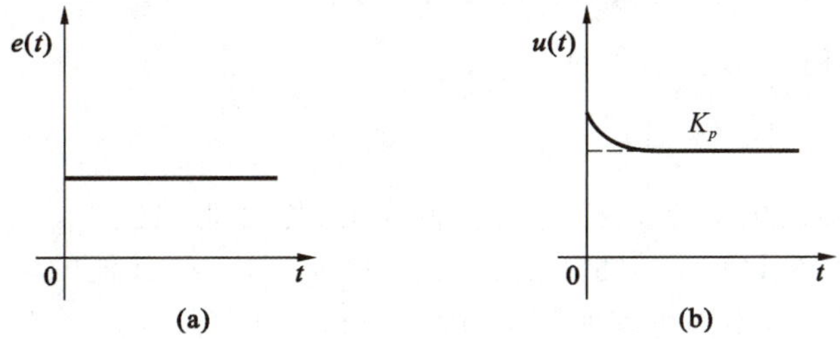

图 4.7　比例微分调节器特性图

(a) 输入波形；(b) 输出波形

5. 比例积分微分调节(PID)

比例积分微分调节的特点是：当被调参数与给定值发生偏差时，调节器输出信号不仅与输入偏差信号大小及偏差存在的时间长短有关，还与偏差变化的速度有关。其方程为：

$$u(t)=K_p e(t)+\frac{1}{T_i}\int e(t)+T_d\frac{\mathrm{d}e(t)}{\mathrm{d}t}$$

式中 $u(t)$——调节器输出；

K_p——比例常数；

T_i——积分时间常数；

T_d——微分时间常数；

$e(t)$——调节器的输入，它是测量值与给定值之差。

PID调节器首先是比例、微分作用，使其调节作用加强，然后再进行积分，直到最后消除静差为止。因此，无论是从静态还是从动态角度看，调节品质均得到了改善，从而使PID调节器成为一种应用最为广泛的调节器。由于微分作用发生在过渡过程的初期，可以大大改善惯性滞后较大系统的调节品质。楼宇设备控制系统中PID调节常常用在惯性滞后大的场合，如温度测量等。比例积分微分调节器特性如图4.8所示。

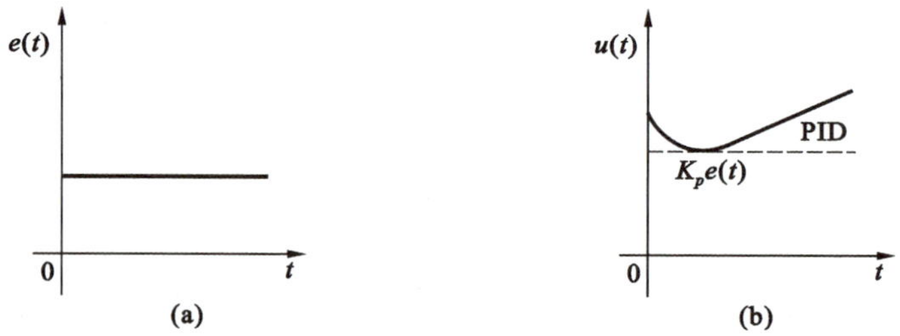

图4.8 比例积分微分调节器特性图

(a) 输入波形；(b) 输出波形

4.2 空气调节基础知识

空气调节是使室内空气的温度、湿度、洁净度、气流速度和压力等参数按不同的需求保持在一定范围内的技术，由此给人们的工作、生活提供一个舒适的环境，为生产提供适宜条件。在特殊情况下，有时还要求对空气的压力、成分、气味及噪声进行调节与控制。在楼宇设备控制系统中，空调暖通设备是最复杂的部分之一，为了提高空调的舒适性，更好地发挥空调设备的性能，要对调节的对象——空气的物理特性有所了解。

4.2.1 空气的物理性质

1. 空气的成分

自然界的空气主要是由干空气和水蒸气组成的，称之为湿空气。干空气按质量比是由75.55%氮(N_2)、23.1%氧(O_2)、0.05%二氧化碳(CO_2)和一些其他的稀有气体(1.3%)所组成的。另外，空气中还含有不同程度的灰尘、微生物和其他气体杂质。空气中水蒸气的不同含量将会造成不同的空气状态。湿空气是我们生活的真实空气环境，而空气调节以湿空气为对象，主要是解决空气的温度和湿度问题。

2. 空气的状态参数

空气的物理性质不仅取决于它的组成成分，而且也与它所处的状态有关。空气的状态可用一些物理量来表示，例如温度、压力和湿度等，这些物理量统称为空气的状态参数。在空气调节的过程中，常涉及的空气状态参数有：

(1) 压力

一般情况下，人们把流体作用于单位面积上的垂直作用力称为压强。而在空调工程中，习惯把压强简称为压力。大气压力(P)会随着季节、天气变化而稍有变化。通常以北纬 45°海平面上的平均气压作为一个标准大气压，或称物理大气压，它相当于 101.325 kPa (760 mmH_2O)。由于大气压力的不同，空气的一些性质也会有所不同。

任何气体分子，由于不停地做热运动，使它们都具有一定的压力。水蒸气当然也不例外。空气的压力是由水蒸气和干空气共同作用的结果，两种气体各有自己的压力，称为分压力，而两者之和应该是空气的总压力。由道尔顿定律可知，混合气体各成分分压力与其他气体存在与否无关，水气分压力(P_c)的大小反映了水蒸气的多少，是空气湿度的一个指标。空气越潮湿，水气分压力越大。湿空气中水蒸气的饱和压力与湿空气温度之间存在对应关系，这可以在《热工手册》中查到。

(2) 温度

温度是表示空气冷热程度的指标，它反映了气体分子热运动的剧烈程度。一般用 t 表示摄氏温度(℃)，用 T 表示绝对温度(K)，二者之间的关系为：

$$T = 273 + t$$

空气温度的高低对人体的舒适度和健康程度影响很大，它是衡量空气环境对人体和生产是否合适的一个重要参数。一般居住条件的室温，夏季应保持在 25～27 ℃，冬季应保持在 16～20 ℃。

空气温度通常用干球温度(t)和湿球温度(t_{sh})来表示。普通的水银(或酒精)温度计的示值称为干球温度，也就是通常所说的温度。用纱布将温度计的温包裹住，并保证纱布上始终浸润着蒸馏水，由此来测量湿球温度。由于湿空气在未达到饱和之前，湿布上的水分就会蒸发，并吸收了一部分汽化潜热，所以湿球温度计上的读数总比干球温度计的读数低些。空气的相对湿度愈小，湿球上的水分蒸发得就愈快，湿球温度降低的幅度就愈大。比较这两个温度值，便可计算出相对湿度。

(3) 露点

空气在某一温度下，如果水蒸气达到饱和状态(即相对湿度等于 100%)，此时，空气中的水汽便开始结露凝结成水，对应的温度称为露点。

可由空气性质从表中查出饱和含湿量对应的温度，这个温度就是露点 t_1。因此，根据空气的含湿量可以确定露点。

(4) 湿度

人体所感觉的冷热程度不仅与空气温度的高低有关，而且还与空气中水蒸气的多少有关，即与湿度有关。空气中的湿度有以下表示方法：

① 绝对湿度(X)

1 m^3 湿空气中含有的水汽量(kg)，称为空气的绝对湿度，即

$$X = \frac{G_C}{V_C}$$

式中　G_C——水汽的质量，kg；

V_C——湿空气的体积，m^3。

绝对湿度实际上是水蒸气的密度。由于湿空气的体积受许多因素的影响，很难精确测量，因此在工程上一般不采用绝对湿度。

② 含湿量

用 1 kg 干空气含有的水汽量来代表空气湿度，这样就可以排除空气温度和水汽量变化时对湿度这个概念造成的影响，这种湿度习惯上称为含湿量。

在空调技术中，含湿量和温度一样，是一个十分重要的参数，它反映了空气带有水汽量的多少。在任何空气发生变化的过程中，例如加湿或干燥，可以用含湿量来反映水汽量增减的情况。

③ 相对湿度(Φ)

在一定温度下，湿空气中水蒸气的含量有一最大限度，超过这个限度，多余的水蒸气就会凝结成水。相对湿度表示绝对湿度接近饱和绝对湿度的程度。通常用 X_b 来表示饱和绝对湿度，则相对湿度可以表示为：

$$\Phi = \frac{X}{X_b}$$

相对湿度的值在 0～100%范围内变化。在一定的温度下，相对湿度愈大，空气就愈潮湿；相对湿度愈小，空气就愈干燥。在空调系统中，相对湿度是衡量空气环境的潮湿程度对人体和生产是否合适的一项重要指标。

(5) 焓

焓反映了一定状态下空气所含能量的多少，也决定了空调系统加热或制冷单位空气所需的能量。它的计算以 1 kg 干空气为基础，一般近似认为 0 ℃时干空气焓值为零。这样，如果湿空气温度为 t ℃，含湿量为 d g/kg(干空气)，则该湿空气焓为干空气焓和水蒸气焓之和。$(1+d)$ kg 湿空气焓值用公式表达为：

$$I = i_g + i_p$$

式中　i_g——1 kg 干空气焓；

i_p——d kg 水蒸气焓；

I——$(1+d)$ kg 湿空气的焓值，kJ/kg。

空气的焓主要是由与空气温度有关的 t 项以及与含湿量有关的 d 项这两部分组成的。前者随温度变化，称为显热部分；后者随含湿量变化，称为潜热部分。

3. 空气状态参数相互间的关系

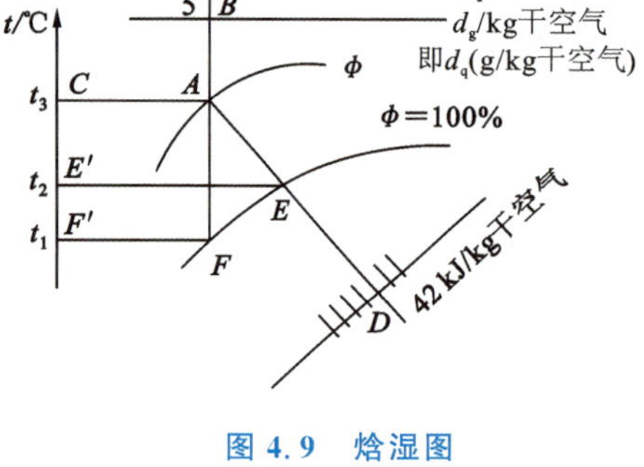

图 4.9　焓湿图

如果已知两个相互独立的空气状态参数，就可以推算出其余的状态参数。为了方便和直观，工程上将它们之间的关系用一张线算图来表示。该图的横坐标为含湿量，纵坐标为温度，下方为焓。该图称为焓湿图，如图 4.9 所示。每一张焓湿图都是在一定的大气压条件下绘制的，空气状态参数都可在图上表示。

三个状态参数中，只要知道其中两个就可在图中查得另外一个。例如，图 4.9 所示焓湿图上有一点 A，过 A 点沿等湿线作一直线，向上交焓湿量刻度线于 B，再向上交水蒸气分压力刻度线于 B'，则可从 B 点读出空气的焓湿量值，从 B' 点可读出水蒸气分压力值。将 BA 向下延长，交相对湿度为 100%的线于点 F，过点 F 作一条等温线，交温度坐标轴于点 F'，则从 F' 点可读出露点。

过 A 作一条等温线，交温度坐标轴于点 C，则 C 点读数为干球温度。

过 A 作一条等焓线，交相对湿度为 100%的线于点 E，交焓坐标轴于点 D，从 D 点可读出空气的焓值。过 E 点作一条等温线，交温度坐标轴于点 E'，从 E' 点可读出空气的湿球温度。

4.2.2　空气调节系统的组成与分类

空调系统一般由空气调节处理系统，冷热媒输送系统和冷、热源系统三部分组成。楼宇设备控制系统中空调控制就是针对以上几部分进行监视、测量及自动控制。

4.2.2.1　空气调节处理系统

1. 按空气处理设备的设置位置情况分类

(1) 集中式系统　空气处理设备(过滤、冷却、加热、加湿设备和风机等)集中设置在空调机房内，空气经处理后由风管送入各房间的系统。这种系统便于集中管理、维护。在智能建筑中，一般采用集中式空调系统。对空气的处理集中在专用的机房里，对处理空气用的冷源和热源也有专门的冷冻站和锅炉房。

(2) 半集中空调系统　除了集中空调机房外，还设有分散在被调节房间的二次设备（又称末端装置)。其功能主要是在空气进入被调节房间前对来自集中处理设备的空气作进一步的补充处理。其典型设备为风机盘管系统。

(3) 全分散系统　也称局部空调机组，这种机组通常把冷、热源和空气处理、输送设备(风机)集中设置在一个箱体内，形成一个紧凑的空调系统。常用的窗式和柜式空调属于这种情况，它们都不需要集中的机房，安装方便、使用灵活。

2. 按负担室内热湿负荷所用输送介质分类

(1) 全空气系统　房间的全部负荷均由集中处理后的空气负担。由于空气的比热容较小，全空气系统需要较多的空气才能达到消除余热、余湿的目的。因此，这种系统需要较大断面的风道，占用的建筑空间较多。定风量或变风量的集中式空调系统属于全空气系统。

(2) 全水系统　房间负荷全部由集中供应的冷、热水负担。由于水的比热容比空气大得多，所以在相同负荷的情况下，全水系统的输送管道占用的建筑空间较少。但这类系统仅能调节温度，不能调节湿度，并且不能解决通风换气问题，室内空气品质较差，所以用得不多。

(3) 空气/水系统　即房间的负荷由集中处理的空气负担一部分，其他负荷由水作为介质在送入空调房间前对空气进行再次处理(加热或冷却)的系统。这种系统的优点是既可解决全空气系统风道占用空间大的问题，又可以向空调房间输送一定量的新风来换气，以改善空调房间的卫生条件。常见的空气/水系统有空气-风机盘管机组系统、空气-水辐射板系统。

(4) 制冷剂系统　即室内负荷由制冷和空调机组组合在一起的小型设备负担。它按直接蒸发机组的安装组合情况可分为窗式、立柜式和分体式等。

3. 按使用空气的来源分类

(1) 全回风式系统(又称封闭式系统)　指全部采用再循环空气的系统，即室内空气经处理后再送回室内，以消除室内的热湿负荷。

(2) 全新风系统(又称直流式系统)　指全部采用室外新鲜空气的系统，即新风经处理后送入室内，消除室内的热湿负荷后，再排到室外。

(3) 新、回风混合式系统　指采用一部分新鲜空气和室内空气(回风)混合的全空气系统，它介于上述两种系统之间。

4. 按空气流量状态分类

(1) 定风量系统　即系统在运行过程中风量始终保持恒定。

(2) 变风量系统　即系统在运行过程中风量按一定的控制要求不断调整，以满足不同工况的需要。

4.2.2.2　冷、热媒输送系统

1. 按冷、热水管道的设置方式划分

(1) 双管制系统　进行热湿处理的表面换热器的供、回水管在供热水或冷水时共用，即这套供、回水管内冬天供的是热水，夏天供的是冷水，管网内有冬/夏转换阀门。

(2) 三管制系统　进行热湿处理的表面换热器的供、回水管按冷、热水管分别设置，共 3 根管，分别为热水供水管、冷水供水管、回水管合用。

(3) 四管制系统　进行热湿处理的表面换热器的供、回水管按冷、热水管分别设置，共 4 根管，分别为热水供水管和回水管、冷水供水管和回水管。

2. 按水量特征划分

(1) 定水量系统　在空调水系统中，系统水量基本不变，由水泵的运行台数决定。

(2) 变水量系统　在空调水系统中，终端设备常用电动二通阀，而电动二通阀的开度又是经常变化的，则系统的水量也一定是变化的。为使变化的水量系统能与恒水量工作冷水机组相适应，常用方法是在供、回水总管上设置压差旁通阀，根据供、回水总量的水压差来调节电动旁通阀的开度，以保持冷水机组的恒水量工作。

3. 按水的性质划分

(1) 冷却水系统

空调系统中的冷却水系统是专为冷水机组或直接蒸发式空调机组而设置的。冷却水带走机组中的热量，保证机组正常工作。

从冷却塔来的冷却水(通常为 32 ℃)经冷却泵加压后送入冷水机组，带走冷凝器的热量；温度升高的冷却回水(通常设计为 37 ℃)被送至冷却塔上部进行喷淋。由于冷却塔风扇的转动，使冷却水在喷淋下落过程中不断与室外空气发生热交换而冷却，冷却后的水落入冷却塔集水盘中，又重新送入冷水机组以完成冷却水循环。在冷却水的循环过程中损失的部分可通过补水箱进行补充。

(2) 冷冻水系统

冷冻水系统是一个封闭的水循环系统。由冷水机组提供的 7 ℃冷冻水经冷冻泵加压后送入空调机组，在表冷器中与空气进行热湿处理；处理后的冷冻水温度升高，并重新回到冷水机组进行冷冻处理。

(3) 热水系统

空调系统中的热水系统也是一个封闭的水系统。由城市管网或蒸汽锅炉提供的高温蒸汽或热水锅炉提供的高温热水经过换热器转换成空调系统所需的 65～70 ℃热水。热水经热水泵加压后送入空调机组，在表面换热器(表冷器)中与空气进行热湿处理，处理后的热水温度降低，并重新回到换热器进行加热处理。

4.2.2.3 冷、热源系统

能为空调系统的空气处理设备对空气进行热湿处理提供冷、热量的物质和装置，都可以作为空调的冷、热源。这样的物质有地下水、冰等，其装置主要是各种制冷设备和锅炉。

1. 冷源装置

冷水机组是中央空调系统采用得最多的冷源，它是可向空调系统提供处理空气所需的低温水（又称为冷冻水）的制冷装置。冷水机组的类型繁多，目前常用的主要有两大类：一类是电力驱动的蒸汽压缩式冷水机组；另一类是热力驱动的吸收式冷水机组。

（1）压缩式制冷

低压制冷剂蒸汽在压缩机内被压缩为高压蒸汽后进入冷凝器，制冷剂和冷却水在冷凝器中进行热交换。制冷剂放热后变为高压液体，通过热力膨胀阀后，液态制冷剂压力急剧下降，变为低压液态制冷剂后进入蒸发器。在蒸发器中，低压液态制冷剂通过与冷冻水的热交换而发生汽化，吸收冷冻水的热量而成为低压蒸汽；再经过回气管重新吸入压缩机，开始新一轮的制冷循环。很显然，在此过程中制冷量即是制冷剂在蒸发器中进行相变时所吸收的汽化潜热。

从压缩机的结构来看，压缩式制冷大致可分为往复压缩式、螺杆压缩式和离心压缩式三大类，近年来新研制的涡旋压缩式制冷机也逐渐开始在一些小型机组上应用。

（2）吸收式制冷

吸收式制冷与压缩式制冷一样，都是利用低压制冷剂蒸发产生的汽化潜热进行制冷的。两者的区别是：压缩式制冷以电为能源；而吸收式制冷则以热为能源。在高层民用建筑的空调制冷中，吸收式制冷所采用的制冷剂通常是溴化锂水溶液。其中水为制冷剂，溴化锂为吸收剂。因此，通常溴化锂制冷机组的蒸发温度不可能低于0 ℃，从这一点上可以看出溴化锂制冷的适用范围不如压缩式制冷的范围广。但在高层民用建筑空调系统中，由于要求空调冷水的温度通常为6～7 ℃，因此还是比较容易满足的。

从溴化锂制冷机组的制冷循环中可以看出，它的用电设备主要是溶液泵，电量为5～10 kW，这与压缩式冷水机组数百千瓦相比是微不足道的。因此，在建筑物所在地的电力紧张且无法满足空调设备要求的前提下，可以选择溴化锂吸收式冷水机组；如果当地的电力系统允许，还是应优先选择压缩式冷水机组。

2. 热源装置

（1）热源分类

① 按热源性质不同可分为蒸汽和热水两大类；

② 按热源装置不同可分为锅炉和热交换器两大类。

（2）冷热水机组

直燃吸收式冷水机组（简称直燃机）就是把锅炉与溴化锂吸收式冷水机组合二为一，通过燃气或燃油产生制冷所需要的能量。直燃机按功能不同可分为三种形式：单冷型——只提供夏季空调用冷冻水；冷暖型——在夏季提供空调用冷冻水，而冬季供应空调用热水；多功能型——除能够提供空调用冷、热水外，还能提供生活用热水。

直燃机由高/低压发生器、高/低压换热器、冷凝器、蒸发器、冷水泵、溶液泵、控制设备及辅机等主要设备组成，它的工作原理分为制冷循环、供热循环和卫生热水循环三种不同方式。

空调供热循环产生的热水温度一般为55～60 ℃。在空调供热循环中，蒸发器用作冷凝器，通过阀门的切换使高压发生器产生的冷凝水蒸气直接进入蒸发器，与热水进行热交换后变为冷水进入吸收器；高压发生器产生的中间溶液流入吸收器中，吸收由蒸发器来的经放热后的冷水而成为稀溶液，通过溶液泵重新送入高压发生器中，完成了一个供热循环过程。在这一过程中，冷水泵停止运行。

直燃机可以在空调供冷的同时供应生活热水，也可同时供应空调热水和生活热水，但不能同时供应空调用冷、热水。

4.3　楼宇控制系统的典型设备

一个楼宇设备控制系统由测量变送装置、计算处理装置、执行装置几个部分组成。系统通过传感器完成对湿度、压力和温度等非电物理量的监测，并将其转换成相应的电量，而变换后的电量作为被调参数送到计算处理装置。计算处理装置将被调参数与设定值进行比较，出现偏差后，按系统的不同要求进行相应的调节，输出控制信号，以控制执行机构的运行。

将非电量（例如压力、温度、流速等）转换为电量的器件称为传感器。把非电量转换为电量，然后进行检测，对于楼宇控制系统来说，占有极为重要的地位。其精度及可靠性在某些场合甚至成为解决实际问题的关键。

系统需要的被测信号以输出状态划分，一般分为开关量和模拟量两种。所谓开关量输入，是指输入信号为状态信号，其信号电平只有两种，即高电平和低电平。对于这类信号，只需经放大、整形和电平转换处理后，即可直接送入计算机系统。对于模拟量输入，由于模拟信号的电压或电流是连续变化的信号，因此对其进行处理就比较复杂，在进行小信号放大、滤波量化等处理过程中必须考虑干扰信号的抑制、转换精度及非线性等诸多因素。这种信号在楼宇控制系统中主要有对温度、湿度、压力、流量、液位、浓度等的处理。同样，楼宇控制系统对外部设备进行控制也需要开关量和模拟量的输出。

4.3.1　传感器

传感器的主要作用是拾取外界有效信息，如同人类在从事生产劳动时通过五官等器官感知周围信息一样。在现代化的楼宇设备控制中，传感器是必不可少的基础组成部分，它可实现两种不同形式的量值之间的变换，目的是便于计量和检测。传感器一般是由敏感元件、传感元件和其他辅助器件组成的，电路、辅助电源作为传感器的组成部分。

传感器的选择应符合下列规定：

（1）传感器的精度和量程，应满足系统控制及参数测量的要求。

（2）温度传感器量程应为测点温度的 1.2～1.5 倍，管道内温度传感器热响应时间不应大于 25 s，当在室内或室外安装时，热响应时间不应大于 150 s。

（3）仅用于一般温度测量的温度传感器，宜采用分度号为 Pt1000 的 B 级精度（二线制）；当参数参与自动控制和经济核算时，宜采用分度号为 Pt100 的 A 级精度（三线制）。

（4）湿度传感器应安装在附近没有热源、水滴且空气流通、能反映被测房间或风道空气状态的位置，其响应时间不应大于 150 s。

（5）压力（压差）传感器的工作压力（压差）应大于测点可能出现的最大压力（压差）的 1.5 倍，量程应为测点压力（压差）的 1.2～1.3 倍。

（6）流量传感器量程应为系统最大流量的 1.2～1.3 倍，且应耐受管道介质最大压力，并具有瞬态输出。流量传感器的安装部位应满足上游 10D(管径)、下游 5D 的直管段要求。当采用电磁流量计、涡轮流量计时,其精度宜为 1.5%。

(7) 液位传感器宜使正常液位处于仪表满量程的 50%。

(8) 成分传感器的量程应按检测气体、浓度进行选择,一氧化碳气体宜为 0～300 ppm 或 0～500 ppm;二氧化碳气体宜为 0～2000 ppm 或 0～10000 ppm。

(9)风量传感器宜采用皮托管风量测量装置,其测量的风速范围应为 2～16m/s,测量精度不应小于 5%。

(10)智能传感器应有以太网或现场总线通信接口。

4.3.1.1　温度传感器

温度是楼宇控制中一个非常重要的参数,温度的自动调节不仅可给人们提供一个舒适的生活和工作环境,从节能的角度出发,温度的恰当控制还可为现代化楼宇节约大量的能源。

温度传感器按采取测量被测介质温度的方式可分为接触式和非接触式两大类。

接触式温度传感器的检测部分与被检对象有良好的热接触,通过传导或对流达到热平衡,这时,温度传感器的示值即表示被测对象的温度。如热电偶、热电阻、半导体 PN 结等都属于接触式温度传感器。

非接触式温度传感器的检测部分与被检对象互不接触。目前,最常用的是通过辐射热交换实现测温,如红外测温传感器等,通常用于高温测量,如炼钢炉内温度测量。

在楼宇自动化中对温度的检测范围如下:

(1) 室内、室外气温 −40～45 ℃。

(2) 风道气温 −40～130 ℃

(3) 水管内水温 0～100 ℃。

(4) 蒸汽管内蒸汽温度 100～350 ℃。

1. 热电阻

利用导体电阻随温度变化而变化的特性制成的传感器,称为热电阻性传感器。它是利用金属导体的电阻随温度变化的特性进行测温的。用金属电阻作为感温材料,要求金属电阻的温度系数大,电阻与温度呈线性关系,因此在常用感温材料中首选铂和铜。

金属电阻与温度的近似线性关系如下:

$$R_t = R_0(1 + \alpha t)$$

式中　R_t——t ℃时电阻值;

R_0——0 ℃时电阻值;

α——电阻的温度系数。

铂具有耐氧化特性,在相当宽的温度范围内有相当好的稳定性,且纯度越高,电阻温度特性越稳定。由于铂电阻价格高,故在测温精度要求不太高和测温范围较小时可采用铜电阻作为测温元件。但铜的电阻率低,所以做成一样的热电阻。铜电阻要更细更长,机械强度差,体积也大些。另外,铜易氧化,只能在低温及没有侵蚀性介质中工作。

用镍制成的热电阻在性能上介于铜与铂之间。所以,在高精度、高稳定性的测量回路中通常用铂热电阻传感器;要求一般、具有较稳定性能的测量回路可用镍电阻传感器;档次低,只有一般要求时,可选用铜电阻传感器。

在使用热电阻测温时,要充分注意热电阻与外部导线的连接。传感器和控制器之间的引线过长，会引起较大的测量误差。引线电阻对铂电阻不超过 R_0 的 0.2%，对铜电阻不超过 R_0 的 0.1%。精密测量中要考虑温度误差补偿。

2. 热敏电阻

利用半导体的电阻随温度变化的特性制成温度传感器是常采用的另一种方法。目前使用的热敏电阻大多属陶瓷热敏电阻。半导体的电阻对温度的感受灵敏度特别高。上述提及的铜电阻，当温度每变化 1 ℃，其阻值变化 0.4%～0.6%；而热敏电阻温度每变化 1 ℃，则阻值变化可达 2%～6%，所以其灵敏度要比其他金属电阻高一个数量级，可以使测量和放大线路非常简单。

热敏电阻按其阻值随温度变化的特性可分为以下三类：

(1) 负温度系数(NTC)热敏电阻，其阻值随温度的上升呈非线性减小。

(2) 正温度系数(PTC)热敏电阻，其阻值随温度的上升呈非线性增大。

(3) 临界温度电阻式(CTR)热敏电阻，具有正或负温度系数特性，存在一临界温度。超过此临界温度，其热敏电阻的阻值会急剧变化。

3. 热电偶

两种不同导体 A、B 接触时，由于两边自由电子密度不同，连接成闭合回路时，在交界面上会产生电子的相互扩散，在 A、B 接触处产生电场，以阻碍电子的进一步扩散，达到最后平衡。平衡时接触电动势取决于两种材料的性质和接触点的温度。接点处温度不同，回路中出现的热电动势也不同。通过测量电动势来间接测取温度的装置称为热电偶。

热电偶是温度测量中使用得最为广泛的传感器之一，其测量的温度范围在 －180～2800 ℃。热电偶测量的准确度和灵敏度都较高，尤其在高温范围内有较高的精度。因此，热电偶在一般的测量和控制系统中常用于中高温区的温度检测。

将热电偶材料一端温度保持恒定(称为自由端)，而将另一端插在需要测温的地方，这样两端的热电势就是被测温度(工作端)的函数，测出这个电势值就能确定被测温度。热电偶在使用中需要注意的一个重要问题是如何解决自由端温度补偿的问题。通常需采用补偿导线与热电偶连接。补偿导线的作用就是将热电偶的自由端延长到距热源较远、温度比较稳定的地方。

组成电偶的材料，必须在测温范围内有稳定的化学与物理性质，且热电势要大，与温度接近线性关系。

铂及其合金属于贵金属，其组成的热电偶价格最贵，但优点是热电势非常稳定。铜、康铜价格最便宜；镍铬-考铜价格居中，而它的灵敏度最高。

4. 集成温度传感器

集成温度传感器是利用集成化技术把温度传感器(如热敏晶体元件)与放大电路、补偿电路等制作在同一芯片上的功能器件。这种传感器输出信号大，与温度有较好的线性关系，且具有小型化、使用方便、测温精度高等优点，因此应用日益广泛。

集成温度传感器按输出量的不同可分为电压型和电流型两种。这种传感器具有绝对零度时输出电量为零的特性，利用这一特性可制作绝对温度测量仪。集成电路温度传感器的工作温度范围一般在－50～150 ℃。

4.3.1.2　湿度传感器

智能建筑中对湿度的检测主要用于室内外空气湿度和风道空气湿度的检测。湿度测量一般用湿敏元件，常用的湿敏元件有电阻式和电容式两种。

1. 电阻式湿度传感器

电阻式湿度传感器主要是利用高分子材料吸湿后电阻发生变化的特性制成的。例如，硒膜湿度传感器是利用硒薄膜具有较大的吸湿面这一特点研制而成的。在绝缘管上镀上一层铂膜作为两个电极，在两个电极之间蒸发上硒，两极间电阻大小随着吸湿面上硒的湿度大小而变化。这种传感器能在高湿度上连续使用，性能稳定，并且可以用单个元件测量 0～100%RH 范围的湿度。目前，电阻式高分子材料湿度传感器在大型房间空调设备、大型温湿度调节和复印机领域有着广泛的应用。

2. 电容式湿度传感器

电容式湿度传感器主要是利用高分子薄膜在吸湿后介电常数发生变化，从而导致电容发生改变的特性制成的。由于高分子薄膜可以做得很薄，容易吸收空气中的水分，也容易将水分散发掉，这就决定了其滞后误差小和响应速度快。而且电容与湿度基本呈线性关系。电容式湿度传感器元件尺寸小、响应快，湿度系数小，有良好的稳定性，因而也是常选用的湿度传感器。

4.3.1.3　压力传感器

在楼宇设备控制系统中对压力的检测主要用于供/回水管压力、压差，风道静压和房间微正压的检测，有时也用来测量液位，如水箱的水位等。大部分的应用属于微压测量，量程一般为 0～5000 Pa。

压力传感器是将压力转换成电流或电压的器件，可用于测量压力和物体的位移。由于压力测量的条件不同，测量精度的要求不同，因此所使用的传感器件也不一样。

利用金属材料的弹性制成弹性测压元件是常用的一种方法。在智能建筑中最常用的弹性测量元件有弹簧、弹簧管、波纹管和弹性膜片。而上述测压元件是先将压力变化转换成位移的变化，然后再将位移的变化通过磁电或其他电学的方法转换成能方便检测、处理、显示的电学量。

1. 电阻式压差传感器

电阻式压差传感器是将测压弹性元件的输出位移变换成电阻的滑动触点的位移，因而被测压力的变化就可转换成电位器阻值的变化。若把这个电位器与其他电阻接成桥路，当阻值发生变化时，电桥输出一不平衡电压。

2. 电容式压差传感器

电容式压差传感器是最常见的一种压力传感器。它是用两块弹性性能好的金属平板作为差动可变电容器的两个活动电极，被测压力分别置于两块金属平板两侧，在压力的作用下能产生相应位移。当可动极板与另一电极的距离发生变化时，则相应的平板电容器的容量发生变化，最后由变送器将变化的电容转换成相应的电压或电流。

3. 霍尔压力传感器

霍尔压力传感器是将弹性元件感受的压力变化引起的位移通过霍尔元件转换成电压信号。霍尔元件实际上是一块半导体元件，其赖以工作的物理基础是霍尔效应。运动电荷受磁场中洛仑兹力作用产生电位，称为霍尔电势。当霍尔元件随压力变化而运动时，则作用于霍尔片上的磁场强度发生变化，霍尔电势也随之变化，霍尔电势的大小正比于位移的变化，这样就可间接测压力。

4. 压电传感器

有些电介材料在一定方向上受到外力作用而发生变形时，在其表面会产生电荷，当去掉外力时，它又会重新返回不带电的状态，这种机械能转变成电能的现象称为压电效应。利用压电现象可实现非电量的测量。压电传感器是利用某些材料的压电效应原理制成的，具有这种效应的材料有压电陶瓷、压电晶体等。

压电式传感器具有体积小、自重轻、频响高、信噪比大等特点。由于它没有运动部件，因此结构坚固，可靠性和稳定性高。压电传感元件是力敏感元件，它可以测量最终变换为力的非电物理量，如动态力、动态压力、振动加速度等，但不能用于静态参数测量。

4.3.1.4　流量传感器

流量数据是楼宇设备控制和工业生产过程控制中一个很重要的参数。在楼宇控制系统中主要有冷冻水流量、冷却水流量、供热蒸汽流量、风道空气流量等参数需要测量。感受流量的方法很多，常用的有节流式、涡流式、容积式、电磁式和超声波式，使用时应根据精度、测量范围的不同要求来选择。

1. 节流式流量传感器

在被测管道上放一节流元件（如孔板等），流体流过这些阻挡体时流动状态会发生变化。根据流体对节流元件的推力和节流元件前后的压力差，可以测定流量的大小。再把节流元件两端的压差或节流元件上的推力转换成所需求的电量。

孔板压差式流量计、靶式流量计和转子流量计均属于节流式流量传感器。孔板压差式流量计是在管道中安装一孔板作为节流元件，当流体经过这一孔板时截流面缩小，测出孔板前后压力差，把压力差转换成相应的电压或电流，就可测量出液体流量。靶式流量计则是把节流元件做成一悬挂在管道中央的一个小靶，输出信号取自作用于靶上的压力。转子流量计是把一个转子放在圆锥形的测量管道中，当被测流体自下而上流入时，由于转子的节流作用，在转子前后会产生一压差，而转子在这个压差的作用下上下移动，把转子的位置信号转换成电信号，也就直接反映了流量的大小。

2. 涡流式流量传感器

该流量计则是在导管中心轴上安装一个涡轮装置，液体流过管道时推动涡轮转动，而涡轮的转速正比于液体的流量。涡轮在管道里转动，其转速只能通过非接触的电磁感应方法才能测出。涡轮的叶片采用导磁材料制成，在非导磁材料做成的导管外面安放一组套有感应线圈的磁铁。涡轮旋转，每片叶片经过磁铁下面都会改变其磁通量，磁通量变化感应出电脉冲。在一定流量范围内，产生的电脉冲数量与流量成正比。

为了保证流体沿轴向推动涡轮，以提高测量精度，在涡轮前后均装有导流器。尽管如此，还要求在涡轮流量计前后安装一段直管。入口直段的长度应为管径的 10 倍，出口长度应为管径的 5 倍。

3. 容积式流量传感器

常用的为椭圆齿轮流量计，它靠一对加工精良的椭圆齿轮在一个转动周期里排出一定的液体，只要累计计出齿轮转动的圈数，就可以得知一段时间内的流体总量。这种流量计是按照固定的排出量计算流体的流量，只要椭圆齿轮加工精确，没有腐蚀和磨损，则可达到极高的测量精度，一般可达到 0.2%～0.55%，所以经常作精密测量用。该流量计经常用于高黏度的流体测量。

4. 电磁式流量传感器

电磁流量计是基于电磁感应原理，以导电流体切割磁力线产生的感应电势为输出的。电磁流量计的使用有局限性，主要是由于要求所测的流体必须是电的导体。然而，这种传感器具有很多优点：由于在测量管道中没有节流元件，因而其压力损失小；其输出信号与流速之间呈线性关系；在使用中工作可靠、精度高、测量范围大、反应速度快等。

4.3.1.5　液位检测传感器

在楼宇设备控制系统中，需要对供排水的水位、各种水箱的水位进行检测和控制。传统的浮球开关作为开关量的传感器，仍被广泛用于液位的监测，但它仅能对液位上限或下限进行监测。对液位进行实时连续监测的传感器可分为电阻式、电容式和压力式几种。

1. 电阻式液位传感器

电阻式液位传感器是利用液体的电阻作为监控的对象，在液体介质中安装几个金属接点，利用介质的导电性接通检测控制回路，检测液体液位的高低。为了更精确地连续反映液位的高低，也可在容器内置滑动电阻器。随着液位升降，滑动电阻器的阻值也相应发生变化。

2. 电容式液位传感器

电容式液位传感器是用以对液位进行连续精密测量的仪器。它用金属棒和与之绝缘的金属外筒作为两电极，被测液体能够进入内外电极之间的空间中，液位的变化会改变电容介质，从而会改变电容量。其所测量的电容量与液位值呈线性关系。

3. 压力式液位传感器

压力式液位传感器是在容器底部安装一压力传感器，当液面发生变化时，液体产生的压强也随之改变。其压力值与液位值呈对应线性关系，因此通过对压力的测量即可得到液位值，达到测量液位的目的。

4.3.1.6　气体成分传感器

在现代楼宇中要求有一个舒适、安静的生活和工作环境，除了要提供一个合适的温度和湿度环境外，同时还应不断补充新鲜空气，排出有害气体。因此，对空气质量的监测是一项非常重要的工作。

气体成分传感器主要是用于检测空气中 CO_2、CO 和燃气的含量。例如，在室内 CO_2 含量增加后，应启动新风机组，通过与室外新风交换来提高空气质量；汽车车库内的空气质量传感器主要用来检测车库内 CO_2 与 CO 的浓度以及汽车尾气的排放量，用以加强车库的换气量，保证库内空气质量；厨房内的气体成分传感器用来检测燃气浓度，从而保证人们的生命和财产安全，避免重大事故的发生。

最常用的气体成分传感器为半导体气体传感器。传感器平时加热到稳定状态，空气接触到它的表面时被吸附。一部分分子被蒸发，残余的分子经热分解而固定在吸附处。有些气体在吸附处得到电子变成负离子吸附，这种具有负离子吸附倾向的气体称为电子接收型气体，如 O_2、NO；另一些气体在吸附处释放电子而成为正离子吸附，具有这种正离子吸附倾向的气体称为电子供给型气体，如 H_2、CO 和酒类等。正常情况下，器件对氧吸附量为一定值，即半导体的载流子浓度是一定的，如异常气体流到传感器上，器件表面发生吸附变化，器件的载流子浓度也随之发生变化，这样就可测出异常气体的浓度大小。半导体气体传感器具有制作和使用方便、价格便宜、响应快、灵敏度高的优点，因此被广泛地用在现代智能建筑的气体监控中。

4.3.2　典型执行机构

执行机构在系统中的作用是执行控制器的命令，直接控制能量或物料等被测介质的输送量，是自动控制的终端主控元件。执行机构的功能是将控制器输出的控制信号(一般是电信号)转变为机械动作(一般可以是位移或角位移)，由此驱动调节器，达到改变被调量的目的。它按执行机构驱动方式不同可分为气动、电动、液动三种。在智能楼宇中常用电动执行器。在气体和液体的流动控制中，常用阀门来作为介质流动的控制手段。要想实现自动化控制，就要对一些阀门、风门等元件实现自动控制。这就需要用到阀门和电动执行器。

1. 电磁阀

电磁阀是电动执行器中比较常用的一种，它利用电磁铁的吸合和释放对阀门作通、断两种状态的控制。由于其结构简单、价格低廉，常和两位式简易控制器组成简单的自动调节系统。

电磁阀有直动式和先导式两种，均利用线圈通电后产生电磁吸力提升活动铁芯，带动阀塞运动，以控制气体或液体流量通断。直动式电磁阀结构中，电磁阀的活动铁芯本身就是阀塞，通过电磁吸力开阀，失电后由恢复弹簧闭阀。

常用的风机盘管电动阀为一种平衡式冷、热水阀，主要应用于风机盘管的控制中。这类阀所需功率很小，是通电开启的一种阀门，开启时间仅为 7 s，流体温度为 0～95 ℃，具有很好的密封性。

2. 电动阀

电动调节阀以电动机为动力元件，将控制器输出信号转换为阀门的开度，它是一种连续动作的执行器。在结构上电动执行机构除与调节阀组装成整体的执行器外，常单独分装以适应各方面需求，使用比较灵活。

电动调节阀阀杆的上端与执行机构相连接，当阀杆带动阀芯在阀体内上下移动时，就改变了阀芯与阀座之间的流通面积，即改变了阀的阻力系数，流过阀的流量也就相应地改变了，从而达到调节流量的目的。

电动调节阀的流量特性是指流过阀门的相对流量值与阀门的相对开度值之间的关系，即

$$\frac{Q}{Q_{\max}}=f\frac{l}{L}$$

式中　$\frac{Q}{Q_{\max}}$——相对流量，是调节阀在某一开度时的流量 Q 与阀门全开时的流量 $Q_{\max}$ 之比；

$\frac{l}{L}$——调节阀在某一开度时阀杆行程与全开时的行程之比，称为相对开度。

电动调节阀有直线、等百分比(对数)和快开(抛物线)三种流量特性，分别介绍如下：

(1) 直线流量特性

它是指调节阀的相对开度与相对流量成直线关系，即

$$\frac{\mathrm{d}\frac{Q}{Q_{\max}}}{\mathrm{d}\frac{l}{L}}=C$$

式中　C——常数。

经积分，并代入边界条件，当 $l=0$ 时，$Q=Q_{\min}$(指阀门在全闭时，仍有一定的泄漏量)；当 $l=L$ 时，$Q=Q_{\max}$。得出：

$$\frac{Q}{Q_{\max}}=\frac{1}{R}\left[1+(R-1)\frac{l}{L}\right]$$

式中　R——调节阀所能控制的最大流量与最小流量之比，又称可调比。

(2) 等百分比流量特性

它是指单位行程变化所引起的相对流量变化与此点的相对流量成正比关系，即

$$\frac{\mathrm{d}\frac{Q}{Q_{\max}}}{\mathrm{d}\frac{l}{L}}=C\frac{Q}{Q_{\max}}$$

将上式积分，并代入相同的边界条件可得：

$$\frac{Q}{Q_{\max}}=R^{(l/L-1)}$$

从数学关系式可看出其呈指数关系，故等百分比流量特性又称对数特性。

(3)快开流量特性

这种阀的特性是在阀行程比较小时流量比较大，随着行程的增大，流量很快就达到最大(呈饱和)，故称快开特性。这种特性曲线的斜率随行程增大而减小，当行程达到最大时，曲线斜率趋向于零，几乎与横轴平行。因此，可以假定当 $l=L$ 时斜率为零，是一个单调递减函数，即可表示为：

$$\frac{\mathrm{d}\frac{Q}{Q_{\max}}}{\mathrm{d}\frac{l}{L}}=C\left(1-\frac{l}{L}\right)$$

将上式积分，并代入相同的边界条界可得：

$$\frac{Q}{Q_{\max}}=1-\left(1-\frac{1}{R}\right)\left(1-\frac{l}{L}\right)^{2}$$

快开特性的阀芯形状为平板式，这种阀门的有效行程应在 $D/4$(D 为阀的通径)以内。当行程再增大时，阀的流通面积就不再增大，便不能起调节作用了。此阀适用于迅速开闭。

3. 风门驱动器

在智能楼宇的空调通风系统中使用得最多的执行器是风门驱动器，它用来精确控制送风风门、回风风门、新风风门、排风风门等的开度。风门由若干叶片组成，当叶片转动时改变风道的等效截面面积，即改变了风门的阻力系数，其流过的风量也就相应地改变了，从而达到了调节风流量的目的。叶片的形状将决定风门的流量特性，同调节阀一样，风门也有流量特性供应用选择。风门的驱动器可以是电动的，也可以是气动的，在楼宇控制系统中一般采用电动式风门。

风门驱动器通常以交流电源为动力，接受控制器发出的 0～10 V(DC)或 4～20 mA 标准信号，将其转变为 0～100%的相应开度。风门执行器也可以是两位式的，即对应风门全开和全关状态。使用时应根据风门的不同面积配置具有不同标称扭矩的风门驱动器，并可选配带掉电自复位等功能。

4. 交流接触器

交流接触器是启停风机、水泵及压缩机等设备的执行器，它可以通过控制器的 DO 输出通道带动继电器，再由继电器的触头带动交流接触器线圈，实现对设备的启停控制。为了使计算机了解接触器是否真正吸合，一般要将接触器的一个辅助触头接至控制器的输入通道，从而使控制器能及时测出接触器的实际工作状况。

5. 变频器及可控硅

此类执行器通过直接改变供电频率以改变风机、水泵的电机转速，或改变供电电压以调整加热器的加热量。为了能与常规仪表相连，这些变频器和可控硅调压产品一般都设计成电压式或电流式输入信号，因此，要采用计算机控制器的模拟量输出 AO 与其相连。由于此类设备都是直接调整电网供电参数的，一般都会产生很大的电干扰，有时甚至会使控制计算机不能正常工作。为此，一定要注意选择干扰小的产品，并在计算机一侧采取相应的措施。

4.3.3　DDC 控制器

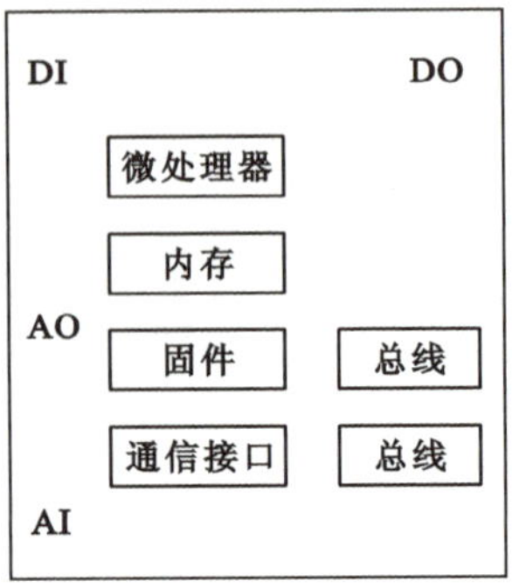

图 4.10　DDC 控制器结构图

DDC(Direct Digital Controller)直接数字控制器采用模块化结构，通常由微处理器(CPU)、内存模块、输入输出通道、通信接口模块、电源模块等部件组合而成。典型的 DDC 控制器结构如图 4.10 所示。

1. CPU 模块

CPU 模块通过输入模块完成数据采集、滤波、非线性校正、各种补偿运算、时间累计运算等，将结果通过输出模块驱动执行器来完成对被控量的调节。作为一种开放性控制器，现阶段新型产品大多已使用准 32 位或 32 位微处理器，还配有浮点运算协处理器，因此数据处理能力大大提高。除具有先进的 PID 算法功能外，还可执行复杂的控制算法，如自整定、人工神经网络、模糊控制等。

DDC 控制器的控制程序已经固化在 ROM 中，包括系统启动、自检程序、输入输出驱动程序、通信控制管理程序等，掉电后不丢失，确保了工作的安全可靠。RAM 为程序运行提供了存储实时数据和中间参数变量的空间。用户在线操作时需修改的参数，如目标设定值、手动操作值、PID 设定参数、报警界限等也须存入 RAM 中。

2. 输入/输出模块

DDC 控制器的输入/输出信号根据物理性质通常分为模拟输入量(Analogy Input，缩写为 AI)、模拟输出量(Analogy Output，缩写为 AO)、数字输入量(Digital Input，缩写为 DI)和数字输出量(Digital Output，缩写为 DO)四类。

在系统设计和使用中，需要掌握 DDC 输入和输出的连接。

(1) 模拟量输入的物理量有温度、湿度、压力、流量等，这些物理量由相应的传感器感应测得，往往经过变送器转变为电信号送入 DDC 的模拟输入口(AI)。此电信号可以是电流信号(0～10 mA)，也可以是电压信号(0～5 V 或 0～10 V)。一般一个 DDC 控制器可有多个 AI 输入口。若变送器输出为电流信号，通常由接在输入端口的电阻转变为电压信号。电压信号送入 DDC 模拟量输入通道 AI 后，要经过模拟/数字转换器(A/D)将其变为数字量，再由 DDC 计算机进行分析处理。

(2) DDC 计算机能够直接判断 DI 通道上的电平高低(相当于开/关)两种状态，并将其转换为数字量(1 或 0)，进而对其进行逻辑分析和计算。对于以开关状态为输出的传感器，如水流开关、风速开关、压差开关等，可以直接接到 DDC 的 DI 通道上。除了测量开关状态外，DI 通道还可以直接对脉冲信号进行测量，如测量脉冲频率及其高电平或低电平的脉冲宽度，或对脉冲个数进行计数。

(3) DDC的模拟量输出(AO)信号是0～5 V、0～10 V的电压或0～10 mA、4～20 mA的电流。其输出电压或电流的大小由控制软件决定。由于DDC计算机内部处理的信号都是数字信号,所以这种可连续变化的模拟量信号是通过内部数字/模拟转换器(D/A)产生的。

通常,模拟量输出(AO)信号去控制风阀、水阀等的执行器动作。风阀、水阀有气动执行器和电动执行器两种类型。采用气动执行器时需要将控制器的模拟量输出(AO)信号接至电气转换器,电气转换器根据输入的电压或电流的大小产生0～0.1 MPa压力的空气,再通过气路送至气动执行器的气室中,推动活塞或隔膜完成对阀的调节。有的气动执行器本身带有电动定位装置,可以直接将控制器输出的模拟量信号接到电动定位装置接线端子上。气动风阀、水阀动作可靠,故障率低,可以在较恶劣的环境下运行。在有现成的压缩空气源的场合,应该优先选择气动执行器。由于阀门执行机构是气动的,因此一般都没有阀位的电反馈信号,这种控制器不能获得真实的阀门位置信号,无法判别阀门的机械故障。在选择电气转换器或阀门定位器时,一定要注意它所要求的输入信号的形式、范围。

风阀、水阀的电动执行器一般由一台三相或单相电动机通过机械减速系统与阀连接,控制电动机的正转、反转或停止,可以使阀门开大、关小或不动。机械减速系统还与一可变电阻器相连,这样阀门的不同位置将使可变电阻器输出不同电阻值,成为反映阀位状态的电反馈信号。为了防止阀门全开或全关后电动机继续运转,执行器内还在相应位置设有限位开关。当阀门到达全开或全关位置时,通过机械装置直接切断限位开关,使电动机停止。图4.11(a)所示为常见的电动执行器的控制电路原理框图。与要求的阀位输出成正比的控制信号以0～5 V、0～10 V电压信号或0～10 mA、4～20 mA电流信号的形式送入比较器,与测出的实际阀位进行比较。当实际阀位小于设定值时,正转开关打开,电动机正转,开大阀门直到比较器输出为0时电动机停止;反之则电动机反转,使阀门关小。计算机控制器必须将内部的数字信号通过D/A转换,成为模拟量输出信号AO送到比较器。为了使计算机了解阀门的实际位置,识别机械故障,一般将阀位的测量信号接到控制器的模拟量输入通道AI中。有些电动阀门的控制器还允许将全开和全关的限位开关信号作为控制器DI口的输入信号接入计算机,使计算机可以辨认。

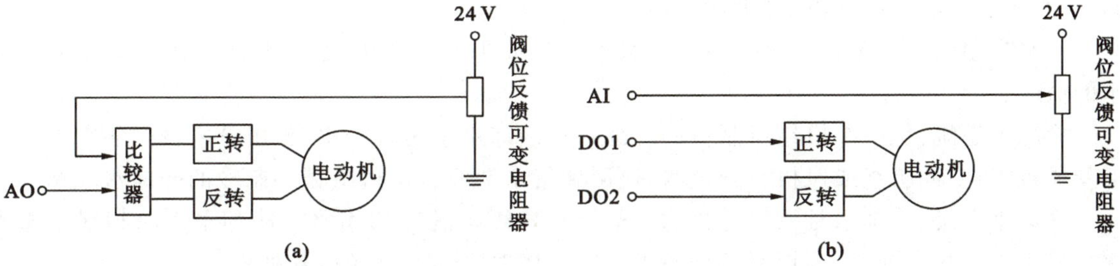

图4.11　电动执行器的控制原理图

(a) 常规的电动执行器控制原理图;(b) 直接用开关量输出控制电动执行器

计算机输出的控制阀位模拟量信号就是为了在比较器中与实测的阀位信号进行比较,以决定电动机的正转或反转。既然还要将阀位信号接入计算机,那么就可以直接在计算机内进行比较和分析,决定阀门电动机应该正转、反转还是停止,通过开关量输出通道DO直接由继电器驱动阀门电动机,这样做可以直接用两个开关量输出通道DO和一个模拟量输入通道AI带动一个电动阀,省去计算机内D/A转换的环节和阀门控制器内的比较器部分[图4.11

(b)],过程的简化可减少成本和提高可靠性。其缺点是计算机内控制阀门的程序比较复杂,并且需要有很好的实时性。

(4) 数字量输出 DO 也称开关量输出,它可由控制软件将输出通道变成高电平或低电平,通过驱动电动机电路即可带动继电器或其他开关元件动作,也可使指示灯处于显示状态。

开关量输出 DO 信号可用来控制开关、交流接触器、变频器以及晶闸管等执行元件动作。交流接触器是启停风机、水泵及压缩机等设备的执行器。控制时,可以通过 DDC 的 DO 输出信号带动继电器,再由继电器的触头带动交流接触器线圈,实现对设备的启/停控制。为了使 DDC 了解接触器是否真正吸合,一般要将接触器的一个辅助触点接至 DDC 的输入通道,使 DDC 能随时测出接触器的实际工作状况。

4.3.4 上位机监控软件

上位机监控软件提供了用户对楼宇控制系统的三大功能。

(1) 监视功能　用户可通过动态图形(动画功能)、趋势图等应用程序对所控制设备的运行状态、被控对象的控制效果进行实时和历史的监视。

(2) 控制功能　用户可通过控制命令、控制程序和日程表控制等应用程序控制楼宇自控设备的启停或调节。

(3) 管理功能　包括用户账户管理、系统设备管理、程序下载管理等。用户还能通过系统活动记录、报表等应用程序了解楼宇控制系统自身的状态。

4.4 BAS 各子系统的监测与控制

4.4.1 冷冻水及冷却水系统的监测与控制

主要有压缩式制冷系统、溴化锂吸收式制冷系统和冰蓄冷系统,这里重点说明压缩式制冷系统监控原理。冷冻站一般由一台或多台压缩式冷水机组、冷却塔、冷冻水泵、冷却水泵、分水器、集水器、补水装置及其他辅助设备组成。

冷水机组的正常工作通常分为冷冻水和冷却水两个分系统,它们共同工作才能完成冷冻水的供应。

冷冻水系统:把冷水机组所制得的冷冻水经冷冻水泵送入分水器,由分水器向各空调分区的新风机组、空调机组或风机盘管供水,返回到集水器经冷水机组循环制冷的冷冻水环路。

冷却水系统:冷却水是指制冷机的冷凝器和压缩机的冷却用水。冷却水由冷却水泵送入冷水机组进行热交换,水温提高后循环进入冷却塔对冷却水进行冷却处理。

1. 控制原理与要求

冷冻系统的监控原理如图 4.12 所示。

其中,温度传感器、流量传感器、压差传感器、液位传感器等检测元件将各部位检测的相关值送到 DDC 的模拟输入点(AI);水流开关、水泵运转状态等信号被送到 DDC 的数字输入点(DI),而 DDC 的输出信号(DO)被送到水泵的电气控制箱控制水泵的启/停运转。

控制中心对冷水机组工作状态的监测内容包括冷却塔冷却风扇的启、停,冷却塔进水蝶阀的开度,冷却水进、回水温度,冷却水泵的启、停,冷水机组的启、停,冷水机组的冷却水以及冷

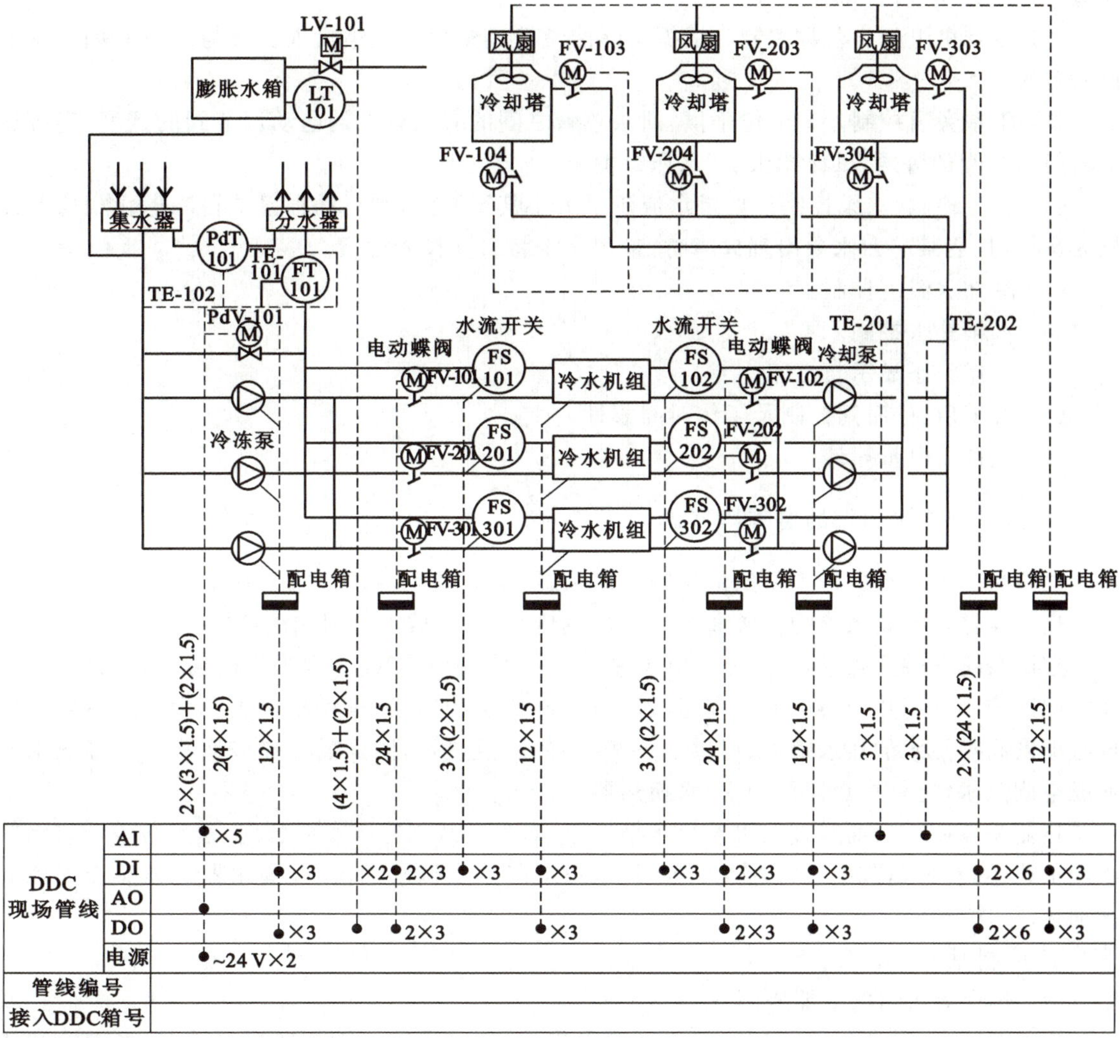

图 4.12　冷冻系统监控系统图

水出水蝶阀的开度，冷水循环泵的启、停，冷水供回水的温度、压力及流量，冷水旁通阀的开度等。控制中心根据上述监测的数据和设定的冷水机组工作参数自动控制设备的运行。

控制中心通过对冷水机组、冷却水泵、冷却水塔、冷水循环泵台数的控制，可以有效地、大幅度地降低冷源设备的能量消耗。例如，当空调系统冷水供水量减少而供水压力升高时，可通过冷水旁通阀调节供水量，确保系统压差稳定。若冷水的旁通流量超过了单台冷水循环泵的流量时，则自动关闭一台冷水循环泵。控制中心可根据冷水供、回水的温度与流量，参考当地的室外温度计算出空调系统的实际负荷，并将计算结果与冷水机组的总供水量作比较。若总供水量减去空调系统的实际负荷小于单台冷水机组供冷量，则自动维持一台冷水机组运行而停止其他几台冷水机组的工作。

2. 冷水机组监控系统功能

(1) 设备启停顺序控制。为保证整个制冷系统安全运行，设备启/停需按照一定的顺序进行。只有当润滑油系统启动时，冷却水、冷冻水流动后，压缩机才能最后启动。该系统通过软件程序实现设备启/停顺序控制。

(2) 冷水机组开启台数控制。根据实际冷负荷调整冷水机组投入台数与相应的循环水泵投入台数。

(3) 压差旁通控制。调节位于供、回水总管之间的旁通管上的电动调节阀的开度,实现进水与回水之间的旁通,以保持供、回水压差恒定。

(4) 水流检测、水泵控制。如果水流流量太小甚至断流,则自动报警并自动停止相应制冷机的运行,且当某一台水泵出现故障时,备用水泵将自动投入运行。

(5) 冷却水温度控制。

(6) 水箱补水控制。

(7) 工作状态显示与打印。

(8) 机组启/停时间控制及工作时间累计。

(9) 设备用电量累计。

4.4.2 热交换系统的监测与控制

热源热交换系统的作用是给建筑物提供采暖、空调及生活用热水。热交换系统的主体设备是热交换器。空调系统的热源通常为蒸汽或热水,它由城市热网或锅炉提供。

空调系统终端热媒通常是 65～70 ℃的热水,而锅炉或市政管网提供的通常是高温蒸汽。在空调系统中常用热交换器完成高温蒸汽与空调热水的转换,这种换热器称为气/水换热器。也有提供高温热水的热水锅炉,提供 90～95 ℃的高温热水,同样需要热交换器把高温热水转换成空调热水,这种换热器称为水/水换热器。

热交换器交换后的空调热水经热水循环泵(有的系统与冷冻水泵合用)送到各空调机组等终端负载中,在各负载中进行热湿处理后,水温下降的空调水回流,经集水器进入热交换器后再加热,依次循环。

1. 控制原理和要求

(1) 热交换机组的节能控制

根据分水器、集水器的供回水温度及回水流量,实时计算二次侧所需热负荷,按实际热负荷自动投运热交换器及热水循环泵的台数。

(2) 热交换器的自动控制

当一次热媒为热水时,用温度传感器测量热交换器二次出口温度,送入控制器与给定值进行比较,根据温度偏差由控制器调节一次回水电动阀,使二次出口温度保持设定值。电动阀调节性能亦采用等百分比型。当一次热媒的水系统为变水量系统时,控制其流量可采用电动两通阀;若一次热媒不允许变水量,则应采用电动三通阀。

当一次热媒为蒸汽时,用温度传感器测量热交换器二次水出口温度,送入控制器与给定值进行比较,根据温度偏差由控制器调节一次蒸汽电动阀,使二次出口温度保持设定值。电动阀宜采用直线型。

当系统内有多台热交换器并联使用时,应在每台热交换器二次热水进口处加电动蝶阀,以便把不使用的热交换器水路切断,保证系统要求的供水温度。

(3) 膨胀水箱的补水控制

热水系统在运行过程中,因泄漏等原因会损失部分热水,需及时补充。在空调系统中,由于水温的变化必然会引起水的体积变化，因此在系统中设置膨胀水箱。系统在运行过程中损失的部分热水，从膨胀水箱中补充。在膨胀水箱中设有液位开关，当水位降到下限值时，液位开关下限接点闭合，补水泵启动；当水箱水位回升至上限时，液位开关上限接点闭合，补水泵停机。

(4) 热水循环泵累计运行时间控制

在换热站，一般热水循环泵为一用一备或两用一备。当一台设备损坏时，备用设备能自动投入使用。每次初启动系统时，优先启动累计运行小时数最少的水泵，从而延长水泵的使用寿命。

(5) 设备的开/关控制

系统应有对设备进行远程启停控制的功能，如补水泵的启停控制。

(6) 热交换站的连锁控制

实现对热水循环泵启动顺序的控制，即二次侧电动蝶阀→热水循环泵→一次侧电动调节阀；以及停机顺序的控制，即一次侧电动调节阀→热水循环泵→二次侧电动蝶阀。

2. 热交换系统监测与自动控制原理

热交换系统监测与自动控制原理如图 4.13 所示。

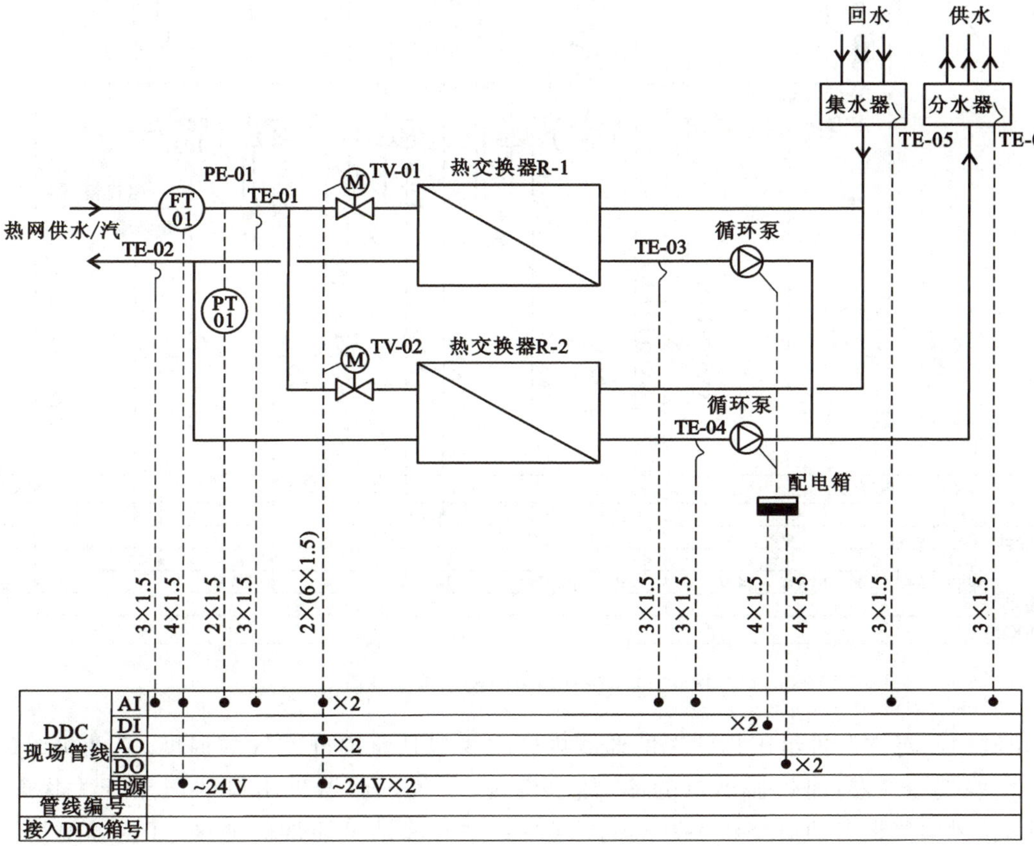

图 4.13　热交换系统监测与自动控制原理图

4.4.3　空调机组的监控及功能

1. 空调机组监控系统组成

空调机组的监控原理如图 4.14 所示。

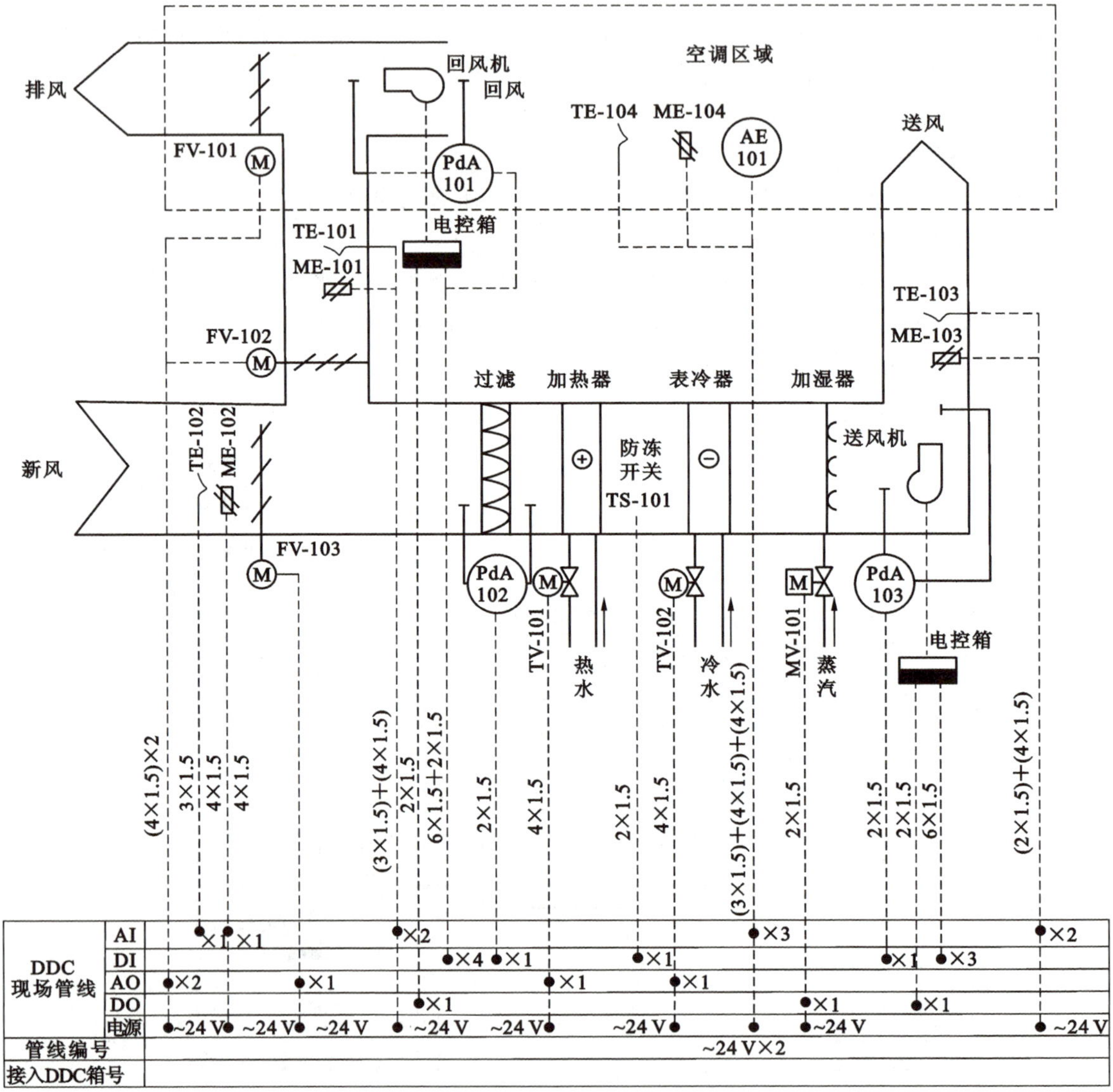

图 4.14　空气调节系统监控原理图

控制中心对空调机组工作状态的监测内容主要包括室内外空气的温度，空调机组的送风温度，空气冷却器/加热器出口的冷、热水温度，空气过滤器进出口的压差开关状态，风机、水阀、风阀等设备的启停状态和运行参数；冬季有冻结可能性的地区，还应监测防冻开关状态等。根据设定的空调机组工作参数与上述检测的状态参数情况，监控中心控制送、回风机的启停，新风与回风的比例调节，换热器盘管的冷、热水流量，加湿器的加湿量等，以保证空调区域空气的温度与湿度既能在设定的范围内并满足人体对舒适度的要求，又能使空调机组以最低的能耗方式运行。

2. 空调系统监控功能

(1) 将送风温度与 BAS 系统中设定的温度值进行比较，由控制器控制冷冻回水电动阀，改变冷冻水流量，使送风温度达到设定值，并宜监测阀位的反馈。

(2) 将回风管内的温度与系统设定值进行比较，用控制器控制冷水/热水电动阀开度，调节冷冻水或热水的流量，使回风温度保持在设定的范围之内，并宜监测阀位的反馈。

(3) 对回风管、新风管的温度与湿度进行检测，计算新风与回风的焓值，按回风和新风的焓值比例控制回风门和新风门的开启比例，从而达到节能的效果。

(4) 检测送风管内的湿度值，并与系统设定值进行比较，由控制器控制湿度电动调节阀，从而使送风湿度保持在所需要的范围之内。

(5) 测量送风管内接近尾端的送风压力，调节送风机的送风量，以确保送风管内有足够的风压，并宜监测阀位的反馈。

(6) 风机启动/停止的控制、运行状态的检测及故障报警。

(7) 空气过滤网压差超限时的堵塞报警。采用压差开关测量过滤器两端的压差，当压差超限时，压差开关闭合，并将报警信号传至上位机，提示物业人员及时进行清扫。

(8) 防霜冻保护。采用防冻开关监测盘管的温度，当防冻开关监测值低于某一定值(一般设为 5 ℃)时，关闭新风门，热水阀全开并停止风机，以防盘管受冻爆裂而使设备损坏，同时将报警信号送至中央管理站。

(9) 风机运行状态检测。在风机的前后风道处分别安装压差开关测压导气管。当风机运行时，风机前后形成压力差，压差开关监测到后，内部常开触点闭合，上位机显示风机状态为运行；当风机停止时，风机前后压差消失，触点又断开，上位机显示风机状态为停止。通过这种方式监测风机运行状态比直接从动力柜上取点更为可靠。

(10) 空气质量保证。为保证空调房间的空气质量，选用空气质量传感器。当房间中 CO_2、CO 浓度升高时，传感器输出信号到 DDC，经计算后输出控制信号，控制新风门开度以增加新风量。

(11)设备的开/关控制。系统应能对风机启停进行远程的开/关控制，远程调整水阀、风阀的开度，并宜监测阀位的反馈。

(12) 建立风机、风门状态连锁程序。

启动顺序：启动风机→调节冷、热水阀→调节风阀开度。

停机顺序：停止风机→关风阀→关水阀。并且在冬季防霜冻保护装置开始工作。

(13) 应能按时间表自动启停风机，应能自动调节水阀、风阀的开度。

(14) 应能实现下列自动调节功能：设定和修改供冷/供热/过渡季工况；设定和修改服务区域空气温度的设定值。

(15) 与消防系统联动。火灾报警后，组合式空气处理机组的送、回风风机停止运行，并向消防控制中心反馈信号。

4.4.4　新风机组的监测与控制

新风机组是一种没有回风装置的空调机组，其监测与控制和空调机组基本相同。

新风机组监测与自动控制系统原理如图 4.15 所示。

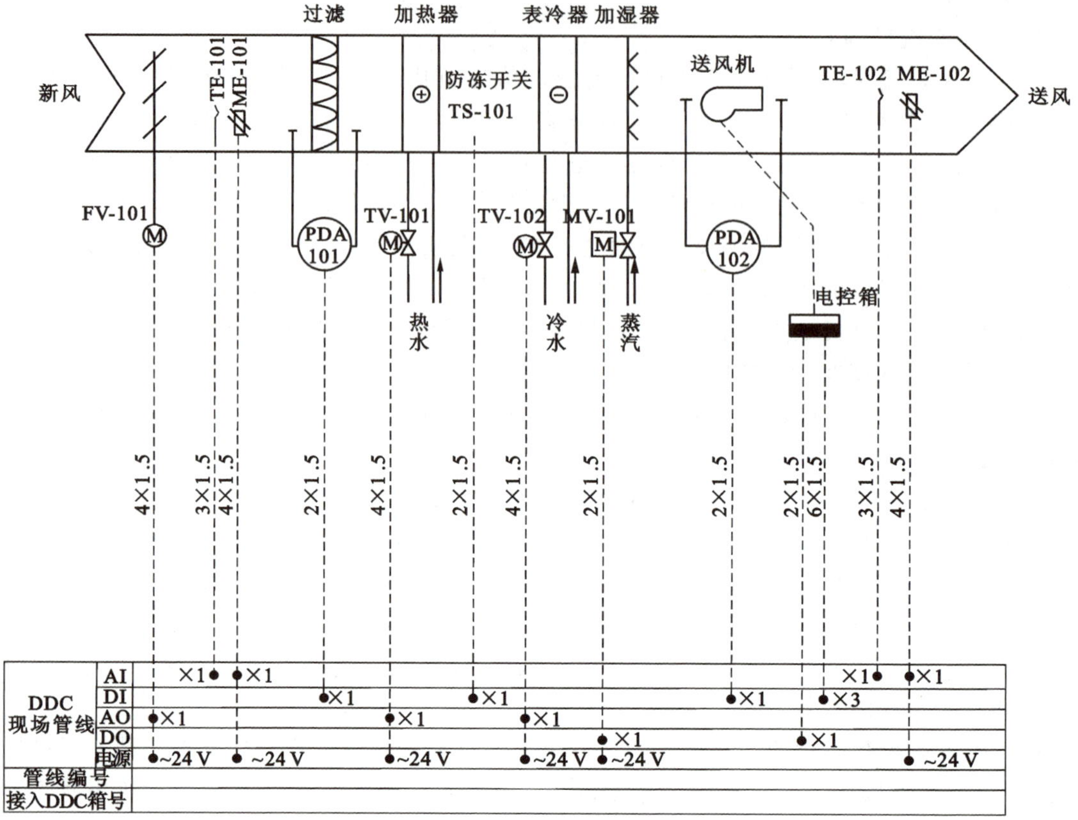

图 4.15　新风机组监测与自动控制系统原理图

(1) 新风机组的节能控制。新风机组的节能控制通常以送风风道温度或房间温度为调节参数。把送风风道温度或房间温度传感器测量的温度送入 DDC 控制器与给定值进行比较，产生的偏差由 DDC 按 PID 规律调节表冷器回水调节阀开度以达到控制冷、热水量的目的，使夏天房间温度低于 28 ℃，冬季则高于 16 ℃。

同样，室外温度在这里也是一个变量，这个变量对上述调节系统也是一个扰动量。为了提高系统的控制性能，把新风温度作为被调信号加入调节系统中，如室外新风温度增高，新风温度测量值增大，这个温度增量经 DDC 运算后输出一个相应的控制电信号，使回水阀开度增大，即冷量增大，补偿新风温度增高对室温的影响。如室外新风温度降低，新风温度测量值减小，这个温度负增量经 DDC 运算后输出一个相应的控制电信号，使回水阀开度减小，即冷量减小。空调机的回水阀始终保持在最佳开度，以满足冷负荷的需求，达到系统节能的目的。

(2) 风机、风门状态连锁程序。在定风量系统中，新风风门一般为全开或全关状态。新风机组启动时，先将新风风门全开，然后再启动送风机；新风机组关闭时，先停止送风机，然后再关闭新风风门，以防止新风机组内部负压过大对机组造成损害。

(3) 新风机组送风湿度调节、基准参数的再设控制、过滤器堵塞报警、防霜冻保护、风机运行状态监测、空气质量保证、设备的开/关控制、与消防系统联动等同于空调机组的控制原理和要求。

(4) 新风机组宜能根据服务区域空气品质情况，控制风机的启停和转速。

4.4.5　风机盘管的监测与控制

风机盘管的控制通常不纳入楼宇控制系统内，而作为独立的现场控制器去控制现场的风机盘管，也有个别系统把风机盘管的控制纳入楼宇控制系统内。供应商也提供带有通信接口的风机盘管控制器，只要把这种控制器接在系统的控制总线上，就能完成远程联网控制。这种控制器带有数字输出接口，并带有温度传感器，检测现场温度后与设定值比较，产生偏差时控制风机盘管的回水电动阀，以达到控制室温的目的。一般风机盘管的控制由带三速开关的室内温控器来完成，它不带通信接口，安装在需要调温的房间内。温控器上有通/断两个工作位置，当温控器打到通的工作位置时，风机盘管的回水电动阀全开，并为房间提供经过冷/热处理的空气；当温度达到设定值时，复位弹簧会使阀门关闭。

当拨动温控器上三速开关"高、中、低"挡的任意键，风机盘管内的风机按对应的风速向房间送风。另外，在温控器上设有冷、热运行选择开关，降温运行时将选择开关拨在冷挡，加温运行时选择热挡。当选择开关拨在关挡时，电动阀因失电而关闭，风机电源亦同时被切断，风机盘管停机。

监控系统对风机盘管的监控功能如下：

(1) 能监测下列参数：

① 室内空气的温度和设定值；

② 供冷、供热工况转换开关的状态；

③ 当采用干式风机盘管时，还能监测室内的露点或相对湿度。

(2)能实现下列安全保护功能：

① 风机的故障报警；

② 当采用干式风机盘管时，还应具有结露报警和关闭相应水阀的保护功能。

(3)能实现风机启/停的远程控制。

(4)能实现下列自动启停功能：

① 风机停止时，水阀连锁关闭；

② 按时间表启/停风机。

(5)能实现下列自动调节功能：

① 根据室温自动调节风机和水阀；

② 设定和修改供冷和供热工况；

③ 设定和修改服务区域温度的设定值，且对于公共区域的设定值应有上、下限值。

(6) 能根据服务区域是否有人控制风机启/停。

4.4.6　生活给水、中水与排水系统的监测与控制

建筑内部给水系统的任务是将室外给水管网的水经济合理、安全可靠地输送到安装在室内不同场所的各个配水龙头、生产用水设备或消防用水设备等处，并满足用户对水量、水压和水质的要求。

目前，我国绝大多数建筑内部给水系统是根据给水用途进行系统划分和布置的，一般可分为以下三种类型：

(1) 生活给水系统：供建筑物内所有人员饮用、烹调、盥洗、淋浴等方面的用水。

（2）消防给水系统：供应用于扑灭火灾的消防用水。

（3）生产给水系统：供应工业企业车间各种生产设备、生产工艺过程等所需的用水。

对某一特定用途的建筑物而言，以上三种给水系统一般不是一应俱全的。传统的建筑内部给水系统常常根据水量、水压、水质及安全方面的需要，结合室外给水系统的布局情况，组成不同的共用水系统。一般情况下，当两种或两种以上用水的水质相近时，通常采用共用的给水系统，如生活与消防共用水系统、生活与生产共用水系统、生产与消防共用水系统、三合一共用水系统等。由于消防用水对水质没有特殊要求，又只是在发生火灾时才使用，所以民用建筑一般都采用生活与消防共用水系统。

根据用户对水质、水温等的不同要求，生活给水系统还可再分为冷水供应系统和热水供应系统，而冷水系统又可细分为生活直饮水系统和生活杂用水系统。另外，为满足节约用水的要求，居住建筑和公共建筑还可增加中水系统，将生活杂用水进行适当处理后再用于冲厕、洗车、清洗庭院及浇灌树木花草等。

消防给水系统根据消防给水方式的不同可分为消火栓系统和自动喷水灭火系统。传统的消防给水系统以消火栓系统为主；自动喷水灭火系统只是在一些重要建筑或人员密集、物品贵重且集中的公共建筑中才设置。

1. 生活给水系统

在智能建筑中，生活给水常采用变频调节恒压供水的方式。

变频调节恒压供水系统是用水泵直接向终端用户提供一定水压的供水方式。通常在水泵前也需有储存水箱，以防水泵大水量供应时对城市管网的影响。这种供水通常选用变频供水方式，即根据终端用户的用水量调整水泵的转速来满足用户用水量的需要，而水泵的转速调整是依靠调频来完成的，如图 4.16 所示。

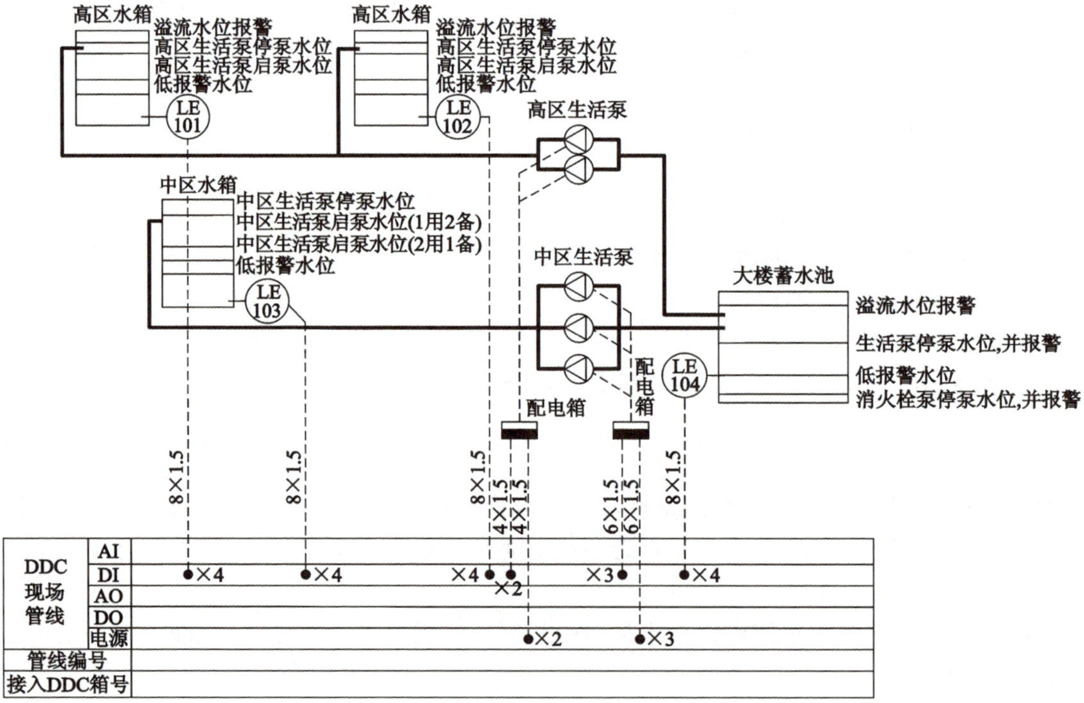

图 4.16　生活给水系统监测与自动控制系统图

(1) 水泵节能控制。用水管式压力传感器检测水泵输出口管网压力，在现场控制器中与设定值进行比较，比较后即控制变频器的输出频率，以达到控制水泵转速的目的。如给水管网用户用水量增多，管网压力减小，控制器控制变频器输出频率增加，水泵转速随之增加，增加供水量，以满足用户的需求。如果水泵全速运行时仍达不到供水压力，则启动另一台水泵变频运行，并将原来的水泵由变频状态切换到工频状态。如给水管网用户用水量减少，管网压力增加，控制器控制变频器输出频率降低，水泵转速随之减小，减少供水量，以达到节能的目的。

(2) 水泵累计运行时间控制。一般水泵为一用一备或两用一备。当一台设备损坏时，备用设备能自动投入使用。每次初启动系统时，优先启动累计运行小时数最少的水泵，从而延长水泵的使用寿命。

(3) 设备的开/关控制。在控制中心能实现对现场设备进行远程控制，实现对水泵的开/关控制。

(4)设备的自动启/停控制。根据水泵故障报警，自动启动备用泵；按时间表启/停水泵；当采用多路给水泵供水时，应能根据相应的液位设定值控制各供水管的电动阀(或电磁阀)开关，并应能实现各供水管之间(或电磁阀)与给水泵之间的连锁控制功能。

(5)系统的自动调节功能。设定和修改供水压力；根据供水压力，自动调节水泵的台数和转速；当设置备用水泵时，能根据要求自动轮换水泵工作。

2. 生活排水系统的监测与控制

对于生活污水的排放，通常是把污水集中于地下室的污水坑内，然后通过排污泵进行排水，如图 4.17 所示。

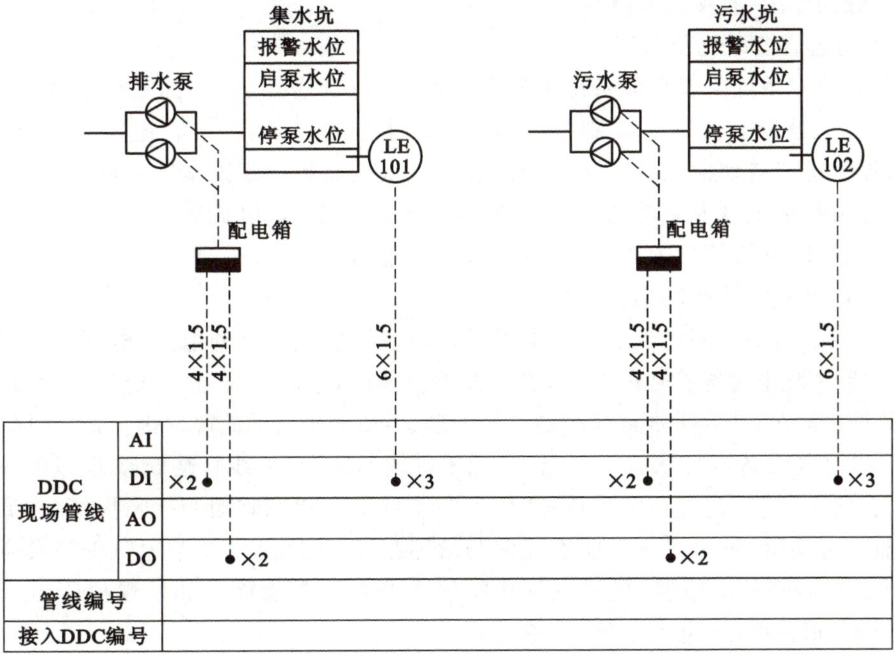

图 4.17　生活排水系统监测与自动控制系统图

(1) 水泵节能控制。在污水坑中设置液位开关，分别监测高限报警水位、低限报警水位、停泵水位和启泵水位。DDC 根据液位开关送入信号来控制生活泵的启/停：当污水液面高于启泵水位时，DDC送出启动信号，使污水泵投入运行，进行排污；当污水液面达到停泵水位时，DDC送出信号自动停止排污泵。如果液面低于停泵水位而排污泵并没有停止排水，液面继续下降达到低限报警水位时，监控界面发出声光报警信号，提醒工作人员及时处理。同样，如污水液面高于启泵水位时，污水泵没有及时启动，当水位达到高限报警水位时，监控界面也要发出声光报警信号。

(2) 设备累计运行时间控制及设备的开/关控制同给水系统。

(3) 系统具有自动启/停功能。根据水泵故障报警自动启动备用泵；根据高液位自动启动水泵，低液位自动停止水泵；根据时间表启/停水泵。

(4) 监控系统应能监测生活热水的温度，宜监控直饮水、雨水、中水等设备的启/停。

4.4.7 供配电系统的监测

作为城市供电网的一个终端，供配电系统的安全运行关系到城市的供电网安全。一般情况下，通常只对该系统运行状态参数进行必要的监测，而不进行相应控制。

根据供配电系统的供电电压，通常把系统分成高压段和低压段两部分。一般以大楼的变压器为划分界限，变压器的一次侧 6～10 kV 高压线路为高压段，变压器的两次侧电压(380/220 V)为低压段。

常通过相应的互感线圈、隔离变压器等器件，将测量参数转换为标准信号，送入DDC进行数据监测。由于现代建筑的高低压配电系统通常有独立的测控软件系统，也可通过网关协议转换，将高低压配电系统与楼宇控制系统之间直接进行数据通信，把各种电参数通信存储到楼宇控制软件数据库中，直接供程序调用。

1. 低压配电监控系统及功能

低压配电监控系统由现场设备即电流变送器、电压变送器、功率因数变送器、有功功率变送器等各类传感器及直接数字控制器组成。控制器通过温度传感器、电压变送器、电流变送器、功率因数变送器自动检测变压器线圈温度、电压、电流和功率因素等参数，并将各参数转换成电量值，经由数字量输入通道送入计算机，显示相应的电压、电流数值和故障位置，并可监测电压、电流、累计用电量等。图 4.18 所示为低压配电监控系统图。

2. 低压配电监控系统功能

(1) 监测运行参数。对电气运行参数的监测，包括高/低压进线电压、电流、有功功率、无功功率、功率因数和耗电量等参数的监测，变压器温度监测，直流输出电压、电流等参数的监测，发电机各参数的监测等，并为正常运行时的计量管理、事故发生时的故障原因分析提供数据。

(2) 监视电气设备运行状态。包括高/低压进线断路器、母线联络断路器等各种类型开关的当前分、合状态监测，是否正常运行；变压器断路器工作状态监测和故障报警；直流操作柜断路器状态监测与报警；发电机运行状态监测与故障报警；不间断电源装置(UPS)及应急电源装置(EPS)状态监测和故障报警；提供电气主接线图开关状态画面。如发现故障，自动报警，并显示故障位置、相关电压、电流数值、频率等。

(3) 发生火灾时，切断相关区域的非消防电源。

(4) 对建筑物内所有用电设备的用电量进行统计及电费计算与管理。包括空调、电梯、给排水、消防喷淋等动力用电和照明用电；绘制用电负荷曲线(如日负荷、年负荷曲线)；实现自动抄表、输出用户电费单据等。

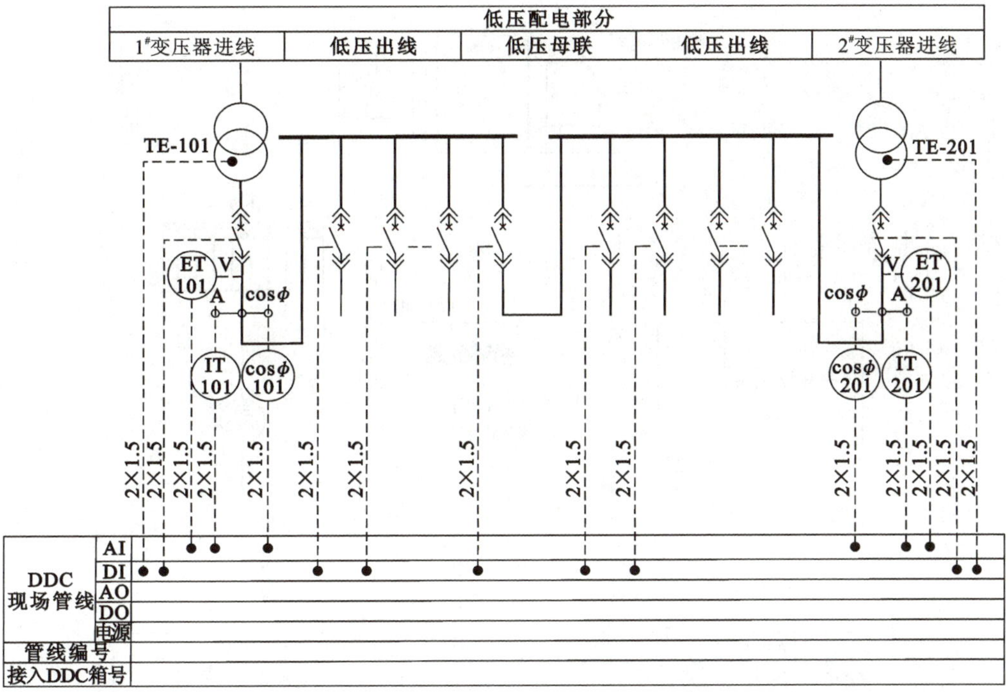

图 4.18　低压配电监控系统原理图

(5) 对各种电气设备的检修、保养维护进行管理,如建立设备档案(包括设备配置、参数档案,设备运行、事故、检修档案),生成定期维修操作单并存档,避免维修操作时引起误报警等。

3. 应急柴油发电机与蓄电池组的监测方法

为保证消防泵、消防电梯、紧急疏散照明、防排烟设施和电动防火卷帘门等消防用电,必须设置自备应急柴油发电机组,按一级负荷对消防设施供电。柴油发电机应启动迅速、自启动控制方便,市网停电后能在 10～15 s 内接待应急负荷。应急柴油发电机组监测内容包括电压、电流等参数,机组运行状态,故障报警和日用油箱液位等。

高层建筑物中的高压配电室对继电保护要求严格,一般的纯交流或整流操作难以满足要求,必须设置蓄电池组,以提供控制、保护、自动装置及事故照明等所需的直流电源。镉镍电池以其体积小、自重轻、不产生腐蚀性气体、无爆炸危险、对设备和人体健康无影响而获得广泛应用。对应急柴油发电机组及镉镍电池组的监测包括电压监视、过流过电压保护及报警等,如图 4.19所示。

4.4.8　公共照明系统的监测与控制

电气照明是建筑物的重要组成部分,其中景观照明还可以烘托建筑造型、美化环境。工作场所照明质量的好坏直接影响人们的工作效率和视力保护。如何做到既保证照明质量又节约能源是照明控制的重要内容。

正确的控制方式是实现舒适照明的有效手段,也是节能的有效措施。目前,设计中常用的控制方式有跷板开关控制方式、断路器控制方式、定时控制方式、光电感应开关控制方式和智能控制方式。在智能楼宇中照明控制系统对整个楼宇的照明系统进行集中控制和管理。照明

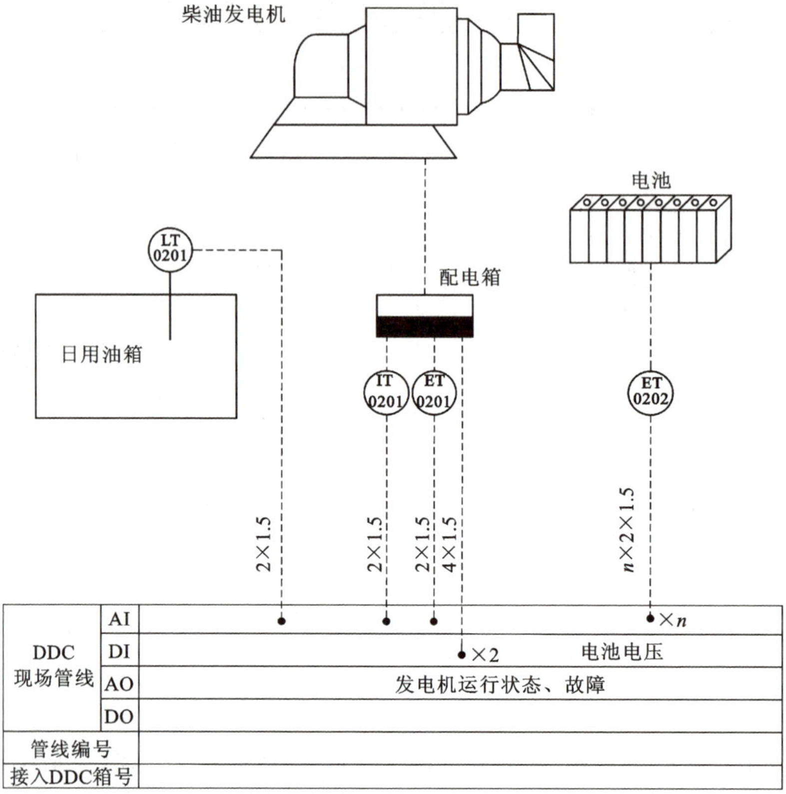

图 4.19　备用用电系统控制原理图

监控系统的任务可以分为两个方面：一是为了保证建筑物内各区域的照度及视觉环境而对灯光进行的控制，即环境照度控制；二是以节能为目的对照明设备进行的控制，以期实现最大限度的节能，即照明节能控制。

1. 环境照度控制

智能建筑中的视觉环境必须与建筑师的总体构思相符合，应当与室内的色彩、家具等环境相协调。除了在设计时确定灯具及其布置和照明方式外，还必须对光源（灯具）进行控制。在智能化照明系统中，通常采用以下方法对环境照度进行控制：

（1）定时控制。这种方式是事先设定好各照明灯具的开启和关闭时间，以满足不同阶段的照度需要。由于它采用计算机系统作为监控装置，通常在监控站设定，所以很容易实现。但是，这种方式灵活性较差，如遇到天气变化或临时更改作息时间，则必须修改设定时间。

（2）将照明范围划分为若干个区域，在照明配电盘上对应于每个区域均设有开关装置。这些开关装置接收照明监控 DDC 系统的控制，这样就可根据不同区域的使用情况合理地开启、关闭其照明灯具。对于那些未使用的区域，可以用指令及时地进行关、断控制，以达到节能的目的。

（3）利用光电、红外等传感器检测照明区域内的人员活动情况，一旦人员离开该区域，照明监控 DDC 系统则依照程序中预先设定的时间延时，待人员离开该区域一段时间后，自动切断照明配电盘中相应的开关装置。

2. 照明监控系统及功能

照明监控系统原理如图 4.20 所示。

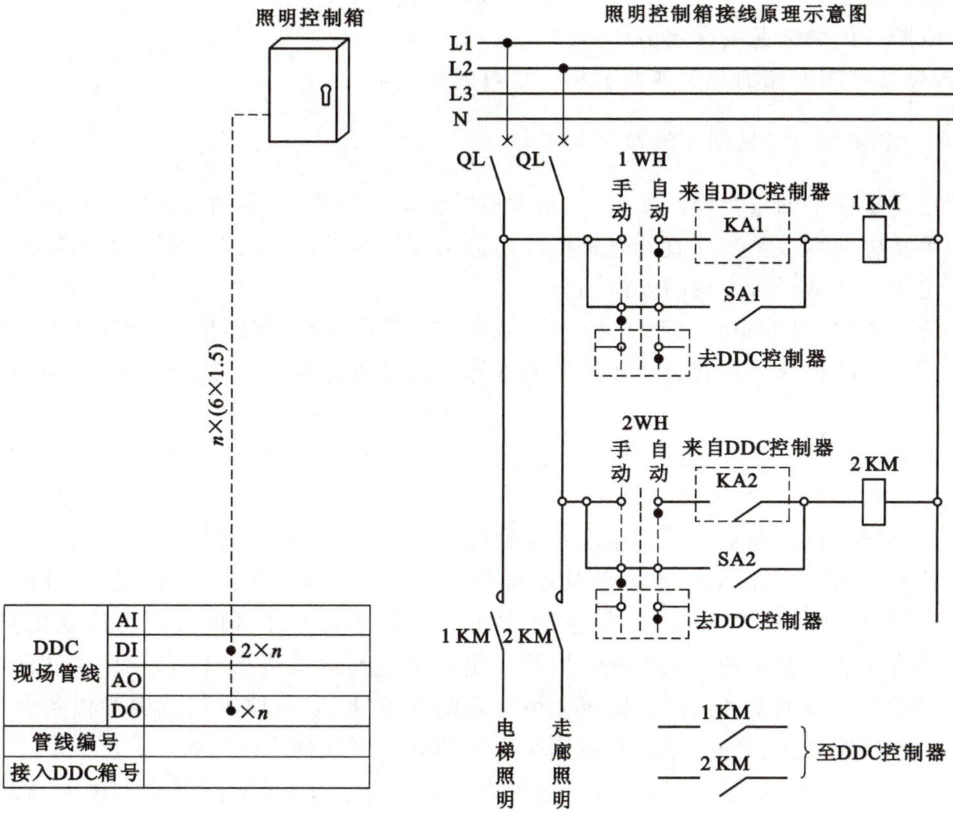

图 4.20　照明监控系统原理图

其中,室外自然光传感器等检测元件将各部位检测的相关值送到 DDC 的模拟输入点(AI),各照明开关的状态送到 DDC 的数字输入点(DI),而 DDC 的输出信号(DO)则控制照明开关。

在图 4.20 所示的照明监控系统中,通过交流接触器 1KM、2KM 控制照明回路的关、断,如庭院照明回路、走廊照明回路等。在控制方式上,可以通过手动和自动两种方式控制回路的供电。在自动方式下,现场控制器 DDC 根据上位计算机的指令或 DDC 本身控制规律(如定时控制)的结果,通过中间继电器 KA1、KA2 的控制来实现照明回路的供电控制。另一方面,通过将操作开关 1WH、2WH 的辅助触点接入 DDC,实现对控制柜中操作开关 1WH、2WH 的状态进行监测;同样,通过将控制照明回路的接触器 1KM、2KM 的辅助触点接入 DDC,来实现对照明回路的供电状态进行监测。

照明系统的监控内容如下:

(1)应能监测室内公共照明不同楼层和区域的照明回路开关状态。

(2)应能监测室外庭院照明、景观照明、立面照明等不同照明回路开关状态。

(3)宜能监测室内外区域照度。

(4)应对照明的主要回路进行远程开关控制。

(5)应能按预先设定的时间表控制相应回路的开关。

(6)应能对下列内容进行自动调节：

①设定场景模式；

②修改服务区域的照度设定值；

③启/停各照明回路的开关或调节相应灯具的调光器。

4.4.9 电梯和自动扶梯系统监测与控制

电梯是高层楼宇的重要设备之一，一座大厦的电梯少则几部，多则几十部。电梯可分为直升电梯和手扶电梯两大类。而直升电梯按其用途又分为客梯、货梯、客货梯、消防梯等；自动扶梯则主要是用于连续运送大量的人流。

在智能建筑中，对电梯的启动加速，制动减速，正、反向运行，调速精度，调速范围和动态响应都提出了更高的要求。具有智能化控制的电梯系统已成为人们日常工作与生活中不可缺少的设备。

在有多台电梯的场合，一般都采用电梯群控系统。以办公大楼中的电梯为例，在上下班、午餐时间客流量十分集中，其他时间又比较空闲。要在不同客流时期通过自动调度控制，做到既能减少候梯时间以最大限度地利用现有交通能力，又能避免数台电梯同时响应同一召唤造成空载运行而浪费电力，就需要不断地对各候梯厅站的召唤信号和轿厢内选层信号进行循环扫描，根据轿厢所在位置、上下方向、停站数、轿厢内人数等因素来实时分析客流变化情况，自动选择最适合于客流情况的输送方式。群控系统能对运行区域进行自动分配，自动调配电梯至运行区域的各个不同服务区段。服务区域可以随时变化，它的位置与范围均由各台电梯通报的实际工作情况确定，并随时监视，以满足大楼各处不同候梯厅站的召唤。

群控管理可大大缩短候梯时间，改善电梯交通的服务质量，最大限度地发挥电梯的作用，使之具有比较好的适应性和交通应变能力。这是单靠增加电梯台数和调整电梯行驶速度所不易做到的，在经济上也是最可取的。

电梯操纵自动化是指电梯对来自轿厢、厅站、井道、机房等外部控制信号进行自动分析、判断及处理的能力，是其使用性能的重要标志。常见的操纵形式有按钮控制、信号控制和集选控制等。一般高层建筑中的乘客电梯多为操纵自动化程度较高的集选控制电梯。“集选”的含义是将各楼层厅外的上、下召唤及轿厢指令、井道信息等外部信号综合在一起进行集中处理，从而使电梯自动地选择运行方向和目的层站，并自动地完成启动、运行、减速、平层、开/关门及显示、保护等一系列功能。目前，采用得最多的是调压调频拖动方式，又称 VVVF 方式。它是利用微机控制技术和脉冲调制技术，通过改变曳引电动机电源的频率及电压使电梯的速度按需变化。由于采用了先进的调速技术和控制装置，因而 VVVF 电梯具有高效、节能、舒适感强、控制系统体积小、动态品质及抗干扰性能优越等一系列优点。这种电梯拖动系统是现代化高层建筑中电梯拖动的理想形式。

集选控制的 VVVF 电梯由于自动化程度要求高，一般都采用以计算机为核心的控制系统。该系统电气控制柜弱电部分通常为起运动和操纵控制作用的微型计算机系统或可编程控制器(PLC)，强电部分则主要包括整流、逆变半导体及接触器等执行电器。柜内的计算机系统带有通信接口，可以与分布在电梯各处的智能化装置(如各层呼梯装置和轿厢操纵盘等)进行数据通信，组成分布式电梯控制系统；也可以与上位监控管理计算机联网，构成电梯监控网络。

群控电梯是用微机控制和统一调度多台集中并列的电梯，常用以下两种控制方式：

(1) 梯群的程序控制：控制系统按预先编制好的交通模式程序集中调度和控制。如将一台电梯中的客流分成上行客流量高峰状态、客流量平衡状态、下行客流量高峰状态、上行客流量较下行大的状态、下行客流量较上行大的状态等。电梯在工作中按照当时客流情况，以轿厢的负载、层站的召唤频繁程度、运行一周的时间间隔等为依据，自动选择或人工变换控制程序，如在上行高峰期对电梯实行下行直驶控制等。

(2) 梯群的智能控制：智能控制电梯有数据的采集、交换、存贮功能，还有进行分析、筛选、报告的功能。控制系统可以显示出所有电梯的运行状态，通过专用程序可分析电梯的工作效率、评价电梯的服务水平，并根据当前的客流情况自动选择最佳的运行控制程序。

电梯的监控功能有如下六个方面：

(1) 电梯升降控制器作为 BAS 的一个分站，控制和扫描电梯升降层的信号，并将其传送到中央控制站。

(2) 对各部电梯的启停、上下行和故障进行监测。

(3) 故障监测与报警，包括厅门、厢门的故障监测与报警，轿厢上下限超限故障报警以及钢绳轮超速故障报警等。

(4) 监测自动扶梯有人/无人状态和无人时的运行状态。

(5) 各部电梯的开/停控制，电梯群控。例如，当任一层用户按叫电梯时，最接近用户的同方向电梯将率先到达用户层，以缩短用户的等待时间；自动检测电梯运行的繁忙程度以及控制电梯组的开启/停止的台数，以便节省能源。

(6) 当发生火警时，由电梯升降控制器控制所有的电梯，包括将直升客梯和直升货梯降至底层，并切断电梯的供电电源。

电梯运行状态监控原理如图 4.21 所示。

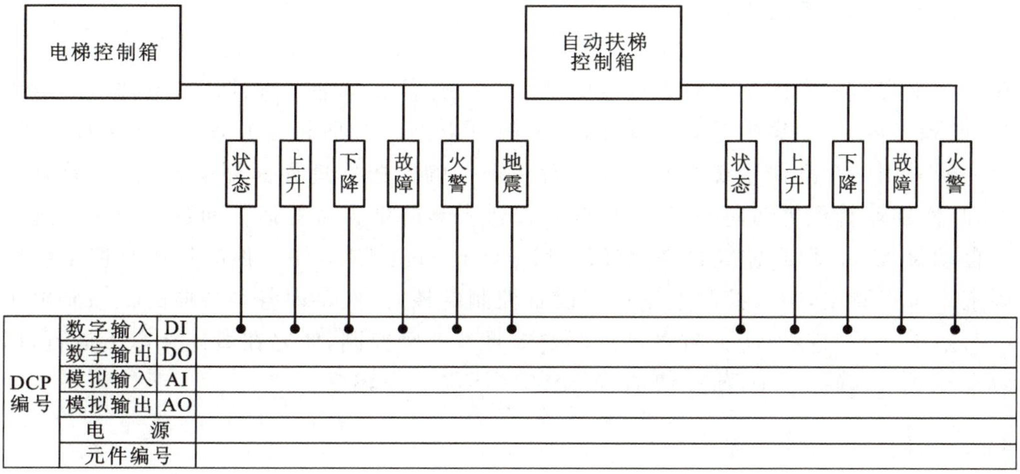

图 4.21　电梯运行状态监控原理图

通过主电路接触器的辅助触点，由 DI 模块将信号送入 DDC 来监控电梯的运行状态、运行方向、故障报警情况，由 DO 模块的输出信号来控制电梯的启/停。电梯系统须与消防系统进行联动：当发生火灾时，普通载客电梯停靠到一层，并切断供电电源，消防电梯则立即投入使用。

电梯监控系统的内容及功能还应包括：

(1)按时间程序设定的运行时间表启/停电梯；监视电梯运行状态、故障及紧急状况；报警运行状态监视，包括启动/停止状态、运行方向、所处楼层位置等。通过自动检测并将结果送入DDC控制器，动态地显示出各台电梯的实时状态。故障检测包括电动机、电磁制动器等各种装置出现故障后自动报警，并显示故障电梯的地点、发生故障时间、故障状态等。紧急状况检测通常包括火灾及地震状况检测、发生故障时是否关人等，一旦发现，立即报警。

(2)多台电梯群控管理以办公大楼中的电梯为例，在上班、下班、午餐时间客流量十分集中，其他时间又比较空闲。如何在不同客流时期自动进行调度控制，达到既能减少候梯时间、最大限度地利用现有交通能力，又能避免数台电梯同时响应同一召唤造成的空载运行、浪费电力的目的，这就需要不断地对各厅站的召唤信号和轿厢内选层信号进行循环扫描，根据轿厢所在位置、上下方向停站数、轿厢内人数等因素来实时分析客流变化情况，自动选择最适合于客流情况的输送方式。群控系统能对运行区域进行自动分配，自动调配电梯至运行区域的各个不同服务区段。服务区域可以随时变化，它的位置与范围均由各台电梯通报的实际工作情况确定，并随时监视，以便随时满足大楼各处的不同厅站的召唤。

(3)配合消防系统协同工作，发生火灾时，普通电梯直驶首层、放客，切断电梯电源；消防电梯由应急电源供电，在首层待命。

(4)配合安全防范系统协同工作，接到信号时，根据保安级别自动行驶到规定楼层，并对轿厢门进行监控。

电梯是智能建筑中的交通工具，电梯系统工作的好坏，将严重影响人们的工作效率和生命安全，因此对电梯的管理和控制是非常重要的。

4.5 BAS中央控制室

在一个中央监控室内实施对大厦内的消防、安防、各类机电设备、照明、电梯等的监视与控制，切实做到三位一体、集中管理。这样，一方面可以提高管理和服务效率，节省人工成本；另一方面由于采用一个操作系统的计算机平台和统一的监控管理界面环境，实施全局事件和事务的处理，使物业管理更趋向现代化，同时可以进一步降低大厦的运行和维护费用。这个集建筑设备自动化(BA)、保安监控自动化(SA)和消防自动化 (PA)于一体的集成监控系统称为中央控制室。可以看出，中央控制室是楼宇设备控制的核心，楼宇内各种各样的机械和电子设备(如空调、电梯、给水排水、防火防盗等)，都要求具有自动控制，使之在最佳状态下运行，以提高工作效率和质量，确保一个舒适、清洁、安全的生活与工作环境。

4.5.1 监控中心的用途

监控中心安装有多种设备，主要作为建筑物自动化系统的中心，故应按照系统的要求设置中央站控制设备。监控中心应安装中央站打印机、显示控制台，且应有必要的检查与维修的空间。

设备监控室可以与消防控制室及保安监控室安排在相邻或同一个控制室内。因为建筑设备自动化系统是一个综合性系统，可以做到将设备监控、消防、安防综合在同一个监控系统内管理，从而起到防灾指挥中心的作用。这样可以做到全面监控、相互协调，充分发挥各系统的功能，及时、快速地响应各类突发事件，提高防灾的能力和智能化物业管理的效率。同时，也可以减少管理人员数量，克服以往那种各子系统分散布置且占用大量空间的缺点。

中央监控管理室的功能通常用以下四个方面来概括：

(1) 作为防火管理中心的作用；

(2) 作为安防管理中心的作用；

(3) 作为设备管理中心的作用；

(4) 作为信息情报咨询中心的作用。

4.5.2　监控中心的位置

监控中心通常要求环境安静，宜设在主楼低层接近负荷中心的地方，也可以设在地下一层。监控中心要求无有害气体、蒸汽及烟尘，远离变电所、电梯、水泵房等电磁波干扰场所，远离易燃、易爆场所，无虫害和鼠害，上方无厨房、洗衣房、厕所等潮湿场所。

监控中心的设置应符合消防的一般规定，即监控室的门应向疏散方向开启，并应在入口处设置明显标志。

监控中心内应有本建筑物内重要区域和部位的消防、保安、疏散通道及相关设备所在位置的平面图或模拟图。

4.5.3　监控中心的设备布置

为了满足综合功能要求和智能化管理的需要，最好应设置综合性的中央监控室。大型的监控中心一般设有空调、给排水、供配电、照明、电梯、消防、安防、公共广播等监视控制计算机及各种控制操作盘，还设有闭路电视监视器、打印机等设备。

监控中心的布置通常由两部分组成：一部分是中央监控与管理工作台，工作台长度为 5～6 m，主要放置系统网络监控计算机及操作控制盘面；另一部分是闭路监视器和模拟显示屏（如供配电系统模拟显示屏）。工作台与监视屏之间的空间应在 1.5 m 以上。一些智能化功能较强的监控中心不需要模拟显示屏，所有的监控功能均在监控计算机上完成。

4.5.4　监控中心的环境要求

(1) 空调：可用自备专用空调或中央空调。

(2) 照明：平均最低照度为 150～200 lx。一般天棚采用暗装照明，最好是反光照明。

(3) 消防：用二氧化碳固定式或手提式灭火装置，禁止用水灭火装置，此外还要有火灾报警设备。

(4) 地面和墙壁：中央监控室的装饰应进行专门的设计并符合消防规定。中央控制室宜用架空防静电活动地板，高度不低于 0.2 m，以便敷设线路。如果线路不是很多，也可以不用架空活动地板，改用扁平电缆等。地面和墙壁要有一定的耐火极限。

图 4.22 所示为 BAS 及消防、保安监控等综合设置的楼宇控制中心平面布置示意图，图中还考虑了电源及备用电源的设置。

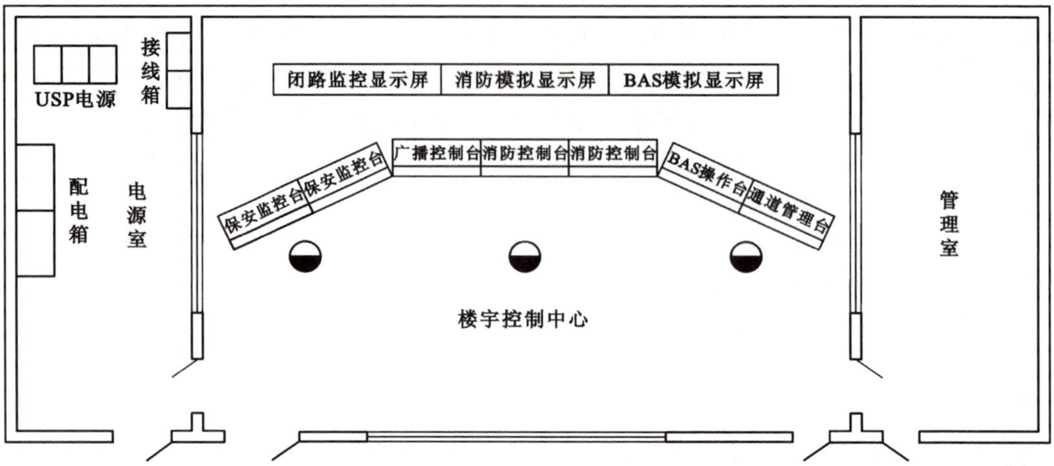

图 4.22　楼宇控制中心平面布置示意图

在线测试

思考题

4.1　楼宇设备自动化系统的主要监控内容是什么？

4.2　暖通空调设备的主要监控内容是什么？

4.3　给排水系统的主要监控内容是什么？

4.4　简述低压配电系统的监控内容。

4.5　简述电气照明系统的监控内容。

4.6　简述电梯监控系统的工作原理。

4.7　结合一个工程实例，作出各楼宇自控子系统的 DDC 监控一览表。

项目5　有线电视和卫星电视接收系统

【知识目标】

1. 掌握传输分配系统及传输分配系统的施工；
2. 熟悉卫星电视天线与接收设备；
3. 了解有线电视系统的组成与类型。

【能力目标】

1. 具备传输分配系统设计及施工的能力；
2. 了解有线电视系统的组成与类型、电视频道的划分；
3. 熟悉卫星电视天线与接收设备；
4. 具有卫星天线与前端设备安装的能力。

【课程思政】

北斗精神

5.1　有线电视系统与电视频道

有线电视系统也称为CATV系统，它先后经历了共用天线电视系统、电缆电视系统和有线电视系统三个发展阶段。

共用天线电视(Community Antenna Television，CATV)系统是指共用一组天线接收电视台电视信号，并通过同轴电缆传输、分配给电视机用户的系统。它最早起源于20世纪40年代的美国山村，为解决接收广播电视图像质量不好的问题，在接收信号好的地方架设天线，把接收到的信号传递给电视用户。这种多个用户共用一副天线的系统就是共用天线电视系统的雏形。

随着社会的进步和技术的发展，人们对电视媒介提出了越来越高的要求，不仅要求接收电视台发送的节目，还要求接收卫星电视节目和自办节目，甚至利用电视进行信息交流等。传输电缆的含义也不再局限于同轴电缆，而是扩展到光缆等。于是，人们将通过同轴电缆、光缆或其组合来传输、分配和交换声音、图像信号的电视系统称为电缆电视(Cable Television)系统，其英文缩写也正好是CATV。现在，习惯上又将它称为有线电视系统，这是因为它以有线闭路形式传送电视信号，不向外界辐射电磁波，并区别于电视台的开路电视广播。

近些年随着有线电视技术的不断进步，CATV呈现出光纤化、数字化、双向传输的趋势。同时，在有线电视光纤网上架构IP宽带网，构成“三网合一”的宽带综合信息网已经得以实现。

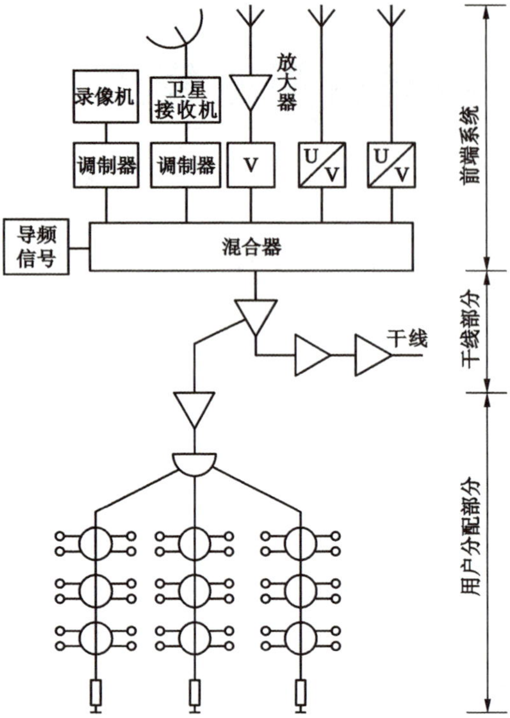

图 5.1　CATV 系统的组成

5.1.1　CATV 的组成与类型

5.1.1.1　CATV 的组成

CATV 一般由前端、干线传输和用户分配三个部分组成,如图 5.1 所示。前端部分主要包括电视接收天线,频道放大器,频道变换器,自播节目设备,卫星电视接收设备,导频信号发生器、调制器、混合器,以及连接线缆等部件。前端信号的来源一般有三种:接收无线电视台的信号;卫星地面接收的信号;各种自办节目信号。CATV 系统前端部分的主要作用是:

(1) 将天线接收的各频道电视信号分别调整到一定电平,然后经混合器混合后送入干线;

(2) 必要时将电视信号变换成另一频道的信号,然后按这一频道信号进行处理;

(3) 将卫星电视接收设备输出的信号通过调制器变换成某一频道的电视信号送入混合器;

(4) 自办节目信号通过调制器变换成某一频道的电视信号送入混合器;

(5) 若干线传输距离长(如大型系统),由于电缆对不同频道信号衰减不同等,故加入导频信号发生器来进行自动增益控制(AGC)和自动斜率控制。

在图 5.1 中,对于接收无线电视频道的强信号,一般是在前端使用 V/V 频率变换器,将此频道的节目转换到另一频道上去,这样空中的强信号即使直接串入用户电视机也不会造成重影干扰,因为此时频道已经转换。如果要转换 UHF 频段的电视信号,一般采用 U/V 频率变换器将它转换到 VHF 频段的某个空闲频道上。但对于全频段(VHF+UHF)的 CATV 系统,则不需要 U/V 变换器,可直接用 UHF 频段传送。

从卫星下行的电视信号(如 C 波段频率范围是 3.7～4.2 GHz),通过抛物面卫星天线送入馈源和高频头(LNB),将频率变成第一中频,即 970～1470 MHz 的电视信号,通过同轴电缆送入前端设备。进入前端的卫星信号常常需要经过两个前端设备:其一为卫星电视接收机,它的作用是将第一中频电视信号解调成音频和视频电视信号;其二为邻频调制器,它的作用是将音频、视频信号调制到所需要的电视频道(VHF 或 UHF 频段),然后送入混合器。

自办节目的信号来自演播室、室外采访摄像机或室内录像机。它们输出的都为音频、视频信号,进入前端以后都需用邻频调制器调制成指定的 VHF/UHF 邻频频道,再送入混合器。

在大型系统中还会遇到使用导频信号发生器的情况,它是提供整个系统自动电平控制和自动斜率控制的基准信号装置,可以在环境温度和电源电压不稳定时保证输出载波电平的稳定。这种装置在一般中型或小型系统中不常采用。

干线传输系统是把前端接收、处理、混合后的电视信号传输给用户分配系统的一系列传输设备。一般在较大型的 CATV 系统中才有此部分。例如,一个小区中许多建筑物共用一个前端,自前端至各建筑物的传输部分称为干线。若干线距离较长,为了保证末端信号有足够高的电平,需加入干线放大器以补偿电缆的衰减。电缆对信号的衰减基本上与信号频率的平方根成正比，故有时需加入均衡器以补偿干线部分的频谱特性，保证干线末端的各频道信号电平基本相同。对于单栋大楼或小型 CATV 系统，可以不包括干线部分，而直接由前端和用户分配网络组成。

用户分配部分是 CATV 系统的最后部分，主要包括放大器、分配器、分支器、系统输出端以及电缆线路等，它的最终目的是向所有用户提供电平大致相等的优质电视信号。

5.1.1.2　CATV 的类型

1. 按网络类型分类

(1) 城域网　即有线电视用户数为 2000～100000 户的城镇联网，或 100000 户以上的大型城市网。一般由当地有线电视主管部门经营管理，设有一个信号源总前端，经干线传输到各地分前端，再进入用户分配网。传输干线多采用光纤传送技术与用户分配电缆网连接，形成光缆-电缆混合网（即 HFC），其网络拓扑结构如图 5.2 所示。

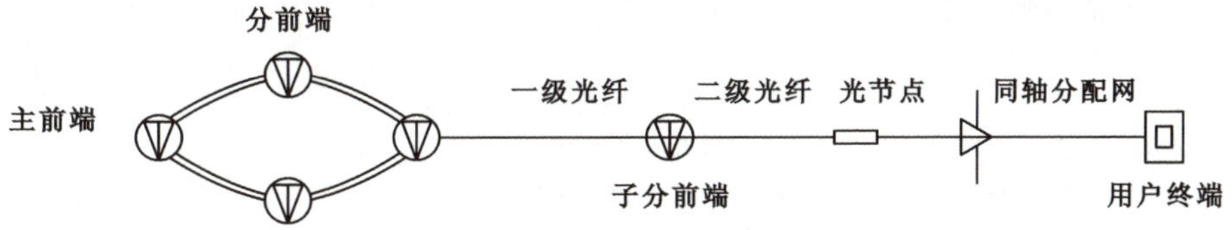

图 5.2　HFC 典型网络拓扑结构

(2) 局域网　即用户数在 2000 户以下的有线电视网。一般可采用全电缆网方式，在用户分散、区域较大的情况下也可采用 HFC 方式。局域网也可通过电缆与城域网连接。

(3) 双向传输有线数字电视网　即在 HFC 网络的基础上，正向（下行）通道传输有线电视模拟信号、数字电视信号和各种数据业务信号，反向（上行）通道传输各种宽、窄带数字业务信号。

2. 按传输频带分类

(1) 隔频传输系统　频道在频谱上的排列是间隔的传输系统，即 VHF（甚高频）系统、UHF（超高频）系统、全频道系统（VHF＋UHF）。其中 VHF 频段有 DS1～DS12 频道，UHF 频段有 DS13～DS68 频道。

(2) 邻频传输系统　即 300 MHz、450 MHz、550 MHz、750 MHz、862 MHz 系统。由于国家规定的 68 个标准频道是不连续的、跳跃的，因此在系统内部可以利用这些不连续的频率来设置增补频道，用 Z 来表示。邻频道系统频道划分及应用如表 5.1 所示。

表 5.1　邻频道系统频道划分及应用

系统类型	传输频道数目	可传输的频道号
300 MHz 邻频系统	28 个频道	DS1～DS12＋Z1～Z16
450 MHz 邻频系统	47 个频道	DS1～DS12＋Z1～Z35
550 MHz 邻频系统	54 个频道	DS6～DS22＋Z1～Z37
750 MHz 邻频系统	79 个频道	DS6～DS42＋Z1～Z42
862 MHz 邻频系统	93 个频道	DS6～DS56＋Z1～Z42

注：1. 小城镇中的住宅小区、企业可选用 450 MHz 或 550 MHz 邻频系统。
2. 大中城市中的住宅小区、企业应选择 750 MHz 或 862 MHz 系统，有条件的部门宜选用 1 GHz 系统。
3. 对于新建的有线电视系统，单向传输时一般选用 550 MHz 邻频系统，双向传输时选用 750 MHz、862 MHz 邻频系统，300 MHz 和 450 MHz 邻频系统只用于现存的老系统。

5.1.2 我国电视频道的划分

在保证电视信号质量的基础上，为了更加充分、合理地利用频谱资源，我国对于电视频道的基波配置波谱作出图 5.3 所示的划分。

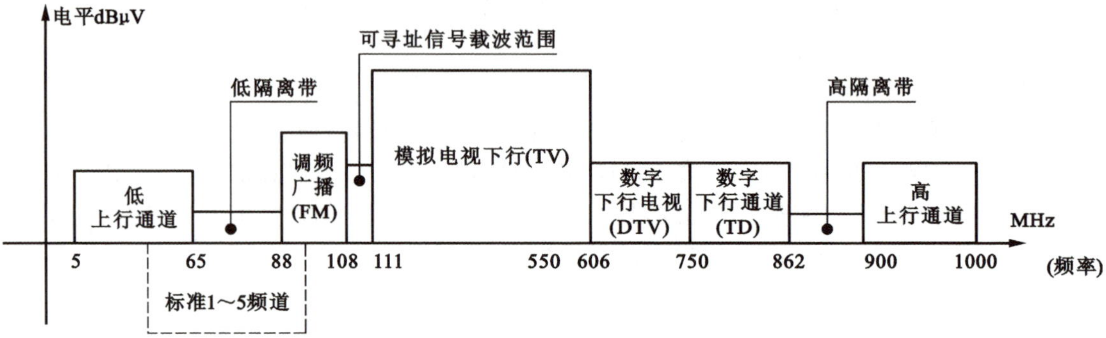

图 5.3　频道基波配置波谱图

注：1. 横坐标表示频率，纵坐标表示网络传输中信号电平的相对高低。

2. 频谱中下行模拟电视频道分为标准频道(DS-××)和增补频道(Z-××)，Z-××是有线电视专用频道。

3. 由于网络双向业务的开通，下行频道 DS1～DS5 不宜选用。

4. 为防止传输系统中上、下行信号的串扰，特设置了隔离带。

我国关于电视频道的划分如表 5.2 所示，由表中可见：

(1) 目前我国电视广播采用Ⅰ、Ⅲ、Ⅳ、Ⅴ四个波段，Ⅰ、Ⅲ波段为 VHF 频段，Ⅳ、Ⅴ波段为 UHF 频段。

(2) Ⅰ与Ⅲ波段之间和Ⅲ与Ⅳ波段之间为增补频道 A、B 波段，这是因 CATV 节目不断增加和服务范围不断扩大而开辟的新频道。

(3) 每个频道之间的间隔为 8 MHz。

(4) 在Ⅰ波段与 A 波段(增补频道)之间空出 88～171 MHz 频段划归调频(FM)广播、通信等使用，有时称Ⅱ波段。其中 87～108 MHz 为 FM 广播频段。

表 5.2　我国电视频道划分表

波段	电视频道	频率范围(MHz)	中心频率(MHz)	图像载波(MHz)	伴音载波(MHz)
Ⅰ波段	DS-1	48.5～56.5	52.5	49.75	56.25
	DS-2	56.5～64.5	60.5	57.75	64.25
	DS-3	64.5～72.5	68.5	65.75	72.25
	DS-4	76～84	80	77.25	83.75
	DS-5	84～92	88	85.25	91.75
Ⅱ波段(增补频道 A_1)	Z-1	111～119	115	112.25	118.75
	Z-2	119～127	123	120.25	126.75
	Z-3	127～135	131	128.25	134.75
	Z-4	135～143	139	136.25	142.75
	Z-5	143～151	147	144.25	150.75
	Z-6	151～159	155	152.25	158.75
	Z-7	159～167	163	160.25	166.75

续表 5.2

波段	电视频道	频率范围(MHz)	中心频率(MHz)	图像载波(MHz)	伴音载波(MHz)
Ⅲ波段	DS-6	167～175	171	168.25	174.75
	DS-7	175～183	179	176.25	182.75
	DS-8	183～191	187	184.25	190.75
	DS-9	191～199	195	192.25	198.75
	DS-10	199～207	203	200.25	206.75
	DS-11	207～215	211	208.25	214.75
	DS-12	215～223	219	216.25	222.75
A_2 波段（增补频道）	Z-8	223～231	227	224.25	230.75
	Z-9	231～239	235	232.25	238.75
	Z-10	239～247	243	240.25	246.75
	Z-11	247～255	251	248.25	254.75
	Z-12	255～263	259	256.25	262.75
	Z-13	263～271	267	264.25	270.75
	Z-14	271～279	275	272.25	278.75
	Z-15	279～287	283	280.25	286.75
	Z-16	287～295	291	288.25	294.75
B 波段（增补频道）	Z-17	295～303	299	296.25	302.75
	Z-18	303～311	307	304.25	310.75
	Z-19	311～319	315	312.25	318.75
	Z-20	319～327	323	320.25	326.75
	Z-21	327～335	331	328.25	334.75
	Z-22	335～343	339	336.25	342.75
	Z-23	343～351	347	344.25	350.75
	Z-24	351～359	355	352.25	358.75
	Z-25	359～367	363	360.25	366.75
	Z-26	367～375	371	368.25	374.75
	Z-27	375～383	379	376.25	382.75
	Z-28	383～391	387	384.25	390.75
	Z-29	391～399	395	392.25	398.75
	Z-30	399～407	403	400.25	406.75
	Z-31	407～415	411	408.25	414.75

续表 5.2

波段	电视频道	频率范围(MHz)	中心频率(MHz)	图像载波(MHz)	伴音载波(MHz)
B 波段（增补频道）	Z-32	415～423	419	416.25	422.75
	Z-33	423～431	427	424.25	430.75
	Z-34	431～439	435	432.25	438.75
	Z-35	439～447	443	440.25	446.75
	Z-36	447～455	451	448.25	454.75
	Z-37	455～463	459	456.25	462.75
Ⅳ波段	DS-13	470～478	474	471.25	477.75
	DS-14	478～486	482	479.25	485.75
	DS-15	486～494	490	487.25	493.75
	DS-16	494～502	498	495.25	501.75
	DS-17	502～510	506	503.25	509.75
	DS-18	510～518	514	511.25	517.75
	DS-19	518～526	522	519.25	525.75
	DS-20	526～534	530	527.25	533.75
	DS-21	534～542	538	535.25	541.75
	DS-22	542～550	546	543.25	549.75
	DS-23	550～558	554	551.25	557.75
	DS-24	558～566	562	559.25	565.75
	Z-38	566～574	570	567.25	573.75
	Z-39	574～582	578	575.25	581.75
	Z-40	582～590	586	583.25	589.75
	Z-41	590～598	594	591.25	597.75
	Z-42	598～606	602	599.25	605.75
Ⅴ波段	DS-25	606～614	610	607.25	613.75
	DS-26	614～622	618	615.25	621.75
	DS-27	622～630	626	623.25	629.75
	DS-28	630～638	634	631.25	637.75
	DS-29	638～646	642	639.25	645.75
	DS-30	646～654	650	647.25	653.75
	DS-31	654～662	658	655.25	661.75
	DS-32	662～670	666	663.25	669.75

续表 5.2

波段	电视频道	频率范围(MHz)	中心频率(MHz)	图像载波(MHz)	伴音载波(MHz)
V 波段	DS-33	670～678	674	671.25	677.75
	DS-34	678～686	682	679.25	685.75
	DS-35	686～694	690	687.25	693.75
	DS-36	694～702	698	695.25	701.75
	DS-37	702～710	706	703.25	709.75
	DS-38	710～718	714	711.25	717.75
	DS-39	718～726	722	719.25	725.75
	DS-40	726～734	730	727.25	733.75
	DS-41	734～742	738	735.25	741.75
	DS-42	742～750	746	743.25	749.75
	DS-43	750～758	754	751.25	757.75
	DS-44	758～766	762	759.25	765.75
	DS-45	766～774	770	767.25	773.75
	DS-46	774～782	778	775.25	781.75
	DS-47	782～790	786	783.25	789.75
	DS-48	790～798	794	791.25	797.75
	DS-49	798～806	802	799.25	805.75
	DS-50	806～814	810	807.25	813.75
	DS-51	814～822	818	815.25	821.75
	DS-52	822～830	826	823.25	829.75
	DS-53	830～838	834	831.25	837.75
	DS-54	838～846	842	839.25	845.75
	DS-55	846～854	850	847.25	853.75
	DS-56	854～862	858	855.25	861.75

5.2　卫星电视天线与接收设备

5.2.1　概述

卫星电视广播系统由上行发射站、星体和接收站三大部分组成。上行发射站的主要任务是把电视中心的节目送往广播电视卫星，同时接收卫星转发的广播电视信号，以监视节目质量。星体是卫星电视广播的核心，它对地面是相对静止的，即要求它的公转精确且与地球自转保持相同，并且保持正确的姿态。卫星的星载设备包括天线、太阳能电源、控制系统和转发器。

转发器的作用是把上行信号经过频率变换及放大后，由定向天线向地面发射，以供地面的接收站接收卫星信号。

5.2.2 卫星电视接收系统

卫星电视接收系统通常由接收天线、高频头和卫星接收机三大部分组成，如图 5.4 所示。接收天线与天线馈源相连的高频头通常放置在室外，所以又合称为室外单元设备。卫星接收机一般放置在室内，与电视机相连，所以又称为室内单元设备。室外单元设备与室内单元设备之间通过一根同轴电缆相连，将接收的信号由室外单元设备传送给室内单元设备（即接收机）。

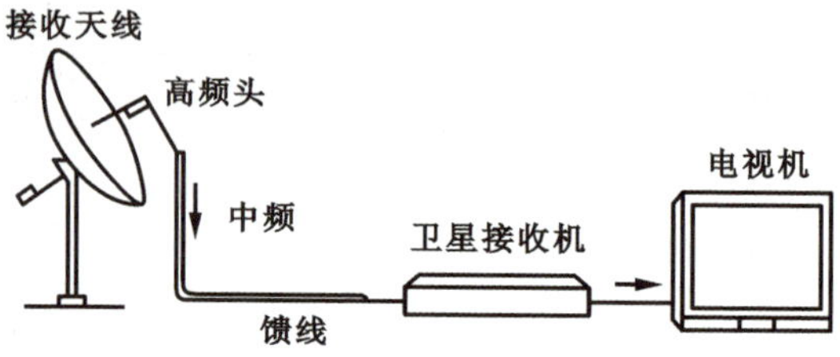

图 5.4 卫星电视接收系统示意图

卫星电视接收，首先由接收天线收集广播卫星转发的电磁波信号，并由馈源送给高频头；室外单元的高频头将天线接收的射频信号进行放大，同时变频至第一中频频率 f_{1F1}（970～1470 MHz），再由同轴电缆将此信号送给室内单元的接收机。接收机从中选出所需接收的某一固定的电视调频载波，再变频至解调前的固定第二中频频率 f_{1F2}（通常为 400 MHz）；由解调器解调出复合基带信号，最后经视频处理和伴音解调电路输出图像和伴音信号。

卫星电视的接收，按接收设备的组成形式分为家庭用的个体接收和 CATV 用的集体接收两种方式。家用个体接收方式一般为一碟（天线）一机，比较简单。若用户电视机与接收电视信号的制式相同，或者使用了多制式电视机，则不必加制式转换器；若用户电视机制式与接收电视节目制式不同，可在接收机解调出信号之后加上电视制式转换器进行收看。我国内地、香港地区及欧洲部分国家的彩色电视制式为 PAL。除 PAL 外，还有 NTSC、SECAM 两种制式被广泛采用，如美国、加拿大、日本等国的彩色电视制式就为 NTSC。

CATV 用的集体接收方式如图 5.5 所示，它是将接收机解调出来的图像和伴音信号通过调制器进行 VHF 或 UHF 频段的再调制，然后经制式转换器再由混合器将多路节目送入 CATV 系统中去，这样在该系统内的用户无须增加任何设备就可以通过闭路系统的集体接收设备来收看卫星电视了。收看节目的数量取决于集体接收设备送入闭路系统的节目数量。由于集体接收方式的信号要经过再调制以及中间传输环节才能送到用户电视机上，因此要求接

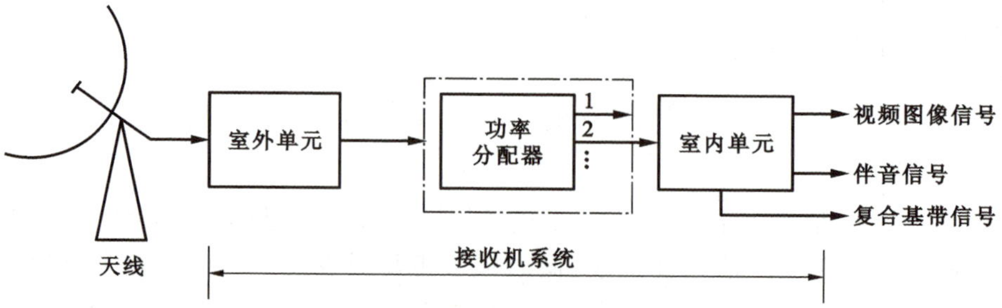

图 5.5 集体接收系统示意图

收质量高,设备(特别是接收天线)性能要好(口径大)。此外,送入闭路电视系统的节目数量越多,需要的接收机、制转器(如需要制式转换)和调制器相应增加,即要求每一套节目都需要用接收机、制转器和调制器设备。如要接收几颗广播卫星的多套电视节目,就需要几副天线和多套接收设备。

5.2.3　卫星接收天线

天线分系统是接收站的前端设备,它的作用是将反射面内收集到的经卫星转发的电磁波聚集到馈源门,形成适合于波导传输的电磁波,然后送给高频头进行处理。

天线是组成接收系统的最大部件。用于微波频率的天线几乎都采用面天线,并要求具有强方向性、高增益和阻抗匹配。从天线的用途来划分,可分为通信天线和接收天线两大类。通信天线是由一副天线同时用来发射大功率射频信号和接收卫星转发的下行微弱信号,它必须用隔离度相当高的双工器来满足同时收发信号的要求。

接收天线,顾名思义,只有接收信号的单一功用。由于它比通信天线少了一个双工器,因而造价和性能要求都低于前者。接收天线按馈电方式不同分为三类:前馈式抛物面天线、后馈式卡塞格伦天线和偏馈式抛物面天线。接收天线按反射面的构成材料来分,又可分为铝合金的、铸铝的、玻璃钢的、铁皮的和铝合金网状的。目前,铝合金板材加工成反射面的天线性能最好,使用寿命也长;铸铝反射面的天线,尽管成本有所降低,但反射面的光洁度不高,天线效率低,性能要低于铝合金反射面的天线;玻璃钢反射面的天线,成本也低,但反射面的镀层容易脱落,使用寿命不长;铁皮反射面的天线成本最低,但容易生锈腐蚀,使用寿命最短;铝合金网状天线效率不如前面的板状天线,但由于自重轻、价格低、风阻小及架设容易,较适合多风、多雨雪等场所,较多地作为楼顶架设的闭路电视系统。

板状天线的反射面是由铝合金板、玻璃钢喷涂特种涂料等以相同瓜瓣的数块(如8块、12块、18块等)拼装起来的,或是整块压铸而成的。网状天线的反射面多采用铝丝编织材料,用密集的辐射梁及加强盘组成。各种接收天线的性能比较如表5.3所示。

表5.3　各种接收天线的性能比较

天线类型		优点	缺点
后馈板状		效率高,性能好	成本高,加工安装复杂
前馈板状	铝合金	性能较好	成本较高
	铸铝	成本低,加工简单	面的光洁度不高,易碎
	玻璃钢	成本低,加工简单	镀层易脱落,使用寿命不长
	铁皮	成本最低	易锈,使用寿命不长
前馈网状		抗风、雨雪性能好	效率低,增益不高

5.2.3.1　*反射面*

1. 前馈抛物面天线

前馈抛物面天线只有一个反射面,其反射面是一个旋转抛物面。

图5.6所示为前馈式接收天线结构示意图。其反射面为旋转对称的抛物面,馈源位于抛物面的焦点上,标准抛物面天线用前馈方式作点源馈电。但馈源尺寸相对较小,影响了天线的

效率。用于卫星电视接收的抛物面天线的焦距 f 与天线口径 D 之比(f/D)一般为 0.38～0.42。

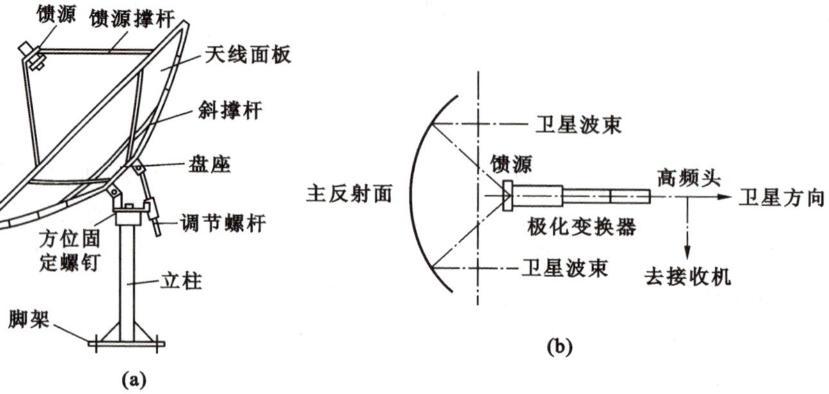

图 5.6　前馈式接收天线结构示意图

(a) 结构图;(b) 剖面图

2. 后馈式抛物面天线

后馈式抛物面天线为双反射面,又称卡塞格伦天线(简称卡氏天线)。它由一个抛物面形的主反射面、双曲面形的副反射面和馈源喇叭组成,如图 5.7 所示。这种天线采用后馈方式,馈源喇叭尺寸大,天线的极化去耦性能好,频带宽,驻波比小。一般的卡氏天线效率在 0.65 左右,稍高于标准的抛物面天线。为了进一步提高天线效率,要对主副反射面加以修正,修正后的卡氏天线效率一般为 0.7 左右。焦距 f 与主反射面口径 D 之比(f/D)一般选得较小,约为 0.3。

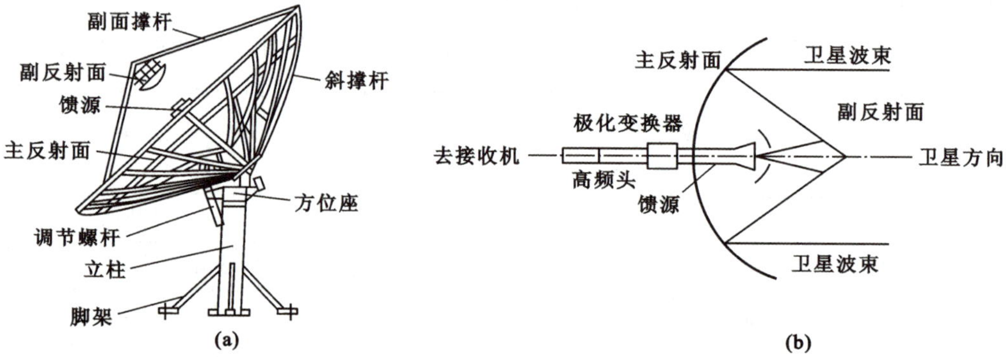

图 5.7　卡氏天线接收天线结构示意图

(a) 结构图;(b) 剖面图

与前馈抛物面天线相比,后馈抛物面天线具有以下优点:

(1) 有两个反射面,几何参数多,便于按不同需要灵活地进行设计;

(2) 可采用短焦距抛物面作主反射面,以减少天线的纵向尺寸;

(3) 馈源安装在主反射面顶点的背后,一方面缩短了馈源与低噪声放大器之间的距离,减少了传输噪声,另一方面可以防止照射,特别适合热带的卫星电视的接收;

(4) 天线效率高,在要求相同增益的条件下,其口径比普通抛物面天线的小。对较大型的天线来说,可降低造价。

但是,后馈式抛物面天线结构复杂,加工、安装和调试要求高,如需调试主副反射面交角、同心度、焦距和相位中心至副反射面的距离等，因此在实际工程中对天线的几何尺寸要做必要的修正。表 5.4 所示为前馈式和后馈式天线的对比。

表 5.4　前馈天线与后馈天线参数对比

	效率(%)	电压驻波比	第一旁瓣(dB)	馈线损耗	造价
6 m 板状卡氏	76	≤1.18	−14	小	高
6 m 板状前馈	65.2	≤1.09	−20.4	大	低

3. 偏馈式抛物面天线

偏馈式抛物面天线适用于小口径场合。口径小于 2 m 的卫星电视接收天线，特别是 Ku 波段(11.7～12.5 GHz)大功率卫星电视接收天线多用这种天线。这类天线也有单偏置和双偏置之分。以单偏置为例，其结构如图 5.8 所示。

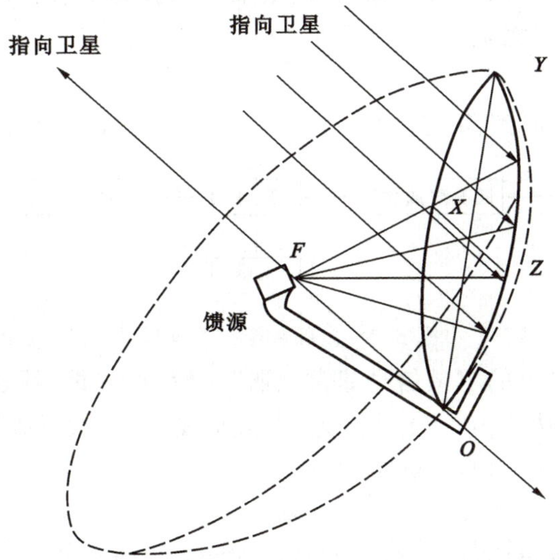

图 5.8　偏馈式抛物面天线

由图 5.8 可见，这种天线是由抛物面的一部分截面构成的，单偏置天线的馈源相心与抛物面焦点重合，但与反射面位置错开(即所谓偏馈或偏置)一个距离 d_c。这样，馈源不会遮挡反射面接收电波，因而天线效率可以得到提高。椭圆形实线表示偏馈天线。从图中可以看出，偏馈天线是从抛物面天线正上方，以 YO 线为中心而切下的一部分，这就是偏馈天线基本的形成原理。偏馈天线由长轴 YO 和短轴 XZ 组成，它的有效面积是以短轴 XZ 为直径形成的圆面积，长轴约是短轴的 1.1 倍。偏馈天线的标称以短轴为准。

偏馈式抛物面天线与前、后馈抛物面天线相比有以下优点：

(1) 它能有效地降低口面遮挡的影响，使旁瓣电平比前、后馈两者的都低得多，使天线噪声电平明显降低。

(2) 从馈源发出的电波仅一小部分返回馈源，因而反射波不会影响偏置天线，尤其是其阻抗几乎不受反射波影响，因此可获得较佳的驻波系数。

(3) 当采用较大的 f/D 设计时，不会影响天线结构的刚性。架设时，反射器与地面近乎垂直，厚积雪的影响较小。

(4) 效率较前、后馈抛物面天线高。普通前馈式的效率只有 50%，后馈式的为 50%～60%，而偏馈式天线可达 70%。

但是，由于偏馈式抛物面天线结构不对称，一定程度上增加了加工成本。

当天线直径小于 4.5 m 时，宜采用前馈式抛物面天线。当天线直径大于或等于 4.5 m，且对其效率及信噪比均有较高要求时，宜采用后馈式抛物面天线。当天线直径小于或等于 1.5 m 时，特别是 Ku 频段(11.7～12.2 GHz)电视接收天线，宜采用偏馈式抛物面天线。

5.2.3.2 其他接收设备

1. 馈源

馈源的作用是将被天线反射面收集聚焦的电磁波转换为适合于波导传输的某种单一模式的电磁波。由于馈源形如喇叭，又称为馈源喇叭。馈源喇叭本身具有辐射相位中心，当其相位中心与天线反射面焦点重合时，方能使接收信号的功率全部转换到天线负载上去。

常见馈源喇叭的类型有圆锥形馈源喇叭、角锥形馈源喇叭、波纹馈源喇叭、介质加载的圆锥形馈源喇叭、环形槽馈源喇叭。

2. 高频头(LNB)

卫星电视信号由天(馈)线系统进入高频头。高频头(LNB)的电路原理如图 5.9 所示。

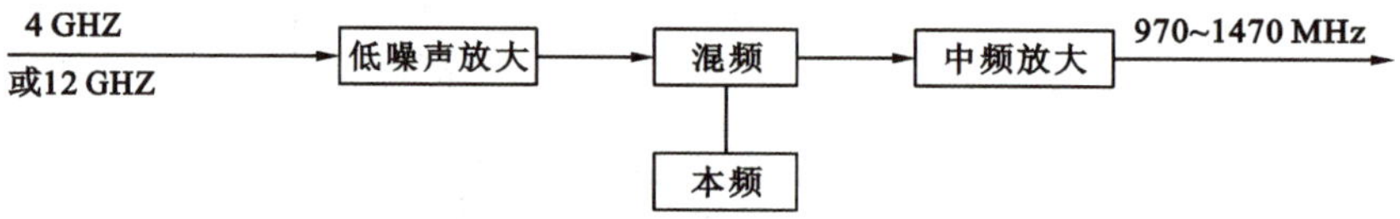

图 5.9 高频头电路原理框图

卫星电视接收天线接收的卫星信号非常微弱，一般由天(馈)线送给高频头输入端的载波信号(4 GHz 或 12 GHz)功率为 −90 dB_{mW} 左右，经低噪声放大、混频以及第一中频放大后输出 −30～20 dB_{mW} 的中频(970～1470 MHz)信号。

3. 卫星接收机

室内单元即卫星接收机，它的主要功能是将高频头送来的中频信号(970～1470 MHz)解调还原成具有标准接口电平的电视图像和伴音信号。为了满足一般电视机直接收看的需求，卫星接收机还备有标准频道的射频电视信号输出。当用于集体接收时，接收机输出的图像信号和伴音信号被送往电视调制器。如果是接收非 PAL 制的电视节目，在调制器前还要插入制式转换器。

5.3 卫星天线的安装

卫星天线作为接收部分的初始环节，安装质量的好坏直接影响到信号的优劣。在保证天线安装位置适宜、天线本体牢固的同时，还应做好天线仰角、方位角及后续的调试工作。防雷接地也是卫星天线安装的重要环节。

5.3.1 天线的安装

安装天线时应先清除基座上的水泥灰渣，并将地脚螺栓涂上黄油，然后按如下步骤进行：

(1) 立柱安装 用 4 个 M20 螺母 14(见图 5.10，下同)将立柱 1 固定在地脚螺栓上，注意保持中心和地面垂直。

(2) 辐射梁安装 将12片辐射梁7用M8×20螺钉与中心筒6按顺序连成整体，辐射梁无编号时可任意互换。

(3) 反射面安装 将反射面8用M8×20螺钉依次(无编号)与辐射梁连接好，保证反射面边接平滑、圆整。

(4) 馈源组安装 先将馈源12与高频头13连成整体，高频头不得错位；再将馈源组固定在弓形架上，然后把弓形架安装到馈源杆9上。

(5) 总装 将馈源支架用M8×20螺钉安装到反射面中间的中心筒上，调整好馈源的角度；将同轴电缆一端接在高频头上，另一端穿入馈源杆后，从天线背后引出至前端；调整方位、俯仰两个角度的松紧，并固定在所需的工作位置上。

某3 m天线的安装结构如图5.10所示，其主要部件的名称与规格如表5.5所示。

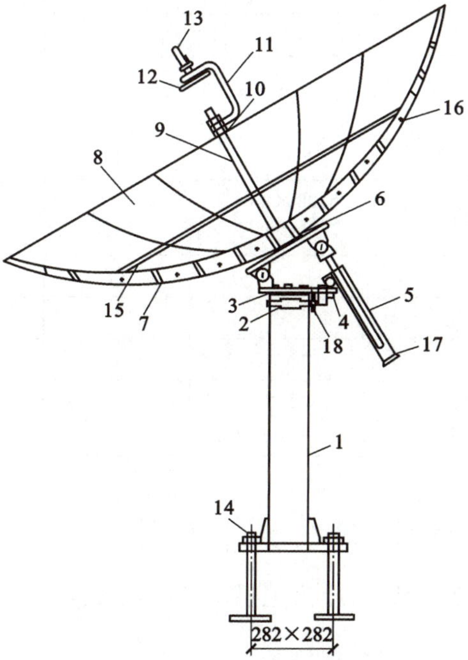

图5.10 3 m天线的安装结构图

1—立柱；2—固定夹；3—固定螺栓；4—方位微调装置；5—俯仰调节装置；6—中心筒；7—辐射梁；8—反射面(主面)；9—馈源杆；10—调节螺帽；11—馈源座；12—馈源；13—高频头；14—地脚螺栓螺母；15—撑杆；16—夹紧螺栓；17—调节手轮；18—方位调节座螺帽 3 m焦距C波段

目前，卫星电视接收站大多都与无线转播或共用天线系统结合在一起，建在边远山区高地或大楼顶上。因此，接收站天线设备的避雷与接地是十分重要的问题。

(1) 如果卫星电视接收站抛物面天线与地面电视转播天线或共用接收天线安装在一起，并在后者避雷有效保护半径之内，则卫星电视天线可不安装避雷针；但天线底座接地性能要好，应使接地电阻小于4 Ω；如在雷雨较多地区，卫星电视天线上需加装避雷针。

(2) 若卫星电视天线在上述天线有效保护半径之外，或位于空旷平地上，则应在天线主反射面上沿或副反射面顶端单独焊接长度约2.5 m、直径约0.02 m的避雷针。

表 5.5　3 m 天线安装零部件明细表

序号	零部件名称	规格	3 m/件	备注
1	立柱		1	
2	固定夹		1	厂方装配
3	固定螺栓	M20×60 M12×60	1 3	厂方装配
4	方位微调装置		1	厂方装配
5	俯仰调节装置		1	厂方装配
6	中心筒		1	厂方装配,按用户数需要
7	辐射梁		12	无编号,任意安装
8	反射面(主面)		12	无编号,任意安装
9	馈源杆		1	厂方装配
10	调节螺帽	M24	2	厂方装配
11	馈源座		1	厂方装配
12	馈源		1	
13	高频头		1	
14	地脚螺栓螺母	M20×410 M20	4 4	厂方供
15	撑杆		12	
16	夹紧螺栓		1	厂方装配
17	调节手轮		1	厂方装配
18	方位调节座螺帽 3 m 焦距 C 波段	M12 1065～1068 mm	2	厂方装配

5.3.2　天线对卫星指向角的计算

设 r_p 为地球接收站的位置经度,r_s 为卫星轨道的位置经度,φ 为地球接收站的纬度,则经度差为:

$$r = r_p - r_s$$

地球接收站天线对卫星的仰角为:

$$\theta = \arctan\left[\frac{\cos r \cdot \cos\varphi - 0.1511}{\sqrt{1-(\cos r \cdot \cos\varphi)^2}}\right]$$

方位角 Φ 与 r 和 φ 的关系为:

$$\Phi = \arctan\left(\frac{\tan r}{\sin\varphi}\right)$$

按上式计算的方位角,以正南为基准,则南偏西为正、偏东为负。若以正北为参考,则应加上 180°。

表 5.6 给出了我国部分主要城市卫星地面接收站接收某些中外卫星时的天线仰角和方位角,可供天线安装调试时使用。

表 5.6　我国 31 个省会城市、直辖市接受 11 颗重要电视卫星的天线仰角和方位角

单位：°

卫星名称			亚洲 3S 号		亚洲 2 号		亚太 2R 号		泛美-2 号		中星 6B 号		中星 9 号		中星 1 号		中新 1 号		鑫诺-1 号	
轨道位置(东经)			105.5		100.5		76.5		169		115.5		92.2		87.5		88		110.5	
主要城市	东经	北纬	仰角	方位角	仰角	方位角	仰角	方位角	仰角	方位角	仰角	方位角	仰角	方位角	仰角	方位角	仰角	方位角	仰角	方位角
北京	116.45	39.92	42.45	196.78	40.96	204.01	28.37	232.54	19.62	116.17	43.81	181.48	37.48	215.07	35.05	220.76	35.32	220.18	43.41	189.22
天津	117.20	39.13	43.09	198.17	41.49	205.43	28.38	233.73	20.53	116.41	44.67	182.69	37.82	216.46	35.28	222.11	35.56	221.53	44.17	190.54
石家庄	114.48	38.03	44.94	194.39	43.56	202.00	30.93	231.72	18.99	113.71	45.93	178.34	40.16	213.63	37.72	219.57	37.99	218.96	45.74	186.44
太原	112.53	37.87	45.50	191.36	44.34	199.14	32.34	229.84	17.57	112.14	46.01	175.17	41.23	211.11	38.91	217.26	39.18	216.63	46.07	183.30
呼和浩特	111.63	40.82	42.40	189.33	41.44	196.75	30.78	227.11	15.72	112.71	42.65	174.09	38.77	208.35	36.72	214.42	36.96	213.79	42.80	181.73
沈阳	123.38	41.80	38.39	205.83	36.39	212.34	22.62	238.03	23.46	123.11	41.06	191.73	32.29	222.24	29.61	227.34	29.90	226.81	39.96	198.94
长春	125.35	43.88	35.63	207.51	33.62	213.75	20.16	238.80	23.47	126.00	38.45	194.06	29.57	223.30	26.95	228.27	27.24	227.75	37.26	200.93
哈尔滨	126.63	45.75	33.36	208.35	31.38	214.40	18.32	239.11	23.04	128.14	36.21	195.36	27.43	223.74	24.89	228.64	25.17	228.13	34.98	201.99
上海	121.48	31.22	49.69	208.92	47.08	216.49	29.68	242.58	27.58	115.39	53.06	191.43	41.77	227.25	38.36	232.44	38.73	231.91	51.72	200.52
南京	118.78	31.04	51.05	204.59	48.73	212.64	31.98	240.44	25.40	113.23	53.67	186.34	43.75	224.14	40.48	229.68	40.84	229.12	52.73	195.76
杭州	120.19	30.26	51.24	207.48	48.69	215.38	31.23	242.19	26.93	113.80	54.36	189.25	43.40	226.52	39.98	231.86	40.36	231.32	53.17	198.72
合肥	117.27	31.86	50.77	201.54	48.69	209.72	32.73	238.53	23.79	112.61	52.86	183.35	44.06	221.55	40.94	227.30	41.29	226.72	52.19	192.67
福州	119.30	26.08	55.86	209.19	53.03	217.75	34.03	244.60	27.84	110.45	59.23	188.59	47.20	229.33	43.46	234.66	43.87	234.13	57.98	199.40
南昌	115.89	28.68	54.63	200.91	52.48	209.84	35.64	239.70	23.83	109.81	56.54	180.81	47.61	222.43	44.31	228.40	44.67	227.80	56.02	191.12
济南	117.00	36.65	45.78	198.82	44.05	206.39	30.08	235.05	21.52	115.00	47.46	182.51	40.11	217.74	37.39	223.47	37.70	222.88	46.94	190.81
郑州	113.63	34.76	48.69	194.07	47.25	202.25	33.70	233.02	19.65	111.49	49.57	176.72	43.60	214.54	40.98	220.71	41.27	220.08	49.48	185.48

续表 5.6

卫星名称			亚洲 3S 号		亚洲 2 号		亚太 2R 号		泛美-2 号		中星 6B 号		中星 9 号		中星 1 号		中新 1 号		鑫诺-1 号	
轨道位置(东经)			105.5		100.5		76.5		169		115.5		92.2		87.5		88		110.5	
主要城市	东经	北纬	仰角	方位角	仰角	方位角	仰角	方位角	仰角	方位角	仰角	方位角	仰角	方位角	仰角	方位角	仰角	方位角	仰角	方位角
武汉	114.31	30.52	53.15	196.97	51.36	205.83	35.86	236.80	21.80	109.78	54.41	177.66	47.04	218.66	44.01	224.86	44.35	224.23	54.19	187.47
长沙	113.00	28.21	56.05	195.56	54.29	205.13	38.29	237.43	21.44	107.68	56.96	174.72	49.88	218.79	46.75	225.26	47.10	224.61	56.96	185.28
广州	113.23	23.16	61.52	199.04	59.32	209.87	40.91	242.21	23.16	104.98	62.77	174.24	54.02	224.35	50.39	230.78	50.79	230.15	62.72	186.91
海口	110.35	20.02	65.88	193.92	63.98	206.89	45.17	242.96	21.16	101.78	65.80	165.25	58.73	223.76	55.01	230.91	55.42	230.22	66.53	179.56
南宁	108.33	22.84	63.07	187.26	61.83	199.51	45.45	237.98	18.60	102.30	62.06	162.04	57.65	216.69	54.43	224.43	54.79	223.67	63.15	174.42
成都	104.04	30.07	54.92	177.09	54.74	187.04	43.86	226.14	13.02	103.17	52.77	157.97	52.62	202.70	50.55	210.65	50.80	209.85	54.24	167.27
贵阳	106.71	26.57	58.93	182.70	58.20	193.67	44.42	232.47	16.23	103.22	57.45	160.93	55.01	210.05	52.33	217.92	52.64	217.13	58.67	171.58
昆明	102.73	25.04	60.56	173.48	60.62	185.26	48.63	229.34	12.91	100.54	57.41	151.83	58.43	203.71	56.12	212.75	56.39	211.85	59.45	162.13
拉萨	91.11	29.71	51.93	152.63	53.86	161.55	51.83	207.74	1.81	96.07	46.29	137.55	55.34	177.80	55.14	187.25	55.19	186.26	49.37	144.62
西安	108.95	34.27	50.00	186.11	49.16	194.78	37.31	228.47	16.02	107.98	49.56	168.47	46.32	208.12	44.04	214.91	44.30	214.21	50.14	177.25
兰州	103.73	36.03	48.15	176.99	48.05	185.48	39.26	221.18	11.25	105.16	46.36	160.49	46.43	199.13	44.78	206.33	44.98	205.59	47.57	168.59
西宁	101.74	36.56	47.40	173.70	47.57	182.08	39.95	218.36	9.52	104.02	45.16	157.65	46.40	195.76	44.99	203.08	45.17	202.32	46.59	165.50
银川	106.27	38.47	45.44	181.24	45.04	189.23	35.77	222.60	12.54	107.78	44.41	165.36	43.08	201.94	41.33	208.65	41.53	207.95	45.22	173.22
乌鲁木齐	87.68	43.77	36.45	155.08	37.91	161.79	38.30	195.95	−2.43	96.03	32.36	142.66	39.33	173.48	39.54	180.26	39.54	179.54	34.58	148.69
重庆	106.50	29.58	55.49	182.03	54.89	192.02	42.46	229.47	15.30	104.41	54.12	162.21	52.10	207.31	49.71	214.90	49.99	214.13	55.23	171.94

5.4　前端设备

前端设备的主要任务是进行电视信号接收后的处理，这种处理包括信号放大、混合、频谱交换、电平调整以及干扰信号成分的滤波等。组成前端系统的主要设备有天线放大器、混合器、频道转换器、调制器和用于自动电平调整及自动斜率调整的导频信号发生器等，如图 5.11 所示。

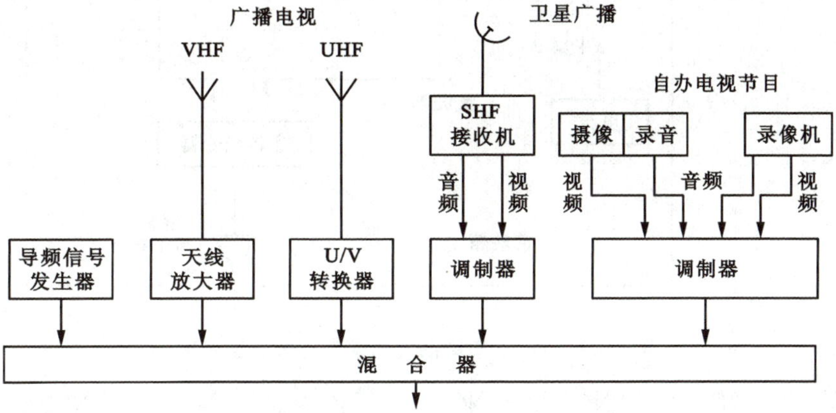

图 5.11　前端系统组成方框图

前端设备对接收信号进行处理，保证电视信号质量，以达到最好的图像质量和音响效果，故要求前端设备具有以下技术性能：

(1) 保证输出的电视信号具有一定的信噪比；

(2) 抑制频带外的干扰信号和频带内的同频干扰信号，保证不会出现重影现象；

(3) 保证分配系统所需要的输出电平，以及传输系统具有合适的信号频谱分布。

在全频道有线系统中，前端设备的形式比较简单，其典型例子的简介如下：

1. 小规模共用天线系统的前端

VHF、UHF 接收天线用宽带接收天线。根据接收场强的强弱连接相应的天线放大器。前端使用混合放大器，又称多波段放大器，如图 5.12 所示。

2. 中、小规模全频道电缆电视系统的前端部分

为提高系统接收质量，采用窄带混合电路，各频道根据需要增设滤波器或频道放大器及天线放大器。可配有录像机调制器，自行播放录像节目，如图 5.13 所示。

3. 用于边远地区高质量的 CATV 系统的前端设备

对于边远地区要采用 AGC 频道放大器，以补偿接收来的电视广播信号的起伏衰减。此频道放大器要带有高质量的输入输出滤波器，输出端带有两路信号混合电路，能使每两路信号混合后再与第三路混合。这种接收信号的混合方式应用于多节目的大型有线电视广播站(台)，如图 5.14 所示。

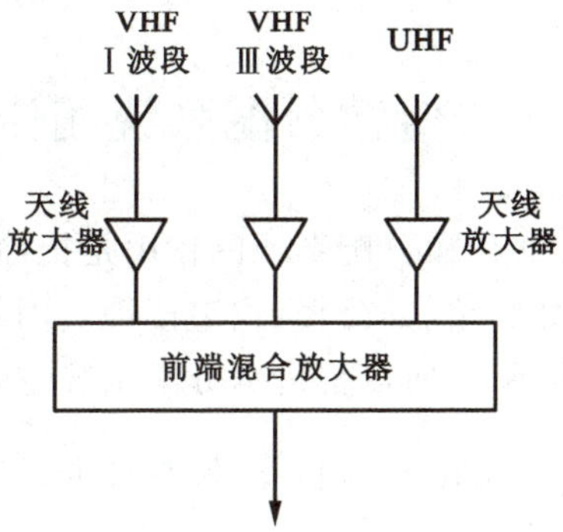

图 5.12　小规模系统的前端部分典型图例

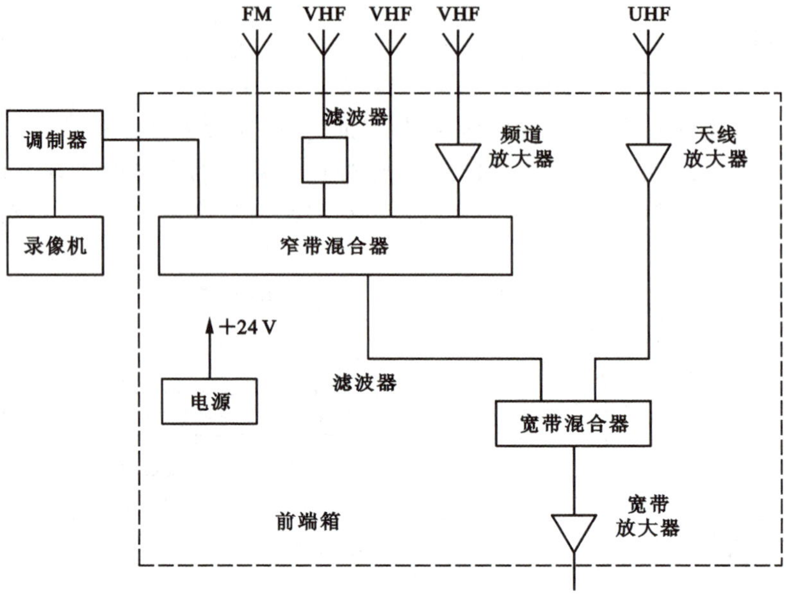

图 5.13　中、小规模系统的前端部分典型图例

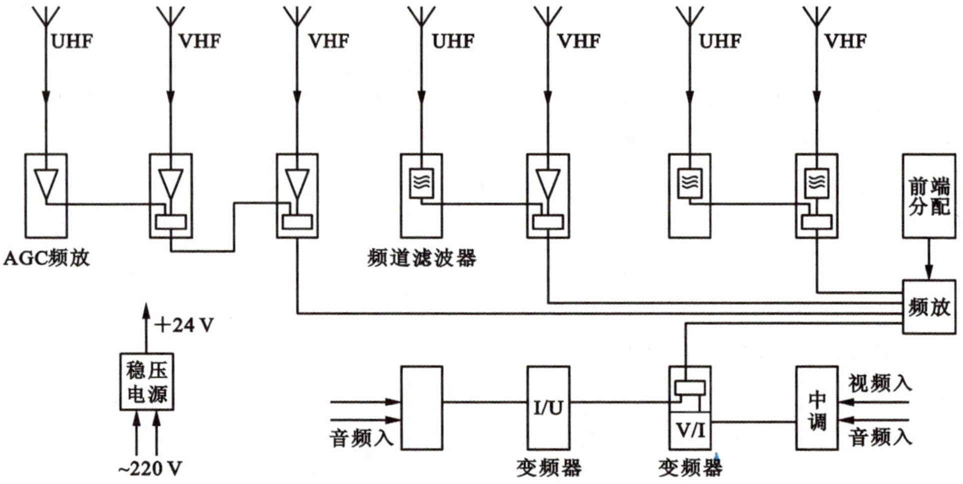

图 5.14　采用全频道有线电视系统直接传输前端组成方框图

5.5　传输分配系统和传输线

传输分配系统的作用是把前端输出的电视信号送至各个用户。本节主要针对单栋建筑物(如宾馆、办公楼、住宅楼等),因其范围小、用户比较集中、传输干线较短,因此信号质量比较容易保证,所以把传输分配系统主要放在用户分配系统上。

5.5.1　用户分配系统的设计要点

(1) 用户电平的确定。用户电平是设计用户分配系统的重要依据。用户电平太高时,电视接收机的高频放大部分全部工作在非线性区内,易产生互扰调制和交扰调制;用户电平太低时,又会使接收机的内部噪声起作用,形成雪花干扰。按国家标准《有线电视网络工程设计标准》(GB/T 50200—2018)的规定,CATV系统提供给用户的电平范围为60～80 dBμV。

(2) 分配器的作用是将射频电视信号功率均等地分配给各路,且分配损耗要小,这样有利于高电平输出。但是应当注意,分配器的输出端不能开路(不接负载),否则会造成输出端的严重失配,同时还会影响到其他输出端。因此,分配器输出端不适合直接用于用户终端。在系统中,当分配器有输出端空余时,必须接75 Ω负载电阻。

(3) 分支器是将射频电信号功率不等地分配给各路,即有主路和支路之分,且支路有各种不同的衰减量,从而构成一个系列。

插入损耗等于输入与输出电平之差,即主路干线在接入分支器后的能量损失。

分支损耗也称分支衰减,等于分支器主路输出端电平与支路输出端电平之差,它表示支路从主路上耦合能量的多少。分支损耗越大,说明支路从干线上耦合到的能量越小。

因此,对大楼(如高层建筑)从上至下进行分配时,一般上层的分支衰减量应大一些,下层的分支衰减量应小一些,这样才能保证上、下层用户端的电平基本相同。同时,分支器的主输出口空余时,也必须接75 Ω的负载。

(4) 分配器、分支器尽可能安装在建筑物内,但不论安装在室内还是室外,均应装入防护盒内且应符合电波泄漏标准。安装在户外时,距地面一般在2.5 m左右。

用户终端盒的安装高度可取其下沿距地面30～150 cm。

5.5.2　用户分配系统的信号分配方式

用户分配系统将干线传输来的信号分配给各用户,它主要由放大器、分配器、分支器、串接单元、用户终端盒等组成。由于系统有大、中、小之分,器材有厂家之别,所以分配方式差异很大。其基本信号分配方式如下:

(1) 分配-分配方式

这种方式是指系统全部采用分配器的分配方式,如图5.15(a)所示。这种方式适用于以前端为中心向四周扩散的结构形式。如果各路电缆长度相等,则各路输出电平也都相等。这种系统的分配损失较小,整个分配系统的损失为二分配器与四分配器的分配损失之和再加上电缆的损失。其缺点是如果某一路空载,对其他几路影响较大,因此当某一路输出端暂时不用时,一定要接上一个75 Ω的匹配负载。这种方式多用于干线分配。

(2) 分支-分配方式

这种分配方式是在分支器的分支输出端再接分配器,如图5.15(b)所示。因此,它具有分配-分配方式的特点,但终端不宜空载,适用于分段平面辐射形分配系统。

(3) 分支-分支方式

如图5.15(c)所示,这种方式是指系统全部使用分支器的分配方式,适用于结构分散、干线较长的情况。为了使各分支器的输出电平尽可能接近,需要选用不同损耗的分支器,靠近前端的分支器插入损耗应小些,分支损耗大一些;靠近终端的分支器插入损耗应大些,分支损耗小一些;在中间部分的分支器损耗介于两者之间。为了使系统匹配,这种方式需要干线终端接入75 Ω的匹配电阻,因此它的损耗比分配-分配方式的大,但当一路空载时对整个系统匹配的影响比前一种小,特别是对插入损耗小、分支损耗大的分支器更是如此。因此,这种方式多用于输出端常常空载(不接电视机)的系统中。

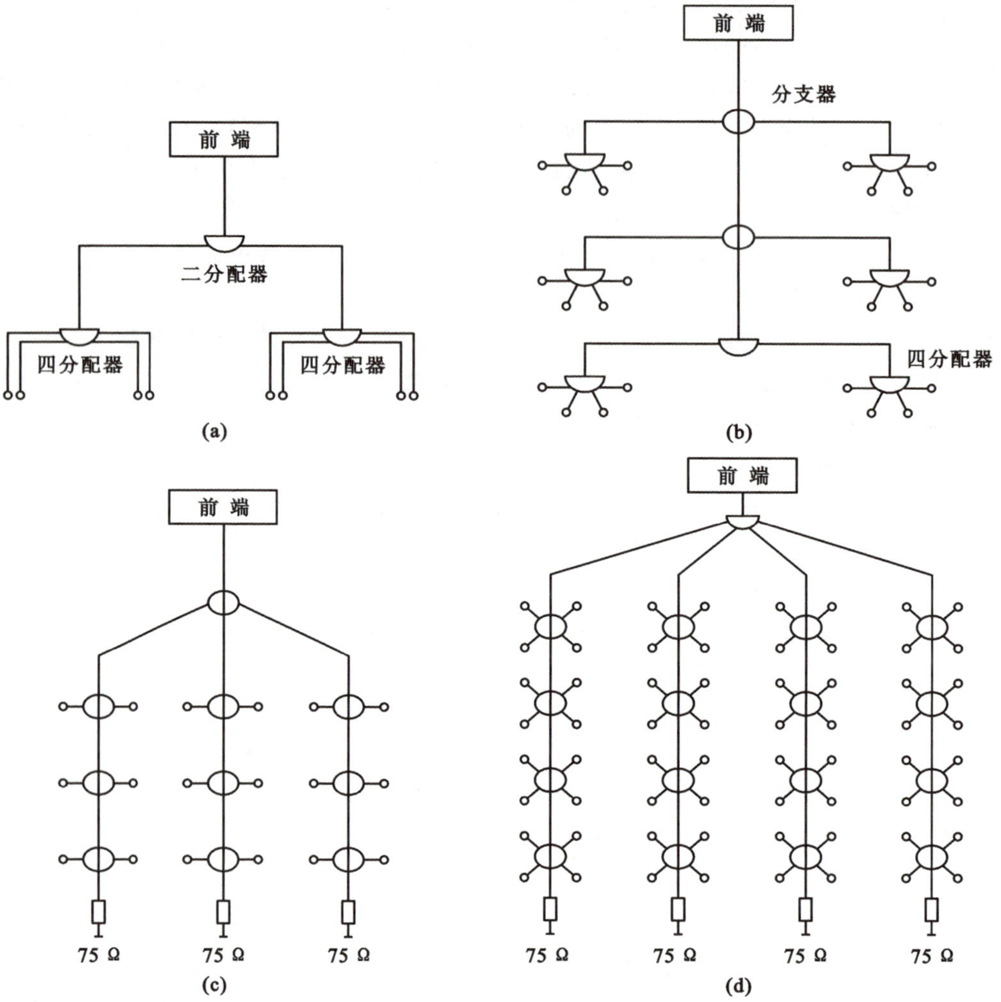

图 5.15　分配器的分配方式

(a) 分配-分配方式;(b) 分支-分配方式;(c) 分支-分支方式;(d) 分配-分支方式

在多层住宅中还常用串联单元分配方式。串接单元实际上是无需用户线的分支器,它是将分支器和用户盒做成一体的部件,能串接一分支器和二分支器。使用时直接挂在墙壁上,电缆线由上到下将这些串接单元串接起来,无须横向走线,因此结构简单、费用低、安装容易。其缺点是灵活性差、维修不方便,一处发生故障会影响到整串分配线的正常工作,而且需要有较高的电平,对串接单元的数量有一定限制。

(4) 分配-分支方式

分配-分支方式如图 5.15(d)所示。这种方式先将前端输出的信号送入分配器均分为多路后,再分给各分支实施分配。同样,为使各用户端电平接近,应选用不同损耗的分支器。由于各干线终端接有 75 Ω 的匹配电阻,因而对每一条干线基本上可以保持匹配,不会出现完全空载的状态。这种方式适用于高层建筑,用户数量多且用户点的分布不规则,以及允许横向布线的场合。此外,这种方式使用、维修比较方便。

5.5.3　传输线

前端经过处理的电视信号源传送到分配网络后，经由各干线和支线送至用户端。作为分配网络的载体，传输线路主要有同轴电缆和光纤两种。

同轴电缆传输方式主要适用于系统规模较小、传输距离近、不大于 2000 户的系统。

光纤、同轴电缆混合传输方式（HFC）是指主干线采用光纤，分配网络采用同轴电缆的传输方式。这是当前住宅小区 CATV 建设和老系统改造的主要传输方式。

全光纤传输方式（FTTH 方式）是指主干线和分配网络均采用光纤。我国目前应用 FTTH 较少，今后是一种必然趋势，当条件（资金、技术、使用等）具备时应采用这种传输方式。

1. 同轴电缆

同轴电缆性能的好坏不仅直接影响到信号的传输质量，还能影响到系统规模的大小、使用寿命的长短和合理的造价等。

射频同轴电缆如图 5.16 所示。它的作用是在电视系统中传输电视信号。它是由同轴结构的内外导体构成的，内导体（芯线）用金属制成并外包绝缘物，绝缘物外面是用金属丝编织网或用金属箔制成的外导体（皮），最外面用塑料护套或其他特种护套保护。

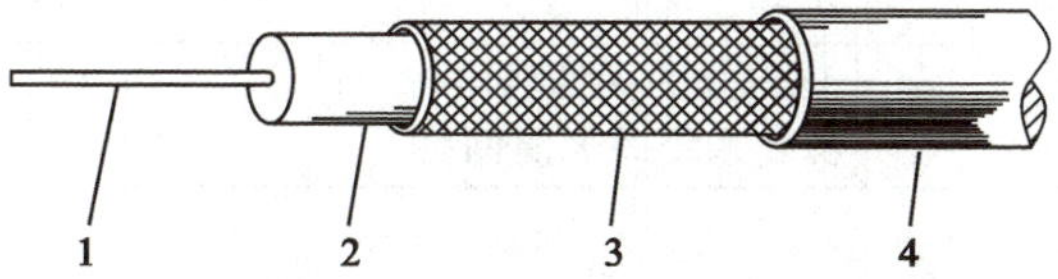

图 5.16　射频同轴电缆

1—内导体；2—绝缘层（聚乙烯）；3—外导体屏蔽层；4—绝缘保护层

同轴电缆的衰减特性是一个重要的性能参数，它与电缆的结构、尺寸、材料和工作频率等均有关系。

（1）电缆的内外导体的半径越大，其衰减（损耗）越小。所以，大系统长距离传输多采用内导体粗的电缆。

（2）同一型号的电缆中绝缘物外径越粗，其损耗越小。即使绝缘物外径相同，但只要型号不同，则因绝缘物的材料和形状以及结构不同，其损耗也不同。

（3）同一同轴电缆的损耗与工作频率的平方根成正比，传输频率越高，损耗也越大。

（4）电缆的衰减与温度有关，随着温度的升高，损耗也会增大。

选用同轴电缆时，要选用频率特性好、衰减小、传输稳定、防水性能好的电缆。目前，国内生产的 CATV 用同轴电缆的类型可分为实芯和藕芯两种。芯线一般用铜线，外导体有两种：一种是铝管，另一种为铜网加铝箔。绝缘外套又分单护套和双护套两种。

在 CATV 工程中，以往常用 SYKV 型同轴电缆，近年来由于宽带的发展要求，常用 SYWV型同轴电缆。干线一般采用 SYWV-75-12 型（或光缆）；支干线和分支干线多用 SYWV-75-12型或 SYWV-75-9 型；用户配线多用 SYWV-75-5 型。其中，75 表示特性阻抗为 75 Ω；9 表示屏蔽网的内径为 9 mm；5 表示屏蔽网的内径为 5 mm。

表 5.7 给出了部分同轴电缆的主要技术指标。

表 5.7　同轴电缆的技术参数

序号			物理发泡(W)聚乙烯绝缘(Y)式电缆					竹节式(D)空气介质电缆		
			外导体有金属线编织层，屏蔽 P2 或 P4			外导体为铝管，壁厚不小于 0.35 mm				
			SYWV 75-5P	SYWV 75-7P	SYWV 75-9P	SYWLY 75-9	SYWLY 75-12	SYDLY 75-9	SYDLY 75-12	SYDLY 75-14
1	护套最大直径(mm)		7.5	10.6	12.6	12.6	15.4	11.9	15	16.7
2	损耗(dB/100 m)(20 ℃)	5 MHz	2.0	1.30	1.0	1.0	0.6	1.0	0.60	0.50
		65 MHz	5.61	3.67	2.88	2.88	2.2	2.6	2.10	1.8
		87 MHz	6.50	4.25	3.33	3.33	2.5	3.0	2.40	2.1
		550 MHz	15.8	10.3	8.5	8.0	6.0	7.40	5.87	5.10
		750 MHz	19.1	12.5	9.80	9.80	7.4	8.9	7.0	6.20
		862 MHz	20.4	13.4	10.5	10.5	7.9	9.60	7.5	6.60
		1000 MHz	22.0	14.4	11.30	11.30	8.50	10.30	8.10	7.10
3	最小弯曲半径(mm)		50	60	75	150	200	150	200	250
4	使用场合		建筑物为无源网络；明装系统的无源网络			干线、支干线				

2. 光缆

与同轴电缆相比，光缆的损耗要小得多，并且频带很宽，抗干扰性能强、安全可靠性高、可维护性能好，是电视信号及综合数据通信网络传输技术手段的发展方向。

光纤分为多模光纤、单模光纤、色散位移光纤、单模偏振光纤、大数值孔径光纤和塑料光纤等。其波长 λ 有 850 nm、1310 nm 和 1550 nm，工程上多选用 $\lambda=1310$ nm 的单模光纤。

5.6　传输分配系统的施工

传输分配系统施工的主要内容有线缆的敷设；各类放大器、分配器、分支器与用户盒的安装；线路的连接及接地工程等。

有线电视系统的信号传输线缆，应采用特性阻抗为 75 Ω 的同轴电缆。当选择光纤作为传输介质时，应符合广播电视短程光缆传输的相关规定，重要线路应考虑备用路由。

5.6.1　干线放大器及延长放大器的安装

建筑物比较集中的小型天线系统工程，电缆传输较短、电平损失小，可将线路放大器安装在前端设备共用机箱内。建筑物较分散的大型天线系统工程，为了补偿信号经电缆远距离传输造成的电平损失，一般在传输的中途加装干线放大器。

明装时，电缆需通过电线杆架空，干线放大器则吊装在电杆上，距离杆顶部架空线以下 1 m左右，且应固定在吊线上。不具备防水条件的放大器(包括分配器和分支器)要安装在防水箱内。

暗装时，根据设计的规定，在传输中途设中继放大站，电缆井里可以放置一只干线放大器，上面标明电缆的走向及输入、输出电平，以便维修和检查，且还应注意设备的防潮。

干线放大器有的是自带电源，有的是不带电源，而是由前端设备共用箱内的稳压电源供电，应根据具体情况将电源接好。

延长放大器是为了补偿每一幢楼内的分配器、分支器及电缆传输过程中的电平损耗而增加的。一般在该楼的进线口放置一只信号分配共用箱，箱内除安装延长放大器外，还需装设磁闸盒（装电源保险丝用）、电源插座，以及分配器或分支器。

5.6.2 分配器与分支器的安装

明装时，按照部件的安装孔位，用 $\phi 6$ mm 合金钻头打孔后，塞进塑料胀管，再用木螺丝对准安装孔加以紧固。对于非防水性分配器和分支器，明装的位置一般应在分配共用箱内或走廊、阳台下面，必须注意防止雨淋及受潮，连接电缆水平部分应留出 250～300 mm 的余量，导线应向下弯曲，以防雨水顺电缆流入器件内部。

暗装有木箱与铁箱两种，并装有单扇或双扇箱门，颜色应与墙面相同。在木箱上装分配器或分支器时，可按安装孔位置直接用木螺丝固定。采用铁箱结构，可利用二层板将分配器或分支器固定在其上，再将二层板固定在铁箱上。

5.6.3 用户盒(插座)安装

用户盒也分明装与暗装两种。明装用户盒只有塑料盒一种；暗装用户盒有塑料盒、铁盒两种，应根据施工图要求安装。一般盒底边距地 0.3～1.8 m，用户盒宜靠近电源插座，间距一般为0.25 m。

明装用户盒直接用塑料胀管和木螺丝固定在墙上，因盒凸出墙体，施工时应注意保护，以免碰坏。

暗装用户盒（图 5.17）应在土建主体施工时将盒与电缆保护管预先埋入墙体内，盒口应与墙体抹灰面平齐，待装饰工程结束后，进行穿放电缆。

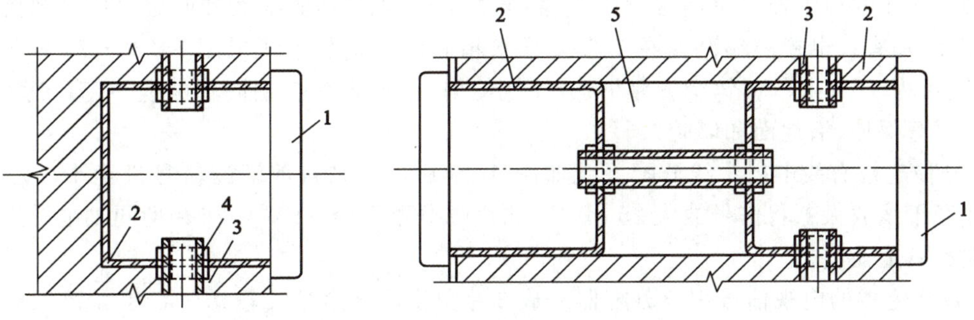

图 5.17 用户盒在实体墙上暗装

1—面板；2—预埋盒；3—穿线管；4—护口；5—隔声填料（矿棉）

5.6.4 室内管路敷设与管内穿线

新建或有内装饰的改建工程应采用暗导管敷设方式，在已建建筑物内可采用明敷方式；在强场强区，应穿钢导管并宜沿背电视发射台方向的墙面敷设，室内管路宜敷设于弱电竖井及室内的吊顶内。

主干线一般采用 SYWV-75-9 型电缆，管道可采用 ϕ25 mm 的焊接钢管或硬质塑料管。分支线一般采用 SYWV-75-5 型电缆，管道可采用 ϕ20 mm 的焊接钢管或硬质塑料管，管内穿线方法与普通导线做法相同。盒内应留出 100～150 mm 的电缆余量，以便维修使用。

5.6.5　结线压接

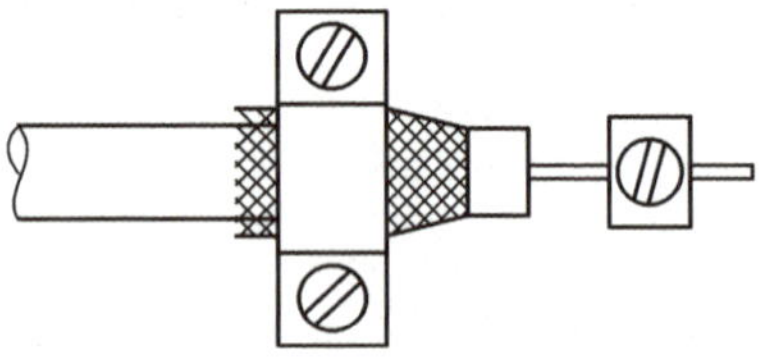

图 5.18　Ω 卡压接铜网套示意图

结线压接时先将盒内电缆接头剪成 100～150 mm 的长度；然后把 25 mm 长的电缆外绝缘层剥去；再把外导体铜网套如卷袖口一样翻卷，露出 3 mm 长的绝缘台和 12 mm 长的芯线。将线芯压在用户面板端子上，用 Ω 卡压牢铜网套处，如图 5.18所示。

5.6.6　系统内的接地

为了减少对 CATV 系统内器件的干扰及防止雷击，器件金属部位要求屏蔽接地，即线路中设置的放大器、衰减器、混合器、分配器等的金属屏蔽层、电缆线屏蔽层、电缆吊索及器件金属外壳应全部连通，并保证接地良好。金属管干线与支线和建筑物防雷接地应有良好的整体接地，并应按照设计要求安装浪涌保护器。

在使用过程中，为了确保安全，雷雨天气宜将电视机电源插头和共用天线插头从插座中拔出。

电视天线维护人员应对防雷接地做定期检查。

5.7　工程案例

有线电视系统工程图主要包括有线电视系统图和有线电视平面图，两者用来描述有线电视系统的连接关系和系统施工方法。系统中部件的参数和安装位置在图中都应标注清楚。

某小区 1 号住宅楼为民用智能住宅，共十二层楼，电视接收天线和两副卫星电视接收天线设置在楼顶，有线电视前端设置在 1 号楼顶水箱间内。系统干线采用 SYWV-75-9 型同轴电缆，穿直径为 32 mm 的镀锌钢管保护；分支线使用 SYWV-75-5 型同轴电缆，穿直径为 20 mm 的镀锌钢管保护，沿地面和墙暗敷。

1 号住宅楼有线电视干线分配系统如图 5.19 所示。来自前端的信号送至十二层楼的分配箱并经干线放大器将信号放大 25 dB 后，再由二分配器经 SYWV-75-9 型同轴电缆送至 1 号住宅楼和其他住宅楼。

1 号住宅楼的电视信号用三分配器分成 3 路分别向 3 个单元输送。各单元每层楼的墙上暗装有分支箱，箱顶边距离顶棚 0.3 m。为使各层电平基本一致，将每四层楼分为一组，每层楼装有一个四分支器。分支器的主路输入端和主路输出端串联使用，由支路输出端经 SYWV-75-5型同轴电缆将信号送至用户端。

图 5.20 所示为一个单元标准层的有线电视系统平面图。从图中可看出用户端的平面安装位置，电视出线口底边距地 0.3 m。

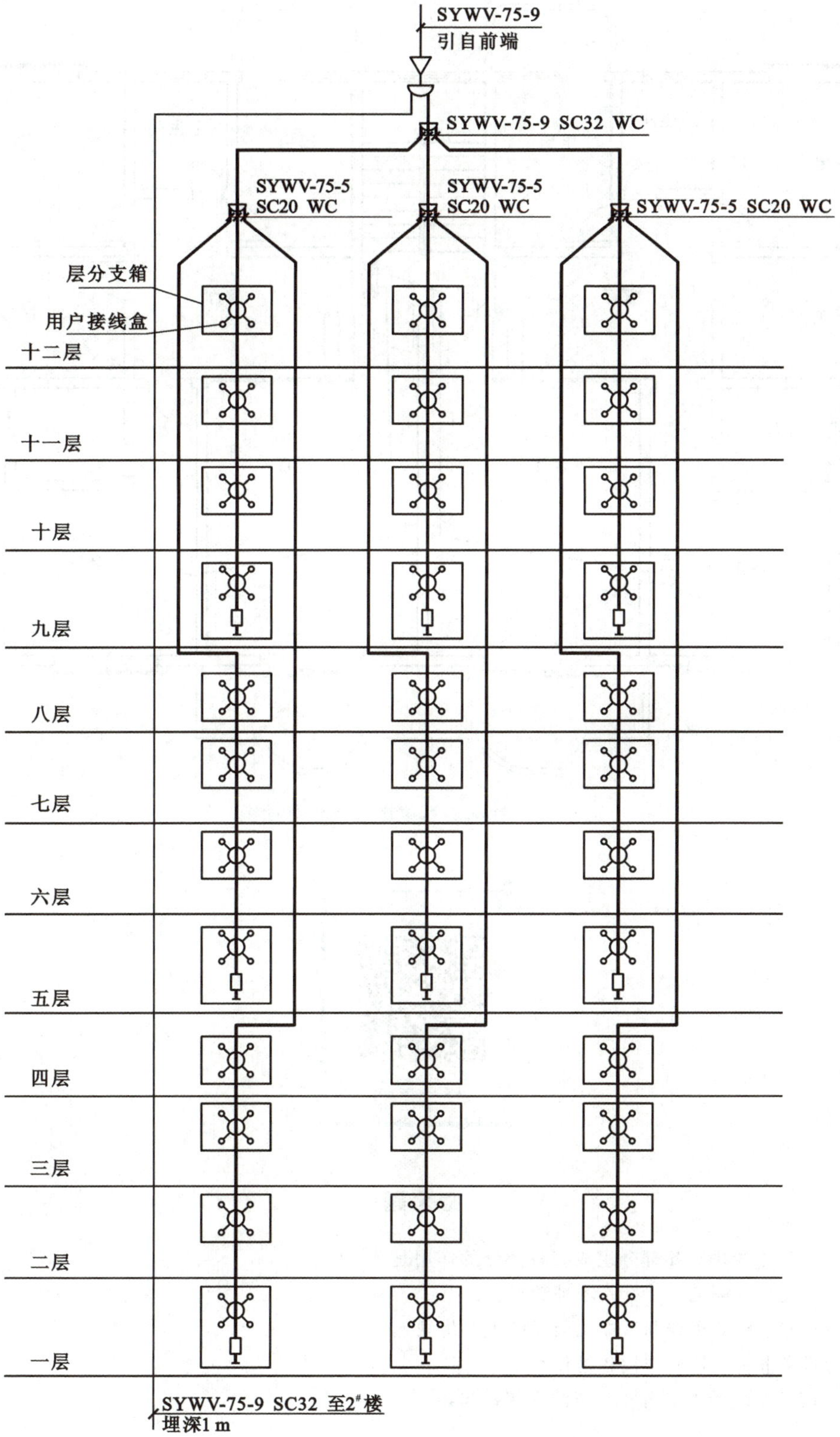

图5.19　1# 住宅楼有线电视干线分配系统图

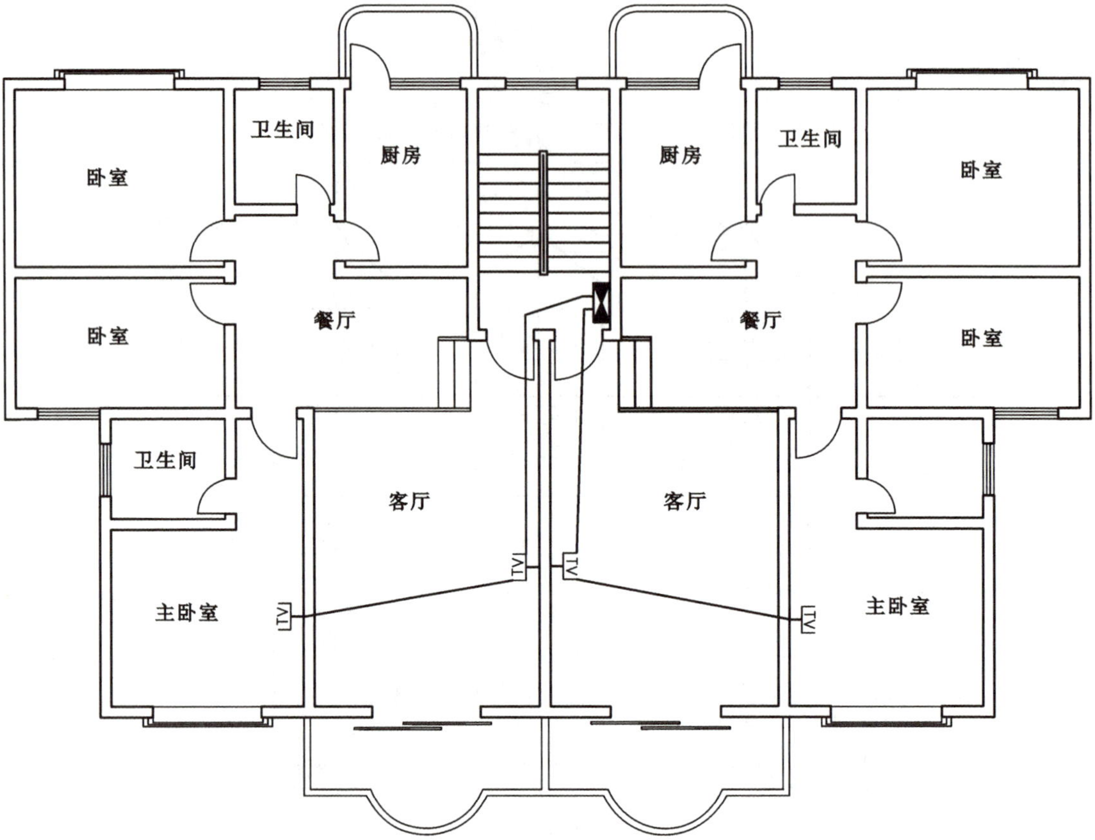

图 5.20　标准层有线电视系统平面图

在线测试

思考题

5.1　CATV 系统由哪几部分组成？各部分的作用是什么？

5.2　什么是标准频道？什么是增补频道？

5.3　试比较前馈式天线和后馈式天线的主要优缺点。

5.4　分配器和分支器的作用各是什么？

5.5　CATV 系统的施工与安装应注意哪些问题？

项目6　视频监控系统

【知识目标】

1. 熟悉视频监控系统组成及其类型；
2. 熟悉摄像机及其布置；
3. 熟悉视频监控设备的选择和安装技术。

【能力目标】

1. 具备识读视频监视系统施工图的能力；
2. 能正确选择摄像机类型和主要参数；
3. 能合理设置摄像机位置；
4. 能对视频监视系统进行安装、调试操作。

【课程思政】

天网工程

视频监控系统(Video Surveillance System,VSS)是利用视频技术探测、监视监控区域并实时显示、记录现场视频图像的电子系统。视频监控系统是在闭路电视系统基础上发展起来的,所以又称闭路监控电视系统(Closed Circuit Monitoring Television System,CCTV)。

在智能建筑中,人们总是设法将关键部位或重要场所实时、形象和不失真地显示出来,从而形成了视频监控系统。目前,视频监控系统已经有三代发展历史,正向数字化、网络化、智能化的方向发展,已成为现代生产、管理和生活中实施监视和控制的极为有效的工具,同时也成为安全防范的有效工具之一。第一代是模拟视频监控系统,这种技术现在已经被淘汰了。第二代是基于数字硬盘录像机技术的模拟+数字混合监控系统。与第一代模拟技术相比,它主要是在后端的图像处理、存储方式上的改进,采用了数字视频压缩处理技术。前端摄像机采集的视频信号采用模拟方式传输,通过相应的线路连接到监控中心的DVR终端上,DVR监控终端完成对图像的多画面显示、压缩、数码录像、网络传输等功能。第三代是数字视频监控系统,这是一种在视频信息的获取、传输、显示、存储等环节采用数字信号处理方式的监控系统。由于使用数字网络传输,所以又称网络视频监控系统。它的主要原理是:摄像机采集的视频信号数字化后由高效压缩芯片进行压缩,然后通过内部处理后传送到网络或服务器上。网络上的用户可以通过专用软件或者直接用浏览器观看Web服务器上的摄像机图像,还可以控制摄像机云台镜头的动作或对系统进行设置。网络视频监控的代表产品就是网络视频服务器和网络摄像机。

6.1　视频监控系统的组成

视频监控系统是楼宇智能化中的一个重要组成部分，在监视楼宇设备安全运行、人员管理和安全防范上起着越来越重要的作用。随着自动化程度的不断提高，通过视频监控系统向用户提供现场实时的监视信息和报警信号，提高了其对突发事件的反应能力，使建筑物智能化管理上了一个新台阶。

视频监控系统包括前端设备、传输设备、处理/控制设备和记录/显示设备四部分，其组成原理如图 6.1 所示。前端设备包括摄像机、镜头、防护罩、支架和电动云台，其作用是对被摄体摄像并转换成电信号。传输设备包括线缆、调制与解调设备、线路驱动设备，其作用是把摄像机发出的电信号传送到控制中心。记录/显示设备包括监视器、画面处理器和录像机等，其作用是把从现场传来的电信号转换成图像在监视设备上显示并录像。处理/控制设备则负责所有设备的控制和图像信号的处理。

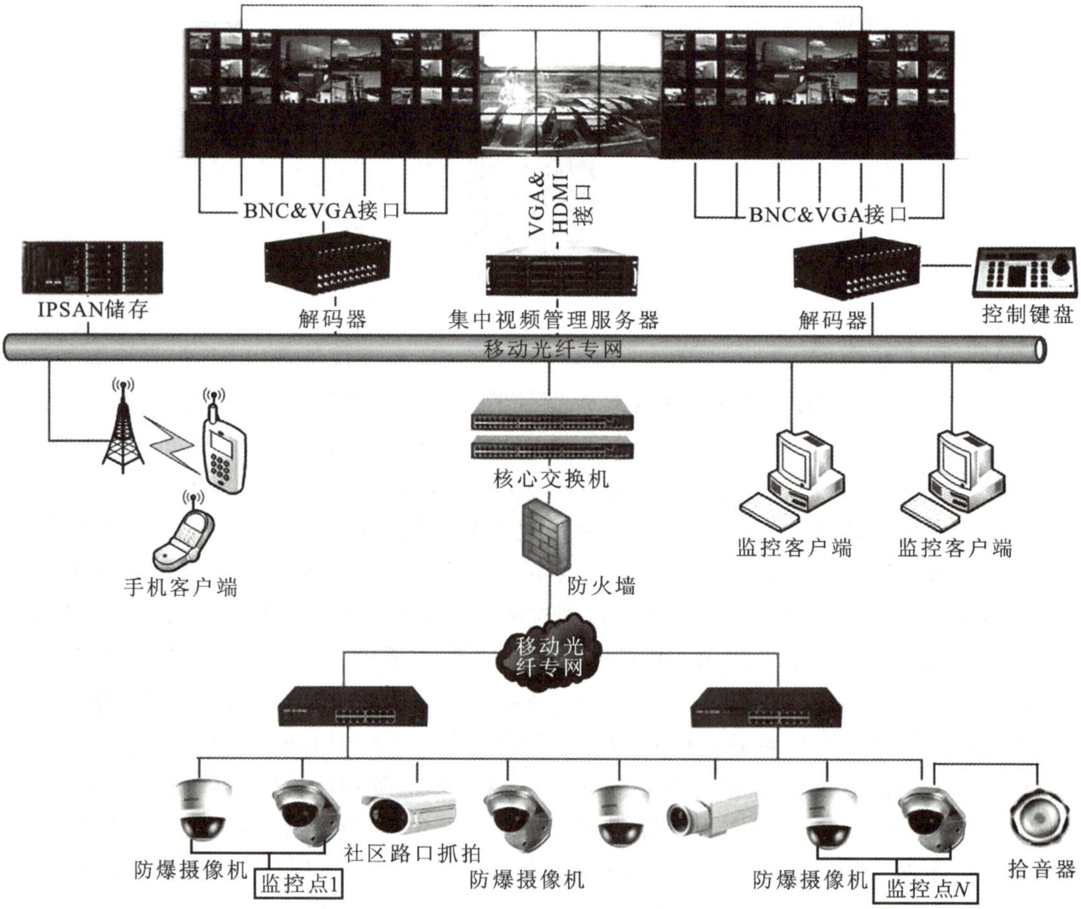

图 6.1　视频监控系统的组成原理

根据对视频图像信号处理/控制方式的不同，可分为：

(1) 简单对应模式:监视器和摄像机简单对应。

(2) 时序切换模式:视频输出中至少有一路可进行视频图像的时序切换,如图 6.2 所示。

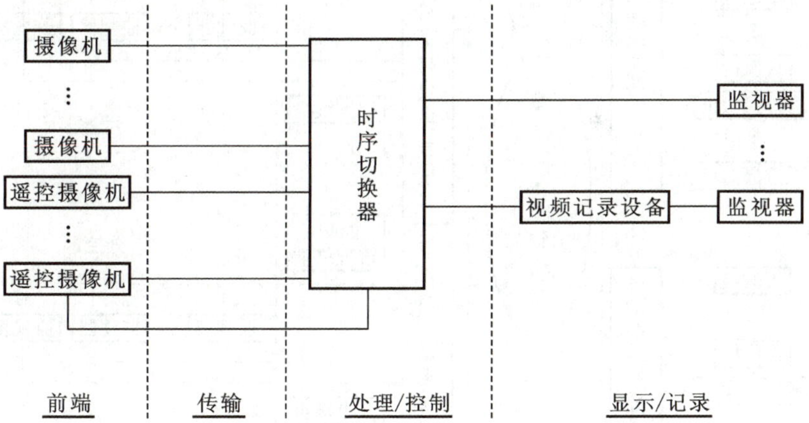

图 6.2 时序切换模式

(3) 矩阵切换模式:可以通过任一控制键盘,将任意一路前端视频输入信号切换到任意一路输出的监视器上,并可编制各种时序切换程序,如图 6.3 所示。

(4) 数字视频网络虚拟交换/切换模式:数字视频的处理、控制和记录措施可以在前端、传输和显示的任何环节实施,如图 6.4 所示。

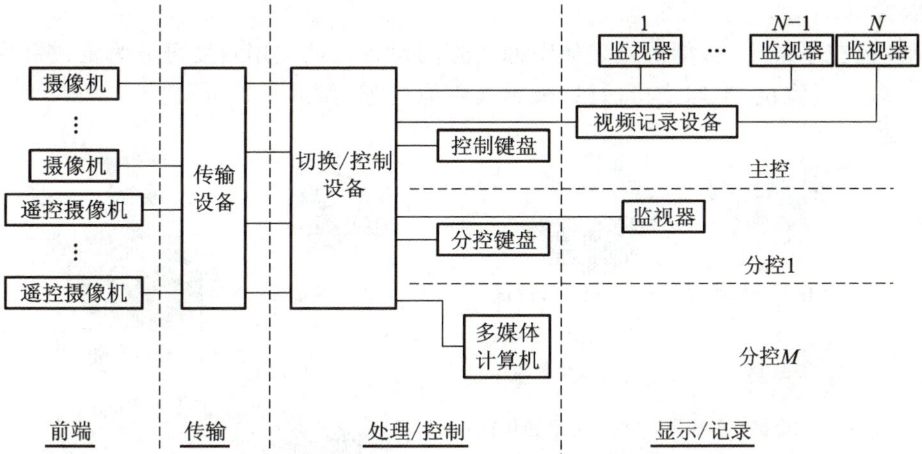

图 6.3 矩阵切换模式

6.1.1 前端设备

前端设备是视频监控系统的前沿部分,是系统的"眼睛",是整个视频监控系统的原始信号源。它布置在被监视场所的某一位置(或几个位置)上,使其视场角能覆盖整个被监视场所的各个部位。它的功能是通过监视区域摄像来获取实时图像信息,并将其转换为电信号输出。

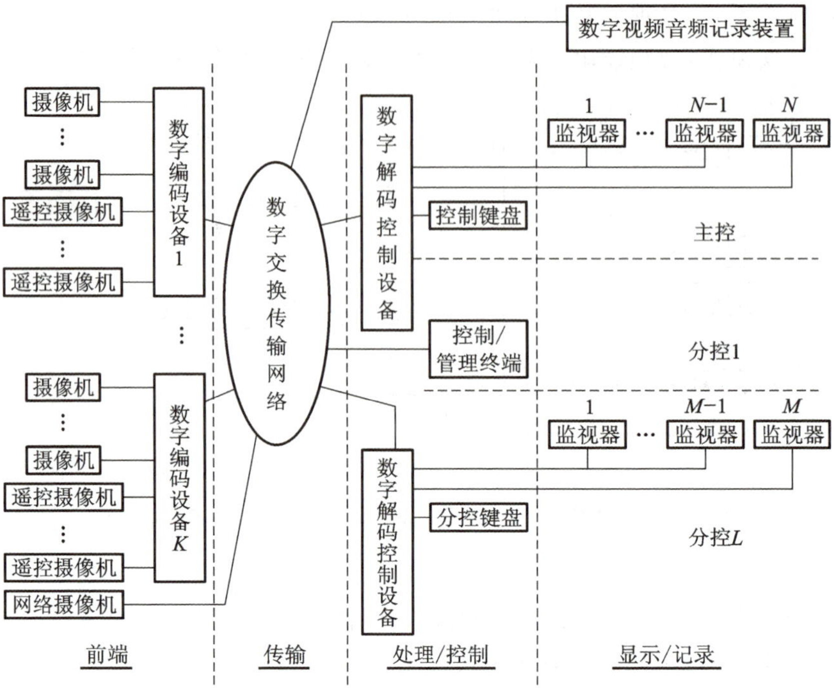

图 6.4 数字视频网络虚拟交换/切换模式

1. 摄像机

在视频监控系统中，摄像机是采集图像信号的设备。从应用角度可分为枪式摄像机、一体化摄像机、球式摄像机、半球式摄像机、烟感式摄像机等，如图 6.5 所示。

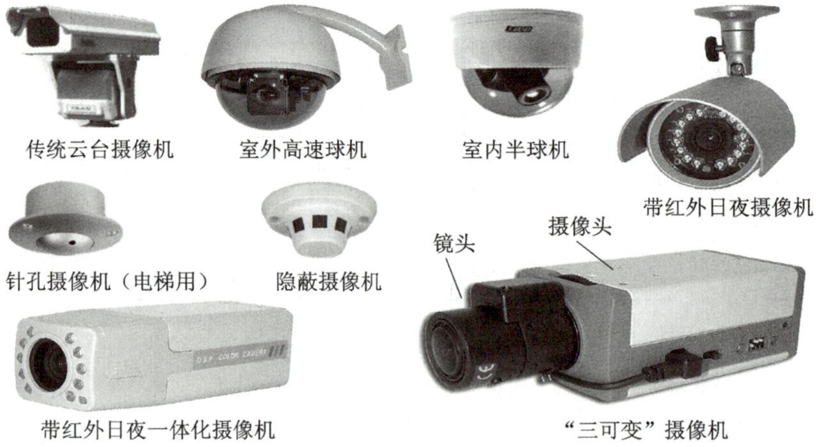

图 6.5 常见视频监控系统用摄像机

摄像机的主要技术参数有灵敏度、水平清晰度、分辨率和压缩方式等。

(1) 灵敏度(最低照度)。普通型摄像机所需照度为 1～3 lx；月光型所需照度为 0.1 lx 左右；星光型所需照度在 0.01 lx 以下；红外型在没有光线的情况下也可以成像。

(2) 水平清晰度。彩色摄像机的水平清晰度宜在 400 TVL 以上。水平清晰度越高，图像越清晰。

（3）图像分辨率。网络摄像机、DVR（数字硬盘录像机）用图像分辨率来表示图像的清晰度，目前主要使用 QCIF、CIF、HALF D1、D1、HD720P、HD960P、HD1080P、2K、4K 等几种分辨率标准。

（4）图像压缩方式。用于视频监控的主流技术是 H.263、H.264、H.265、MPEG-4 标准。

2. 镜头

镜头的作用是收集光信号，并成像于摄像机的光电转换面（CCD）上。根据摄像机的应用场合，镜头的种类大致可分为：

（1）广角镜头：视角在 90°以上，一般用于电梯轿厢内、大厅等小视距大视角场所。

（2）标准镜头：视角在 30°左右，一般用于走道及小区周界等场所。

（3）长焦镜头：视角在 20°以内，焦距的范围从几十毫米到上百毫米，用于远距离监视。

（4）变焦镜头：镜头的焦距可从广角变到长焦，用于景深大、视角范围广的区域。

（5）针孔镜头：用于隐蔽监控。

3. 摄像机的支承设备

固定和安装摄像机的设备称为摄像机的支承设备。常见的摄像机支承设备有三脚架、摄像机托架和云台。

三脚架是最普通的摄像机支承设备，根据支承摄像机的不同有各种规格和型号。

摄像机托架安装在吊顶或墙壁上，用于支承摄像机。图 6.6（a）所示是鹅颈管型球型摄像机安装托架。根据安装的部位和摄像机的不同，托架也有各种规格和型号，可根据现场环境进行特制。

云台是目前最常用的摄像机支承设备，它可带动摄像机进行水平方位旋转和垂直方位旋转，从而扩大摄像机的监视范围。根据使用环境和监控要求不同，云台可分为室内型和室外型、通用型和特殊型、手动控制旋转型和电动控制旋转型。图 6.6 所示是常见摄像机托架和云台。

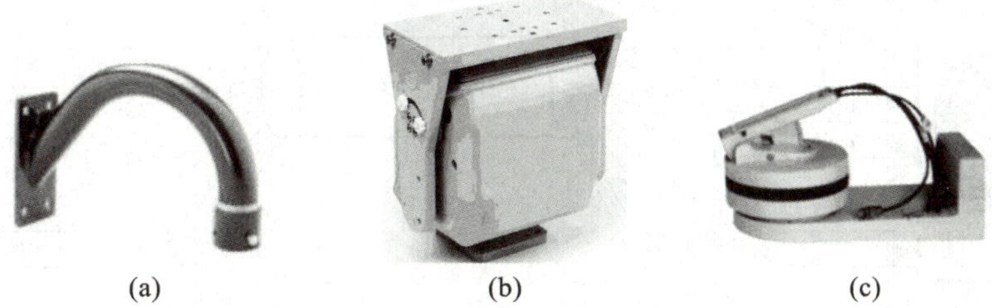

(a)　　(b)　　(c)

图 6.6　摄像机托架和云台

（a）鹅颈管型球型摄像机安装托架；（b）电动云台；（c）室内壁装云台

4. 摄像机防护罩

视频监控系统设置的环境不同，有时需要对摄像机加装防护外罩（图 6.7），确保摄像机正常工作，延长其使用寿命。

摄像机防护罩按用途和形式可分为以下几种：

（1）室内型：有防尘型、防潮密封型和通风型等。

（2）室外型：有防尘型、防水型、密封型和通风型等。

（3）特殊类型：有水冷型、防爆型、强制风冷型和特殊防射线型等。

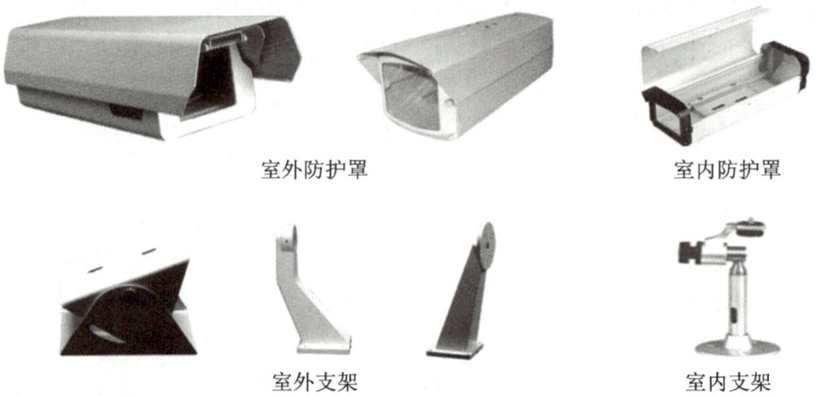

图 6.7　防护罩及支架外形图

5. 镜头和云台的控制

（1）控制“三可变”镜头　“三可变”是指变焦、聚焦和变光圈，这是近年来生产的变焦镜头同时具有的特性。“三可变”中分别有长短（变焦）、远近（聚焦）和开闭（变光圈）两种控制，总共有 6 种控制。

（2）控制云台　全方位云台有左、右和上、下 4 种控制，再加上自动巡视控制，共有 5 种控制。

（3）通信编码间接控制方式　镜头和云台如采用直接控制的方式，每一个监控点需要 13～17 根控制线，如图 6.8 所示。由于镜头和云台远离控制中心，长距离直接传输控制信号不仅不经济，而且系统的操作可靠性降低。所以，在智能楼宇监控系统中应用得最多的是通信编码间接控制方式，采用 RS-485 串行通信，用单根双绞线就可以传送多路编码控制信号，到现场后解码驱动控制，如图 6.9 所示。

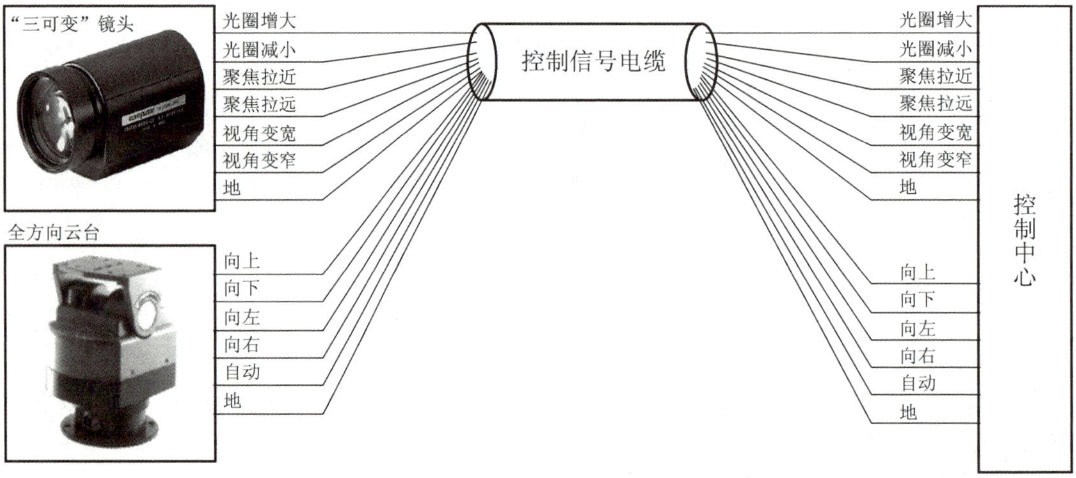

图 6.8　镜头和云台的直接控制方式

（4）解码器　解码器是视频监控系统中控制云台、镜头、电源、雨刷、灯光的一种前端控制设备，控制键盘、矩阵或计算机系统通过解码器可实现对云台、镜头、辅助功能的控制。解码器采用 RS-485 通信控制方式，分为室内型和室外型两种。

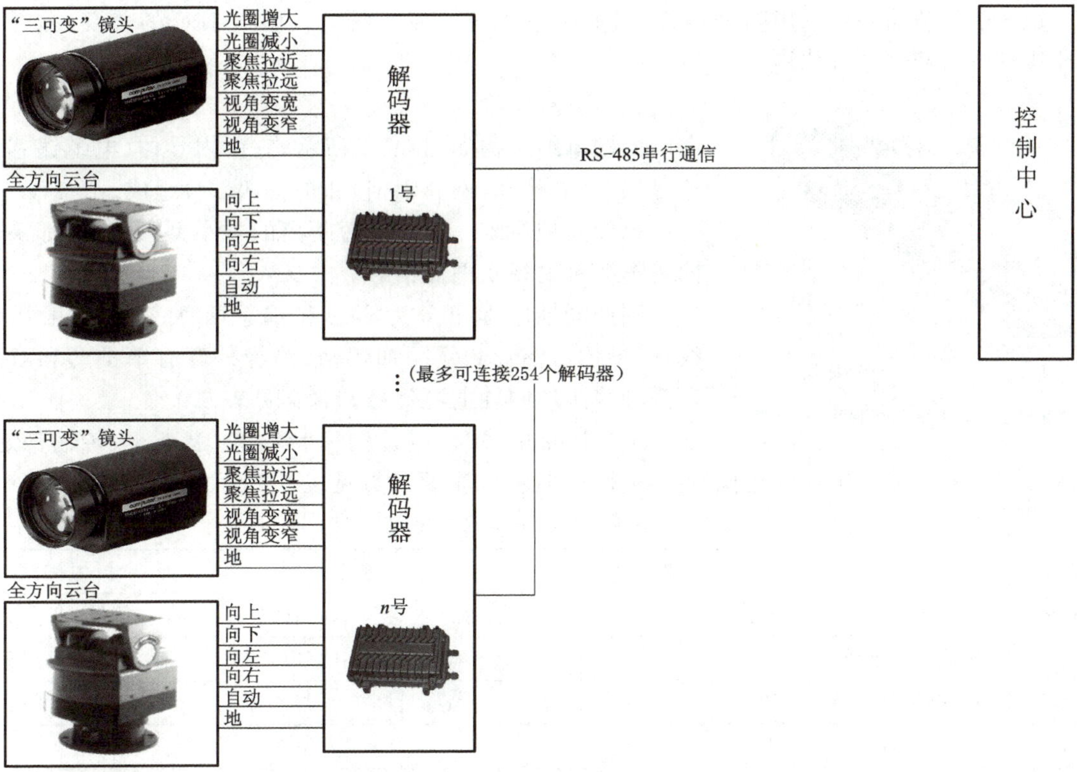

图 6.9 镜头和云台的间接控制方式

解码器一般支持多种控制协议、多种通信波特率选择,提供对云台的上、下、左、右、自由运动的驱动信号(云台电压有 AC 220 V 和 AC 24 V 可供选择),控制镜头的光圈、焦距、变倍。镜头电压可通过电路板上的电位器调整,调整范围为 DC 6～12 V。镜头电压越高,镜头的动作速度越快。

6. 网络摄像机

网络摄像机(IP Camera,IPC),是一种结合传统摄像机与网络技术所产生的新一代摄像机。除了具备一般传统摄像机所具有的图像捕捉功能外,机内还内置了数字化压缩控制器和基于 Web 的操作系统,使得视频数据经压缩加密后,通过网络送至终端用户。

网络摄像机的主要应用特点包括以下几个方面:(1) 高清晰度。(2) 采用嵌入式系统,有独立的 IP 地址,可通过网络适配器直接与以太网连接。(3) 支持多种网络通信协议。(4) 支持多种接入协议。(5) 支持对镜头和云台的控制,对目标进行全方位的监控。(6) 采用了新的视频压缩技术。(7) 支持 Wi-Fi 无线接入、4G/5G 接入、POE 供电和光纤接入,支持多种访问方式。(8) 在 IPC 中实现多种智能分析功能。

6.1.2 传输部分

传输部分用于将监控系统的前端设备与终端设备联系起来。前端设备所产生的图像信息、声音信号、各种报警信号通过传输系统传送到控制中心,并将控制中心的控制指令输送到前端设备。传输部分是系统图像信号和控制信号的通路,在传输线路上传输的是视频信号和控制信号。

视频信号传输一般选用同轴电缆、微波传输光纤或双绞线等。随着 IPC 的普及，光纤和双绞线已成为视频信号传输的主流。

(1) 同轴电缆

同轴电缆结构如图 6.10 所示，它由内导体(电缆铜芯)、绝缘层、外导体(铜网和铝箔)和护套四部分组成。

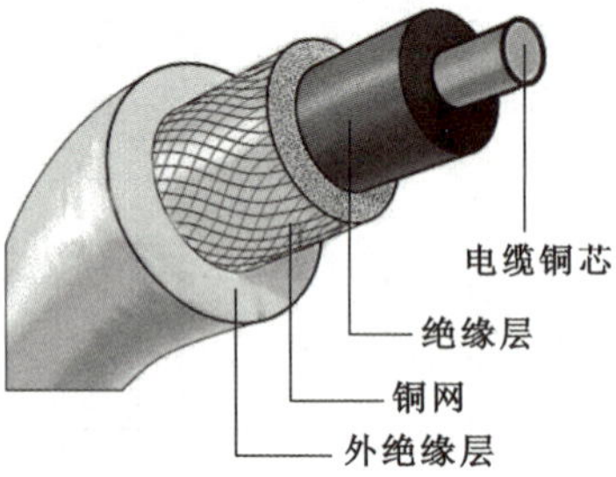

图 6.10　同轴电缆结构示意图

视频监控系统一般是中短距离的中小型系统，大都采用同轴电缆传输视频图像信号。

国产同轴电缆可分为实芯和耦芯两种；芯线一般用铜线，外导体有铝管和铜网加铝箔；绝缘外套有单护套和双护套两种。国产同轴电缆代号和含义见表 6.1。

选择同轴电缆时，应选频率特性好、衰减小、传输稳定、防水性能好的电缆。国产常用同轴电缆型号、规格和主要参数见表 6.2。

表 6.1　国产同轴电缆代号和含义

分类代号		绝缘材料		护套材料		派生特性	
符号	含义	符号	含义	符号	含义	符号	含义
S	通轴射频电缆	Y	聚乙烯	V	聚氯乙烯	P	屏蔽
SE	对称射频电缆	W	稳定聚乙烯	Y	聚乙烯	Z	综合
SJ	强力射频电缆	F	氟塑料	F	氟塑料		
SG	高压射频电缆	X	橡皮	B	玻璃丝编制侵硅有机漆		
ST	特性射频电缆	I	聚乙烯空气绝缘	H	橡皮		
SS	视频电缆	D	稳定聚乙烯空气绝缘	M	棉纱编织		

表 6.2　国产常用同轴电缆型号、规格和主要参数

电缆型号	绝缘形式	芯线外径(mm)	绝缘外径(mm)	电缆外径(mm)	特性阻抗(Ω)	衰减常数(dB/100 m)		
						30(MHz)	200(MHz)	800(MHz)
SYKV-75-5	耦芯式	1.10	4.7	7.3	75±3	4.1	11	22
SYKV-75-9	耦芯式	1.90	9.0	12.4	75±2.5	2.4	6	12
SYKV-75-12	耦芯式	2.60	11.5	15.0	75±2.5	1.6	4.5	10
SSYKV-75-5	耦芯式	1.00	4.8	7.3	75±3	4.2	11.5	23
SSYKV-75-9	耦芯式	1.90	9.0	13.0	75±3	2.1	5.1	11
SIOV-75-5	耦芯式	1.13	5.0	7.4	75±3	3.5	8.5	17
SIZV-75-5	竹节式	1.20	5.0	7.3	75±3	4.5	11.0	22
SYDV-75-9	竹节式	2.20	9.0	11.4	75±3	1.7	4.5	9.2
SYDV-75-12	竹节式	3.00	11.5	14.4	75±2	1.2	3.4	7.1
SDVC-75-5	耦芯式	1.00	4.8	6.8	75±3	4.0	10.8	22.5
SDVC-75-7	耦芯式	1.60	7.3	10.0	75±2.5	2.6	7.1	15.2
SDVC-75-9	耦芯式	2.00	9.0	12.0	75±2.5	2.1	5.7	12.5
SDVC-75-12	耦芯式	2.60	11.5	14.4	75±2.5	1.7	4.5	10

(2) 光纤

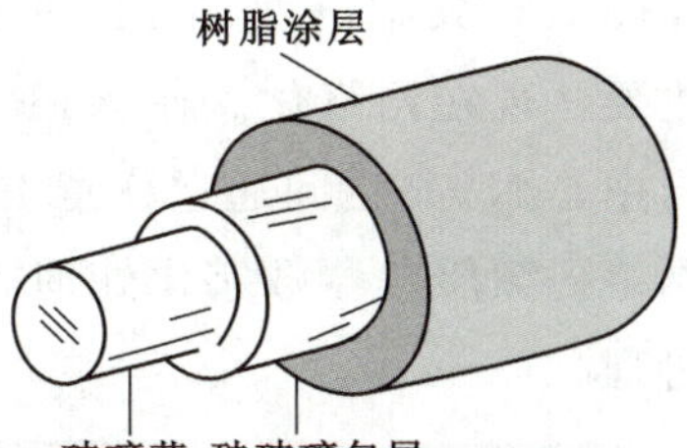

图6.11　光纤结构示意图

光纤裸纤一般分为三层，中心为高折射率玻璃芯(芯径一般为50 μm或62.5 μm)，中间为低折射率硅玻璃包层(直径一般为125 μm)，最外层是加强用的树脂涂层。图6.11所示为光纤结构示意图。

按光在光纤中的传输模式不同，光纤可分为单模光纤和多模光纤。多模光纤的中心玻璃芯较粗(芯径一般为50 μm或62.5 μm)，可传多种模式的光，但其模间色散较大，限制了传输数字信号的频率，且随距离的增加会更加严重。因此，多模光纤传输的距离比较近，一般只有几千米。单模光纤的中心玻璃芯较细(芯径一般为9 μm或10 μm)，只能传一种模式的光，其模间色散很小，适用于远程传输。

常用光纤的规格为：单模，8/125 μm、9/125 μm、10/125 μm；多模，50/125 μm(欧标)、62.5/125 μm(美标)。

(3) 双绞线

双绞线的使用由来已久，特别在网络摄像机上得到了广泛的应用。双绞线具有抗干扰能力强、传输距离远、布线容易、价格低廉等优点。它克服了同轴电缆传输距离受限的问题。但是，双绞线对信号存在着较大的衰减，所以视频信号在双绞线上远距离传输时必须进行放大和补偿。

注意：在监控系统中选用视频信号传输介质时，对应的传输设备分别是同轴视频放大器、双绞线视频传输设备和光端机。

6.1.3　显示和记录部分

显示和记录部分一般安装在控制室，主要有监视器、录像机(存储服务器)和一些视频处理设备。

(1) 监视器可以选用黑白或彩色监视器，也可选用液晶显示器或用视频机替代。

(2) 录像机在监控系统中作为记录和重放装置，根据需要可选用不同功能和录像时间的专用录像机。专用录像机能提供不少于30天的录像时间。录像机内设有字符信号发生器，可在图像信号上打出“月/日/年/星期/时/分/秒”的录像模式，还能在图像上显示出摄像机与报警器的编号及报警方式。录像机在收到报警信号后，会自动进入连续录像状态，报警消失，恢复正常间歇录像模式。此外，录像机还有一个锁定保护键，使非正常指令与操作无效，防止非专业人员与破坏性操作侵犯视频监控系统。

(3) 要实现用少量监视器显示多个摄像机输出的视频信号、在同一屏幕上显示多个监控视频信号或多个视频器显示同一视频信号等功能，控制室还需增加相应的设备，这些设备有视频切换器、多画面分割器、视频分配器等。

(4) DVR (Digital Video Recording)又称为数字硬盘录像机，已经完全取代传统的磁带录像机成为视频录像的主流设备。DVR实质上是一台功能强大的视频信号数字化处理计算机。

(5) NVR (Net Video Recording)又称为网络视频录像机,相对于 DVR 而言,其核心优势主要体现在网络化。在 NVR 系统中,中心部署 NVR,监控点部署网络摄像机,监控点设备与中心 NVR 之间通过任意 IP 网络相连。监控点视频、音频以及报警信号经网络摄像机或网络视频服务器数字化处理后,以 IP 码流形式上传到 NVR,由 NVR 进行集中录像存储和管理。

图 6.12 视频监控系统控制台

6.1.4 控制部分

控制部分是整个系统的"心脏"和"大脑",是指挥整个系统正常运行的中心。控制部分主要由总控制台(有些系统还设有副控制台)组成,如图 6.12所示。总控制台的主要功能有图像信号的校正与补偿、视频信号的放大与分配、图像信号的切换与记录(包括声音信号)、摄像机及其辅助部件(如镜头、云台、防护罩等)的控制(遥控)等。

(1) 校正与补偿

中小型视频监控系统中往往不设校正与补偿部分。但若系统较大、传输距离较远或对传输方式有要求时,校正与补偿会显得非常重要。因为图像信号经转换传输之后,其幅频特性、相频特性往往无法保证图像指标的要求,所以在控制台上要对传输过来的图像信号进行幅频和相频的校正与补偿。

(2) 视频信号放大与分配

视频信号放大与分配的优劣是影响图像质量的关键因素。经过校正与补偿的图像信号,再经过分配和放大后进入视频切换部分,最后送到监视器上显示。

当视频传输距离比较远时,可通过在线路内增设视频放大器来增强信号强度,达到远距离传输的目的。视频放大器可以增强视频的亮度、色度,并能加强信号的同步作用,但缺点是线路内的干扰信号同时被放大。另外,回路中不能串接太多视频放大器,否则会出现饱和现象,导致图像失真。

当监视器数量少于 5 台时,可采用桥接分配方式;当一路视频信号要传送到相距较远的多个监视器时,应采用视频分配器。

(3) 图像信号切换

视频监控系统对所传输的图像信号进行切换,采用的是视频切换器。视频切换器有两类,一类为手动视频切换器,另一类为自动编程视频切换器。视频切换器可将所有视频信号在指定的监视器上进行固定或时序显示,也可进行图像混合、画面分割、字幕叠加等画面处理。专为安全防范设置的视频监控系统中,视频切换器还提供了与报警控制器联网的接口,当报警信号发生时可手动或自动切换相应部位的摄像图像进行记录,便于事后分析处理所发生的事件。

(4) 摄像机及其辅助部件控制

总控制台还担负着对摄像机、镜头、云台、防护罩和电源等进行控制,以完成对被监视场所全面、详细的监视或跟踪监视功能。控制中心与被控中心间的距离及被控设备的多少决定了视频监控系统的控制方式。

① 当摄像机数量少,控制距离不超过 500 m 时,可采用直接控制方式(多线制控制方式),用多芯电缆传输控制信号。这种方式控制线数量多、施工量大。

② 当摄像机数量少、控制项目较少,控制距离在 1000 m 以内时,可采用间接控制方式。间接控制是在摄像机附近设置一继电器控制箱,由总控制台对继电器实施控制操作。它也属于多线控制方式。

③ 由于 PC 机技术的不断更新,数字技术广泛应用于视频监控领域。数据编码微机控制方式可对整个传输单线制实施组网控制。这种方式采用串行码传输控制信号,系统控制线只需两根,所以又称为总线控制方式。它适用于大中型系统的控制及长距离传输,还可用软件使监控系统与报警系统兼容。

④ 当控制距离在 300~500 m 时,来自摄像机的视频信号和来自控制器端的控制信号可共用一条同轴电缆,这就是同轴监控方式。这种控制方式能节省控制线,但此类设备较昂贵。

6.2 摄像机及其布置

摄像机的选择及其布置应根据监视目标的环境来确定。

6.2.1 摄像机选择

根据监视环境的照度可选择不同灵敏度的摄像机,监视目标环境最低照度应高于摄像机最低照度的 10 倍。一般黑白摄像机监视目标照度不应小于 10 lx;彩色摄像机监视目标照度不应小于 50 lx。监视目标的环境照度不高,且需安装彩色摄像机时,须设置附加照明装置。

摄像机镜头焦距应根据被监视场所的大小、镜头与监视目标的距离确定。摄取固定监视目标时,可选用定焦镜头;视距较小而视角较大时,选用 55°以上的广角镜头;视距较大时,可选用 30°以内的长焦(望远)镜头;需改变监视目标观察视角或视角范围较大时,选用变焦头;监视目标照度变化较频繁时,采用光圈可调镜头;控制形式具有遥控性能时,选用具有可变对焦、可变光圈、可变焦距等功能的遥控镜头装置。

根据被监视环境不同应选配相应的摄像机防护罩,防护罩可根据需要设置调温控制系统和遥控雨刷等。

彩色摄像机可以分辨被摄像物体的细节,比如分辨衣服或景物的颜色,在工程中应用广泛。监视目标的环境照度不高,而要求图像清晰度较高时,宜选用黑白摄像机。

6.2.2 摄像机布置

摄像机布置是否得当、是否有盲区，将直接关系到视频监控系统的效果和系统运行质量。

1. 摄像机设置位置、摄像方向及照明条件要求

（1）摄像机宜安装在监视目标附近不易受外界损伤的地方，安装位置不应影响现场设备运行和人员正常活动。安装高度：室内宜距地面 2.5～5 m；室外宜距地面 3.5～10 m。

（2）电梯轿厢内摄像机应安装在电梯厢门左侧或右侧上部，电梯操作盘的对角处，摄像机视角能覆盖电梯轿厢内全景。

（3）摄像机镜头应避免强光直射，保证摄像管靶面不受损伤；镜头视场内，不得有遮挡监视目标的物体。

（4）摄像机镜头应从光源方向对准监视目标，避免逆光安装；当需要逆光安装时，应降低监视区域的对比度。

2. 摄像机具体位置布置

在视频监控系统中，摄像机的布置直接关系到系统运行质量和监视的效果。一般摄像点的布置要求如下：

（1）必须安装摄像机监视的部位有地面层出入口、门厅（大堂）、主要通道、电梯轿厢、停车库（场）行车道及出入口、避难层（间）等。

（2）一般情况下应安装摄像机监视的部位有楼层通道、电梯厅、自动扶梯口、停车库（场）、安全运营、安全生产、安全防范等其他场所。

（3）结合建筑功能管理的需要有选择地安装摄像机，客房通道、酒吧、咖啡茶座、餐厅、多功能厅等需预埋管线，为安装摄像机做准备。

具体参考布置如图 6.13 门厅摄像机布置参考方案和图 6.14 各场合摄像机布置参考方案所示。

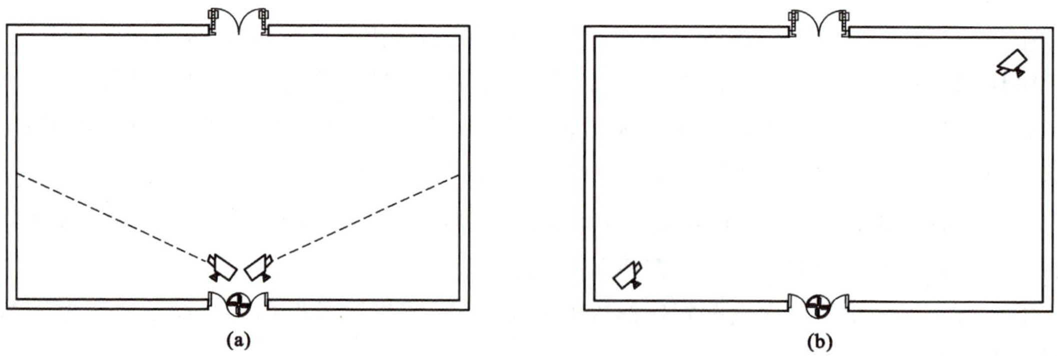

图 6.13　门厅摄像机布置参考方案

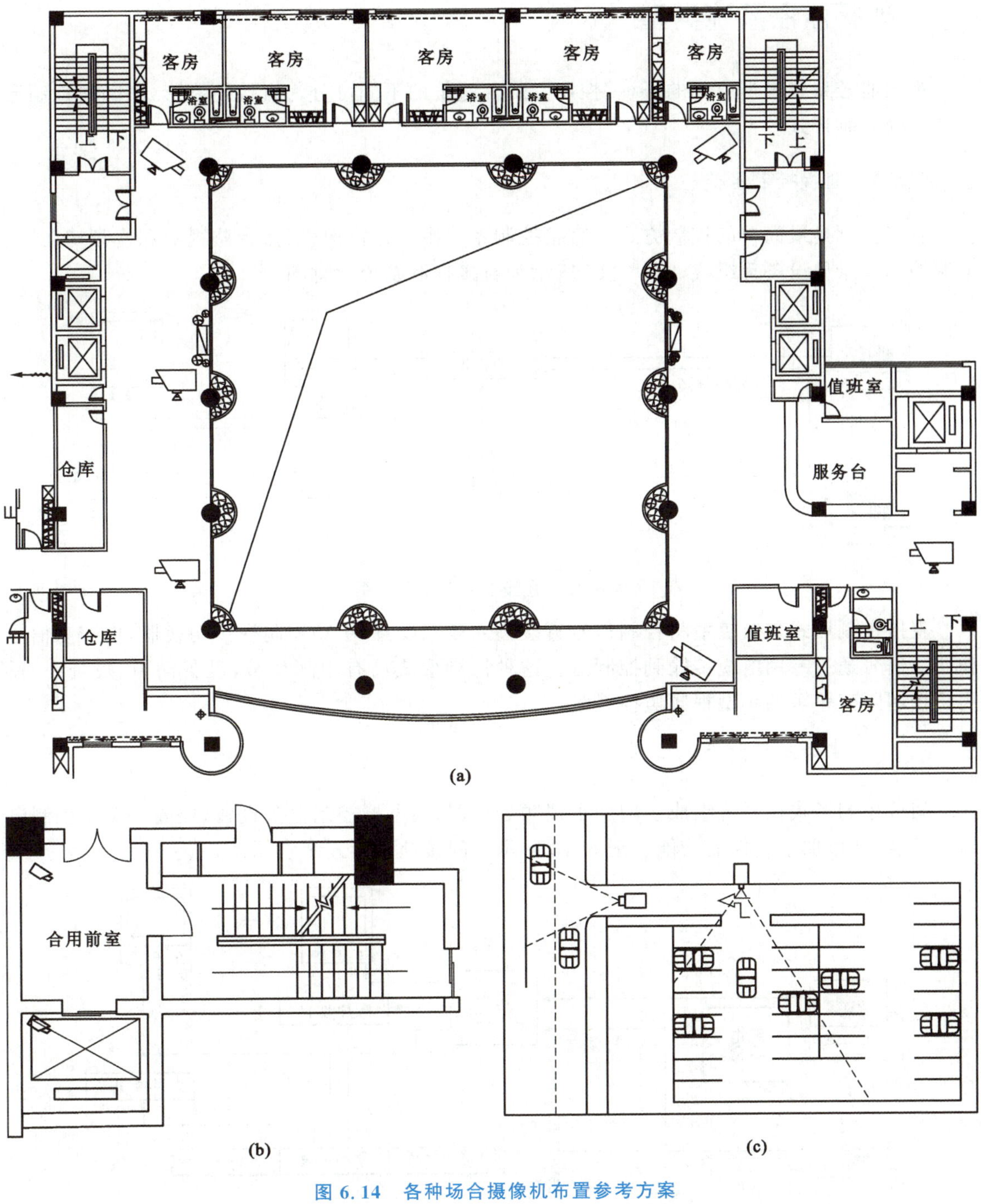

图 6.14　各种场合摄像机布置参考方案

(a) 宾馆主要通道摄像机布置参考方案；(b) 楼梯口轿厢内摄像机布置参考方案；

(c) 停车库(场)摄像机布置参考方案

6.3　视频监控系统类型

视频监控系统根据应用的环境、控制方式和造价的不同可分为直接控制形式、间接控制形式和总线控制形式。

6.3.1　直接控制形式

直接控制是最简单的控制方式。直接控制系统由几台摄像机、数台监视器和视频切换器、电源控制及录像设备等组成。图 6.15 所示为直接控制系统示意图。

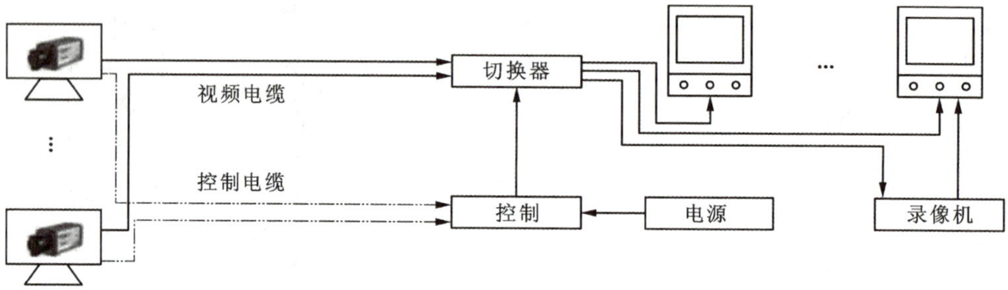

图 6.15　直接控制系统示意图

直接控制形式是监控室将控制信号直接输入被控设备，手动控制视频切换器，把控制信号和切换信号通过专用电缆传输到控制点。这种控制形式没有中间环节，设备简单、投资小，适用于控制距离较短的小型视频监控系统。

6.3.2　间接控制形式

间接控制形式在系统组成上增加了视频分配器、继电器控制盒等设备，提高了系统控制电缆的长度，并增加了遥控的功能。图 6.16 所示是间接控制形式示意图。

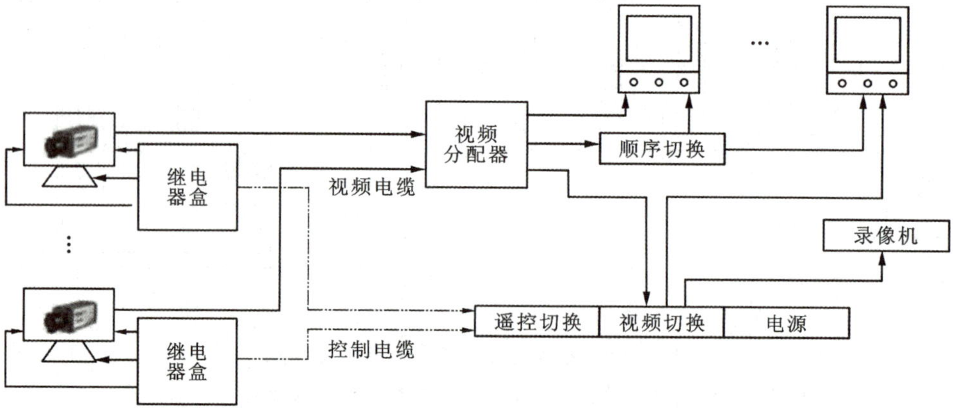

图 6.16　间接控制形式示意图

间接控制形式是利用设置在摄像机附近的继电器盒由监控室控制或远距离遥控。这种控制形式降低了对控制线的要求，增加了传输距离，但对大型控制系统仍不适用，因为遥控越多，对控制线的要求也越多,距离较远时控制较困难。

直接控制形式和间接控制形式就控制线而言均属多线制系统。

6.3.3　总线控制形式

总线控制形式是采用微机控制的矩阵切换方式,如图 6.17 所示。它采用串行码传输控制信号,利用传输单线组网,系统控制线只需两根。监控室微处理机控制系统将控制指令编码后变成串行数字信号送入传输总线,摄像端的解码电路通过解码识别,驱动电路执行相应指令。该控制形式适用于大中型视频监控系统。

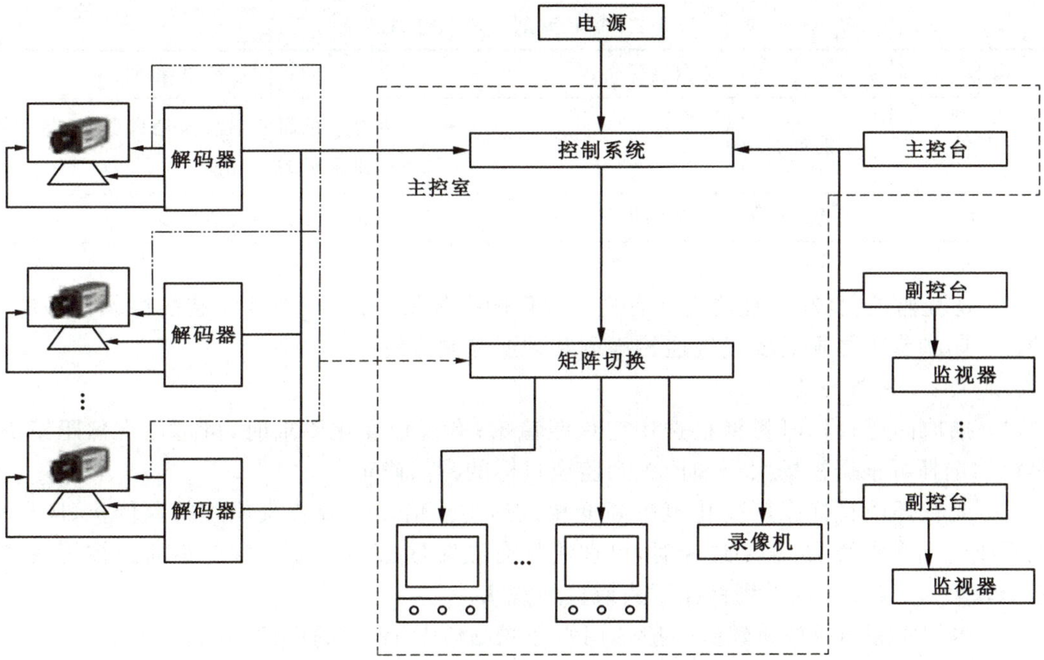

图 6.17　总线控制形式示意图

由于总线控制方式在系统扩容、控制对象拓展、联网控制等方面有独特的灵活性和可操作性,所以得到了越来越广泛的应用。常见的系统结构形式还有以视频矩阵切换器为核心的系统、视频矩阵切换器加微处理机组成上下位式的系统、视频矩阵切换器与微处理机控制管理融合的一体化系统等。

6.4　视频监控设备的选择和安装

由于视频监控系统操作人员基本上不是专业人士,因此视频监控系统应具备简易的操作性、动作的准确性、系统维护的便利性等。在选择系统设备时需考虑可靠和耐久性、高画质和色彩还原性、可操作性和可维护性,且投资价格要合理。此外,还必须满足视频监控系统运行质量与系统设计的要求(配置)。

6.4.1　摄像机、镜头、云台、防护罩的选择

6.4.1.1　摄像机的选择

(1) 根据监控环境照度选择摄像机。一般要求监控目标环境最低照度应高于摄像机最低照度的 50 倍。

(2) 视频监视系统宜采用彩色摄像机。彩色摄像机性价比有较大的提高,成本比黑白摄像机高一些,但其成像更为真实。一般的视频监控系统宜采用彩色摄像机。对色彩无要求,监视场所照度长期较低时,宜选用黑白摄像机或加装辅助照明设施。彩色和黑白摄像机的选择可参见表 6.3。

表 6.3　彩色和黑白摄像机的选择

参数	黑白摄像机	彩色摄像机
信息量	不能辨别颜色	因有颜色而使信息量增大(信息量大约为黑白摄像机的 10 倍)
环境	在光线暗的场所清晰度好	在光线暗的场所清晰度差

(3) 逆光监控摄像时,宜选用具有逆光补偿的摄像机。户内、户外安装的摄像机均应加装防护套。防护套可根据需要设置遥控雨刷和调温控制系统。

6.4.1.2　镜头的选择

(1) 摄取固定目标时摄像机选用定焦距镜头;有视角变化要求时,可选用变焦距镜头;镜头焦距的选择可根据视场大小和镜头到监视目标的距离确定。

(2) 监视环境目标亮度变化范围高低相差达 100 倍以上或昼夜使用的摄像机,应选用自动光圈或电动光圈镜头;需要遥控时,可选用具有光对焦、光圈开度、变焦距的遥控镜头;需要隐蔽安装的摄像机时,宜采用针孔镜头或棱镜镜头。

(3) 电梯轿厢内摄像机镜头一般选用水平视场角大于 70°的广角镜头。

(4) 在景深大、视角范围广的监控区域,宜选用带全景云台的摄像机和大于 6 倍以上的电动遥控变焦距镜头,或采用 2 只以上定焦距镜头的摄像机分区覆盖。

6.4.1.3　云台的选择

(1) 需要环视整个场景时,摄像机应配置电动遥控云台。表 6.4 所示为固定摄像机与使用云台摄像机的比较。

(2) 云台的负荷能力应大于实际负荷重量的 10 倍。

表 6.4　固定摄像机与使用云台摄像机的比较

	固定安装摄像机	使用电动云台的摄像机
优点	费用低;通常可环视整个空间;安装、配线简单	能仔细观察各个角落
缺点	很难仔细观察各个角落	费用高;需要检修;推镜头时画面视角易出现遗漏;需要操作员

6.4.1.4　防护罩的选择

在下列环境下安装的摄像机需使用摄像机防护罩:

(1) 遭受风吹雨打的室外环境,一般选用室外型防护罩。

(2) 周围温度超过摄像机工作的温度范围时,选用通风冷却型防护罩。

(3) 尘土多或空气污染大的环境,选用防尘防水型防护罩。

(4) 湿度大的环境,选用防尘防水型防护罩。

(5) 安装在水中和防爆地区等特殊环境下时,选用特殊类型的防护罩。

6.4.2 传输设备的选择

6.4.2.1 同轴电缆传输设备的选择

系统的图像信号传输距离较近时,可采用同轴电缆传输视频基带信号的视频传输方式。传输黑白电视基带信号,在 5 MHz 点的不平坦度大于 3 dB 时,宜加电缆均衡放大器;当大于 6 dB时,应加电缆均衡放大器。传输彩色电视基带信号,在 5.5 MHz 点的不平坦度大于3 dB 时,宜加电缆均衡器;当大于 6 dB 时,应加电缆均衡放大器。

当传输距离较远,监视点分布范围广,或需进入电缆视频网时,宜采用同轴电缆传输射频调制信号的射频传输方式。

6.4.2.2 控制线路传输设备的选择

系统的控制信号可采用多芯直接或遥控信号进行数字编码用电(光)缆进行传输。

(1)传输黑白视频基带信号,在 500 MHz 点的不平坦度大于 3 dB 时,宜加电缆均衡器;当大于 6 dB 时,应加电缆均衡放大器。传输彩色视频基带信号,在 5.5 MHz 点的不平坦度大于 3 dB 时,宜加电缆均衡放大器;当大于 6 dB 时,应加电缆均衡放大器。

(2) 一般采用同轴电缆作为视频线,常用型号为 SYV-75-9、SYV-75-5 实芯聚乙烯型和 SBYFV-75-9 泡沫绝缘型等,一般采用 KVV 型电缆作为控制电缆。若要保持优质的视频信号传输水平,则 SYV-75-3 电缆不宜超过 50 m,SYV-75-5 电缆不宜超过 100 m,SYV-75-7 电缆不宜超过 400 m,SYV-75-9 电缆不宜超过 600 m。若要保持良好的视频信号传输水平,上述各传输距离可加大一倍。

(3) 传输线路一般采用穿钢管暗敷设,一根钢管一般只穿一根电缆。SYV-75-9 型电缆应采用直径大于或等于 25 mm 的钢管;SYV-75-5 型电缆应当采用直径大于或等于 20 mm 的钢管。电缆与电力线平行或交叉敷设时,其间距不得小于 0.3 m;与通信线平行或交叉敷设时,其间距不得小于 0.1 m。电缆弯曲半径应大于电缆外径的 15 倍。

(4) 传输距离较远、监视点分布较广或需进入电缆电视网时,宜采用同轴电缆传输射频调制信号的射频传输方式;长距离传输或需避免强电磁场干扰的传输宜采用光缆,光缆抗干扰性强,可传输十几千米而不用补偿。

6.4.3 监视器、切换控制器和记录设备的选择

6.4.3.1 监视器的选择

监视器选择得当可给值班人员的观察带来便利,它显示了被监视点的实况,为捕捉可疑目标提供了方便。

(1) 显示设备可采用监视器、液晶平板显示器、背投影显示墙等,显示屏宜采用 29～55 in 彩色显示设备。

(2) 最佳视距宜在 4～6 倍显示屏尺寸之间,或在监视屏幕墙高的 2～4 倍距离之间。

(3) 应选用比摄像机清晰度高一级(100TVL)的显示设备。固定监控终端主机显示分辨率不应小于 1024×768。

6.4.3.2 切换控制器的选择

(1) 视频切换控制器应能手动或自动编程,对摄像机的各种动作进行程控,能将视频信号在指定的监视器上进行固定或时序显示;视频图像上宜叠各类编码。

(2) 视频切换控制器在系统中应有与报警控制器联网的接口,报警发生时能切换出相应部位的摄像机图像。

(3) 视频信号可作多路分配使用,常用的分配有一路实时跟踪监视、一路录像监视、一路备份输出。

6.4.3.3 记录设备的选择

记录设备是视频监控系统中的记录和重放装置,根据设计要求可选择记录时间不等的记录设备。

(1) 应采用数字技术或网络存储技术进行图像存储;

(2) 数字录像设备输入、输出信号,视频、音频指标均应与整个系统的技术指标相适应;

(3) 数字录像设备应具有记录和回放全双工、报警联动、图像检索及视频丢失报警等功能;

(4) 每路存储的图像分辨率不宜低于 4CIF,每路存储时间不应少于 30 d;对于重要应用场合,记录图像速度不应小于 25 fps;对于其他场所,记录速度不应小于 6 fps;

(5) 图像记录设备硬盘容量可根据录像质量要求、摄像机码流参数、记录视频路数、信号压缩方式及保存时间确定;

(6) 数字视频监控系统应根据安全管理要求、系统规模、网络状况,有选择性地采用分布式存储、集中式存储或混合存储方式;网络存储设备应采用 RAID(冗余磁盘阵列)技术;

(7) 与入侵报警系统联动的视频监控系统、超高层建筑避难层(间)的视频监控系统应设置专用显示设备,宜单独配备相应的图像记录设备。

6.4.4 视频监控中心

6.4.4.1 监控室设置要求

监控室要求环境噪声较小,有必要的安全和消防设施,面积一般在 12～15 m^2,室内温度宜控制在 18～28 ℃,相对湿度宜控制在 35%～75%。

6.4.4.2 监控室电源及系统电源要求

(1) 视频监控系统应由可靠的交流电源回路单独供电,配电设备应有明显标志。

(2) 宾馆、酒店视频监控系统供电电源应采用 220 V、(50±1)Hz 单相交流电源,电压允许偏差±10%。超过此范围时,应设电源稳压装置。

(3) 摄像机应由监控室专线集中供电。对离监控室较远的摄像机统一供电确有困难时可就近解决,但必须是与监控室同相的可靠电源,并由监控室操作通断。

6.4.4.3 监控室配线要求

(1) 电源线与信号传输线应尽量避免平行走线或交叉敷设;无法避免时,应平行相隔 1 m 以上。电源线若采用穿钢管敷设,与信号传输线的间距不得小于 0.3 m。

(2) 室内线路明敷设一律用线卡固定,同轴电缆屏蔽层必须与机壳或对地接触良好;电缆的弯曲半径应大于电缆外径的 15 倍。

6.4.4.4　接地要求

电视监控系统接地宜采用一点接地方式，接地母线应采用铜芯导线，接地电阻不得大于 4 Ω。当系统采用共同接地网时，其接地电阻不得大于 1 Ω。

6.5　工程案例

【案例 1】　中小型监控中心方案

在中小规模(视频监控点小于 24 路)的视频监控系统中，一般以 DVR 为核心来构建系统。图 6.18(a)所示为中小型模拟视频监控系统方案；图 6.18(b)所示为中小型数字视频监控系统方案。

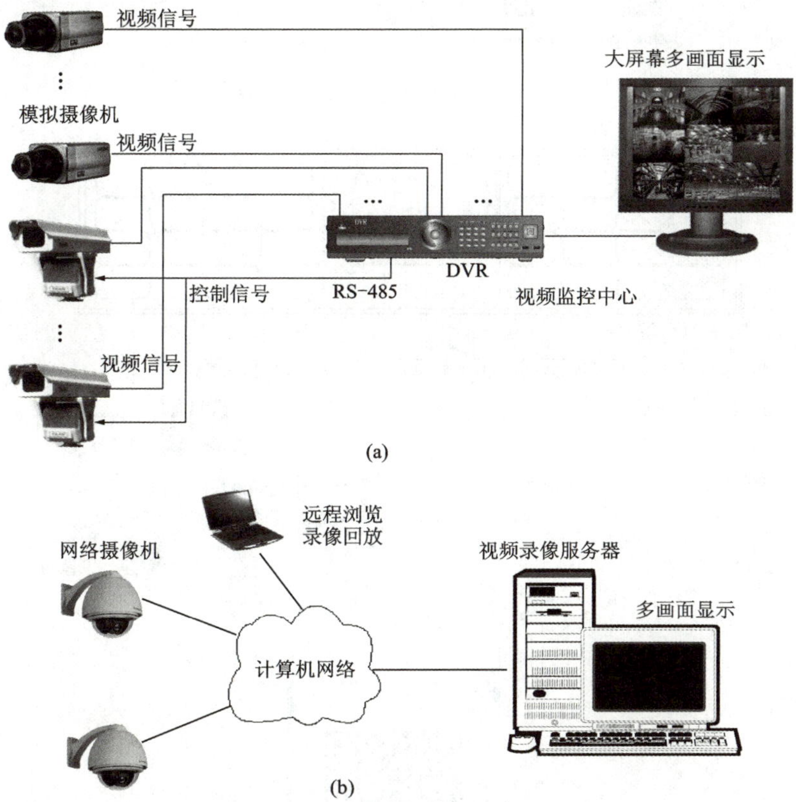

图 6.18　中小型监控中心系统方案

(a)中小型模拟视频监控系统；(b)中小型数字视频监控系统

【案例 2】　大型监控中心方案

大型模拟视频监控系统如图 6.19 所示。大型数字视频监控系统如图 6.20 所示。

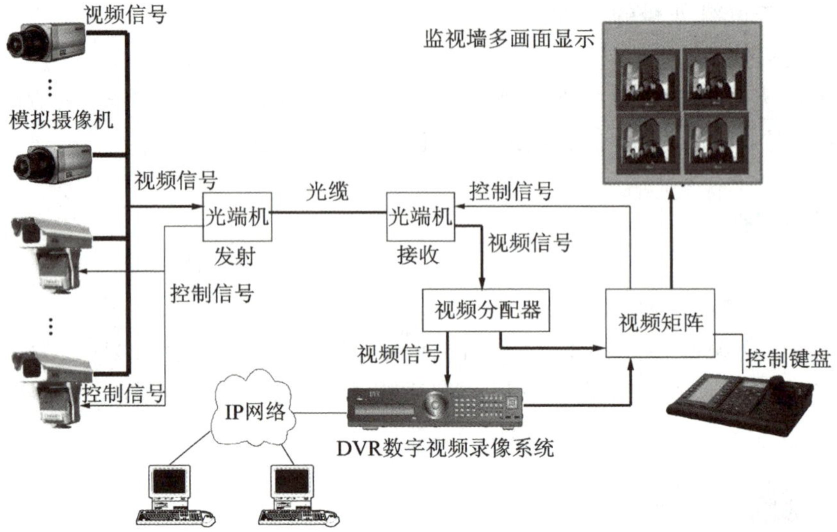

图 6.19　大型模拟视频监控系统

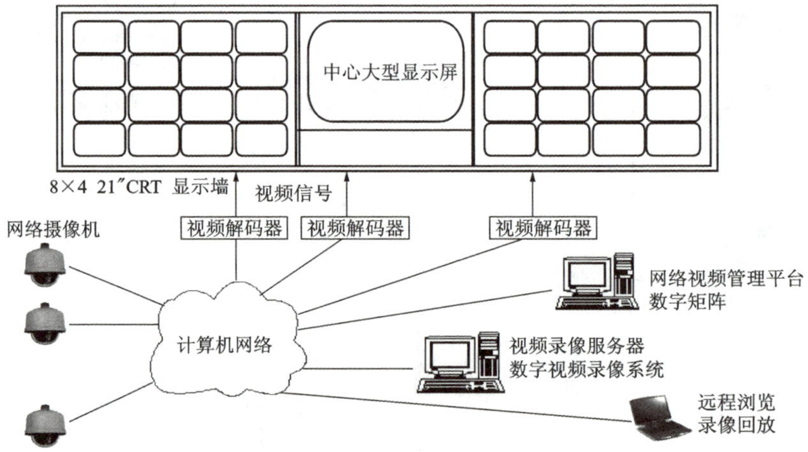

图 6.20　大型数字视频监控系统

在线测试

思考题

6.1　视频监控系统主要由哪几部分组成？各部分的主要作用是什么？

6.2　用于视频监控系统的首选摄像机是哪一种？为什么？

6.3　常用的摄像机支承设备有哪些?

6.4　电动云台的作用是什么?

6.5　视频监控系统中视频信号传输一般选用哪些传输线?各类传输线的适用范围是什么?

6.6　一个完整的视频监控系统最基本的控制功能有哪些?

6.7　视频监控系统中摄像机布置有哪些具体要求?

6.8　视频监控系统控制方式有哪些?它们各适用于什么功能的建筑物?

6.9　摄像机有哪些主要技术参数?应如何选用?

6.10　试通过一个典型的案例说明视频监控系统的功能以及它是如何实现这些功能的。

项目 7　安全防范系统

【知识目标】

1. 熟悉安全防范系统的概念；
2. 熟悉各子系统的组成；
3. 了解设备的选择和安装要求；
4. 熟悉系统检验的方法和要求。

【能力目标】

1. 具备识读安全防范系统施工图的能力；
2. 能正确选择设备类型和主要参数；
3. 能对设备进行安装、调试操作；
4. 能对系统进行检验。

【课程思政】

海康威视的发展

7.1　概述

安全防范系统的全称是公共安全防范系统，它的作用是保护社会公共安全和人身财产安全，降低损失，预防犯罪。

安全防范系统涉及面很广，运用安全防范产品或相关产品构成的系统均可称为安全防范系统。安全防范系统按其报警功能不同可分为专业性安全防范报警系统和非专业性安全防范报警系统两大类。专业性安全防范报警系统是指某些专门行业为防范某些有可能危及人身财产安全的事故或事故隐患所专用的报警系统，如防火灾报警系统（火灾自动报警系统）、防有毒有害气体泄漏报警系统、防放射性物质泄漏报警系统等。非专业性安全防范报警系统是指无背景、不可预计的有可能危及人身财产安全的事故的报警系统，如入侵盗窃等。本项目仅讨论非专业性安全防范报警系统——入侵和紧急报警系统、出入口控制系统、电子巡查系统、停车库（场）安全管理系统等。

7.1.1　入侵和紧急报警系统

入侵和紧急报警系统亦称为入侵报警系统或防盗报警系统，是安全防范报警系统之一，是利用传感器技术和电子信息技术探测并指示非法或试图非法进入设防区的行为，处理报警信息、发出警报信号的电子系统或网络系统。它是根据被防护对象的使用功能和安全防范管理的要求，对设防区域的非法入侵、盗窃、破坏和抢劫等行为进行实时有效的探测和报警的系统。按实际需要和报警功能不同，入侵和紧急报警系统可分为企事业单位用防盗防非法入侵报警系统、家居安全防范报警系统、周界报警系统、家居及周界综合联网报警系统等四种防盗防非法入侵报警系统。

7.1.2 出入口控制系统

出入口控制系统亦称为门禁控制系统，它是根据建筑物的使用功能和安全防范管理的要求，对需要控制的各类出入口按各种不同的通行对象及其准入级别有效地实时控制与管理的系统。该系统主要用于办公大楼、公司、超市及银行证券等场所的智能化管理，可对建筑物内外正常出入通道进行管理，防止没有授权的人员进入高保安区域及进行人员统计管理，确保办公大楼、公司等管理场所安全高效地运作。

7.1.3 电子巡查系统

电子巡查系统是利用全新技术确保保安巡更工作科学化、规范化管理的系统。根据建筑物的使用功能和安全防范管理的要求，电子巡查系统可以按预先编制的保安人员巡查程序，通过信息识读器或其他方式对保安人员巡逻的工作状态进行监督、记录，并能对意外情况及时报警。

7.1.4 停车库(场)安全管理系统

停车库(场)安全管理系统是根据建筑物的使用功能和安全防范管理的要求，对停车库(场)的车辆通行道口实施出入控制、监视、行车信号指示、停车管理和车辆防盗报警等功能的系统。

停车库(场)安全管理系统一般采用三重保密认证的非接触式智能IC卡作为通行凭证，并借图像对比、人工识别技术以及强大的后台数据库管理技术对停车库(场)实现智能化管理。它集计算机网络技术、总线技术和非接触式IC卡技术于一体，可广泛应用于停车收费、智能化管理的地面或地下停车库(场)，并可方便地与门禁、收费等系统组合，实现一卡通。

7.2 报警探测器

报警探测器是用来探测入侵者的移动或其他动作，由电子及机械部件所组成的装置构成，结构上分为传感部分和信号处理部分。常用的报警探测器有红外报警探测器、微波报警探测器、复合式报警探测器、超声波报警探测器、振动式报警探测器、磁开关报警探测器等。

7.2.1 红外报警探测器

红外报警探测器又称红外入侵探测器，按其结构和工作原理不同分为主动红外报警探测器和被动红外报警探测器两类。

7.2.1.1 主动红外报警探测器

主动红外报警探测器由主动红外发射机和主动红外接收机组成。当发射机与接收机之间的红外光束被完全遮断或按给定百分比遮断时能进入报警状态，产生报警。图7.1所示为主动红外报警探测器。

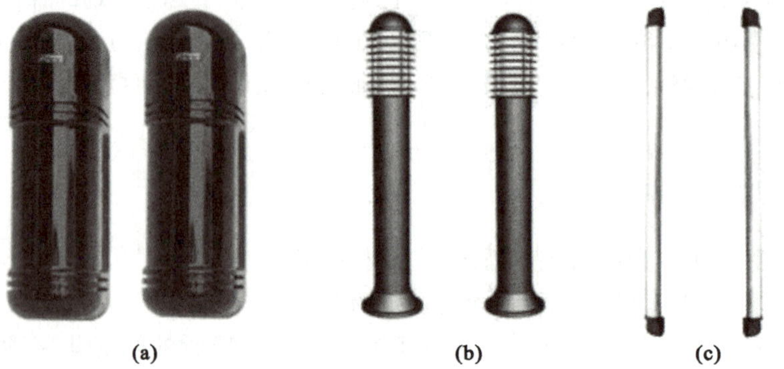

图 7.1　红外报警探测器

(a) 主动红外报警探测器;(b) 落地主动红外报警探测器;(c) 主动红外+超声波栅栏探测器

主动红外报警探测器的收、发机分置安装,性能上要求发射机的红外辐射光谱在可见光光谱之外。发射机通常采用红外发光二极管作光源。该二极管的主要优点是体积小、自重轻、使用寿命长,交、直流均可使用,并可用晶体管和集成电路直接驱动。

为防外界干扰,发射机所发出的红外辐射必须经过调制,这样当接收机收到接近辐射波长的不同调制频率的信号或者无调制的信号时,就不会引起报警状态的产生和变化。

主动红外报警探测器一般设置在围墙上或围墙内侧构成电子篱笆警戒。目前常用的有单光束、双光束和四光束主动红外报警探测器等。

7.2.1.2　被动红外报警探测器

被动红外报警探测器采用热释电红外探测元件来探测目标。当物体温度高于绝对零度时,物体会不停地向四周辐射红外线,因此,被动红外报警探测器利用移动目标(如人、畜、车)自身辐射的红外线进行探测。当目标在探测范围内移动时,会引起接收到的红外辐射电平变化从而报警,而能产生报警状态的探测装置称为被动红外报警探测器。

被动红外报警探测器与其他类型的保安设备比较有如下特点:

(1) 无须在设防区域内安装任何设备,可实现远距离控制;

(2) 被动式工作方式不产生任何辐射,保密性强,能有效地执行保安任务;

(3) 不受环境照度限制,昼夜均可用,特别适宜在夜间或黑暗条件下工作;

(4) 由于无能量发射,没有容易磨损的活动部件,故功耗低、结构牢固、使用寿命长、维护简便、可靠性高。

图 7.2 所示为常见的被动红外报警探测器。

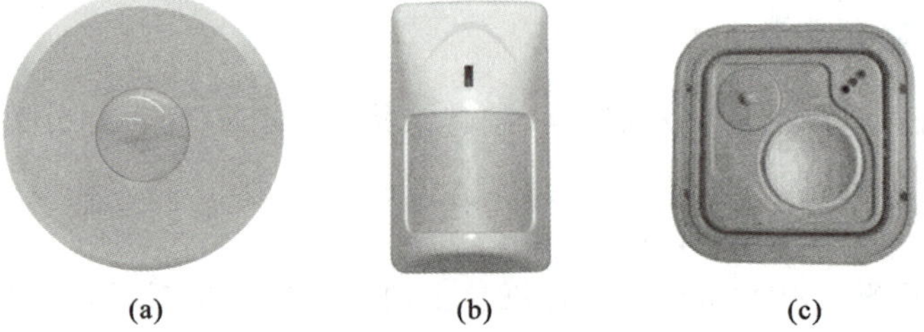

图 7.2　常见的被动红外报警探测器

(a) 被动红外吸顶单鉴探测器;(b) 被动红外报警探测器;(c) 被动红外与微波复合智能吸顶探测器

7.2.2　微波报警探测器

微波报警探测器依据结构不同分为雷达式和墙式两种。

7.2.2.1　微波雷达式报警探测器

微波雷达式报警探测器是微波收、发设备合置的一种报警探测器，其工作原理是基于多普勒效应的。它发出的微波波长很短，为 1～1000 mm，易被物体反射。微波信号遇到移动物体反射后会产生多普勒效应，经反射后的微波信号与发射微波信号频率会产生微小的偏移，进而产生报警信号。

多普勒雷达的原理是：将微波发射天线与接收天线装在一起，使用体效应管作微波固态振荡源，通过与波导的组合，形成一个小型的发射微波信号的发射源。而探头中的肖基特检波管与同一波导组成单管波导混频器，用来混频接收机与发射源耦合的信号，从而得到一个频率差，再送到低频放大器处理后控制报警的输出。微波段的电磁波由于波长较短、穿透力强，可穿透玻璃、木板、砖墙等非金属材料，所以在安装时不应面对室外，以免室外有人通过时引起误报。

7.2.2.2　微波墙式报警探测器

微波墙式报警探测器利用了场干扰原理或波束阻断原理，是一种微波收、发分置的探测器。微波墙式报警探测器由微波发射机、发射天线、微波接收机、接收天线、报警控制器等组成。

微波天线发射出定向性很好的调制微波束，工作频率通常选择在 9～11 GHz，微波接收天线与发射天线相对放置。当接收天线与发射天线之间有阻挡物或探测目标时，由于它破坏了微波的正常传播，接收到的微波信号会有所减弱，从而发出非法入侵报警信号。

墙式微波探测器在发射机与接收机之间存在的微波电磁场中形成了一道看不见的警戒线。警戒线长达几百米，宽 2～4 m，高 3～4 m，似一道围墙，故称为微波墙式探测器或微波栅栏。

图 7.3 所示为常见的微波报警探测器。

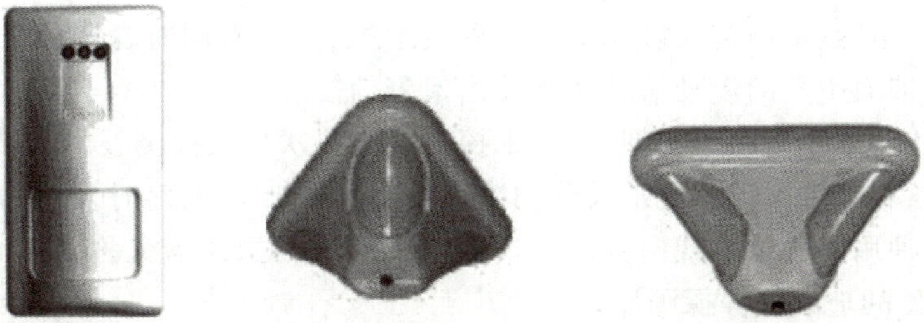

(a)　　(b)　　(c)

图 7.3　常见的微波报警探测器

(a) 微波智能红外探测器；(b) 红外微波探测器；(c) 微波探测器

7.2.3　超声波探测器

利用人耳听不到的超声波(20 kHz 以上)作为探测源的报警探测器称为超声波探测器，它是用来探测移动物体的空间探测器。

超声波探测器按照其结构和安装方法不同分为多普勒型和声场型两种。一种是基于声波的多普勒效应探测器，它将两个超声波换能器安装在同一盒体内，即收、发合置，故又称为多普勒型探测器。其发射的超声波能场分布具有一定的方向性，一般为面向方向区域呈椭圆形能场分布。另一种是分置型，即将两个换能器分别放置在不同的收、发位置，也称为声场型探测器。其发射机与接收机多采用非定向型（即全向型）换能器或半向型换能器。

收、发分置的超声波探测器警戒范围大，可控制几百立方米空间，也可采用多组组合警戒控制更大的空间。图7.4所示为常见的超声波探测器。

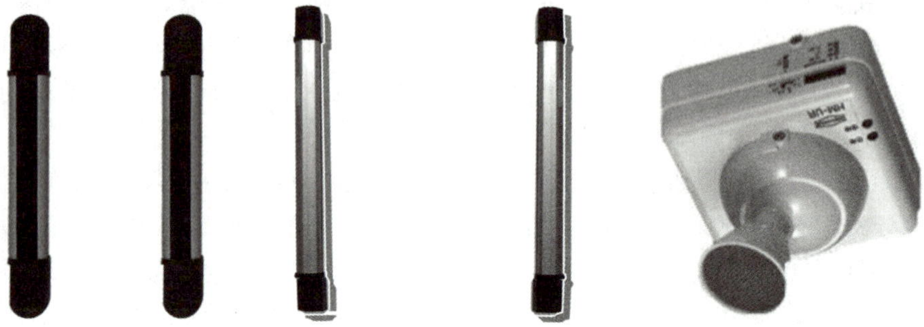

(a)　(b)　(c)

图7.4　常见的超声波探测器

(a) 超声波栅栏探测器；(b) 红外超声波栅栏探测器；(c) 超声波探测器

7.2.4　玻璃破碎报警探测器

玻璃破碎报警探测器是利用压电陶瓷片的压电效应制成的。按其工作原理一般分为两大类：一类是声控型单技术玻璃破碎探测器，它将玻璃破碎时产生的高频信号作为驱动信号来驱动具有选频作用的声控报警探测器；另一类是双技术玻璃破碎探测器。其中包括“声控＋震动型”和“次声波＋玻璃破碎高频声响型”，它可以对高频（10～15 kHz）的玻璃破碎声音进行有效检测，而对10 kHz以下的声音信号（如说话、走路）有较强的抑制作用。玻璃破碎声发射频率的高低、强度的大小同玻璃的厚度和面积有关。

“声控＋震动型”是将声控与震动探测两种技术组合，只有同时探测到玻璃破碎时发出的高频信号和敲击玻璃引起的震动信号才能发出报警信号。

“次声波＋玻璃破碎高频声响型”双技术探测器是将次声波探测技术和玻璃破碎高频声响探测技术组合，只有同时探测到敲击玻璃的次声波信号和玻璃破碎时发出的高频声响才能发出报警信号。这种用两种技术或两种以上技术组合而成的探测器又称为复合式报警探测器。图7.5所示为常见的玻璃破碎探测器。

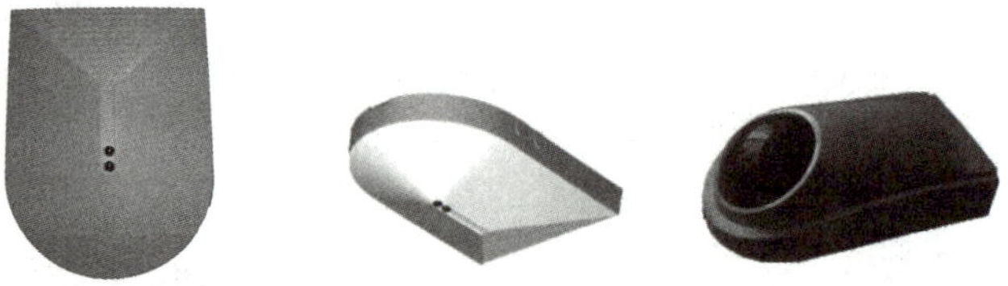

(a)　(b)　(c)

图7.5　常见的玻璃破碎探测器

(a) 智能玻璃破碎探测器；(b)、(c) 玻璃破碎探测器

7.2.5　磁开关报警探测器

磁开关报警探测器由开关盒和磁铁盒等组成，当磁铁盒相对于开关盒移开或移近至一定

距离时，能引起开关状态的变化。

磁开关报警探测器按触点形式不同分为动合型触点（磁铁盒移离，开关盒触点闭合）、动断型触点（磁铁盒移离，开关盒触点开路）和转换型触点（磁铁盒移离，开关盒触点状态发生变化）；按安装方式不同分为表面安装型和嵌入安装型。磁开关报警探测器还可按有线和无线进行分类。图7.6所示为常用的磁开关报警探测器。

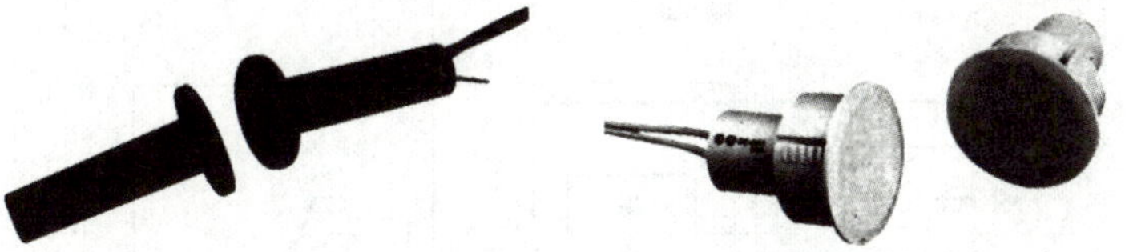

图7.6　常用的磁开关报警探测器

7.3　入侵和紧急报警系统

入侵和紧急报警系统通常由前端设备、传输设备、处理/控制/管理设备和显示/记录设备四个部分构成。前端设备包括一个或多个探测器或紧急报警装置；传输设备包括电缆、数据采集和处理器（地址编解码器/发射接收装置）；控制设备包括控制器或中央控制台，控制器/中央控制台应包含控制主板、电源、声光指示、编程、记录装置以及信号通信接口等。

7.3.1　入侵和紧急报警系统分类

入侵和紧急报警系统是遵循国家有关规范和标准，根据业主的要求和设防环境等因素进行设置的。常用的系统有分线制、总线制、无线制和公共网络四种模式。

7.3.1.1　分线制

图7.7所示为分线制入侵和紧急报警系统模式一。分线制系统的探测器、紧急报警装置通过多芯电缆与报警控制主机之间采用一对一专线相连，通常用于距离较近、探测防区较少并集中的情况，多用于小于16防区的系统。

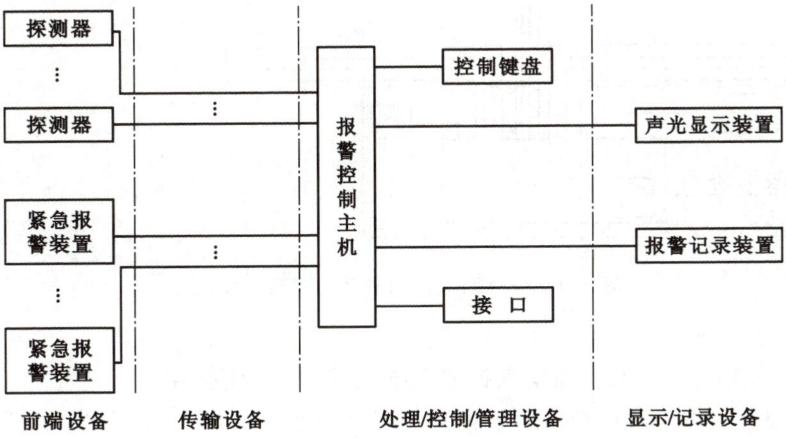

图7.7　分线制入侵和紧急报警系统模式一

图 7.8 所示为分线制入侵和紧急报警系统模式二。探测器数量小于报警主机容量，系统可根据区域联动开启相关区域的照明和声光报警器。备用电源切换时间满足报警控制主机的供电要求，无源探测器宜采用二芯线，有源探测器宜采用不少于四芯的 RVV 线。

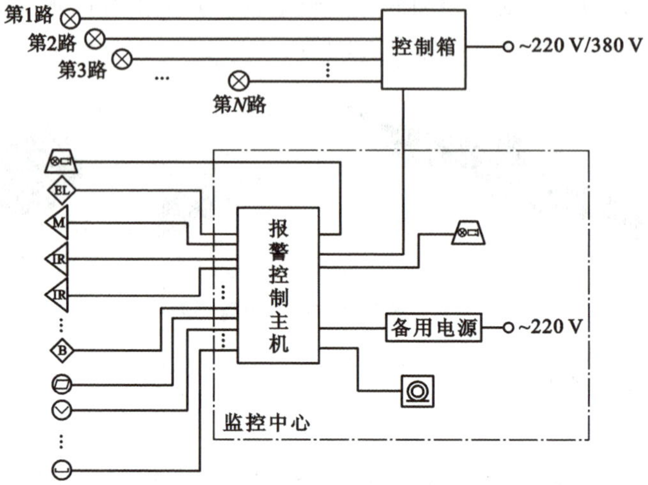

图 7.8 分线制入侵和紧急报警系统模式二

图 7.9 所示为分线制入侵和紧急报警系统模式三，也是周界防护电子报警系统示意图。备用电源切换时间应满足周界报警控制器的供电要求，前端设备选择、选型应由工程设计确定。

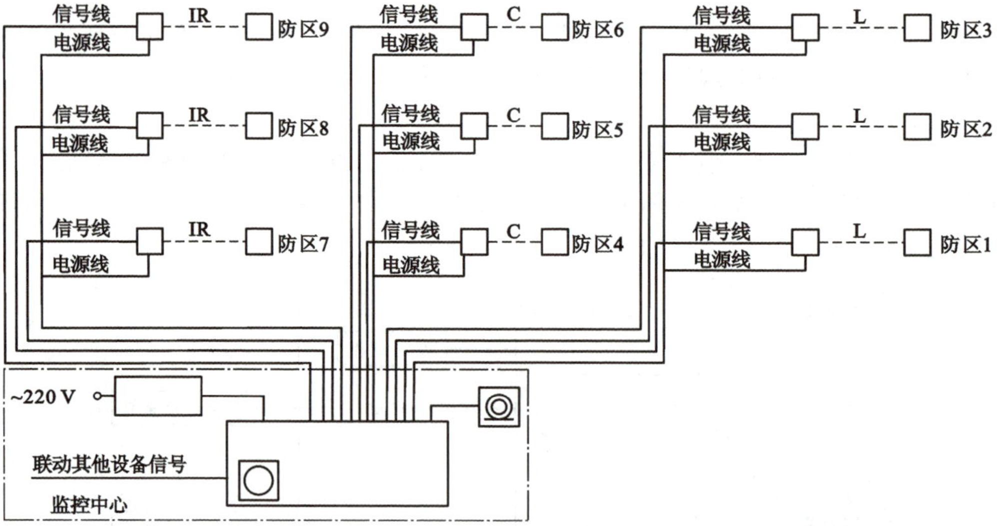

图 7.9 分线制入侵和紧急报警系统模式三

7.3.1.2 总线制

图 7.10 所示为总线制入侵和紧急报警系统模式一，总线制控制系统是将探测器、紧急报警装置通过其相应的编址模块与报警控制器主机之间采用报警总线（专线）相联。与分线制不同的是，传输设备通过编址模块使传输线路变成了总线制，大大减少了传输导线数量。总线制模式通常用于距离较远、探测防区较多且分散的情况，多用于小于 128 防区的系统。图 7.11

所示为总线制入侵和紧急报警系统模式二。本总线制周界防护电子报警系统备用电源的切换时间应满足周界报警控制器的供电要求，前端设备的选择由工程设计确定。

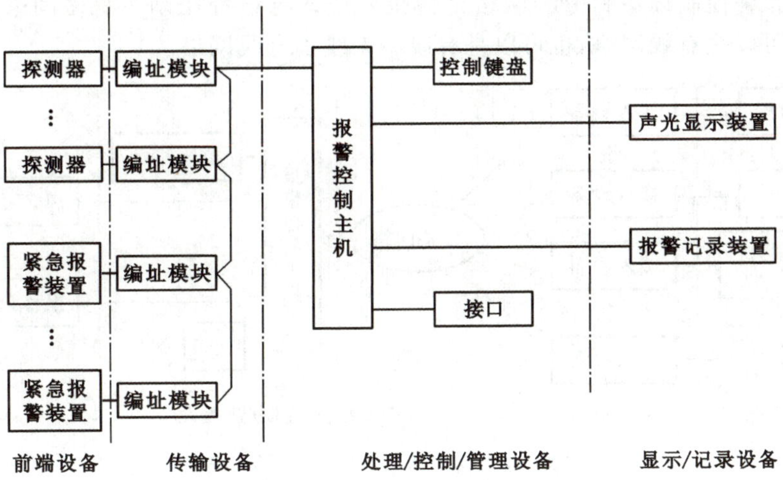

图 7.10　总线制入侵和紧急报警系统模式一

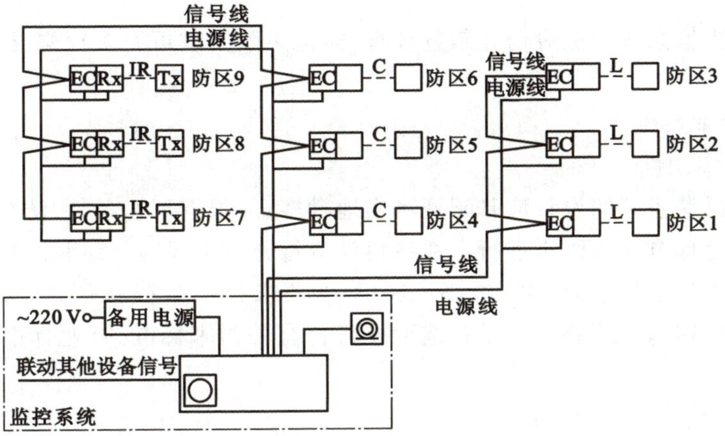

图 7.11　总线制入侵和紧急报警系统模式二

7.3.1.3　无线制

图 7.12 所示为无线制入侵和紧急报警系统模式。无线制系统是将探测器、紧急报警装置通过其相应的无线设备与报警控制主机通信，其中一个防区内的紧急报警装置不得大于 4 个。

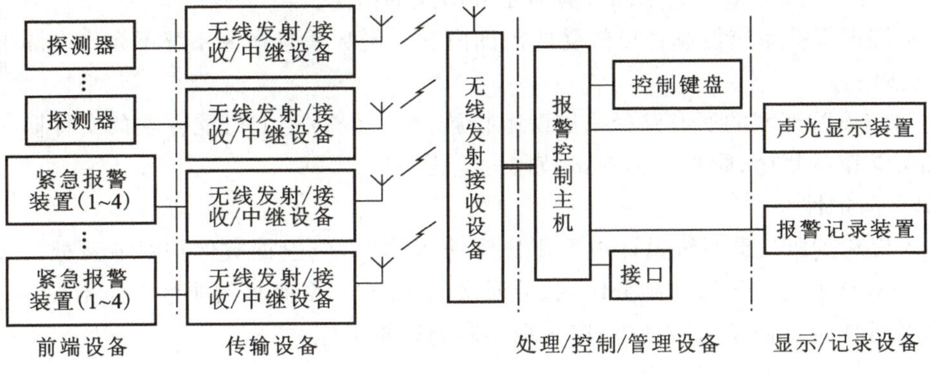

图 7.12　无线制入侵和紧急报警系统模式

7.3.1.4　公共网络

图 7.13 所示为公共网络入侵和紧急报警系统模式。公共网络系统是将探测器、紧急报警装置通过现场报警控制设备和（或）网络传输接入设备与报警控制主机之间采用公共网络相连。公共网络可以是有线网络，也可以是有线—无线—有线网络。

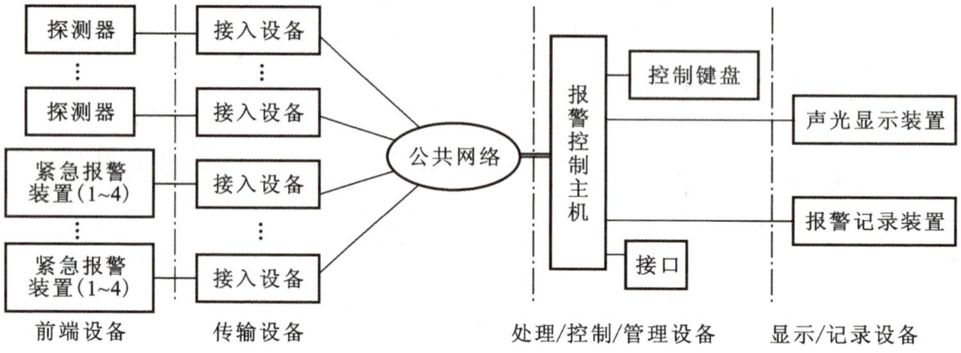

图 7.13　公共网络入侵和紧急报警系统模式

7.3.2　入侵和紧急报警系统的性能要求

入侵和紧急报警系统根据设防建筑物环境、防范风险要求可有多种构成模式，上述模式只是其中一部分。

7.3.2.1　性能要求

1. 规范性和实用性

入侵和紧急报警系统的设计应基于现场实地勘察，并根据环境条件、防范对象、投资规模、维护保养及接警处理方式等因素进行。系统设计应符合有关风险等级和防护级别标准的要求[按《安全防范工程技术标准》(GB 50348—2018)的要求执行]，符合有关设计规范、设计任务书及建设单位的管理和使用要求。设备选型应符合有关国家标准、行业标准和相关管理规定的要求。

2. 先进性和互换性

入侵和紧急报警系统设计在技术上应有适度超前性和互换性，为系统的增容和改装留有余地。

3. 准确性

(1) 入侵和紧急报警系统应能准确及时地探测入侵行为、发出报警信号；对入侵报警信号、防拆报警信号、故障信号的来源应有清楚和明显的指示。

(2) 系统误报警率应控制在可接受的范围内。入侵和紧急报警系统不允许有漏报警。

4. 完整性

应对防盗设防区域的所有路径采取防范措施，对入侵路径上可能存在的实体防护薄弱环节应有加强防范的措施；防护目标 5 m 范围内应无盲区。

5. 纵深防护性

(1) 入侵和紧急报警系统设计应采用纵深防护体制，应根据被保护对象所处的风险等级和防护级别对整个防范区域实施分区域、分层次的设防；一个完整的防区应包括周界、监视区、防护区和禁区四种不同类型，对它们应采取不同的防护措施。

(2) 防护区内应设立控制中心，必要时还可设立一个或多个分控中心。控制中心宜设在禁区内，至少应设在防护区内。

6. 联动兼容性

入侵和紧急报警系统应能与视频监控系统、出入口控制系统等联动。当与其他系统联合设计时，应进行系统集成设计，各系统之间应相互兼容又能独立工作。入侵和紧急报警的优先权仅次于火警。

7.3.2.2　系统基本功能

(1) 入侵和紧急报警系统应对下列可能的入侵行为进行准确、实时的探测并及时报警：

① 打开门、窗、空调百叶窗等；

② 使用暴力手段通过门、窗、天花板、墙及其他建筑结构；

③ 破碎玻璃；

④ 在建筑物内部移动；

⑤ 接触或接近保险柜或重要物品；

⑥ 紧急报警装置的触发。

(2) 当一个或多个设防区域产生报警时，入侵和紧急报警系统的响应时间应符合下列要求：

① 分线制、总线制和无线制入侵和紧急报警系统：不大于 2 s；

② 基于局域网、电力网和广电网的入侵和紧急报警系统：不大于 2 s；

③ 基于市话网电话线入侵和紧急报警系统：不大于 20 s。

(3) 指示入侵和紧急报警系统应有下列状态显示功能：

① 正常状态；

② 试验状态；

③ 入侵行为产生的报警状态；

④ 防拆报警状态；

⑤ 故障状态；

⑥ 主电源掉电，备用电源欠压；

⑦ 设置警戒(布防)、解除警戒(撤防)状态；

⑧ 传输信息失败。

(4) 控制入侵和紧急报警系统应能对下列功能进行编程设置：

① 瞬时防区和延时防区；

② 全部或部分探测回路设置警戒(布防)与解除警戒(撤防)；

③ 向远程中心传输信息或取消信息；

④ 向辅助装置发射激励信号；

⑤ 系统试验应在系统正常运转受到最小中断的情况下进行。

(5) 入侵和紧急报警系统应能对下列事件进行记录和事后查询：

① 按第(3)项所列状态和第(4)项所列编程设置进行事件记录和事后查询；

② 操作人员的姓名、开关机时间；

③ 警情的处理；

④ 维修。

(6) 传输

① 报警信号的传输可采用有线或无线传输方式；

② 报警传输系统应具有自检、巡检功能；

③ 入侵和紧急报警系统应有与远程中心进行有线或无线通信的接口，并能对通信线路的故障进行监控；

④ 报警信号传输系统的技术要求应符合 IEC 60839—5 系列标准的规定；

⑤ 报警传输系统串行数据接口的信息格式和协议应符合 IEC 60839—7 系列标准的规定。

7.3.2.3 设备安装要求

入侵和紧急报警系统设备的安装、线缆的敷设等应符合有关国家标准、行业标准和相关管理规定的要求。

1. 安全性

(1) 入侵和紧急报警系统所使用的设备应符合《安全防范报警设备 安全要求和试验方法》(GB 16796—2022)和相关产品标准的安全性要求；

(2) 入侵和紧急报警系统任何部分的机械结构应有足够的强度，能满足使用环境的要求，并能防止因机械不稳定、移动、凸出物和锐边而造成的对人员的伤害；

(3) 在具有易燃、易爆物质的特殊区域，入侵和紧急报警系统应有防爆措施并符合有关规定；

(4) 室外有线入侵报警系统的线路宜屏蔽。

2. 可靠性

入侵和紧急报警系统所使用的设备，其平均无故障间隔时间(MTBF)不应小于 5000 h；系统验收后的首次故障时间应大于 3 个月。

7.4 报警设备的选择和安装

目前，市场上入侵和紧急报警设备产品可谓琳琅满目，但品质良莠不齐，产品的选择将直接关系到安全防范系统的性能。

7.4.1 报警设备的选择

1. 报警探测器的选择

(1) 根据防范现场最低、最高温度，选择工作温度与之匹配的主动红外报警探测器；

(2) 主动红外报警探测器受雾影响严重，室外使用时均应选择具有自动增益功能的设备；

(3) 探测器的探测距离较实际警戒距离应留出 20%以上的余量；

(4) 室外使用时应选用双光束或四光束主动红外报警探测器；

(5) 多雾地区、环境脏乱及风沙较大地区的室外不宜使用主动红外报警探测器；

(6) 在空旷地带或围墙、屋顶上使用主动红外报警探测器时，应选择具有避雷功能的设备；

(7) 遇有折墙，且距离又较近时，可选用反射器件，以减少探测器的使用数量；

(8) 室外使用主动红外入侵探测器的最大射束距离应是制造厂商规定的探测距离的 6 倍以上。

2. 传输线路的选择

入侵和紧急报警系统目前广泛采用总线制形式，其连接用线缆相对较复杂，在此仅讨论一般的选择方法。

(1) 前端探测器到报警控制器之间距离较近时(如住户报警系统)，一般采用 2 芯安装线 AVVR 2×0.3(信号线)及 AVVR 4×0.3(2 芯信号线+2 芯电源线)进行连接。

(2) 前端探测器到报警控制器之间距离较远时(如周界红外报警系统)，线缆应采用聚氯乙烯护套软线 RVV 2×1.5 或屏蔽电线 RVVP 2×1.5。采用屏蔽或非屏蔽线缆要视线路的外界干扰情况而定。

(3) 报警控制器与终端监控中心之间一般采用 2 芯信号线缆，选用屏蔽电线、双绞线还是普通护套线，要根据各品牌设备的具体要求来确定。

(4) 导体截面面积大小应根据报警控制器与监控中心的距离来定。首先要确保报警设备与监控中心的距离符合各种品牌设备规定的长度；当报警区域较大时，可以将报警区分为若干分区，并确定每个区域分控中心的位置，从而确保分区符合总线配置要求。然后确定总监控中心位置，确定分区到总监控中心的通信方式是采用 RS-232 至 RS-485 转换传输或者采用 RS-232 TCP/IP 传输。其中 RS-232 TCP/IP 传输又可选择是利用小区的综合布线系统传输还是分区的管理软件采用 TCP/IP 网络转发给总监控中心。

(5) 不同种类的报警如周界报警、公共区域报警和住户报警，其总线不宜采用同一路总线传输。分线盒安装位置要易于操作，并采用优质的分线接口处理总线与总线的连接，以方便维护及调试。

7.4.2 报警设备的安装

1. 报警探测器的安装

(1) 各类探测器应根据所选产品特性、警戒范围要求和环境条件等因素确定安装位置和安装高度。

(2) 周界入侵探测器安装应确保交叉，避免盲区。

(3) 探测器底座和支架应固定牢固。

(4) 导线连接应牢固可靠，连接部分无外露，并有适当余量。

(5) 紧急按钮安装应隐蔽，便于操作。

图 7.14 所示为超声波探测器安装示意图，接线盒用螺丝固定在吊顶内，钢管配线在吊顶内敷设。图 7.15 所示为安装位置选择示意图。图 7.16 所示为主动红外入侵探测器安装示意图。

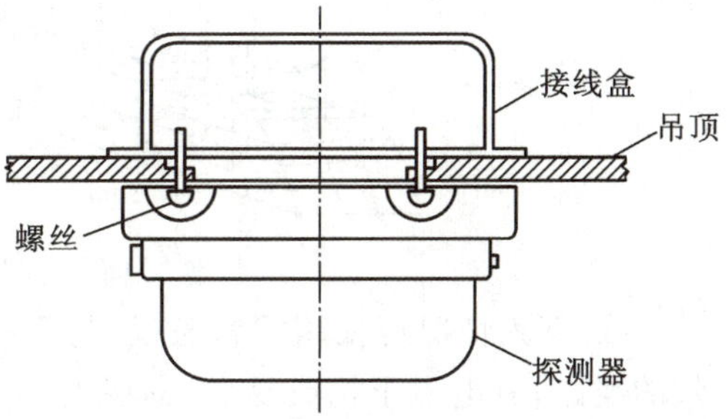

图 7.14　超声波探测器安装示意图

2. 传输线路敷设

(1) 室内线缆的敷设应符合下列要求：

① 无机械损伤的线缆在改建和扩建项目中可采用沿墙明敷方式；在新建项目中应采用暗敷设，以达到隐蔽的效果。

② 电缆和电力线平行或交叉敷设时，其间距应大于 0.3 m；电力线与信号线交叉敷设时宜成直角。

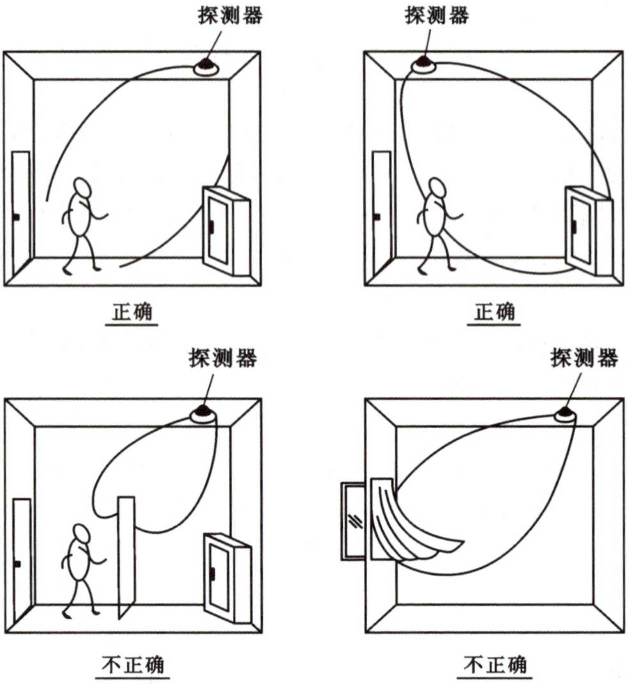

图 7.15　安装位置选择示意图

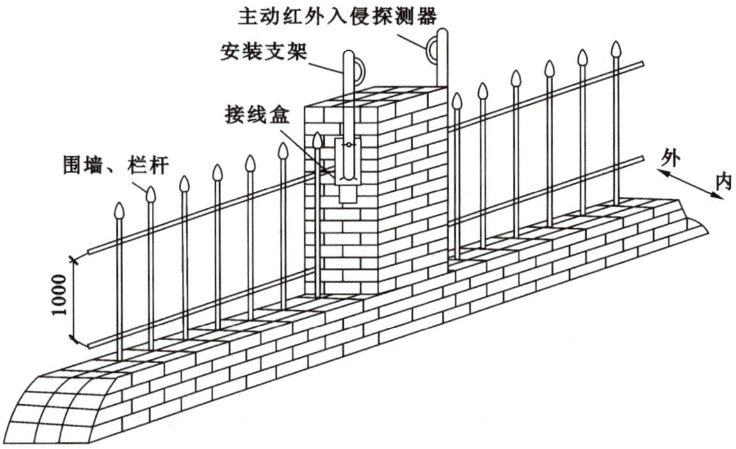

图 7.16　主动红外入侵探测器安装示意图

③ 下列情况可采用明管敷设：易受外部损伤；线路路径上其他管线或障碍物较多，不宜明敷的线路；有电磁干扰或易燃、易爆的场所。

(2) 敷设电缆时，多芯电缆弯曲半径应大于线缆外径的 6 倍。

(3) 线槽敷设时，截面利用率不应大于 60%；线缆穿管敷设时，截面利用率不应大于 40%。

(4) 电缆沿支架或在线槽内敷设应在下列各处牢固固定：

① 电缆垂直排列或倾斜坡度超过 45°时，应在每一个支架上固定；电缆水平排列或倾斜坡度不超过 45°时，应在每隔 1～2 个支架上固定。

② 在引入接线盒或分线箱的 150～300 mm 处固定。

(5) 明敷的信号线路与具有强磁(电)场的电气设备之间净距不宜小于 1.5 m;当采用屏蔽线缆或穿金属保护管、封闭式线槽内敷设时,净距不宜小于 0.8 m。

(6) 导线在管内或线槽内不应有接头和扭结,导线的接头应在接线盒内焊接成端子连接。

7.5　出入口控制系统

7.5.1　出入口控制系统的组成

图 7.17 所示为出入口控制系统组成示意图,它主要由识读部分、执行部分、传输部分和管理/控制部分,以及相应的系统软件组成。

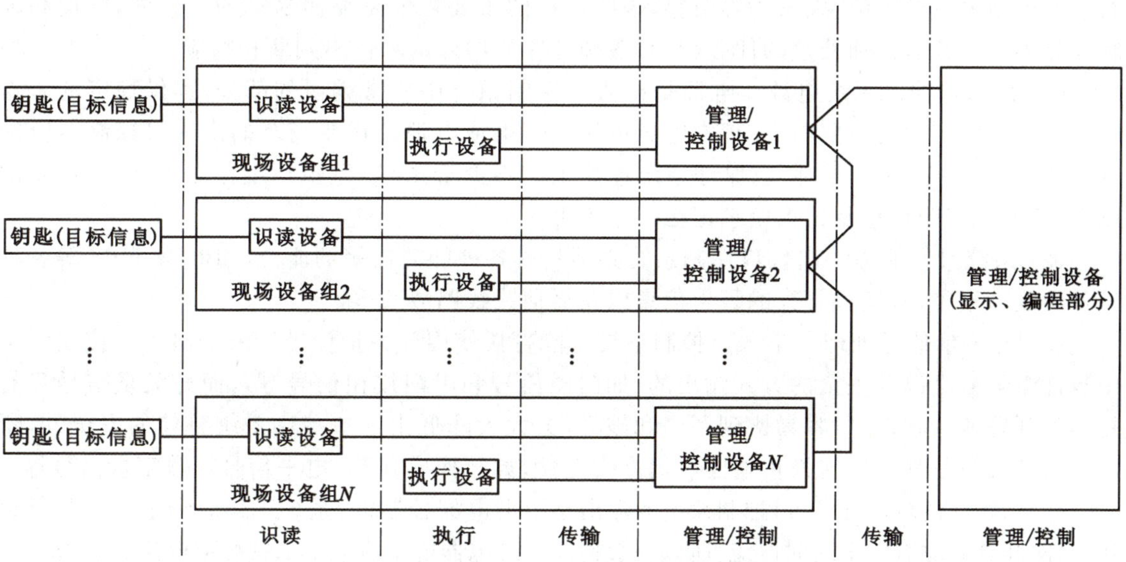

图 7.17　出入口控制系统组成示意图

1. 身份识读

身份识读是出入口控制系统的重要组成部分,起到对通行人员的身份进行识别和确认的作用。实现身份识别的方式和种类很多,主要有卡证类、密码类、生物识别类以及复合类身份识别方式。

一般来说,应该首先对所有需要安装的出入口进行安全等级评估,以确定适当的安全性。安全性分为一般、特殊、重要、要害四个级别,对于每一种安全级别可以设计一种身份识别方式。例如,一般场所可以采用进门读卡器、出门按钮方式;特殊场所可以采用进、出门均需要刷卡的方式;重要场所可以采用进门刷卡加乱序键盘、出门单刷卡的方式;要害场所可以采用进门刷卡加指纹和乱序键盘、出门单刷卡的方式,这样可以使整个出入口控制系统更具有合理性和规划性,同时也充分保障了较高的安全性和性价比。

2. 电锁与执行

电锁与执行部分包括各种电子锁具、三辊匝、挡车器等控制设备。这些设备具有动作灵敏,执行可靠,良好的防潮、防腐性能;具有足够的机械强度和防破坏的能力。电子锁具种类繁多,按工作原理不同可分为电插锁、磁力锁、阴极锁、阳极锁和剪力锁等,可以满足各种木门、玻璃门、金属门的安装需要。每种电子锁具都有自己的特点，在安全性、方便性和可靠性上也各有差异，需要根据具体情况来选择使用。

3. 传输

传输是出入口控制系统设备间传感信号和控制信号的通路，它负责把身份识读、电锁执行和管理/控制有机地串接起来。

出入口控制系统的传输线路应可以支持多种联网通信方式，如 RS232、RS485 或 TCP/IP 等。出于出入口控制系统整体安全性考虑，通信必须以加密的方式传输，加密位数一般不少于 64 位。

4. 管理/控制

管理/控制通常是指出入口控制系统的处理与控制部分，它是出入口控制系统的中枢，存储了大量相关人员的信息、密码等资料，这些资料的重要程度是显而易见的。另外，管理和控制部分还担负着运行和处理的任务，并对各种各样的出入请求作出判断和响应。

(1) 出入口控制系统电源　电源是出入口控制系统中非常重要的部分，提供稳定的工作电压是系统稳定性的必要前提；正常电源可使用市电或电池。重要场合的出入口控制器应配置 UPS，当失去正常电源时，应保证系统连续工作不少于 48 h，且执行设备能正常开启 50 次以上，并保证密钥信息及记录信息记忆一年不丢失。

(2) 系统报警能力　出入口控制系统必须具有各种即时报警的能力，如电源、UPS 等各种设备的故障报警，机箱被打开的警告信息以及通信或线路故障等。

(3) 开关量信号处理　出入口控制系统不能直接使用开关量信号。由于出入口控制系统中有许多信号是以开关量的方式输出的（如门磁信号和出门按钮信号等），而开关量信号只有短路和开路两种状态，很容易遭到利用和破坏，会大大降低出入口控制系统整体的安全性，所以应将开关量信号加以转换传输才能提高安全性，如转换成 TTL 电平信号或数字量信号等。

(4) 继电器容量　出入口控制系统的输出是由继电器控制的，系统工作时继电器要频繁运作，每次开合时均有一个瞬时电流，所以一般情况下继电器容量应大于电锁峰值电流的 3 倍。

(5) 系统程序设计　目前，出入口控制系统对执行方面的功能要求较高，在与其他弱电子系统实现联动时，系统会依赖计算机及软件来实现，所以出入口控制系统中所有的逻辑判断和各种高级功能的良好设计必须依赖出入口控制系统的硬件部分来完成。换句话说，必须由控制器的程序来实现，只有这样门禁系统才是最可靠的；也有最快的系统响应速度，而且不会随着系统的不断扩大而降低整个出入口控制系统的响应速度和性能。

7.5.2　出入口控制系统安装要求

7.5.2.1　出入口控制系统的类型

目前，常用的出入口控制系统有基于总线结构的系统和基于网络的系统两种。

1. 基于总线结构的出入口控制系统

图 7.18 所示为基于总线结构的出入口控制系统。本系统管理主机与总线之间通过通信器连接，控制器与控制器之间由 RS485 总线连接；通信器通信端口的数量由所连接的总线数量确定；前端设备选择由工程设计确定。

2. 基于网络的出入口控制系统

图 7.19 所示为基于网络的出入口控制系统。系统服务器与各子网主机之间通过网络连

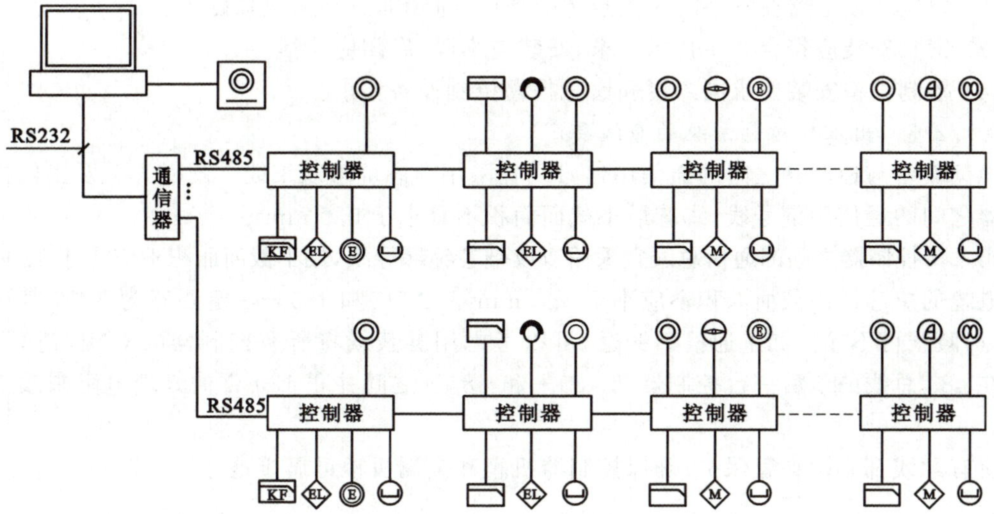

图 7.18　基于总线结构的出入口控制系统示意图

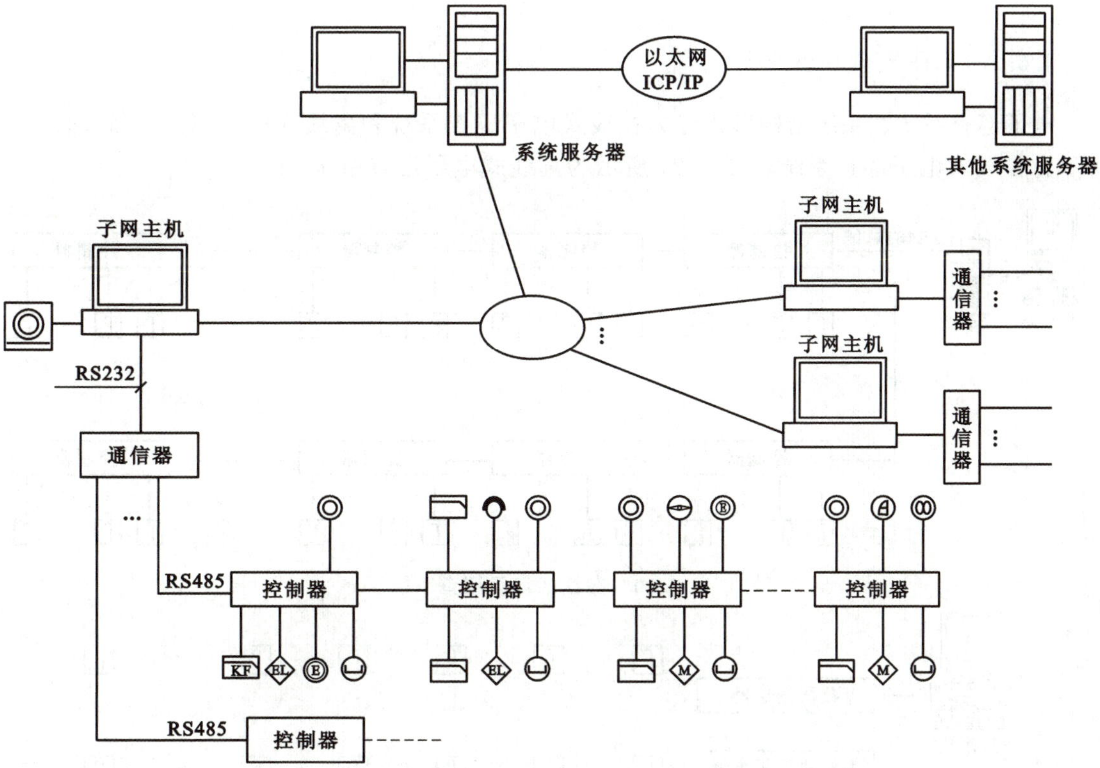

图 7.19　基于网络的出入口控制系统示意图

接，控制器与控制器之间由 RS485 总线连接；通信器的通信端口数量由所连接的总线数量确定；前端设备选择由工程设计确定。

7.5.2.2　出入口控制系统的安装要求

(1) 各类识读装置的安装高度距地宜为 1.5 m，安装应牢固。

(2) 感应式读卡器在安装时应注意感应范围，避免靠近高频或强磁场。

(3) 锁具安装应符合产品技术要求，安装应牢固，启闭应灵活。

(4) 控制设备安装要求同入侵和紧急报警控制设备要求。

7.5.2.3　出入口控制系统的布线要求

识读设备与控制器之间的通信用信号线宜采用多芯屏蔽双绞线。门磁开关及出门按钮与控制器之间的通信用信号线，线芯最小截面面积不宜小于 0.5 mm^2。

出入口控制器之间的通信总线宜采用双绞铜芯绝缘导线，最小截面面积不应小于 1.0 mm^2；多芯电缆的单芯最小截面面积不应小于 0.5 mm^2。485＋和 485－一定要互为双绞，其中 6 芯备用，屏蔽线可不接。如果通信不畅通，可以考虑用屏蔽线将所有控制器的 GND 进行连接，或者在 485 总线的最后一台控制器的 485＋和 485－之间并联 120 Ω 的终端电阻来改善通信质量。

所有配线都必须穿管保护，确保控制器机箱和金属机柜可靠接地。

7.6　电子巡查系统

7.6.1　电子巡查系统分类

电子巡查系统按系统结构形式分为在线式电子巡查系统和离线式电子巡查系统。图 7.20 所示为在线式电子巡查系统。图 7.21 所示为离线式电子巡查系统。

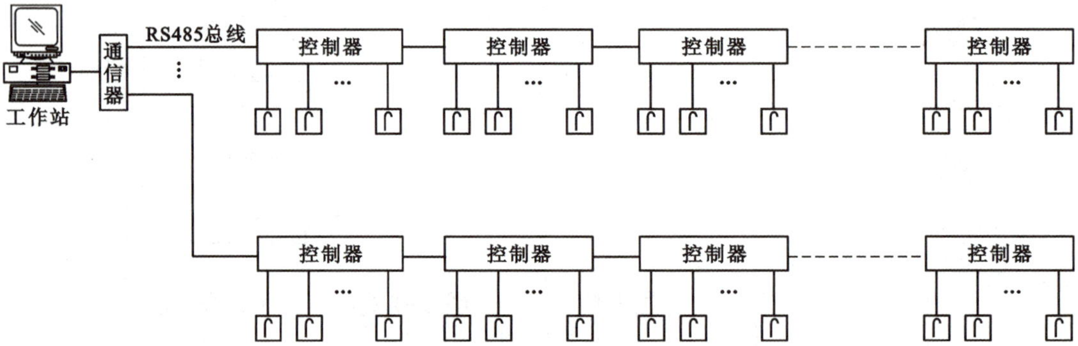

图 7.20　在线式电子巡查系统

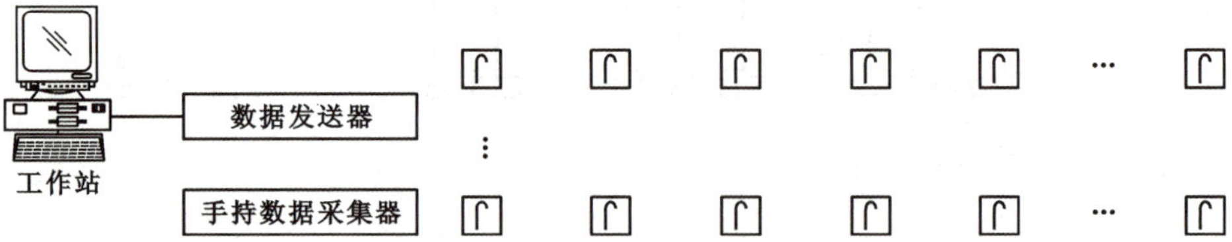

图 7.21　离线式电子巡查系统

在线式电子巡查系统中，巡查点设置有读卡器或开关按钮；保安在巡查时通过刷卡或按按钮进行确认，控制器规格和设置应根据读卡器和按钮位置及数量确定。离线式电子巡查系统中，巡查点设置有信息钮；保安在巡查时手持数据采集器读取信息钮中的数据。同样，系统中各设备的规格应根据读取信息钮的位置及数量确定。

7.6.2 读卡器及信息钮的安装及要求

7.6.2.1 读卡器及信息钮的安装

图7.22所示为读卡器、信息钮安装示意图，共有五个安装方案。方案一为在线式电子巡查系统前端设备安装示意图；方案二至方案五为离线式电子巡查系统前端设备安装示意图。注意，信息钮应尽量远离金属物安装。

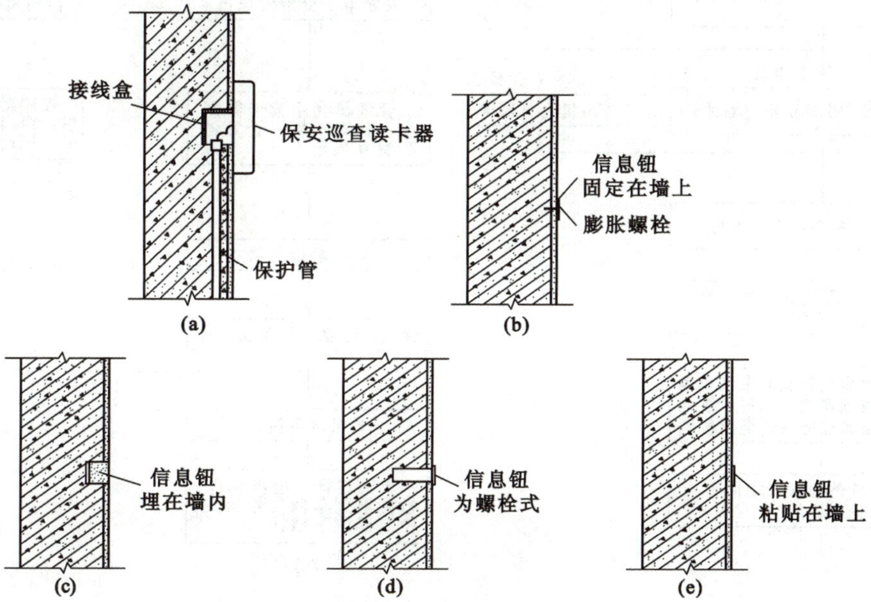

图7.22 读卡器、信息钮安装示意图

(a) 方案一；(b) 方案二；(c) 方案三；(d) 方案四；(e) 方案五

7.6.2.2 读卡器及信息钮安装要求

(1) 在线式电子巡查系统或离线式电子巡查系统的信息采集点数目应符合设计和使用要求。

(2) 信息采集点的安装高度应离地1.3～1.5 m。

(3) 安装应牢固，有一定的抗破坏能力。

(4) 安装完毕后系统调试时各设备均应正常工作。

(5) 检查在线式电子巡查系统信息采集点设置的可靠性、实时巡查与预置巡查的一致性，并查看记录、存储信息及发生不到位即时报警功能的完善性。

(6) 检查离线式电子巡查系统信息钮信息的准确性，以及数据采集、统计、打印等功能是否正常。

7.7 停车库(场)管理系统

7.7.1 概述

停车库(场)管理系统流程分为两部分，一部分是车辆进停车库(场)流程，另一部分是车辆出停车库(场)流程,如图 7.23 所示。本流程可根据工程实际情况增减管理环节。

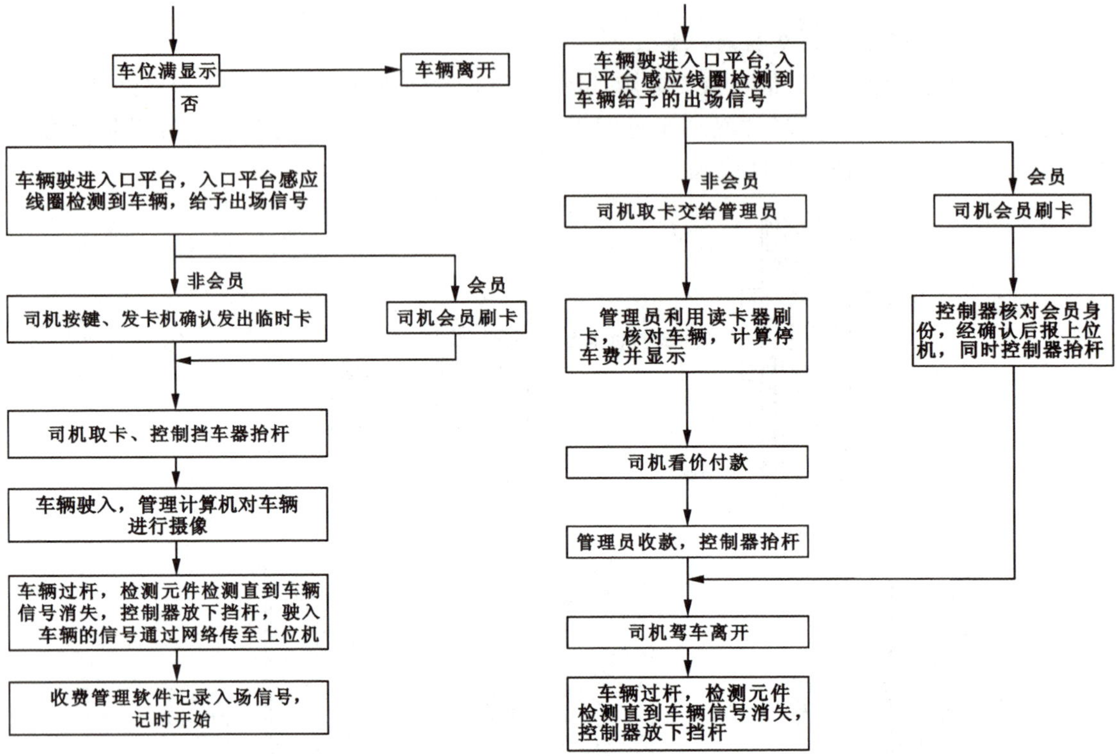

(a)　　(b)

图 7.23　停车库(场)管理流程图

(a) 进停车库(场)流程;(b) 出停车库(场)流程

注:目前趋势是无须取卡,系统可直接识别车牌并记录车辆信息。

图 7.24 所示为停车库(场)管理系统配线示意图,它是一出一进双向型停车管理系统,系统中的配线仅供参考。线缆管进入岗亭与墙面底盒相连,信号线通过底盒进入接线盒,感应线圈采用耐高温不燃氟塑电线(1.5 mm^2)。射灯电源线直接由岗亭引出,岗亭处增加开关控制。

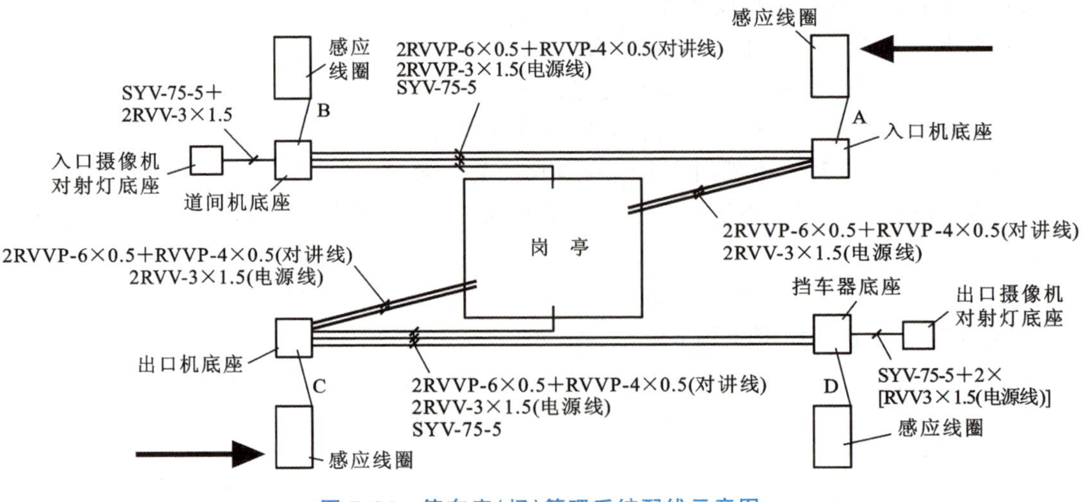

图 7.24　停车库(场)管理系统配线示意图

7.7.2　停车库(场)管理系统设备安装

7.7.2.1　读卡机与挡车机安装

读卡机有 IC 卡机、磁卡机、出票读卡机、验票卡机等，要求安装平整、牢固，保持与水平面垂直，不得倾斜。读卡机与挡车器的中心间距应符合设计要求和产品安装使用要求。读卡机与挡车机宜在室内安装，当需安装在室外时，应做好防水、防尘和防撞措施。

7.7.2.2　感应线圈安装

感应线圈埋设位置与埋设深度应符合设计要求和产品安装使用要求。感应线圈至控制箱间线缆配管应采用金属管，配管敷设应固定牢固。

7.7.2.3　信号指示器安装

信号指示器用于车位状况显示，应安装在车道出入口的明显位置；它宜安装在室内，当安装在室外时应做好防水、防尘措施；车位引导指示器宜安装在车位上方，便于识别引导。系统的主要性能指标应符合《安全防范工程技术标准》(GB 50348—2018)的要求。控制设备安装同入侵和紧急报警系统设备安装的要求。

7.8　安全防范系统的检验

安全防范系统应用范围很广，用于维护社会公共安全和以预防灾害事故为目的的各种报警、电视监控等都属于安全防范系统，且它的检验要求相对较复杂。安全防范系统工程的立项、设计、招标委托、施工、验收必须严格按照公安主管部门要求的程序进行，由持省、市级以上公安技术防范管理部门审批和发放有设计、施工资质证书的公司和单位进行专业设计、施工。

安全防范系统检验是在系统试运行后、竣工验收前对设备安装，施工质量和系统功能、性能，系统安全性和电磁兼容等项目进行的检验。

7.8.1　安全防范系统检验的一般规定

7.8.1.1　基本要求

安全防范系统工程检验应由法定机构实施；系统中所使用的产品、材料应符合相应法律、法规和现行标准的要求，并与正式设计文件和工程合同的内容相符合。

7.8.1.2　检验的基本要求

检验项目应覆盖工程合同和正式设计文件的主要内容；检验所使用的仪器、仪表必须经法定计量部门检定合格且性能稳定可靠；工程检验前应试运行 30 d。

7.8.1.3　检验程序的要求

(1) 由受检单位提出检验申请，提交主要技术文件、资料。技术文件包括工程合同、正式设计文件、系统配置框图、设计变更文件、更改审核单、工程合同设备清单、变更设备清单、隐蔽工程随工验收单、主要设备的检验报告或认证证书等。

(2) 检验机构在实施工程检验前应根据《安全防范工程技术标准》(GB 50348—2018)和上述工程技术文件的要求制定检验实施细则。

(3) 实施检验，编制检验报告，对检验结果进行评述。

7.8.1.4　检验实施细则的内容

检验实施细则的内容应包含检验目的、检验依据、检验内容及方法、使用仪器、检验步骤、测试方案、检验数据记录表及数据处理方法、检验结果评判。

7.8.1.5　检验实施过程的要求

(1) 应对系统设备按产品类型及型号进行抽样，同型号产品数量不大于 5 时，应全数检验；同型号产品数量大于 5 时，应根据现行国家标准《计数抽样检验程序 第 1 部分：按接收质量限(AQL)检索的逐批检验抽样计划》(GB/T 2828.1—2012)中的一般检验水平 Ⅰ 进行抽样，且抽样数量不应少于 5；针对高风险保护对象安全防范工程的检验，可加大抽样数量。

(2) 检验过程应遵循先子系统后集成系统的顺序。

(3) 对定量检验的项目，在相同条件下每个点必须进行 3 次以上的读数。

(4) 检验中出现不合格项时，允许改正后复检；复检抽样应加倍，仍不合格则判定该项不合格。

7.8.2　安全防范系统功能与主要性能检验

入侵和紧急报警系统、出入口控制系统、电子巡查系统和停车库(场)管理系统的功能与主要性能检验应符合《安全防范工程技术标准》(GB 50348—2018)的相关规定。

7.8.3　设备安装检验

前端设备配置及安装质量检验应符合下列规定：

(1) 前端设备的数量、型号、生产厂家、安装位置应符合工程合同、设计文件、设备清单的要求；上述有变更时应有更改审核单。

(2) 前端设备检验应符合下列要求：

① 探测器检验

a. 各类探测器安装位置应符合设计和环境的要求，在防范区内应避免盲区。

b. 探测器底座应固定牢固。

c. 导线连接应可靠且不外露，并留有适当余量。

② 紧急按钮检验

紧急按钮安装应隐蔽，以便于操作。

③ 出入口控制设备检验

出入口控制设备应符合出入口控制系统的安装要求。

④ 电子巡查设备检验

a. 信息采集点的数目应符合设计和使用的要求，安装高度距地 1.3～1.5 m。

b. 安装应牢固，注意防破坏。

⑤ 停车库(场)管理设备检验

停车库(场)管理设备应符合停车库(场)管理系统的设备安装要求。

此外，布线施工记录或监理报告应符合规范要求，隐蔽工程随工验收单应按规范要求做到内容完整、准确。

7.8.4　电源检验

7.8.4.1　系统电源供电方式检验

系统电源供电方式、供电质量、备用电源容量应符合下列要求：

(1) 系统设备应进行分类，统筹考虑系统供电，宜采用两路独立电源供电，并能在末端自动切换。

(2) 系统重要的设备应配备相应的备用电源，前端设备视实际情况可由控制中心集中供电，也可由本地供电。

(3) 主电源和备用电源应有足够的容量，按总系统额定的 1.5 倍设置主电源容量。按主电源断电后系统防范功能要求，选择配置持续工作时间符合管理要求的备用电源。

7.8.4.2　主电源质量检验

(1) 稳态电压偏移不大于±10%。

(2) 稳态频率偏移不大于±0.2 Hz。

(3) 断电持续时间不大于 4 ms。

(4) 电压波形畸变率不大于 5%。

(5) 市电网供电制式宜为 TN-S 制。供电系统工作时，零线对地线的电压峰值不应高于 36 V p-p。

(6) 不满足上述要求时应采用稳频、稳压、不间断电源供电或备用发电等措施。

此外，安全防范控制中心应设置专用配电箱，配电箱出线回路应留有余量。

7.8.5　防雷与接地检验

7.8.5.1　防雷设施要求

(1) 系统防雷设计和防雷设备安装、施工应符合《建筑物防雷设计规范》(GB 50057—2010)和《建筑物电子信息系统防雷技术规范》(GB 50343—2012)的要求。

(2) 安全防范系统进出建筑物的电缆，在进出建筑物处应采取防雷电感应过电压、过电流的保护措施。

(3) 安全防范系统的重要设备应安装电涌保护器。电涌保护器接地端和防雷接地装置应作防雷等电位连接。防雷等电位连接带应采用铜导体，其截面面积不应小于 16 mm^2。

7.8.5.2　接地装置要求

(1) 安全防范系统的接地母线应采用铜导体，接地端子应有接地标识。采用共用接地装置时，共用接地装置电阻值应满足各种接地最小电阻值的要求。采用专用接地装置时，专用接地装置电阻值不应大于 4 Ω；安装在室外前端设备的接地电阻值不应大于 10 Ω；当高山岩石的土壤电阻率大于 2000 Ω · m 时，其接地电阻值不应大于 20 Ω。

(2) 监控中心内应设置接地汇集环或汇集排，汇集环或汇集排宜采用裸铜质导体，其截面面积不应小于 35 mm^2。

在线测试

思考题

7.1 常见的入侵和紧急报警器有哪几种？它们各适用于何种场合？

7.2 什么叫安全防范系统？设置安全防范系统的意义是什么？

7.3 入侵和紧急报警系统有哪些类型？它们的特点各是什么？各适用于什么场所？

7.4 小区周界防范报警系统应选择什么报警探测器？为什么？

7.5 停车库(场)管理系统至少需要哪些设备？请说明对应的进、出流程。

7.6 安全防范系统设备检验包含哪些内容？

7.7 简述电子巡查系统的工作原理。

7.8 阐述安全防范系统设计、施工、检验等应遵循国家的哪些规范标准。

项目 8 广播音响系统

【知识目标】

1. 掌握广播音响系统的构成；

2. 熟悉系统的安装和布线方法；

3. 了解广播音响系统的技术指标；

4. 了解电话系统的基本组成。

【能力目标】

1. 具备广播音响系统设备布置的能力；

2. 具有广播音响系统识图的能力；

3. 具有广播音响系统的安装和布线能力；

4. 具有与其他专业协调合作的能力。

【课程思政】

应急广播系统与人民生命安全

8.1 概述

广播音响系统是指单位内部或某一建筑物(群)自成体系的独立有线广播系统，是一种娱乐、宣传和通信工具。广播音响系统常用于公共场所，平时播放背景音乐、通知、报告本单位的新闻、生产经营状况及召开广播会议，在特殊情况下还可以作应急广播，如事故、火警疏散的抢救指挥等。此外，还可以转播中央和当地电台的无线广播节目、自办文娱节目等。

8.1.1 语言扩声系统和音乐扩声系统

广播音响系统按用途可分为语言扩声系统和音乐扩声系统两种。

8.1.1.1 语言扩声系统

语言扩声系统主要用来播送语言信息，多用于人口密集且流动量大、播送范围广的场合，如火车站、候机厅、大型商场、码头、宾馆、厂矿、学校等。其特点是声音传输距离远、挂带的扬声器多、覆盖范围大、对音质要求不高，一般是采用以前置放大器为中心的音响系统。

语言扩声系统主要用于以下几方面：

1. 业务广播系统

厂矿、企事业单位、学校和公共场所的广播系统主要播放与本单位有关的信息，如广播通知、注意事项等业务方面的内容。其特点是要求语言清晰度高。

2. 背景音乐系统

在某些场合为使人们消除疲劳、缓解紧张情绪、创造轻松舒畅的气氛而播放音量较轻的音乐,称为背景音乐(BGM)。在不同的场合播放不同内容的背景音乐可取得不同的效果。

背景音乐的特点是:声源为单声道,不需要立体声效果;声音不太大,是低声压级的(65~70 dB);扬声器能与周围环境融为一体,以听者不易感知声源的位置为好。

3. 紧急广播系统

为应急需要而设置的广播系统,主要播放紧急通知、警报、指挥疏散等。它要求功率较大、声压级高,能压倒其他声音。此系统中设有自动切换和分区选择广播的功能,并配置 UPS 不间断电源。

4. 客房音响系统

音源广播中心将若干套音频节目通过扩声系统传送到各个房间,客人通过调节床头柜电器集控器来选择自己想听的内容。

8.1.1.2 音乐扩声系统

音乐扩声系统主要用来播放音乐、歌曲和文艺节目等内容,以欣赏和享受为目的,因此对声压级、传声增益、频响特性、声场不均匀度、噪声、失真度和音响效果等方面比语言扩声系统有更高的要求。它主要采用双声道立体声形式,有的还采用多声道和环绕立体声形式,多以低阻抗的方式与扬声器配接。

音乐扩声系统多用于音乐厅、歌舞厅、卡拉 OK 厅、多功能厅、剧场、体育馆和大型文艺演出等场合。对于专业音响系统,使用的设备多、档次高,对声场的频响特性要求高,安装和调试比较复杂,需要有专业知识的人员进行调试和现场指导,才能使系统的音响效果达到理想的状态。

8.1.2 扩声系统的技术指标

衡量一个扩声系统的质量应该从“听得到”和“听得好”两方面考虑。实现前者的技术指标主要有最大声压级、传声增益和声场不均匀度;实现后者的技术指标主要有传输频率特性、失真、总噪声和语言清晰度等。

1. 最大声压级 $L_{p\max}$

声波在大气中传播时因振动而形成变化压强,总压强与大气原始压强之差称为声压,用 p 表示,单位为 Pa。人耳的感知声压范围在 1 kHz 时为 2×10^{-5}~20 Pa,其下限 2×10^{-5} Pa 称为可闻阈,上限 20 Pa 称为痛阈。超过痛阈时,人耳将产生明显痛感。为便于实际应用,声压常以声压级来表示,其定义为:

$$L_p = 20\lg\frac{p}{p_0}$$

式中 L_p——声压级,dB;

p——声压,Pa;

p_0——参考基准声压,$p_0=2\times10^{-5}$ Pa。

最大声压级是指厅堂内空场稳态时的最大声压级,一般要求为 80~110 dB。

2. 传声增益 G

增益是指扩声系统达到最高可用增益时厅堂内各测点处稳态声压级平均值与扩声系统传

声器处声压级的差值。所谓最高可用增益，是指扩声系统中由于扬声器输出的声能的一部分反馈到传声器而引起啸叫(反馈自激)的临界状态的增益减去 6 dB 的值。通常扩声系统的传声增益最高只能达到－2 dB 左右，在要求不太高的情况下，一般只要大于－10 dB 就可以了。

3. 声场不均匀度

声场不均匀度是指有扩声时厅堂内各测点得到的稳态声压级的极大值和极小值的差值，一般要求不大于 10 dB。

4. 传输频率特性

传输频率特性是指厅堂内各测点处稳态声压的平均值相对于扩声系统传声器处声压或扩声设备输入端电压的幅频响应。

5. 总噪声

总噪声是指扩声系统达到最高可用增益但无有用声信号输入时，厅内各测点处噪声声压级的平均值，一般要求为 35～50 dB。

6. 系统失真

系统失真是指扩声系统由输入声信号到输出声信号全过程中产生的非线性畸变，一般要求为 5%～15%。

7. 语言清晰度

语言清晰度是指对扩声系统播出的语言能听清的程度。

$$\text{语言清晰度} = \frac{\text{听众正确听到的单音(字音)的数目}}{\text{测定用的全部单音(字音)的数目}} \times 100\%$$

一般要求语言清晰度应大于 80%。

8.1.3 扩声系统的音质评价

一个放声系统的听音质量主要取决于建筑声学和电声学所形成的声学条件。一般来说，可从声压级、声场均匀度、传声增益、频率响应特性、功率储备、信噪比、清晰度，以及立体感、干净、丰满、平衡、亲切感、噪声水平等来评价音质。前者可用仪器测量，是电声系统的技术指标；而后者是人对音质的主观感受，是对音质的主观评价。虽然技术指标在一定程度上能描述系统的某些性能，在某些方面能反映人对声音的主观感觉。但由于目前对人耳的听觉机理、人对声音的心理等方面了解得还不够充分，以至于怎样的技术指标才能与人对音质的主观感觉一致，仍不十分清楚。因而，在目前情况下对系统进行实际的音质评价仍十分重要，它也是鉴别电声系统最终效果的重要手段。

8.2 广播音响系统的主要设备

8.2.1 广播音响系统的组成

广播音响系统是由音源设备、声频信号处理设备和扩声设备三部分组成的，下面分述各部分的组成及功能。

1. 音源设备

音源设备能够产生声音信号，其频率为 20 Hz～20 kHz。目前主要的音源设备有：

(1) 话筒

话筒又叫传声器或麦克风,是把各种声源发出的声音转换成电信号的设备。

话筒按构造可分为动圈式、电容式等,目前应用得较多的是动圈式话筒。动圈式话筒音质较好,结构简单、维修方便,又较牢固可靠。电容式话筒频带宽,频响特性平直,而且灵敏度高、失真小,适用于有高保真度要求的播音、录音机和舞台演出。

话筒按使用方式的不同可分为接触式、颈挂式和卡夹式等。

话筒按输出阻抗不同可分为高阻式和低阻式两种。高阻式的阻抗为 20～50 kΩ,易受干扰,因此话筒线不宜过长。低阻式的阻抗为 150～200 Ω 或 200～600 Ω,要根据与话筒连接的设备的输入阻抗的大小进行选购。

话筒的技术指标如下:

① 灵敏度　用话筒膜片在 0.1 Pa 的声压作用下在输出阻抗上产生的电动势表示,其单位为 mV/Pa。有时也以分贝表示,规定 1 V/Pa 为 0 dB。一般传声器的灵敏度为 1～20 mV/Pa 或 −60～−34 dB。

② 频率特性　指不同频率时的灵敏度。

③ 输出阻抗　指由话筒的引线两端看进去的话筒本身的阻抗,一般高阻抗输出值常为 10 kΩ、30 kΩ、50 kΩ,低阻抗输出值常为 50 Ω、150 Ω、200 Ω、250 Ω、600 Ω。低阻传声器不易引入干扰电压,且易与固体放大器输入级匹配,目前使用得较多。

④ 指向性　指传声器灵敏度随声波入射方向变化的特性。传声器的方向性用传声器正面 0°方向与背面 180°方向上的灵敏度的差值表示,差值大于 15 dB 的称为强方向性传声器。通常产品说明书上会给出传声器在主要频率情况下的极坐标方向性图,其形状主要有心形、圆形(全指向形)、超心形、8 字形等。

(2) 卡座录音机

录音机是将音频信号进行记录和重放的设备。它是利用电磁转换原理,把其他音源的信号记录在磁带上,或是把录在磁带上的信号重新放出来。由于新工艺、新器件和新技术的使用,现在的录音机普遍采用轻触式机芯、逻辑控制电路、集成化杜比降噪系统、自动选曲电路和微处理器控制电路等,使其性能比盒式录音机有了很大的提高。双卡录音机是扩声系统中不可缺少的设备。

(3) 激光唱机(CD 机)

CD 机是激光光束以非接触方式将 CD 唱盘上的脉冲编码调制信号检拾出来,经解码器把数字信号变换为模拟音频信号输出的设备。CD 机主要由激光拾音器、唱盘驱动器、伺服机构和数字信号处理电路等部分组成。由于 CD 机具有动态范围大、频响宽、噪声低、失真小、无磨损等优点,已成为广播音响系统中最常用的音源设备之一。

(4) 电唱机

电唱机是利用拾音头将密纹唱片中的声纹信号检拾出来得到声音信号的设备。电唱机由拾音头(唱头)、唱针、拾音臂、唱盘、电动机和传动装置等组成。优质密纹唱片放送的音频信号范围为 20 Hz～20 kHz,谐波失真低于 1%,信噪比在 60 dB 以上,也是扩声系统中性能较好的音源设备。目前,电唱机已逐步被卡座录音机和激光唱机所代替。

(5) 调谐器(收音机)

调谐器实际上是一台设有低频放大器和扬声器的收音机。

(6) 新型数码音源设备

新型数码音源设备有迷你碟(MD)和小型数码卡式录音机(DCC)等。

(7) 其他音源设备

录像机(VCR)、影碟机和各类VCD机既能提供视频图像信号,又能提供音频信号,可作为扩声系统的音源设备。目前,音源设备向集成化、数字化、网络化发展,如数字音频工作站、网络流媒体设备等。

2. 音频信号处理设备

音频信号处理设备有两个作用:一是对声频信号进行修饰,使音色得以美化或取得某些特殊效果;二是改进传输通道质量,减少失真和噪声。

对于语言扩声系统,要求声音传输距离远、挂带的扬声器多、覆盖范围广,但对音质要求不高,声音清晰响亮即可,因此对声音处理设备要求不高。但对于音乐扩声系统,为了获得高保真度和各种高艺术效果的声音,就必须对输入的各种音频信号进行适当的加工处理,如放大或衰减、频率均衡、声像定位、延时、混响、压缩或扩张及环绕等。下面对有关的设备作简单的介绍。

(1) 调音台

调音台又称前级增音机,是扩声系统中的主要设备之一,起着指挥中心和分配信号的作用。对于大型信号加工处理设备,常把前级放大器和功率放大器分为独立的前置放大机和功率放大机,习惯上将前者称为增音机,后者称为扩音机。调音台能接收多路不同阻抗、不同电平的各种音源信号,并对其进行加工、处理和混合后重新分配和编组,由输出端子输出多路音频信号供其他设备使用。它的主要功能有:

① 输入信号选择功能　当输入信号的电平超过调音台输入电路的动态范围时,可调节输入信号使其电平衰减,并符合要求。

② 信号处理功能　在调音台的输入板上一般设有均衡器,包括两段均衡器、三段均衡器(中频频率可调)和四段均衡器(中低音频率可调、中高音频率可调),用来调整音频信号中不同频段的频率特性,使音色更加优美动听和取得某些音色的特殊效果,如表8.1所示。

表8.1　音频信号频率对音质的影响

频率	中心频率	带宽	调整效果
高频	10 kHz	5～20 kHz	可改变音色的表现力
中频	3 kHz	350 Hz～6 kHz	中高频可改变音色的明亮度、清晰度;中低频可改变音色的力度
低频	100 Hz	20～350 Hz	可改变音色的丰满度、浑厚度

③ 控制功能　通过声像(全景)电位器控制输入信号进行立体声平衡处理,也可以把本路信号送至左声道或右声道中,进行立体声声像的重新分配、处理,并按各种音源原来的方位送出声音,使听众的听觉和视觉协调统一,有身临其境的感觉。

④ 信号分配功能　在调音台中配置辅助线路和编组线路,能把输入的音频信号根据不同的要求分配给有关的电路和外围设备。

⑤ 信号显示功能　在调音台的面板上通常配置有信号音量表或由绿、黄、红三色发光二极管组成的信号显示系统。操作者根据音量表的读数、二极管的发光情况和音量控制器所处

的衰减位置判断调音台内各部分的工作是否正常，以便随时进行调整和处理。

⑥ 监听功能　在调音过程中，为了掌握音色的结构情况，给操作者提供方便，经常要对音频信号和经过加工处理的音色质量进行监测。为此，在调音台的输出板上设有音量控制电位器和监听插口，可随时监听播放的音响效果。

⑦ 提供振荡信号和对讲系统　有的调音台还设置了音频振荡器，可提供 1 kHz 和其他频率的振荡信号，以便对系统中的其他部分进行监测，了解其是否处于正常状态。

调音台的输出板上一般设置有话筒输入插口和音量控制电位器，为演播室、舞台的安装，施工和声场调试通话提供方便，为控制室与录音棚等场地的联系提供对讲系统。

调音台的种类和型号很多，结构和功能也各不相同，使用者要根据自己的要求和具体情况进行选购。

(2) 均衡器

均衡器是一种对声音频响特性进行调整的设备。通过均衡器可对声音中的某些频率成分的电平进行提升或衰减，以达到不同的音响效果。由于建筑物的结构、空间、材料不同，对因声音中不同频率成分的反射和吸收程度不同而造成的频率失真也可通过均衡器进行补偿。有时也可利用均衡器人为地制造频率失真，以得到某种特殊的音响效果。均衡器根据自身的构成可分为无源均衡器和有源均衡器两大类。无源均衡器是由电感和电容构成的 LC 选频网络，可对某段频率起补偿作用；由电阻、电容、晶体管和集成电路等器件构成的均衡器为有源均衡器。

(3) 压限器

压限器的主要功能是对音频信号的动态范围进行压缩或扩张，即把音频信号的最大电平与最小电平之间的相对变化量进行压缩或扩张，达到保护设备、减小失真、降低噪声和修饰美化音质的目的。

压限器由压缩器和限幅器两部分组成。压缩器的主要功能就是压缩大信号，当输入的音频信号幅度超过该设备所能处理的范围时，它能在信号不失真的前提下把大幅度信号及时准确地压缩到设备所能处理的范围内。限幅器是压缩比足够大的压缩器，当输入信号的峰值超过某一电平(阈值)时，限幅器就会将任何超过阈值电平的波形的顶部全都削掉，而信号的其他部分不受影响。

(4) 激励器

音频信号在系统的传输过程中损失得最多的是中频和高频的谐波成分，使扬声器放出来的声音缺乏现场感、穿透力和清晰度。激励器是一种在原来音频信号中添加上丢失的中频和高频谐波的设备。音频信号进入激励器后分成两路：一路未经任何处理直接送入输出放大电路；另一路经过专门设置的电路产生丰富的可调高频谐波，在输出放大电路中与直达的音频信号进行混合，使原来的声音再生出新的泛音。由于泛音的电平比直达信号的电平低得多，因此不会增加功率电平，而放出来的声音却具有很强的穿透力，能渗透到空间的各个角落，使声音更清晰、动听。

(5) 移频器

移频器是用来控制扩声系统中声音反馈的一种设备。其原理是用偏移频率的方法来破坏反馈声音信号和原始信号的同相条件。实现偏移频率的方法很多，常用的是单边带调制法。通常把移频器串接在调音台和压限器之间，音频信号经移频器提升频率(一般是 5 Hz)后，从音箱中放出来的声音即使重新进入话筒，也不容易发生正反馈的啸叫现象。移频器主要用于礼堂、会议厅和体育馆等场所的语言扩音系统，而以音乐和歌曲为内容的音乐扩声系统则不宜采用。

(6) 延时器和混响器

声音在建筑物内传播时，没有受到物体表面反射而直接进入人耳的声音称为直达声；经过几次反射到达人耳的声音称为近次反射声。反射声总是落后于直达声到达人耳，落后的时间称为延迟时间。近次反射声过后，反射声的密度迅速增加，但其强度越来越小，这些后到达的反射声的总体称为混响声。利用电子延时器和数字延时器先对音频信号进行延时处理，再送入扩声系统进行放大，可使不同位置处音箱发出的声音几乎同时到达听众的耳朵，获得高清晰度的理想音响效果。利用电子混响器和数字混响器可以模拟出各种不同环境和不同情景的音响效果。

(7) 分频器

在电声重放系统中，特别是在大功率和要求高的情况下，分频器用于将全频带的节目信号按频率高低分成两个或两个以上频段，分别进行多频段(如高音、中音和低音)的扬声器重放，以达到互调失真小、音域宽广、调节方便等完美的效果。

3. 扩声设备

扩声设备主要包括功率放大器(简称功放)、线间变压器(音频变压器)和扬声器(音箱)。

(1) 功率放大器(功放)

功率放大器的作用是把来自前置放大器或调音台的音频信号进行功率放大，以足够的功率推动音箱发声。

功放按其与扬声器配接的方式分为定压式和定阻式两种。

① 定压式功放　对于远距离传输音频信号，为了减小在传输线上的能量损耗，应该采用定压式功放以高电压的形式进行传输。定压式功放的输出电压一般为 90 V、120 V 和 240 V，当传输距离较远时要采用 240 V 挡。如果需带动多只扬声器，则扬声器的功率总和不得超过功放的额定功率。

② 定阻式功放　对于传输距离较近的系统，可以采用定阻式功放(也可以采用定压式)传输。定阻式功放以固定阻抗的方式输出音频信号，要求负载按规定的阻抗与功放配接才能获得功放的额定功率。

使用者要依据功放使用的场合、环境和用途来选择不同类型和功率的功放。对于舞厅、酒吧、体育馆、体育场等场合，一般要选用大功率的功放；对于歌厅、剧场、音乐厅，要选择频响范围宽、信噪比大、失真小的功放；对于餐厅、会议厅等容积不大的场所，可选用小功率的功放。

对于传输距离远、音箱布局分散的广播系统，应选用定压式功放。歌舞厅、迪斯科厅等场所的主音箱系统要选用定阻式功放。

(2) 线间变压器(音频变压器)

线间变压器的作用是变换电压和阻抗。变压器的接线头用阻抗值标明的，称为定阻式变压器；用电压标明的，称为定压式变压器。

选用变压器时应注意其标称功率是在给定变压比的情况下能传输的功率，选择时要使变压器的功率稍大于要传输的功率。功率选得太大时，变压器体积大、成本高，会造成浪费；功率选得太小则损耗加大，严重时，变压器会因过分发热而烧坏。线间变压器的效率一般选为 75%～80%。

(3) 扬声器

扬声器是将扩音机输出的电能转换为声能的器件。按其结构形式不同可分为电动式纸盆扬声器、电动式高音号筒扬声器和舌簧式扬声器;按声音频率不同可分为低频、中频和高频扬声器。电动式纸盆扬声器音质最好,规格品种多,但效率低,适用于室内对音质要求较高的音乐扩声系统。若将不同频率的扬声器组合成音柱或音箱式组合扬声器,用于厅堂的语言或音乐放音都能得到满意的效果。号筒式扬声器的容量大、效率高,但音质较差,因此仅适用于要求不高的语言扩声系统,且由于它具有适应露天安装的外壳,因此多用于室外的扩声。扬声器的技术指标有:

① 标称功率　它是长期工作时的功率(W 或 VA)。扬声器的短时过载能力为标称功率的 1.5～2.0 倍。

② 输入阻抗　它是扬声器输入端的测量阻抗,随输入信号的频率而变化。标称阻抗一般是指在 400 Hz 时测得的阻抗。

③ 灵敏度　扬声器的灵敏度是在其轴线上 1 m 处测出的平均声压。

④ 失真度　它是指非线性谐波失真,其标注失真度一般是指额定功率下的最大失真度。

8.2.2　广播音响系统的传输方式

广播音响系统的信号可以通过有线传输,也可以无线传输。由于无线传输的设备投入大且受频率管理的限制,智能楼宇的广播音响系统一般都采用有线传输方式。其传输按有线广播音响系统的信号馈送方式可分为高电平传输、低电平传输和调频载波传输三种方式。

1. 高电平传输方式(定压传输方式)

高电平传输方式也称为定压传输方式。在这种传输方式的系统中,主要音响设备都集中在中央音控室,节目源输出的信号经调音台或前级处理后,通过定压式功率放大器或外接升压变压器的普通功率放大器将音响系统前级设备输出的低电平信号转换为 70 V、100 V 或 120 V的高电平信号,再通过专门敷设的广播音响传输线路馈送到各个音响接收终端。

这种传输方式的优点是结构简洁,造价相对较低,对输出级功率配合要求不严格,扬声器数量的增减自由度较大,收听范围较大;其缺点是由于容易受长距离敷设的线路间分布电容的影响,各路节目之间往往存在串音干扰。高电平传输方式适用于对音质要求不高的场合。

2. 低电平传输方式(定阻传输方式)

这种传输方式即将广播音响系统前级放大器输出的 0 dB 左右的低电平信号(电压为 0.775 V、标准阻抗为 600 Ω)直接通过音响传输线路传送到播音终端,在各终端再通过功放电路将低电平信号放大后输出到各扬声器。

低电平传输方式也称为定阻传输方式。这种传输方式可避免电感设备的引入,保证频响效应,较好地抑制了各套节目间的串音干扰,音质较好。但需要在每个接收终端前添加一个小型功率放大电路将信号放大,同时对输出功率和阻抗匹配要求严格,对剩余功率要求能承受其 1.5 倍以上功率容量的假负载,以免被烧毁。低电平传输方式适用于范围较小、对音质要求较高的场合。

3. 调频载波传输方式

这种传输方式即在广播音响控制室内采用调频的方法将每路节目源的输出信号通过各自的调制器分别调制到 88～108 MHz 频带范围内的某一固定频率。然后将已调制的各路信号经混合器混合放大输出，与智能楼宇的电视接收系统的频道信号混合在一起，利用 CATV 共用天线电视系统，经电视传输电缆送到每一个电视节目的接收终端盒。最后在电视接收终端盒的 FM 插孔输出调频信号，通过 FM 收音机将调频信号解调还原成音频信号后从扬声器输出。

调频信号传输方式可直接利用 CATV 电视系统的电缆，无须专门敷设电线，节省费用，便于维修。其缺点是必须在中央音控室添置多路调频调制器，在每个接收端配置一台调频收音机。

广播音响系统的三种传输方式的特点及适用场合如表 8.2 所示。

表 8.2　三种传输方式的特点及适用场合

传输方式	系统特点	适用场合
高电平传输方式	优点： 1. 集中控制功率放大及输出，便于维修； 2. 设备集中，结构简洁，造价较低，故障率低； 3. 对输出级功率配合要求不严，广播范围大。 缺点： 1. 敷设传输线路较多； 2. 线路传输损失大； 3. 存在串音干扰，音质较差	对音质要求不是很高的地方
低电平传输方式	优点： 1. 中央控制为集中系统，便于维修； 2. 系统配线简单； 3. 广播音质较好。 缺点： 1. 每个接收终端前须添加小型功率放大电路； 2. 安装调试维护工作量大； 3. 对输出功率和阻抗匹配要求严格，广播范围小	广播收听范围较小、对音质要求较高的场合
调频载波传输方式	优点： 1. 共用 CATV 电视系统的电缆； 2. 抗干扰能力强。 缺点： 1. 中央控制室须添置多路调频调制器； 2. 每个接收末端须配置调频收音机； 3. 音质较差； 4. 一次性投资大，系统维修保养工作量大	1. 不便在建筑物内敷设广播音响电缆的建筑物； 2. 已敷设有线电视网络的旧建筑物

8.3　电话系统

电话信号的传输与电力传输和电视信号传输不同。后者是共用系统，一个电源或一个信号可以分配给多个用户；而电话信号是独立信号，两部电话之间必须有两根导线直接连接，因此一部电话机就要有两根(一对)电话线。从各用户到电话交换机的电话线路数量很大，不像供电线路那样只要几根导线就可以连接许多用户。一台交换机可以接入电话机的数量用门计算，如 200 门交换机、800 门交换机等。

交换机之间的线路是公用线路。由于各部电话机不会同时使用线路，因此，公用线路的数量要比电话机的门数少得多，一般只需要 10%左右。由于这些线路是公用的，就会出现没有空闲线路的情况，即占线。

如果建筑物内没有交换机，那么进入建筑物的就是连接各部电话机的线路，楼内有多少部电话机，就需要有多少对线路引入。

8.3.1　电话通信线路的组成

电话通信线路从进户管线一直到用户出线盒，一般由以下几部分组成：

(1) 引入(进户)电缆管路　它又分为地下进户和外墙进户两种方式。

(2) 交接设备或总配线设备　它是引入电缆进屋后的终端设备，有设置与不设置用户交换机两种情况。如设置用户交换机，采用总配线箱或总配线架；如不设置用户交换机，常用交接箱或交接间，交接设备宜装在建筑的一、二层，如有地下室，且较干燥、通风，也可考虑设置在地下室。

(3) 上升电缆管路　它有上升管路、上升房和竖井三种建筑类型。

(4) 楼层电缆管路。

(5) 配线设备　如电缆接头箱、过路箱、分线盒、用户出线盒等，是通信线路分支、中间检查及终端用设备。

住宅楼电话系统框图如图 8.1 所示。

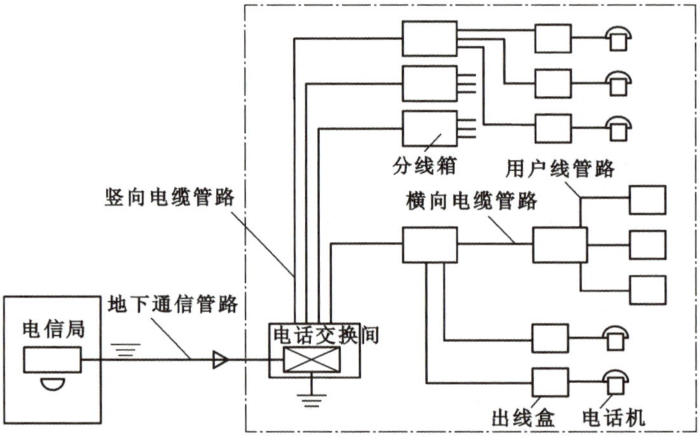

图 8.1　住宅楼电话系统框图

8.3.2　配线方式

建筑物的电话线路包括主干电缆(或干线电缆)、分支电缆(或配线电缆)和用户线路三部分，其配线方式应根据建筑物的结构及用户的需要，选用技术先进、经济合理的方案，做到便于施工和维护管理、安全可靠。

干线电缆的配线方式有单独式、复接式、递减式、交接式和合用式，如图 8.2 所示。

1. 单独式

采用这种配线方式时，各楼层的电缆分别采取独立的直接供线，因此各楼层的电话电缆线对之间无连接关系。各楼层所需的电缆对数根据需要来决定，可以相同或不相同。

(1) 优点

① 各楼层的电缆线路互不影响，如发生故障时涉及范围较小(只是一个楼层)；

② 由于楼层都是单独供线的，发生故障时容易判断和检修；

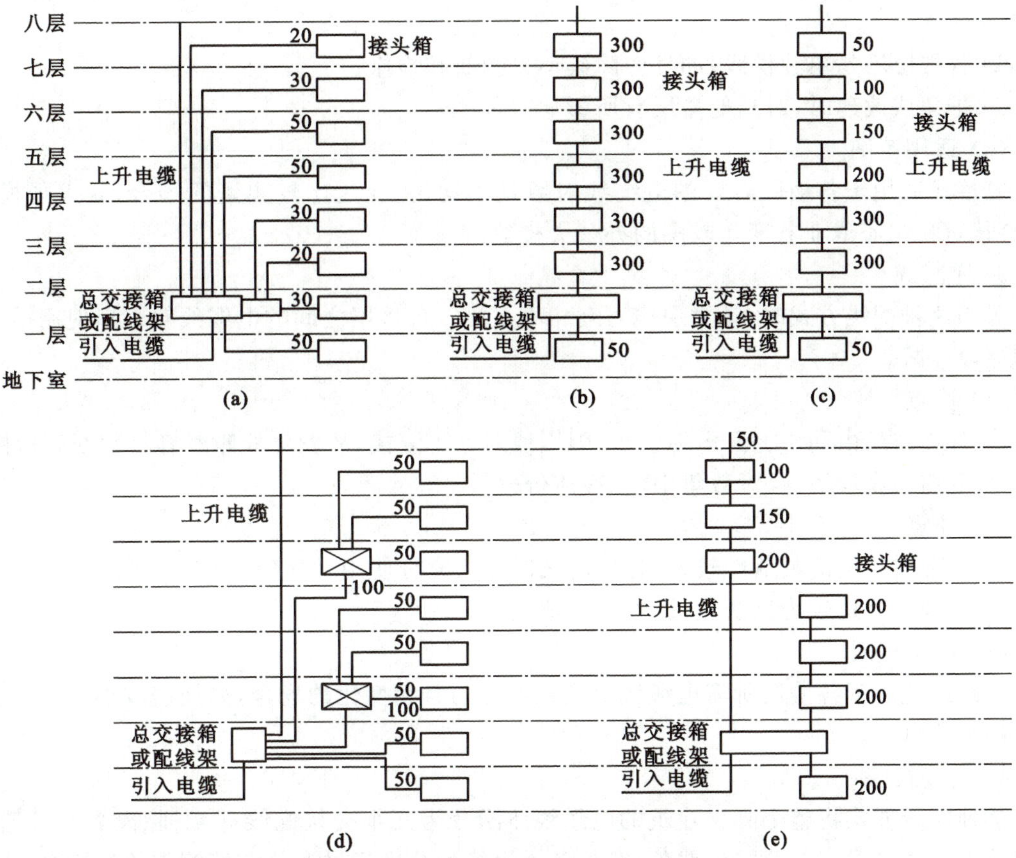

图 8.2　住宅楼电话电缆的配线方式

(a) 单独式；(b) 复接式；(c) 递减式；(d) 交接式；(e) 合用式

③ 扩建或改建较为简单，不影响其他楼层。

(2) 缺点

① 单独供线时，电缆长度增加，工程造价较高；

② 电缆线路网的灵活性差，各层的线对无法充分利用，线路利用率不高。

(3) 适用范围

单独式适用于各楼层需要的电缆线对较多且较为固定的场合，如高级宾馆的标准层或办公大楼的办公室等。

2. 复接式

采用这种配线方式时，各楼层之间的电缆线对部分复接或全部复接，复接的线对根据各层需要来决定。每对线的复接次数一般不得超过两次。各楼层的电话电缆由同一条上伸电缆接出，不是单独供线。

(1) 优点

① 电缆线路网的灵活性较高，各层的线对因有复接关系，可以适当调度；

② 电缆长度较短，且对数集中，工程造价较低。

(2) 缺点

① 各楼层的电缆线对复接后会互相影响，如发生故障，涉及范围较广，对各楼层都有

影响；

② 各楼层不是单独供线，如发生障碍不易判断和检修；

③ 扩建或改建时，对其他楼层有所影响。

(3) 适用范围

复接式适用于各楼层需要的电缆线对数量不均匀、变化比较频繁的场合，如大规模的大楼、科技贸易中心或业务变化较多的办公大楼等。

3. 递减式

采用这种配线方式时，各楼层线对互相不复接。各楼层之间的电缆线对引出使用后，上升电缆逐段递减。

(1) 优点

① 各楼层虽由同一上升电缆引出，但因线对互不复接，故发生故障时容易判断和检修；

② 电缆长度较短，且对数集中，工程造价较低。

(2) 缺点

① 电缆线路网的灵活性较差，各层的线对无法充分使用，线路利用率不高；

② 扩建或改建较为复杂，会影响其他楼层。

(3) 适用范围

递减式适用于各楼层所需电缆线对数量不均匀且无变化的场合，如规模较小的宾馆、办公楼及高级公寓等。

4. 交接式

这种配线方式将整个高层建筑的电缆线路网分为几个交接配线区域，除离总交接箱或配线架较近的楼层采用单独式供线外，其他各层电缆均分别经过有关交接箱与总交接箱（或配线架）连接。

(1) 优点

① 各楼层电缆线路互不影响，如发生障碍，则涉及范围较小，只是相邻楼层；

② 提高了主干电缆芯线使用率，灵活性较高，线对可调度使用；

③ 发生障碍时容易判断、测试和检修。

(2) 缺点

① 增加了交接箱数量和电缆长度，工程造价较高；

② 对施工和维护管理等要求较高。

(3) 适用范围

交接式适用于各层需要线对数量不同且变化较多的场合，如规模较大、变化较多的办公楼、高级宾馆、科技贸易中心等。

5. 合用式

这种方式即将上述几种不同配线方式混合应用，因而适用的场合较多，尤其适用于规模较大的公共建筑等。

8.3.3 电话系统所使用的材料

1. 电缆

电话系统的干线使用电话电缆。室外埋地敷设时使用铠装电缆；架空敷设时用钢丝绳悬挂普通电缆,或使用带自承钢丝绳的电缆;室内使用普通电缆。常用电缆有HYA型综合护层塑料绝缘电缆和HPVV铜芯全聚氯乙烯电缆,电缆规格标注为HYA10×2×0.5。其中HYA为型号,10表示缆内10对电话线,2×0.5表示每对线为2根直径为0.5 mm的导线。电缆的对数为5～2400对,线芯有直径0.5 mm和0.4 mm两种规格。

在选择电缆时,电缆对数要比实际设计用户数多20%左右,以作为线路增容和维护使用。

2. 光缆

光导纤维通信是一种崭新的信号传输手段,它利用激光通过超纯石英(或特种玻璃)拉制成的光导纤维进行通信。光缆由多芯光纤、铜导线、护套等组成。光缆既可用于长途干线通信,传输近万路电话以及高速数据,又可用于中小容量的短距离市内通信、市局间交换机之间,以及闭路电视、计算机终端网络的线路中。光纤通信不但通信容量大、中继距离长,而且性能稳定、可靠性高,缆芯小、自重轻,曲挠性好,便于运输和施工,并且可根据用户需要插入不同信号线或其他线组,组成综合光缆。光缆的标准长度为(1000±100) m。

3. 电话线

管内暗敷设使用的电话线,常用的是RVB型塑料并行软导线或RVS型双绞线,规格为2 ×(0.2～0.5) mm^2。要求较高的系统使用HPW型并行线,规格为2×0.5 mm^2;也可以使用HBV型绞线,规格为2×0.6 mm^2。

4. 分线箱

电话系统干线电缆与进户连接要使用电话分线箱,也叫电话组线箱或电话交接箱。电话分线箱按要求安装在需要分线的位置:建筑物内的分线箱暗装在楼道中;高层建筑的分线箱安装在电缆竖井中。分线箱的规格为10对、20对、30对等,应按所需分线数量选择适当规格的分线箱。

5. 用户出线盒

室内用户要安装暗装用户出线盒。出线盒面板规格与其前面的开关插座面板规格相同,如86型、75型等。面板分为无插座型和有插座型两种。无插座型出线盒面板只是一个塑料面板,中央留直径为10 mm的圆孔,线路电话线与用户电话机线在盒内直接连接,适用于电话机位置较远的用户,用户可以用RVB导线作室内线连接电话机接线盒。有插座型出线盒面板分为单插座和双插座,面板上为通信设备专用插座,要使用专用插头与之连接。现在常用的电话机都使用这种插头进行线路连接,如话筒与机座的连接。使用插座型面板时,线路导线直接接在面板背面的接线螺钉上。

8.3.4 电话系统工程图分析

1. 住宅楼电话工程图

住宅楼电话系统如图8.3所示。

从系统图中可以看到,进户使用HYA-50(2×0.5)型电话电缆,电缆为50对线,每根线芯的直径为0.5 mm,穿直径为50 mm焊接钢管埋地敷设。电话组线箱TP-1-1为一只50对线电话组线箱,型号为STO-50。箱体尺寸为400 mm×650 mm×160 mm,安装高度距地0.5 m。进线电缆在箱内与本单元分户线和分户电缆及到下一单元的干线电缆连接。下一单元的干线电缆为HYV-10(2×0.5)型电话电缆,电缆为30对线,每根线的直径为0.5 mm,穿直径为40 mm焊接钢管埋地敷设。

二层用户线从电话组线箱TP-1-1引出,各用户线使用RVS型双绞线,每根直径为

0.5 mm，穿直径为 15 mm 焊接钢管埋地、沿墙暗敷设（SC15-FC-WC）；从 TP-1-1 至三层电话组线箱用一根 10 对线电缆连接，电缆线型号为 HYV-10(2×0.5)，穿直径为 25 mm 焊接钢管沿墙暗敷设。在三层和五层各设一只电话组线箱，型号为 STO-10，箱体尺寸为 200 mm×280 mm×120 mm，均为 10 对线电话组线箱，安装高度距地 0.5 m。三层到五层也使用一根 10 对线电缆连接。三层和五层电话组线箱分别连接上下层四户的用户电话出线口，均使用 RVS 型双绞线，每根直径为 0.5 mm。各层每户内有两个电话出线口。

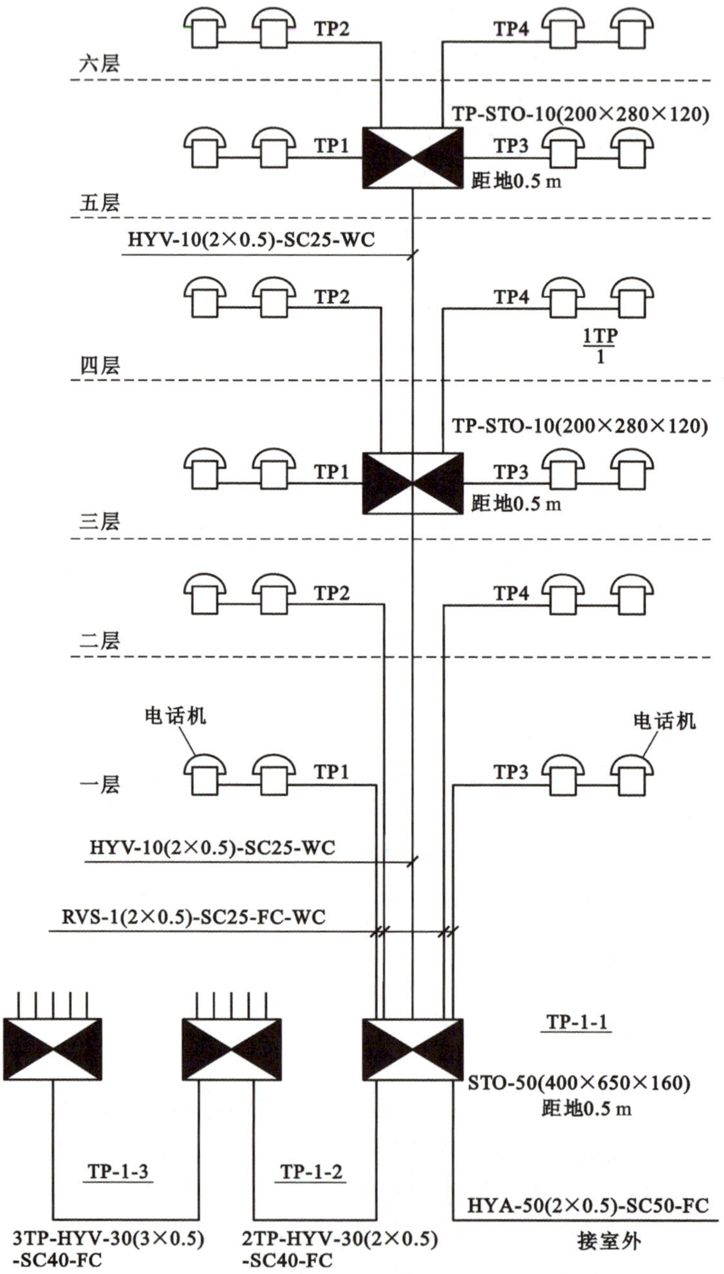

图 8.3 住宅楼电话工程图

电话电缆从室外埋地敷设，穿直径为 50 mm 的焊接钢管引入建筑物(SC50)，钢管连接至一层 TP-1-1 箱，到另外两个单元组线箱的钢管横向埋地敷设。

单元干线电缆 TP 从 TP-1-1 箱向左下到楼梯对面墙，干线电缆沿墙从一楼向上到五楼，三层和五层装有电话组线箱，从各层的电话组线箱引出本层和上一层的用户电话线。

2. 综合楼电话系统工程图

综合楼电话系统工程图如图 8.4 所示。

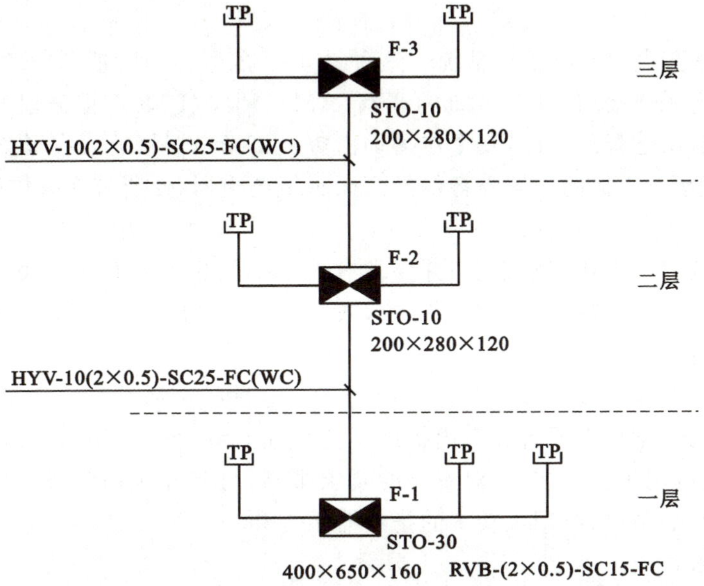

图 8.4 综合楼电话系统工程图

本楼电话系统没有画出电缆进线，首层为 30 对线电话组线箱(STO-30)，箱体尺寸为 400 mm×650 mm×160 mm。首层有 3 个电话出线口，箱左边线管内穿一对电话线，而箱右边线管内穿两对电话线，到第一个电话出线口分出一对电话线，再向右边线管内穿剩下的一对电话线。

二、三层各为 10 对线电话组线箱(STO-10)，箱体尺寸为 200 mm×280 mm×120 mm。每层有 2 个电话出线口。电话组线箱之间使用 10 对线电话电缆，电缆线型号为 HYV-10(2×0.5)，穿直径为 25 mm 的焊接钢管埋地、沿墙暗敷设(SC25-FC，WC)。到电话出线口的电话线均为 RVB 型并行线[RVB-(2×0.5)-SC15-FC]，穿直径为 15 mm 的焊接钢管埋地敷设。

8.4 广播音响系统

广播音响系统又称电声系统，在各种建筑中的应用范围极为广泛，是剧场、影院、宾馆、舞厅、俱乐部、艺术广场、体育广场、工矿企业、机关学校等各种场合所必备的设备。

8.4.1 广播音响系统的分类

在建筑工程中，广播音响系统大致可以归纳为以下三种类型：

1. 公共广播系统

公共广播系统包括背景音乐和紧急广播功能，平时播放背景音乐和其他节目，当出现紧急情况时强制转换为报警广播。这种系统中，广播用的传声器（话筒）与向公共广播的扬声器一般不处在同一个房间内，因此没有声反馈的问题，其典型系统多采用定压式传输方式。

（1）面向公众区的公共广播系统　这种系统主要用于语言广播，平时进行背景音乐广播，在出现灾害或紧急情况时可切换成紧急广播。公共广播系统的特点是服务区域面积大、空间宽旷，声音传播以直达声为主。但如果扬声器的布局不合理，因声波多次反射而形成超过50 ms以上的延时会引起双重声或多重声，甚至会出现回声，影响声音的清晰度和声像的定位。

（2）面向宾馆客房的广播音响系统　这种系统由客房音响广播和紧急广播组成，正常情况下向客房提供音乐广播，包含收音机的调幅（AM）、调频（FM）广播波段和宾馆自播的背景音乐等多个可供自由选择的波段，每个广播均由床头柜扬声器播放。在紧急广播时，客房广播被强行中断，只有紧急广播的内容强行切换到床头柜扬声器，使所有客人均能听到紧急广播。

2. 厅堂扩声系统

厅堂扩声系统使用专业音响设备，并要求有大功率的扬声器系统。由于演讲或演出用的传声器与扩声用的扬声器同处于一个厅堂内，故存在声反馈的问题，所以厅堂扩声系统一般采用低阻抗式直接传输方式。

（1）面向体育馆、剧场、礼堂的厅堂扩声系统　这种扩声系统是应用最广泛的系统，它是一种专业性较强的厅堂扩声系统。室内扩声系统往往有综合性多用途的要求，不仅可供会场语言扩声使用，还可用于文艺演出，对音质的要求很高，且受建筑声学条件的影响较大。对于大型现场演出的音响系统，要用大功率的扬声器系统和功率放大器，在系统的配置和器材选用方面有一定的要求。

（2）面向歌舞厅、宴会厅、卡拉 OK 厅的音响系统　这种系统应用于综合性的多用途大众娱乐场所。由于人员多，杂声或噪声较大，故要求音响设备有足够的功率，较高档次的还要求有很好的重放效果，故也应配置专业音响器材，在设计时要注意供电线路与各种灯具的调光器分开。对于歌舞厅、卡拉 OK 厅，还要配置相应的视频图像系统。

3. 会议系统

会议系统包括会议讨论系统、表决系统和同声传译系统。这类系统一般也设置由公共广播提供的背景音乐和紧急广播两用系统。因有其特殊性，常在会议室和报告厅单独设置会议广播系统。对要求较高的国际会议厅，还需另行设计同声传译系统、会议表决系统以及大屏幕投影电视。会议系统广泛用于会议中心、宾馆、集团公司、学术报告厅等场所。

8.4.2　广播音响系统的组成与功能

广播音响系统由节目源设备、信号放大和处理设备、传输线路和扬声器系统四部分组成。

1. 节目源设备

节目源设备有 FM/AM 调谐器、电唱机、激光唱机和录音机等，还包括传声器（话筒）、电视伴音（包括影碟机、录像机和卫星电视的伴音）、电子乐器等。

2. 信号放大和处理设备

信号的放大就是指电压放大和功率放大，其次是信号的选择处理，即通过选择开关选择所需要的节目源信号。

3. 传输线路

对于厅堂扩声系统，由于功率放大器与扬声器的距离不远，一般采用低阻抗式大电流的直接馈送方式。对于公共广播系统，由于服务区域广、距离长，为了减少传输线路引起的损耗，往往采用高压传输方式。

4. 扬声器系统

扬声器是指能将电信号转换成声信号并辐射到空气中去的电声换能器，一般称为喇叭，在弱电工程的广播系统中有着广泛的应用。

8.4.3　广播音响系统的设备布置

8.4.3.1　设备布置

1. 扬声器的选择与布置

扬声器的选择主要满足播放效果的要求，在考虑灵敏度、频响和指向性等性能的前提下，应考虑功率大小。在办公室、生活间和宾馆客房等场所，可选用 1～2 W 的扬声器箱；走廊、门厅及公共活动场所的背景音乐、业务广播，宜选用 3～5 W 的扬声器箱。在选用声柱时，应注意广播的服务范围、建筑的室内装修情况及安装的条件，如果建筑装饰和室内净空允许，对大空间的场所宜选用声柱（或组合音箱）；对于地下室、设备机房或噪声高、潮湿的场所，应选用号筒式扬声器，且声压级应比环境噪声大 10～15 dB；室外使用的扬声器应选用防潮保护型。

高级宾馆内的背景音乐扬声器（箱）的输出，宜根据公共活动场所的噪声情况就地设置音量调节装置。

对于扬声器布置的数量，在房间内（如会议厅、餐厅、多功能厅）可按 0.025～0.05 W/m^2 的电功率密度确定。

另外一种估算方法是按从任何部位到最近一个扬声器的步行距离不超过 15 m，末端最后一个扬声器距离不大于 8 m 的标准布置。

在门厅、电梯厅、休息厅顶棚安装的扬声器间距为安装高度的 2～2.5 倍。

在走廊顶棚安装的扬声器间距为安装高度的 3～3.5 倍。

走廊、大厅等处的扬声器一般嵌入顶棚安装。室内扬声器箱可明装，但安装高度（扬声器箱的底边距地面）不宜低于 2.2 m。

2. 广播用户分路

有线广播的用户分路应根据用户类别、播音控制、火灾事故广播控制和广播线路等因素确定。特别要注意火灾事故广播的分路，当与其他广播系统（如服务性广播）共用时，用户分路应该满足火灾事故广播的分路要求。

为适应各个分路对广播信号有近似相等的声压级要求，在系统设计及设备选择时可采取以下几种方法：

（1）每一用户分路配置一台独立的功率放大器，且该功放具有音量控制功能。

（2）在满足扬声器与功率放大器匹配的条件下，可以几个用户分路共用一台功放，但需设置扬声器分路选择器，以便选择和控制分路扬声器。

（3）当一个用户分路所需广播功率很大时，可以采用两台或更多的功率放大器，多台功放的输入端可以并联接至同一节目信号，但输出端不能直接并联，应按扬声器与功率放大器匹配的原则将扬声器分组，再分别接到各功率放大器的输出端上。

(4) 在某些分路的部分扬声器上通过加装音量控制器来调节音量大小，采用带衰减器的扬声器可调整声压级的大小。

3. 功放设备的容量

功放设备的容量可按下式计算：

$$P = K_1 K_2 \sum P_i$$

式中 P——功放设备输出总电功率，W；

K_1——线路衰耗补偿系数，1 dB 时取 1.26，2 dB 时取 1.58；

K_2——老化系数，一般取 1.2～1.4；

P_i——第 i 分路同时广播时的最大电功率，W。

$$P_i = K_i P_{Ni}$$

式中 P_{Ni}——第 i 分路的用户设备额定容量；

K_i——第 i 分路的同时需要系数，宾馆客房取 0.2～0.4，背景音乐取 0.5～0.6，业务性广播取 0.7～0.8，火灾事故广播取 1.0。

4. 有线广播控制室

有线广播控制室应根据建筑物类别、用途的不同而设置，靠近主管业务部门(如办公楼)，并宜与电视监控室合并设置(如宾馆)。有线广播控制室也可和消防控制室合用，此时应满足消防控制室的有关要求。

控制室内功放设备的布置应满足以下要求：柜前净距离应不小于 1.5 m；柜侧与墙以及柜背与墙的净距离应不小于 0.8 m；在柜侧需要维修时，柜间距离应不小于 1 m。

5. 线路选择与敷设

有线广播系统的传输线路应根据系统形式和线路的传输功率损耗来选择。一般地，对于宾馆的服务性广播，由于节目套数较多，多选用线对绞合的电缆；而对其他场所，宜选用铜芯塑料绞合线。通常情况下，传输线路上的音频功率损耗应控制在 5%以内。

广播线路一般采用穿管或线槽的敷设方式，在走廊里可以和电话线路共槽走吊顶内敷设。

8.4.3.2 *扩声系统*

扩声系统按使用功能不同分为语言扩声系统、音乐扩声系统、音乐兼语言扩声系统三类。多功能厅内一般采用音乐兼语言扩声系统。

1. 扬声器的选择、布置与安装

应根据声场及扬声器的布置方式合理确定其技术参数并选择扬声器。多功能厅扩声系统中，多采用前期电子分频组合式扬声器系统，可以是 2、3 或 4 分频系统，中、高音单元多采用号筒式扬声器。各种组合音箱也可在广播中应用，其组合音箱大多由两个或三个单元扬声器组成(中、高音单元多采用号筒)；更多的是采用无源电子分频，有时为扩大使用范围需另配超低频音箱。

扬声器的布置应满足：在任何情况下所有的听众都能接收到均匀的声能；扩声应得到自然的音响；扬声器的位置在建筑上应当是合理的。

扬声器的布置方式有集中式、分散式、分布式和混合式四种。

(1) 集中式布置方式　多用于多功能厅、2000 人以下的会场、体育场的比赛场地。扬声器设置在舞台或主席台的周围，并尽可能集中。大多数情况下，扬声器装在自然源的上方，两侧相辅助。这种布置可以使视听效果一致，避免声反馈的影响。扬声器(或扬声器系统)至最远听众的距离应不大于临界距离的3倍。

(2) 分散式布置方式 用于净空较低、纵向距离长或者可能被分隔成几部分使用及厅内混响时间长的多功能厅，以及2000人以上的会场。这种布置应控制最近的扬声器的功率，尽量减少声反馈，还应防止听众区产生重声现象，必要时应加装延时器。

(3) 分布式布置方式 用于体育馆、体育场观众席，扬声器组在顶棚上呈环形布置。例如，两组环形扬声器系统，其中一组供声区为观众席，另一组为运动场地。再如，三组环形扬声器系统，其中一组供声区为上半部观众席，一组为下半部观众席，一组为运动场地。

为满足声场均匀度的要求，应根据要求的直达声供声范围、扬声器(或扬声器系统)的指向特性，合理确定扬声器(或扬声器系统)的声辐射范围的适当重叠。检查高、中音是否达到所在座位的简便实用的方法是：凡在座位上能看到主要负担覆盖本区的扬声器中轴，则高、中音的直达声将较强。

对于扬声器的安装高度和倾斜角度，应根据工程的实际情况，考虑声轴线投射距离、投射点距地面的高度和水平及竖直向上需要的供声范围，用几何作图的方法来确定。

2. 传声器的布置

传声器的布置应能够满足减少声反馈、提高传声增益和防止干扰的要求。传声器的位置与扬声器(或扬声器系统)的间距应尽量大于临界距离，并且位于扬声器的辐射范围角以外。当室内扬声场不均匀时，传声器应尽量避免设在声压级高的部位。传声器应远离晶闸管干扰源及其辐射范围。

3. 前端与放大设备

前级增音机、调音控制台、扩声控制台等前端控制设备的选择应根据不同的使用要求来确定。通常前级增音机至少应有低阻及高阻传声器输入各一路、拾音器输入一路、线路输入和录音重放各一组、录音输出一组。立体声调音台具有多种功能，可根据具体要求选择，一般选用带有4～8个编组的产品较为适合。应该指出，虽然调音台的设计可以增加多种功能，但其主通道的性能总是第一位的。主通道的性能主要应考虑等效输入噪声电平和输入动态余量，而这两者一般来说是相互矛盾的，应根据具体要求有所侧重、合理兼顾。

功率放大设备的单元划分应根据负载分组的要求来选择。为了使扩声系统具有良好的扩声效果，功率放大器应有一定的功率储备量，其大小与节目源的性质和扩声的动态范围有关。平均声压级所对应的功率储备量，在语言扩声时一般为5倍以上，音乐扩声时一般为10倍以上。

4. 扩声控制室

扩声控制室的位置应满足通过观察窗能直接观察到舞台活动区、主席台和大部分观众席的要求。一般情况下，剧场类建筑设在观众厅后部，体育场馆类建筑设在主席台侧，多功能厅设在后部(即靠近会议主持者一侧)。

为减少强电系统对扩声系统的干扰，扩声控制室不应与电气设备机房(包括灯光控制室，尤其是晶闸管调光设备)毗邻或上下层重叠设置。控制台(或调音台等)应与观察窗垂直放置，以便操作人员能尽量靠近观察窗。

5. 线路选择与敷设

调音台(或前级控制台)的进出线路均应采用屏蔽电缆。馈电线宜采用聚氯乙烯绝缘双芯绞合的多股铜芯导线穿管敷设。为保证传输质量，自功放设备输出端至最远扬声器(或扬声器系统）的导线衰耗不应大于 0.5 dB(1000 Hz 时)。对于前期分频控制的扩声系统，其分频功率输出馈送线路应分别单独分路配线。同一供声范围的不同分路扬声器（或扬声器系统）不应接至同一功率单元，以避免功放设备故障时造成大范围失真。在采用晶闸管调光设备的场所，为防止干扰，传声器线路宜采用四芯金属屏蔽绞线，对角线对并接，并穿钢管敷设。

8.4.4 专业音响系统工程案例

1. 工程概况

某国际艺术交流中心（以下简称大厦）是集办公、画展、教学、客房、餐饮为一体的综合性大楼，地下 1 层，地上 6 层，建筑面积为 4600 m^2，包括专题展厅、陈列厅、画廊、接待办公、教学用房、客房、餐厅、设备用房、地下车库等。根据本工程招标文件的要求，要为大厦的多功能厅和会议室设计一套安全可靠的、便于使用的、高档次的、具有高科技水平的音响系统。

2. 系统设备选型

考虑到本方案的重要性和特殊性，采用性价比很高的美国产品（美国 EV）作为音响系统的主要构成，确保系统的整体效果以及高档次、高兼容性和高可靠性。

在本方案的整个系统中，厅堂的扩声技术指标以《厅堂扩声系统声学特性指标》(GYJ 25—1986)中“音乐与语言兼用的扩声一级指标”来设计，并以此作为验收标准。在系统调试中采用 K-T DN6000 音频分析仪，它可以进行 1/6 倍频程精细调整系统的均衡，这样可以很方便地调整数字参量均衡和模拟均衡，以保证调测的精确度。

3. 设备特点

本方案中扬声器的选用是根据功能的不同来特别选配的，但全部选用音响行业中的知名品牌——美国 EV。

(1) 主扩扬声器：EV FRX940/FRX181

EV FRX940 是远射程外置分频高档全频扬声器，作为左右主扩扬声器，分别吊装（或支架安装）在主席台两侧，面向听众区。其最理想为隐藏吊装，具体吊装位置有待于和装修公司商定。本款扬声器有 90°×40°扩散角度的号筒选择，根据 EASE 3.0 计算机声学辅助设计软件计算，90°×40°扩散角度的扬声器最适合本厅堂使用。

EV 扬声器的 RMD 专利技术避免了高、低声扬声器的相位差别。90°×40°的指向性扩散角度提高了扩散的声音传输指向性，保证在大音量扩声时话筒也不会出现自激啸叫的情况。这样可以设置高音、中音和低音不同的压限保护，从根本上避免了采用模拟处理器时烧毁高音的情况出现。

FRX181 主扩扬声器的作用主要是弥补中置扬声器低音不足的弱点，突出低频及立体声效果。FRX 系列扬声器的低音效果十分出色，可以放出 43 Hz 的声音。

EV FRX 系列扬声器与中置的 EVI-12 扬声器一起组成左、中、右扬声器阵列，形成 SIS 空间成像系统。与高档的立体声 THX 电影院的扩声设计相似，中置扬声器主要重放中频频段（语言和大部分音乐）的信号，左右扬声器则加强低频和立体声效果，突出现场感和音乐的大动态。

(2) 返送扬声器：EV SX300

选用 2 只 EV SX300 全频扬声器作为左右返送扬声器，分别置于主席台两侧，面向舞台，使与会者能够清晰地听到自己的声音。

(3) 中置可变强度扬声器:EV EVI-12

具有世界级专利技术的 EVI-12 可变强度扬声器的具体安装位置与装饰手法有待与装修公司协商。该扬声器有以下两个特点:

① 可变强度

常规的扬声器都具有在离扬声器近的区域声响强、远的区域声响弱的传输特性。它容易造成这样两种局面:要么观众在前场听的声音很清楚,后面音量太小听不清楚;要么把音量开大,后面听清楚了,前场却噪声很大。而 EVI-12 扬声器能根据距离的远近将传输声音信号的强度加以变化,把投向前场的声音能量减少,线性加大后场的声音能量,使整个厅堂保持同一声音强度。

② 矩形覆盖

常规的扬声器投射的声音都是呈椭圆形覆盖的,容易产生高音死角。在大音量时,直达声遇到墙壁多次反射会导致声音含混不清的情况出现。图 8.5 给出了传统扬声器与 EVI 可变强度扬声器的覆盖示意图。

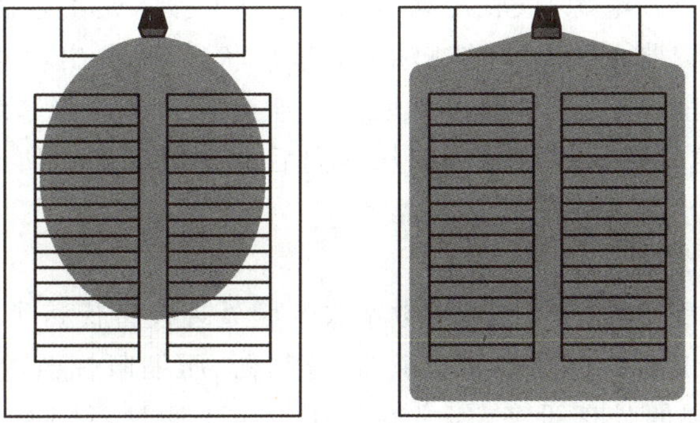

(a)　　(b)

图 8.5　扬声器覆盖示意图

(a) 传统扬声器覆盖示意;(b) EVI 可变强度扬声器覆盖示意

EVI-12 专利的 VI 高音号筒能很好地把声音控制在设计区域内,并且还能做到矩形覆盖,从根本上避免了直达声的墙壁反射,使得声音在厅堂的各个角落都十分清晰。竣工后经过调测,可以达到这样的效果:如果听众从前场走到后场,从左右两侧走到中央,听到的声音就像在采用常规扬声器时在最佳听音位听到的声音一样清晰,并且感觉不到声音强度的变化。采用这种专利技术的扬声器在很多高级的、重要的会议室中均有应用。图 8.6 所示是 EVI 扬声器覆盖立体示意图。

(4) 功放器:CPS 系列

功放的选定原则是根据所推动扬声器的承受功率来确定该功放的输出功率。本次设计所采用的功放选用 EV 的 CPS 系列功放,它已经通过了十分严格的 THX 认证,具有推动力强、音色优美、过载能力强及质量稳定的特点。尤其是几乎听不见的工作噪声,较为适合本场所使用。其所有功放均有充足的余量,可保证扬声器安全工作,且大动态和音色不失真。

该功放是为提供最高性能和满足最挑剔要求而设计的。这些功放的峰值余量是通过使用全面处理的电源系统而获得的,这种电源装有低干扰的环形变压器,能确保输入信号中每个动态峰值的还原。所有集成的零件都能保证具有卓越的音频质量和可靠性。整个 CPS 系列功

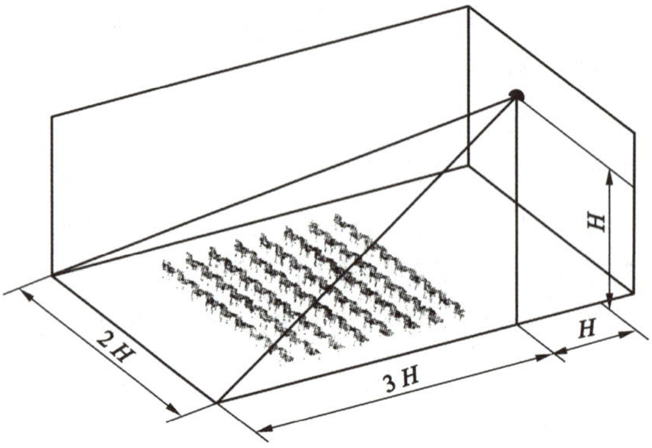

图 8.6　EVI 扬声器覆盖立体示意图

率放大器产品都采用扩展的保护电路，以防止放大器受到因过热或容性过载、短路，以及在输出端出现高频和/或直流电压而造成的破坏。在电源打开期间，它能通过继电器延时接通功率放大器的功率输出。当打开电源时(软启动)，内部电路的接入是由限制器控制的，以避免烧掉电源保险丝。附加的比较器电路始终监测输入和输出状况，只要出现非线性工作，就立即启动限制器，因此，在过载和削波情况下，能可靠地保护连接着的扬声器系统。所有放大器都装有安静运转的冷却风扇，这种风扇提供适当的从前向后的空气流通。所有这些措施都保证了功放器每天连续工作多个小时的安全性和可靠性。

(5) 数码音频处理器

本方案的另外一个重要的特点是采用数字式音频处理设备代替了传统的周边模拟设备。

通常使用的音响系统的周边设备如均衡器、分频器、压缩限幅器等都是独立的设备，一一罗列集成，并且都是模拟的处理设备，经常在使用中由于质量不同而变成了噪声发生器。另外，传统的周边模拟设备还会在使用中被外行使用者调乱系统，使得声音变糟，甚至烧毁设备。

本厅堂选用 EV DX38 2×4 路矩阵进行音频处理，选用的是数字式数码处理中心。这样从调音台输出到功放之前的音频信号都是由这个处理器来控制的。它能进行数字式分频、参量均衡、数字式压缩限幅、输出延时；并可以把调测好的参数存储在内置的电脑芯片中进行备份；还可以把调整好的参数加密，防止使用人员误操作，以保证在使用过程中音响系统能始终保持优良的效果。更为重要的是，这样做可以把误操作造成设备损坏的可能性降至最低。

使用时，它可以很方便地调出事先编好的扩声模式，如会议模式、演出模式或其他用户模式(共有 99 种模式可以存储)。

常规的均衡器只能在 1/3 倍频程范围内调节均衡，数字处理器可以通过选择带宽(Q 值)来或急或缓地调节，可以精确到 20 Hz～20 kHz 的任一频点。配合 1/6 倍频程音频分析仪，可以保证在大音量情况下也不会出现自激啸叫的情况。本数字音频处理器提供 RS232 协议，可以通过智能控制系统进行智能控制。

8.5 工程案例

8.5.1 广播音响系统工程图分析

1. 公共广播音响系统图

公共广播系统通常用于服务性广播(如背景音乐、拾物广播等),发生火灾时切换为火灾事故广播,以满足发生火灾及紧急情况时引导疏散的要求。它常用于宾馆、旅馆性质建筑物的广播系统,办公楼、商业楼及工厂性质建筑物的广播系统,带客房、办公、商业等综合性质建筑物的广播系统,铁路客运站性质建筑物的广播系统,银行性质建筑物的广播系统,学校性质建筑物的广播系统,公园性质的广播系统等。

(1) 公共广播音响系统的组成

有线广播系统主要由节目源、功放设备、监听设备、分路广播控制设备、用户设备及广播线路等组成,如图 8.7 所示。

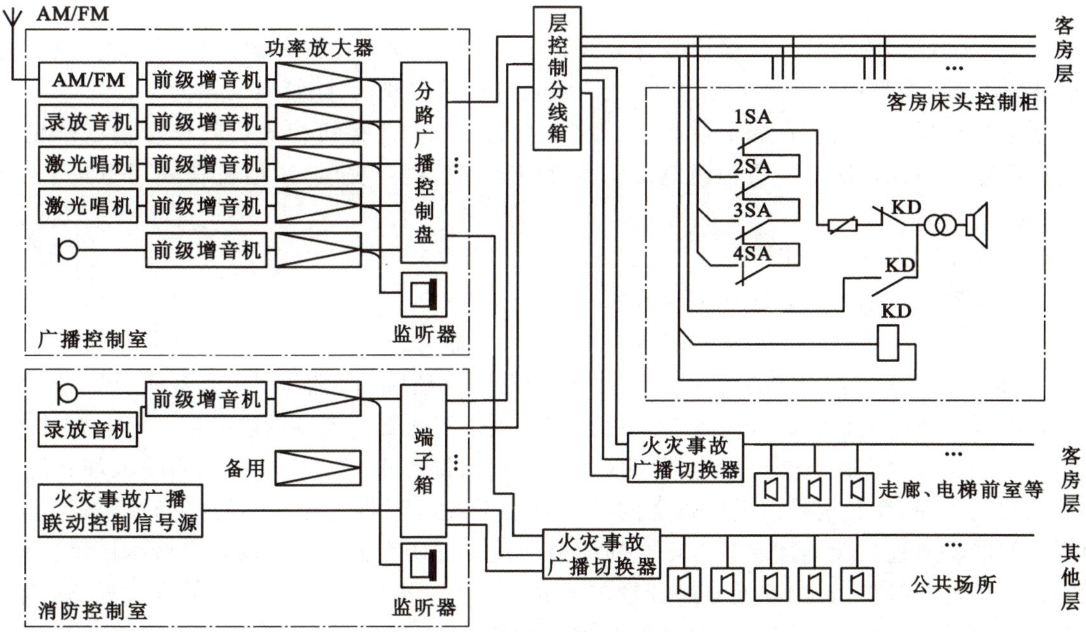

图 8.7 公共广播音响系统图

节目源包括激光唱机、磁带录放音机、调幅调频收音机及传声器等设备;功放设备包括前级增音器及功率放大器等设备;用户设备包括音箱、声柱、客房床头控制柜、控制开关及音量控制器等设备。

(2) 公共广播音响系统的传输线路

旅馆客房的服务性广播线路选择铜芯多芯电缆或铜芯塑料绞合线;其他广播线路采用铜芯塑料绞合线;各种节目信号线采用屏蔽线;火灾事故广播线路采用阻燃型铜芯电线和电缆或耐火型铜芯电线和电缆。

广播系统传输电压通常为 120 V 以下。线路采用穿金属管及线槽敷设,不得将线缆与强电同槽或同管敷设，应在土建主体施工时留出预埋管及接线盒。

火灾事故广播线路应采取金属管保护，并暗敷在非燃烧体结构内，其保护层厚度应不小于30 mm。不同系统、不同电压、不同电流类别的线路不应穿在同一根管内。各种节目信号应采用穿钢管敷设，管外壁应接保护地线。

(3) 公共广播系统设备安装

广播系统设置调幅调频天线，调频天线与有线电视系统同杆安装。天线安装前要配合结构施工完成天线基座和屋顶穿楼板的配管等工作。天线竖杆、屋顶配管要做防雷接地连接。

在办公室、生活间、更衣室等处一般装设 3 W 音箱；楼层走廊一般采用吊顶式扬声器箱，选用 3～5 W 的扬声器箱，间距按层高(吊顶高度)的 2.5 倍左右考虑；门厅、一般会议室、餐厅、商场等处一般装设 3～6 W 的扬声器箱；客房床头控制柜选用 1～2 W 的扬声器；大空间的场所采用声柱或组合音箱；在噪声高、潮湿的场所设置扬声器时，应采用号筒扬声器。

室内扬声器安装高度距地 2.2 m 以上或距吊顶板下 0.2 m 处，扬声器在吊顶上嵌入安装时，配管使用 ϕ20 mm 电线管及接线盒，并将金属软管与扬声器连接用于电线保护；车间内应根据具体情况而定，一般距地面 3～5 m；室外扬声器安装高度一般为 3～10 m。音量控制器、控制开关距地面 1.3 m。

弱电竖井(房)内安装的广播设备有分线箱、音量控制器和控制开关。控制开关安装在分线箱内，明装分线箱安装高度为底边距地 1.4 m，电线通过线槽、配管引入箱内。

通常将广播设备安装在弱电控制中心的广播机柜中。广播机柜需要制作角钢基础柜架，机柜的底座应与地面固定。机柜内设备应在机柜固定后进行安装，广播机柜采用下进下出进线方式。

2. 宾馆广播音响系统图

某高级宾馆广播音响系统如图 8.8 所示。

整个系统设计体现了高级宾馆音响和紧急广播的总体方案。图 8.8 中 A、F、TR-1、TR-2、TR-3 分别为五路音响的信号源，其中有两路为广播段的调幅、调频收音机，另三路为播放音乐的录音机。它们各自经音量调节后把信号源送至前置放大器的输入端。经前置放大器输出的音频信号由紧急广播的继电器 WX-121 的常闭接点送至功率放大器的输入端；经过功率放大器放大后，音频信号以电压输送的形式由主干线送至弱电管井中的接线板，作为上、下两层之间的垂直连接及本楼层各客房之间的横向连接。所有公共区域的背景音乐由单独一路功率放大器专门提供，每层均设有供音量调节的控制器。客房采用 A 型控制器供五路音响调节和音量调节。会议室和多功能厅采用 B 型控制器，不但有音乐选择、音量控制，而且留有本身注入点，供扩大器的话筒输入、功率输出之用。同样，茶座采用 C 型控制器，除了播放背景音乐外，本身设有一个注入点，以供本地广播用。所有扬声器都由线间变压器与输出线路相连接，以达到阻抗匹配的目的。其电路原理如图 8.9 所示。

设计中采用分段分区输送的方法，2～10 层为第一组，11～18 层为第二组，19～27 层为第三组。另外，1～27 层公共走道上的背景音乐为第四组。它们按层次划分区域并由各组的功率放大器分别负载，既减轻了对放大器的输出功率要求，也不会因为某个放大器的故障而影响全局。这种设计方案特别适用于客房较多的高层宾馆或用户较多的有线广播系统。图 8.8 中 WX-121 为紧急广播控制继电器，它的工作原理是通过 24 V 直流电压去控制相关的继电器动作，强迫切断原有音乐广播而把紧急广播信号传送到客房或公共走廊等区域，与其配合的是

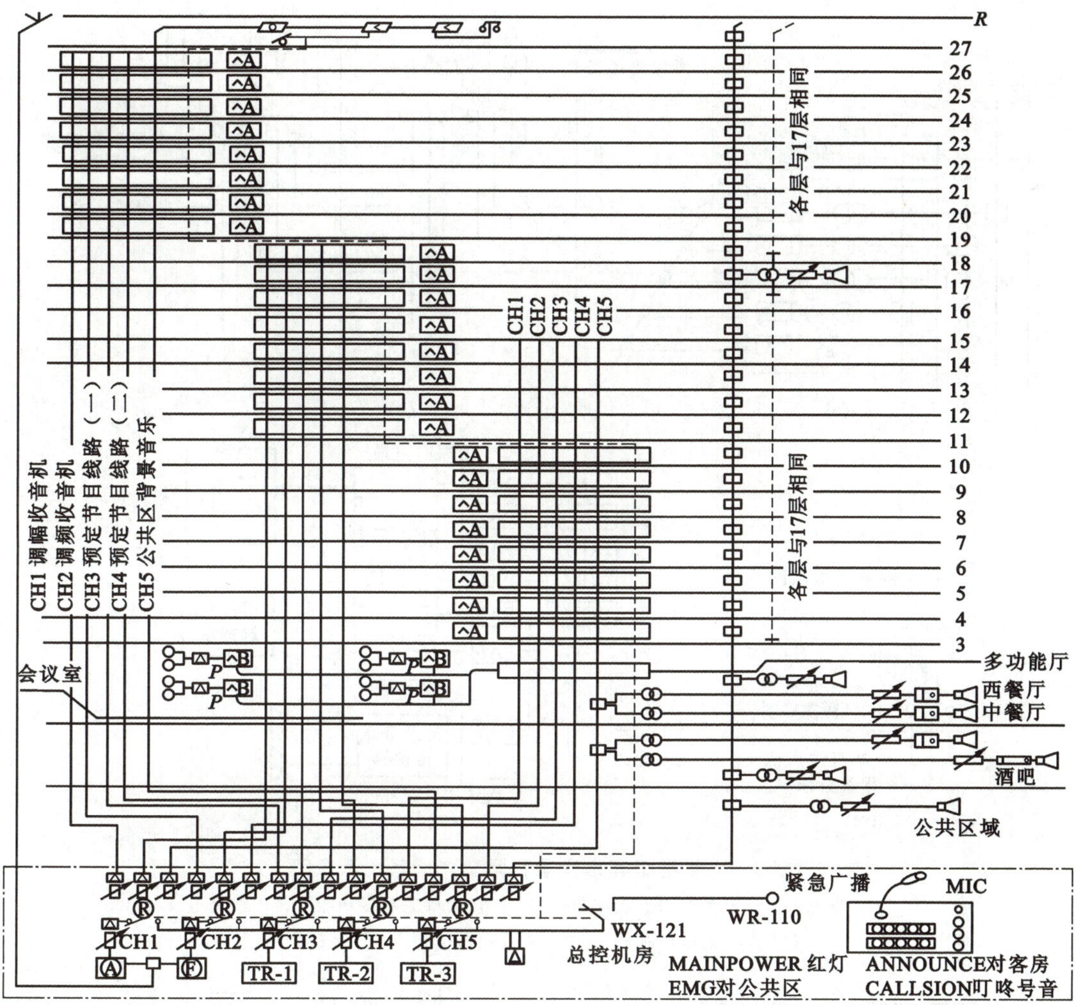

图 8.8　某高级宾馆广播音响系统图

WR-110 紧急广播控制中的传声器和相关按钮。紧急广播动作过程如图 8.10 所示。平时通过设在床头面板上的音乐选择和音量控制以获得所需的波道及适当的音量，一旦需要紧急广播时，通过按下机房内 WR-110 上对客房的紧急广播（ANNOUNCE）按钮，并按下呼号按钮（CALLSION）以提醒客人，再通过紧急广播话筒把信息传送到客房。这里的关键是把交流电压220 V/AC经过变压器整流滤波后变为 24 V/DC 直流电压。该直流电压加到床头控制器的继电器 K 使其动作，显然，这时扬声器所发出的声音即为紧急广播内容。同样，如果在 WR-110 上按下对公共区紧急广播的按钮（EMG）促使相应的继电器动作，切断原背景音乐后，被取而代之的也是紧急广播。

会议室、多功能厅音响选用乙类 B 型控制器，如图 8.9(a)、图 8.9(b)所示，它配有流动扩大器可以实现本地广播。顶楼茶座音响选用丙类 C 型控制器，它不仅可以控制背景音乐的音量大小，而且本身有一注入点可用于自办音乐广播节目，如图 8.9(c)所示。五路音响系统和紧急广播方框图如图 8.9(d)所示。

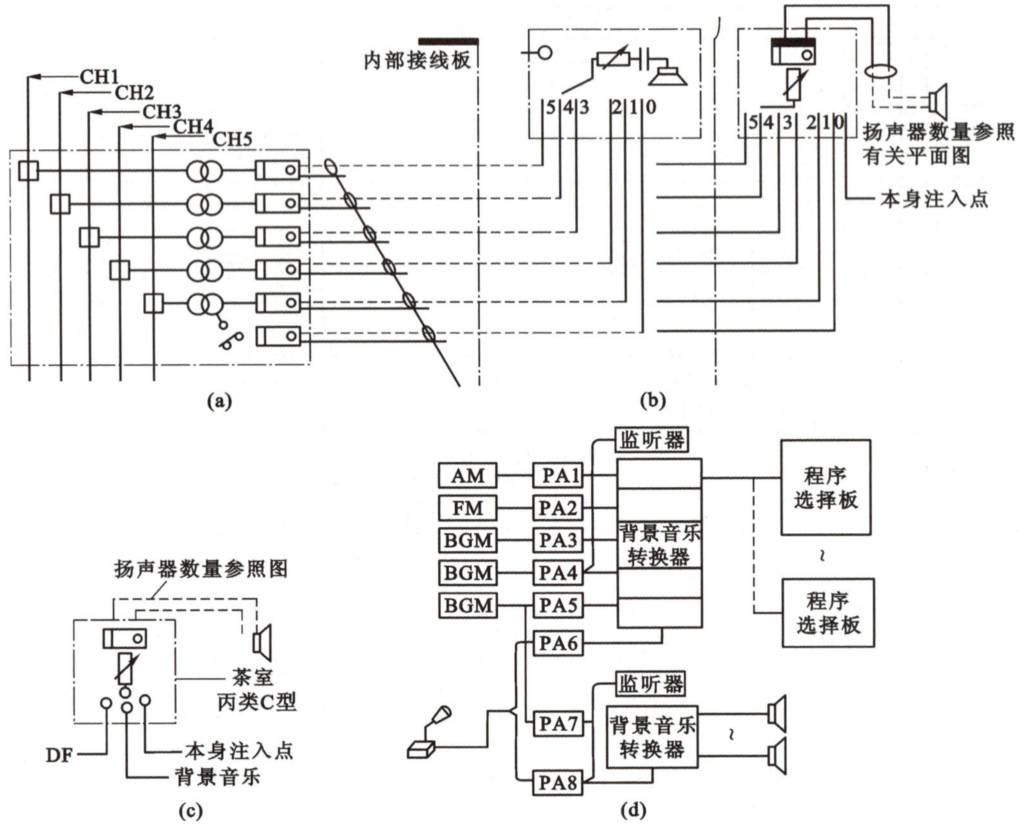

图 8.9　某高级宾馆音响和紧急广播系统示意图

(a) 音响系统引出线详图；(b) 客房、会议室和多功能厅；

(c) 顶楼茶座控制板；(d) 五路音响系统和紧急广播框图

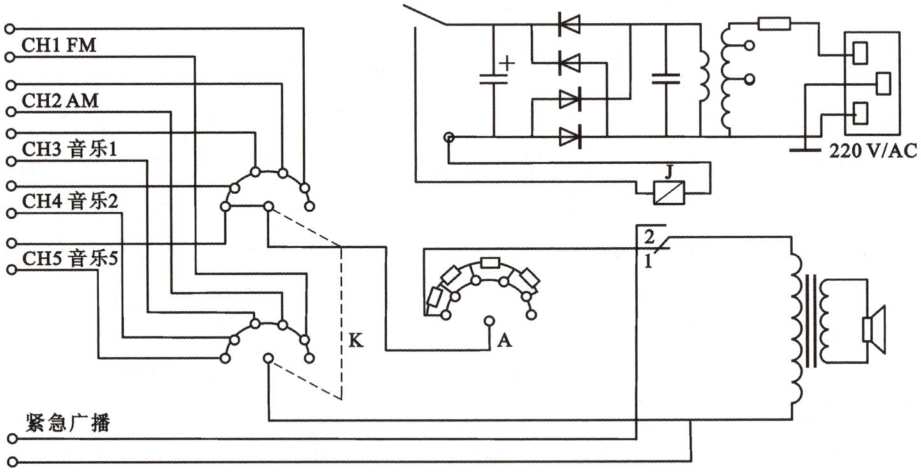

图 8.10　套房音响和紧急广播电路图

8.5.2　有线电视与广播音响系统工程实例分析

有线电视与广播音响系统工程实例见图 8.11 至图 8.15。该建筑物为综合楼。

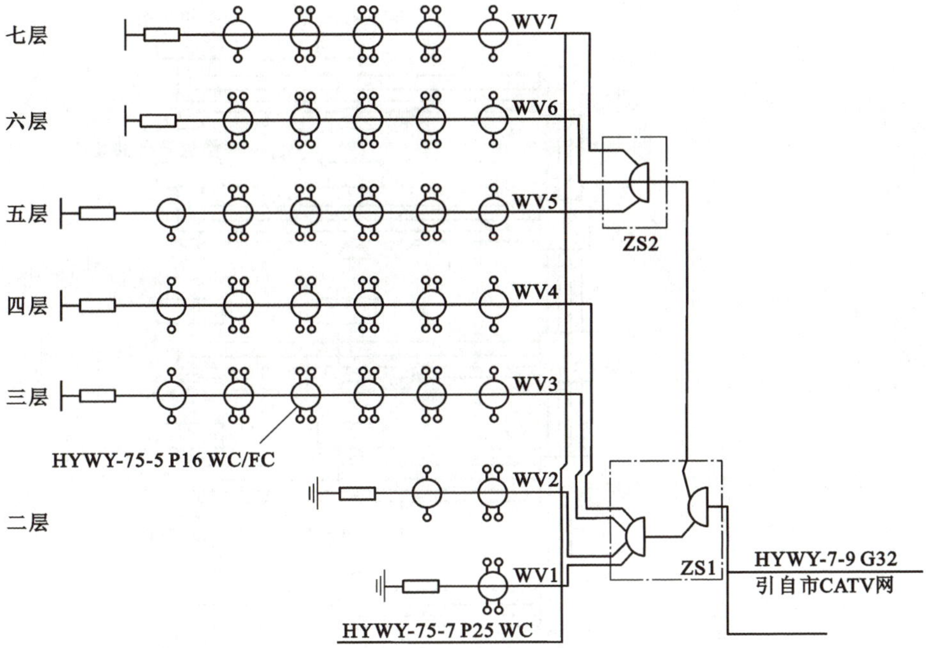

图 8.11　有线电视系统图

1. 设计说明

(1) 有线电视信号直接来自区域网,如电视信号电平不足,可以在进楼时通过增加线路放大器来提高信号电平。

(2) 广播音响系统有三套节目源,走廊、大厅及咖啡厅设背景音乐。客房节目功率为 400 W,背景音乐功放为 50 W,地下车库用 15 W 号筒扬声器,其余公共场所用 3 W 嵌顶音箱或壁挂音箱(无吊顶处)。

(3) 广播控制室与消防控制室合用,设备选型由用户定。大餐厅独立设置扩声系统,功放设备置于迎宾台。

(4) 地下车库 15 W 号筒扬声器距顶 0.4 m 挂墙或柱安装,其余公共场所扬声器嵌顶安装,客房扬声器置于床头柜内。楼层广播接线箱竖井内距地 1.5 m 挂墙安装,广播音量控制开关距地 1.4 m。

(5) 广播线路为 ZR-RVS-2×1.5,竖向干线在竖井内用金属线槽敷设,水平线路在吊顶内用金属线槽敷设,引向客房段的 WS(1～3)共穿 SC20 暗敷。

2. 有线电视系统分析

(1) 系统图分析

通过对图 8.11 有线电视系统图和图 8.13 一层电视与广播平面图、图 8.14 二层电视与广播平面图、图 8.15 三层电视与广播平面图进行分析可以知道,该建筑物的有线电视信号引自市 CATV 网,是用 HYWY-75-9 型号的同轴电缆穿直径为 32 mm 的钢管引来的。先进入二层编号为 ZS1 接线箱中的二分配器(如果电视信号电平不足,可在二分配器前加线路放大器);再分配至 ZS1 接线箱中的四分配器和安装在五层编号为 ZS2 接线箱中的三分配器。ZS1 接线箱中的四分配器又分成 4 路,编号为 WV1、WV2、WV3、WV4,采用 HYWY-75-7 型号的同轴电缆穿直径为 25 mm 的塑料管向 2、3、4 层配线。ZS2 接线箱中的三分配器也分成 3 路,

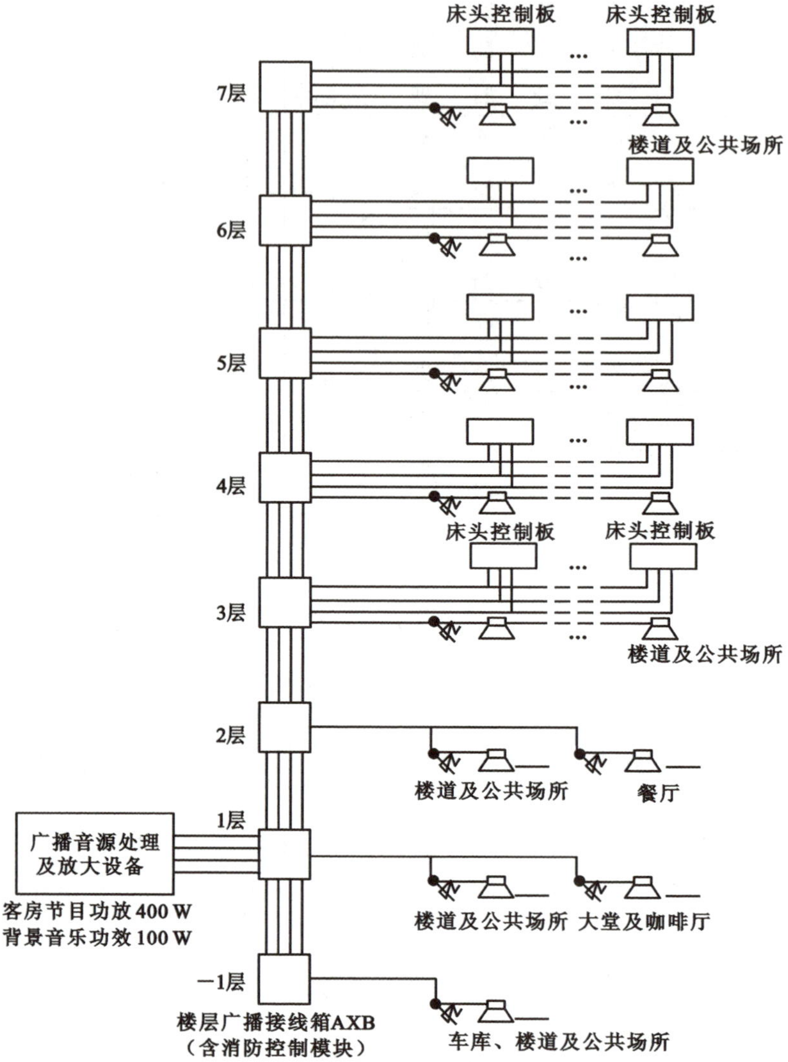

图 8.12　广播音响系统图

编号为 WV5、WY6、WV7，向 5、6、7 层配线。

在 WV3 分配回路接有 4 个四分支器和 2 个二分支器，分支线采用 HYWY-75-5 型号的同轴电缆穿直径为 16 mm 的塑料管沿墙或地面暗配，分别配至电视信号终端（电视插座）。其他分配回路原理相同，每个分配回路信号终端都通过一个 75 Ω 的电阻接地，因为分配回路是不允许空载的。

在有线电视系统图中，一般应标出导线的型号、长度及分支器的型号。因为各电视插座所处的位置不同，其导线的长度不同，电视信号电平衰减的程度也就不同。但对于电视机，一般要求在(65±5) dB 之间，信号电平太高或太低都会影响收视效果。因此，系统设计时必须知道导线的长度，并计算出导线电视信号电平衰减量，再选择不同型号的分支器，尽量使各电视插座输出端电平信号平衡。所以，应用有线电视系统图就可以计算出工程量。

(2) 二层电视平面图分析

一层没有安装电视插座。在二层平面图中，WV1 分配回路是配向大餐厅的，先配至⑧轴

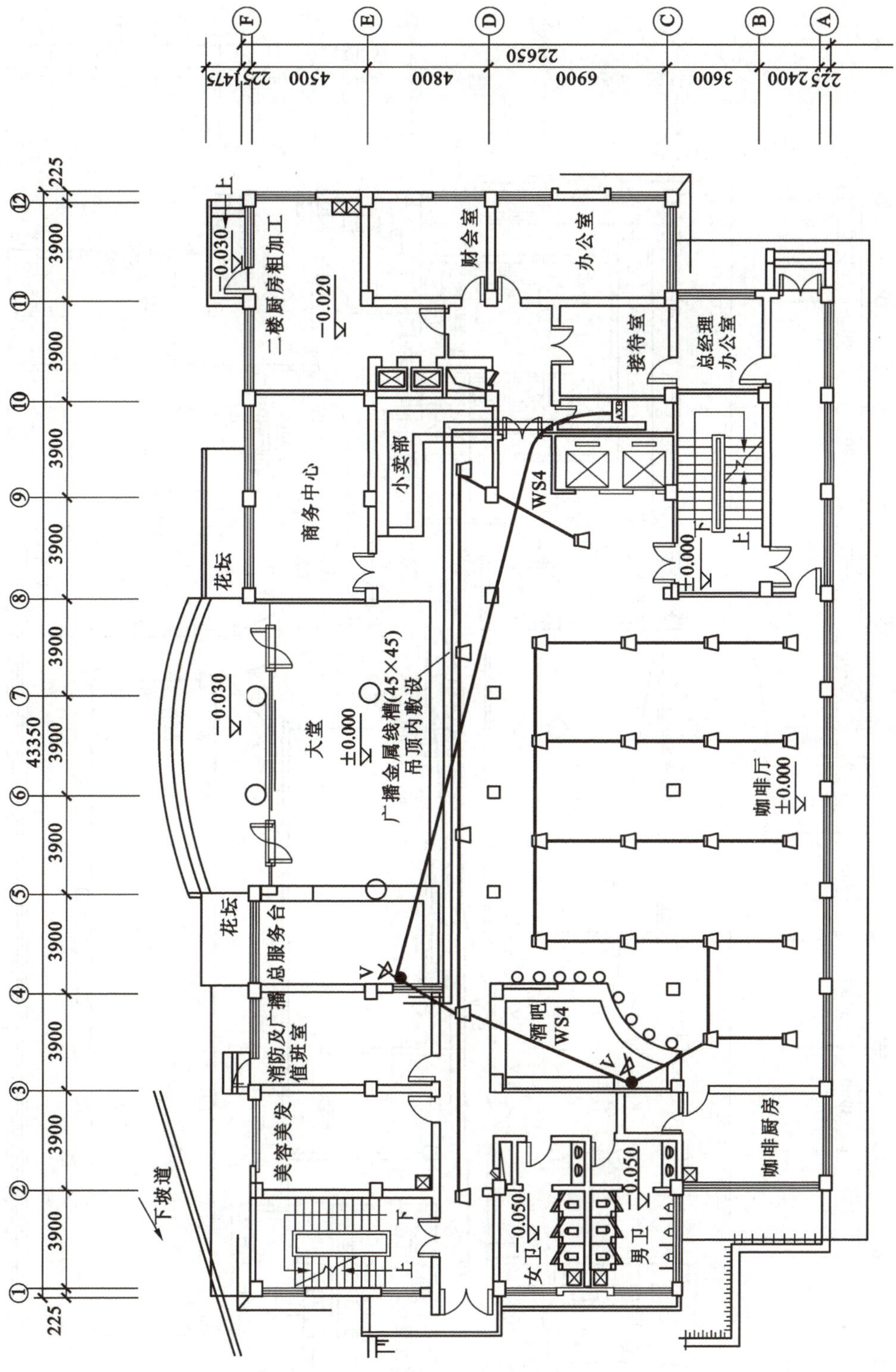

图 8.13　一层电视与广播平面图

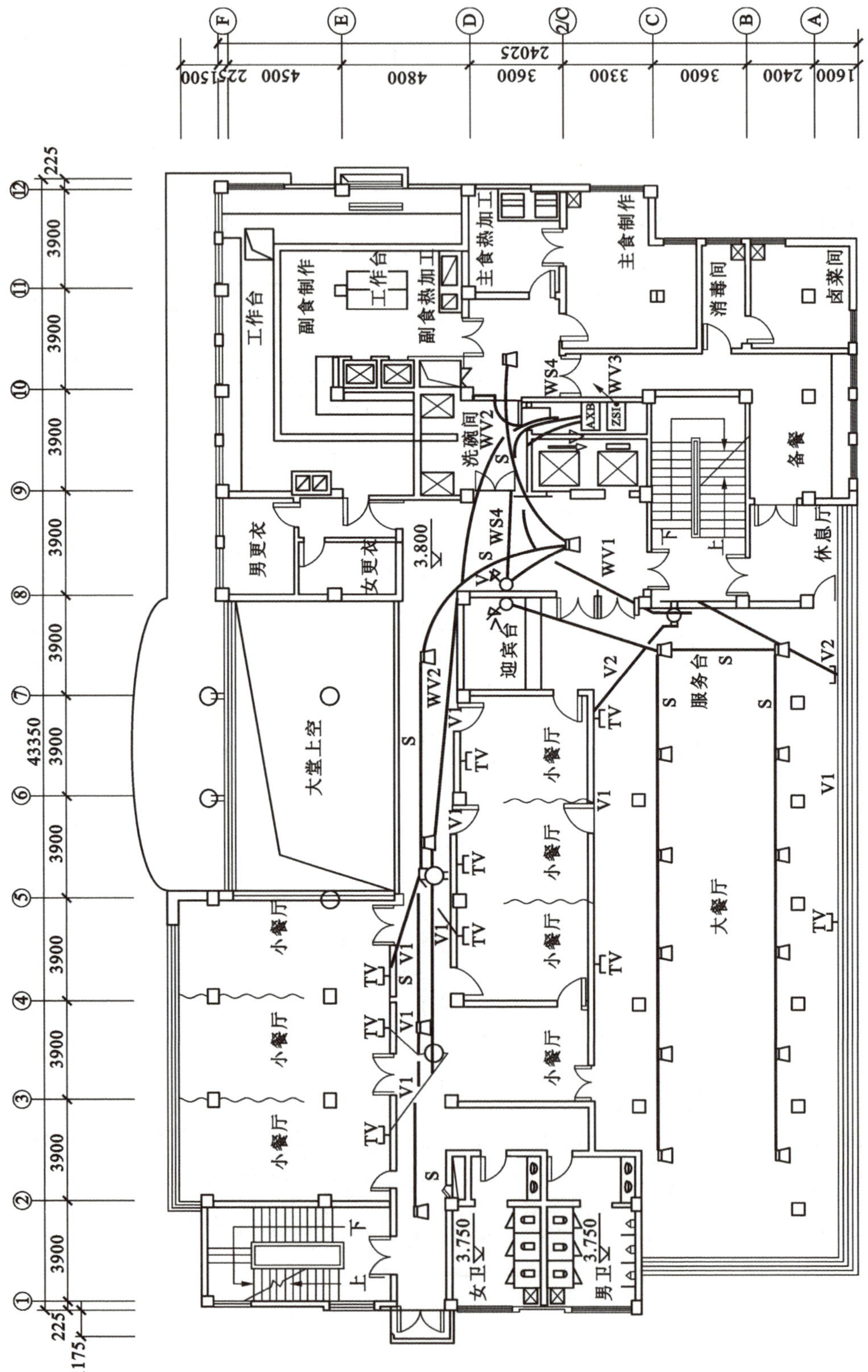

图 8.14 二层电视与广播平面图

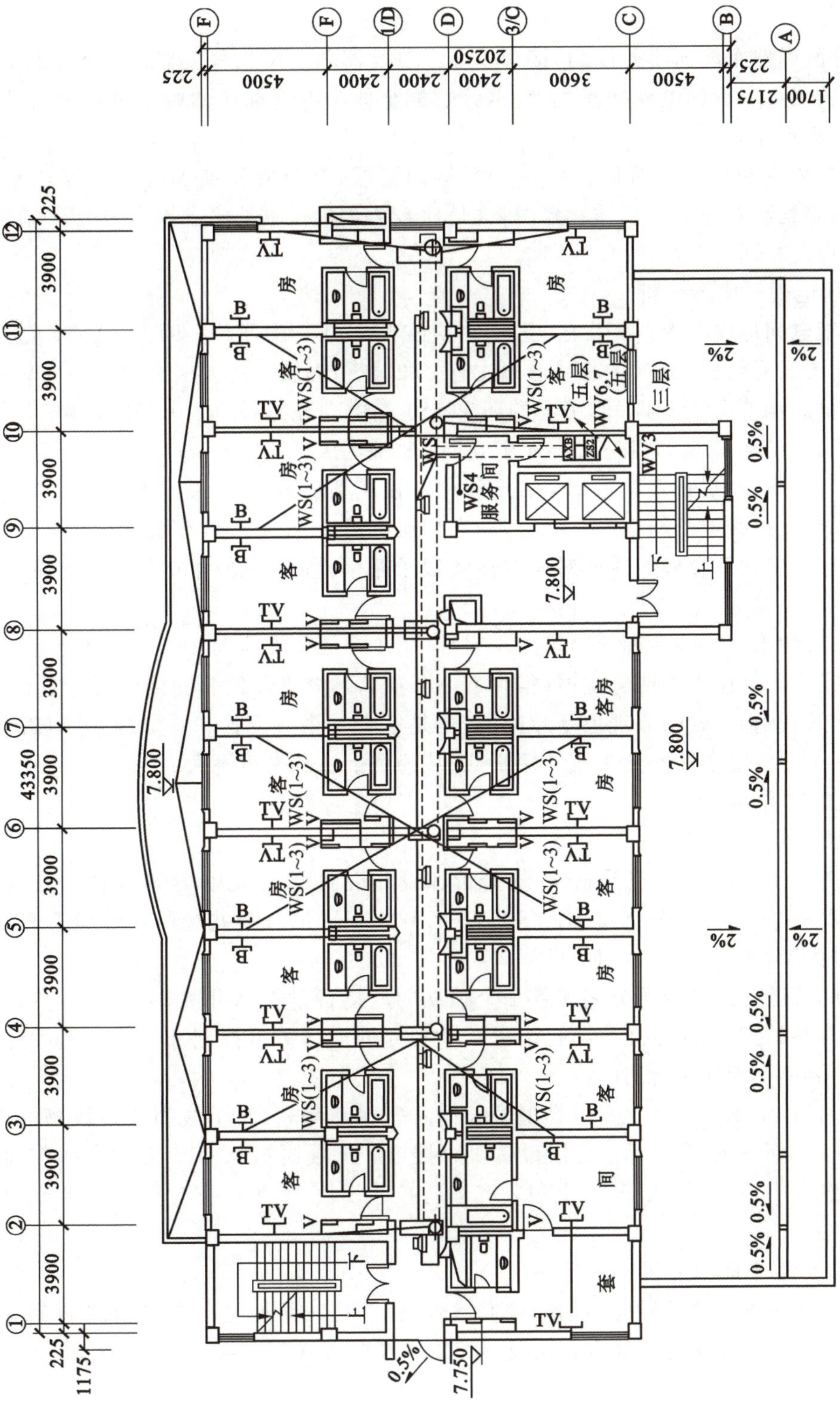

图 8.15　三层电视与广播平面图

墙面 0.3 m 的四分支器接线盒，再分别配至 4 个电视插座盒。一般电视插座盒安装高度为0.3 m。

WV2 分配回路是配向小餐厅的，接有 1 个四分支器和 1 个二分支器。2 个分支器的接线盒可以分别安装在就近的电视插座盒旁，再分别配至 6 个电视插座盒内。虽然分支线的长短不同，但线路损耗相差不大。

WV1 和 WV2 分配回路可以在一层的顶棚内配线，其分支器就安装在顶棚内对应位置上，再沿墙内暗配至对应的电视插座盒内，这是比较方便的配线方式。其他楼层只要有吊顶，其配线原理也是相同的。

(3) 三层电视平面图分析

在三层配电间标注有 WV3 引上，还应该标注有 WV4 分配回路。因为三、四、五层结构相同，五层平面图没有给出，所以在三层也标注有 ZS2，意指五层。在五层有 WV6、WV7 向上配至六、七层，也意味着与 WV3 一起引上的还有 ZS1 箱中二分配器的 1 个分配回路。同轴电缆型号一般是用 HYWY-75-9，经三层再配至五层 ZS2 箱中。

在三层，各分支器是布置在走廊金属配线槽的接线端子箱中(广播音响线路也是通过金属配线槽配线的，在接线端子箱中也有分支)。在二层有吊顶，金属配线槽配在吊顶内，可以将各分支器布置在二层走廊金属配线槽对应的接线端子箱中，各分支线再分别配至电视插座盒下方进入墙内引上。

另外，三层的①～③轴的南北向客房不对称，用 1 个二分支器向 3 个电视插座盒配线是不太合理的方案。最好用 1 个四分支器(很少有三分支器)，分支器的分支接口可以空着，不影响信号质量。⑦～⑨轴等处的原理也是相同的，也是空着一个分支接口。如果从⑧轴的四分支器推移过去，会使各电视插座盒配线长短不同，从经济上讲意义也不大。

3. 有线广播音响系统分析

(1) 系统图分析

通过对图 8.11、图 8.13 至图 8.15 的分析和设计说明可以知道，该建筑物的客房控制柜有 3 套节目源，在平面图中分别编为 WS1、WS2、WS3。楼道及公共场所设背景音乐，为独立节目源，编号为 WS4。

每层楼的楼道及公共场所分路配置 1 个独立的广播音量控制开关，可以对各自的分路进行音量调节与开关控制；咖啡厅分路也配置 1 个独立的广播音量控制开关。大餐厅还设置有扩声系统，功放设置于迎宾台房间内。

广播线路为 ZR-RVS-2×1.5 阻燃型多股铜芯塑料绝缘软线，干线用金属线槽配线，引入客房段用 20 mm 钢管暗敷。每个楼层设置 1 个楼层广播接线箱 AXB。因为有线广播与火灾报警消防广播合用，所以在 AXB 中也安装有消防控制模块，发生火灾时可以切换成消防报警广播。

(2) 一层广播平面图分析

前面已经介绍过广播控制室与消防控制室合用，广播线路通过一层吊顶内的金属线槽配至配电间的 AXB 中，再通过竖井内金属线槽配向各楼层的 AXB。金属线槽的规格是 45 mm×45 mm(宽×高)。

一层的广播线路 WS4 有 2 条分路：1 条是配向咖啡厅酒吧间的广播音量控制开关，再配向吊顶内，与其分路的扬声器连接；另 1 条是配向楼道分路广播音量控制开关(安装在总服务台房间)。因为 WS4 分路的扬声器还用于火灾报警消防广播，所以需要经过一层 AXB 中的消防控制模块。

2 条分路从 AXB 中出来可以合用一条线，先配向总服务台房间的广播音量控制开关盒内进行分支，再配向咖啡厅酒吧间的广播音量控制开关。此段线可通过一层吊顶内的金属线槽配线。在④轴处如果安装一个接线盒，在接线盒中就可以分成 2 条分路，再穿钢管保护，分别配至广播音量控制开关盒内。

广播线路的每条分路中扬声器连接全是并联关系，所以 WS4 分路的广播线也是 ZR-RVS-2×1.5。

(3) 二层广播平面图分析

二层的广播线路仍然是 WS4，也是 2 条分路。1 条是先配向迎宾台房间的扩声系统，再配向大餐厅吊顶内的扬声器；另 1 条是先配向楼道分路广播音量控制开关，再配向楼道吊顶内的扬声器。2 条分路从楼层的 AXB 引出时可以合用，可以沿一层吊顶内配至⑧轴，再沿墙内配至二层 1.4 m 高的楼道分路广播音量控制开关盒内。

(4) 三层广播平面图分析

三层以上楼道 WS4 回路的广播音量控制开关安装在服务间，扬声器安装在吊顶内，配线方式与二层楼道 WS4 相同。

三层客房内的广播线路是 WS(1～3)(共 6 根线)，扬声器安装在床头控制柜中，其出线盒一般在 0.3 m 处，所以可以在二层的顶棚内沿金属线槽配线，在顶棚内分支接线箱处接线，通过保护钢管配向客房床头控制柜下方，再沿墙内配向床头控制柜进线口处。

(5) 床头控制柜节目选择开关

通过床头控制柜的节目选择开关，可以在 3 套节目中进行选择。其他楼层的配线原理也是相同的。

通过以上实例分析，我们可以了解到有线电视与广播音响系统的配线工程并不复杂。因为其信号点和控制点并不多，只要系统图中的标注和说明比较详细，对照平面图分析是比较容易识读的。

在线测试

思考题

8.1　广播音响系统由哪几部分组成？

8.2　电话系统由哪几部分组成？

8.3　什么是程控交换？

8.4　广播音响系统识图应注意哪些问题？

8.5　广播音响系统的施工与建筑如何有效配合？

项目9　音频与视频会议系统

【知识目标】

1. 掌握可视图文系统；
2. 熟悉图像通信系统的传输过程；
3. 了解同声传译系统的组成；
4. 了解会议电视系统。

【能力目标】

1. 具备视频会议系统与音频系统施工图识读的能力；
2. 具有视频会议系统与音频系统安装和布线的能力；
3. 具有设备布置及安装的能力；
4. 具有与其他专业协调合作的能力。

【课程思政】

云端课堂

9.1　概　　述

9.1.1　图像通信的概念

图像通信是一种传送和接收图像信号或视觉信息的通信方式，其任务是将图像、文字、图表等可视信息通过图像通信设备变为电信号进行传送，在接收端再把它们真实地再现出来。视觉信息和听觉信息是目前最主要的信息形式。视觉信息比听觉信息容易确认，形象直观、易于理解，而且信息量大，适用于多种通信业务，如信息检索、天气预报等。由于图像信息具有这一系列的优点，所以传送、接收图像信息的图像通信方式发展得很快，电视电话、会议电视、电缆电视(CATV)、传真通信、图文电视(Teletext)、可视图文(Videotext)等各种图像通信业务蓬勃兴起。

9.1.2　图像通信系统的传输过程

图像通信系统传输图像的过程如图9.1所示。

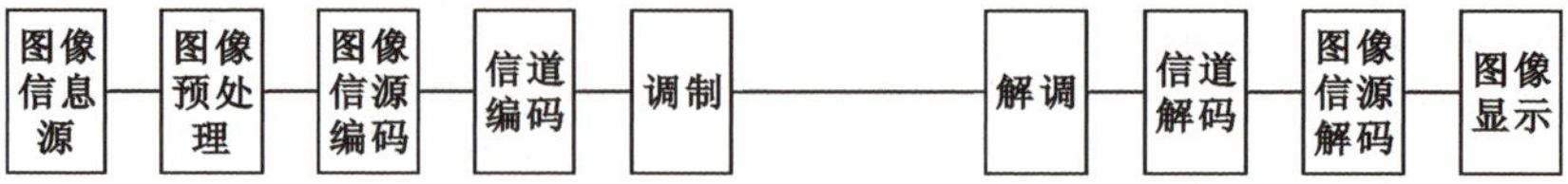

图9.1　图像通信系统传输图像的过程

其中图像信息源是指产生活动或静止的图像基带信号的部分，如电视摄像机、扫描仪等；图像预处理是为适应图像通信的需要先对图像信号作某些预处理，如去噪声的平滑处理、提高对比度的增强处理、减少几何失真的几何校正处理等；图像信源编码器的作用是去除或减少图像信息的冗余度，压缩图像信号的频带或降低其数码率，以利于传输和存储。图像信源编码后采用信道编码。为了将图像信号变换成适宜在信道中传输的方式，图像信号在进入信道之前要进行调制。

图像解调器、信道译码器、信源译码器是上述发送端编码器的逆过程。图像显示器是显示复原图像的部分，如电视接收机的荧光屏显示、传真接收设备的记录纸显示等。

9.1.3　图像通信系统的分类

图像通信系统按其划分方法的不同有多种分类方式。例如，按各种图像信息的色调和灰度等级可分为彩色图像、黑白图像、黑白二值图像；按图像通信业务发信和收信方式，可分为连接特定两点间的一对一的专用通信、同一内容的信息由同一中心同时送给特定多数用户的同文图像通信、以不特定多数用户为对象的广播通信、在不特定多数用户之间通过交换机进行的相互通信等；按图像通信处理信息的状态（动与不动）可分为静止图像通信和活动图像通信。典型的活动图像通信有电视广播、电视电话和电视会议等。静止图像分为永久记录在纸上的硬拷贝和暂时记录在 CRT 上的软拷贝两种。硬拷贝的代表方式为传真；软拷贝传送电视图像，可用于信息、检索业务等方面。

本节按显示方式的不同对用硬拷贝显示的记录通信和用荧光屏显示的影像通信两类图像通信形式进行介绍。图像通信按显示方式分类，如图 9.2 所示。

- 图像通信
  - 图像通信（硬拷贝显示）
    - 电报
    - 传真
    - 智能用户电报
    - 电子邮件
  - 影像通信（荧光屏显示）
    - 电视电话
    - 会议电视
    - 可视图文
    - 图文电视

图 9.2　图像通信的分类

9.1.4　图像通信的应用

图像通信使通信业务丰富多彩，通过图像通信设备可实现远距离监视和控制，实现仓库的无人管理和现场的无人监视，能大大节省人力；利用图像通信设备召开电视会议，使远隔千里的会议参加者能在当地参加会议，无须跋山涉水，没有旅途劳顿，节省了时间，提高了工作效率；利用电视文字广播设备能简捷地从各种信息中选择所需要的新闻、天气预报、体育报道和生活、经济以及教育等方面的信息；利用可视资料设备，用户可以在家里或办公室里通过网络查询所需要的资料、收发邮件；利用传真可以传送精细的黑白和彩色新闻照片、当天的报纸和气象图；而书写电话在通话的同时还能真实地传送发话人当时书写的文字或图画，补充讲话的不足，适用于指挥调度、发布命令、汇报资料等方面；电视电话可实现两用户之间面对面的通话，弥补了声觉表现力的不足，增进了通话人的亲近感，还能展示实物和图片、文件等。

综上所述，以视频系统为基础的多功能图像通信是人们所期待的通信方式，它在未来的通信中将会加强人们之间的联系，大大提高工作效率。

9.2 记录通信

9.2.1 用户电报

用户电报是用户利用电报终端设备（电传打字机），通过电信局的用户电报交换网，与本地、外地及世界各地用户之间直接通信的一种电报业务，其工作原理如图9.3所示。用户电报通信具有立即接通、直接通信、文字记录等特点。

图9.3 用户电报系统工作原理图

9.2.2 传真通信

传真通信是利用扫描技术，通过电话线路实现远距离精确传送静止的文字和图像等信息的通信技术。传真是目前各种图像通信方式中应用最广泛的一种。传真机（图9.4）使用方便，且性价比仍在不断提高，因此使用范围在不断扩大。除了在办公室中用来传送文件外，传真机还被用作计算机终端，成为办公自动化的重要设备。现在和传真机相结合的办公自动化设备有个人计算机、电话机、文字处理器、打印机等。传真技术和个人计算机相结合构成的PC-FAX既可利用个人计算机的存储和数据处理功能，又可利用传真机的图像输入、输出功能。

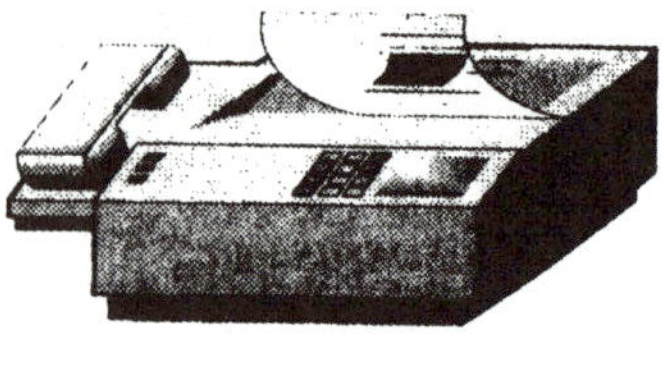

图9.4 传真机

1. 传真通信系统的组成

传真通信系统由发信机、传输线路和收信机三部分组成，如图9.5所示。

图9.5 传真通信系统的组成

发信机部分由扫描装置、传感器件、信号处理和调制解调器组成。发信机部分通过扫描装置把光信号转变为电信号，电信号又经信号处理电路进行处理，对数据进行压缩，再送往调制器，经调制之后的信号最后送到线路上进行传输。

收信机部分由调制解调器、信号处理和记录装置组成。在接收端，由解调器对收到的信号进行解调，又经信号处理，还原成与发端原始信号几乎相同的信号，再进行记录。

2. 传真通信的分类

传真通信的分类方法有多种。按传送黑白或彩色可分为真迹传真、相片传真和彩色传真；按占用的电话线路数可分为单路传真、多路传真（十二路传真、六十路传真等）；按某些特殊用途又分为用户传真、报纸传真、气象传真、信函传真等。

CCITT(国际电话电报委员会)根据光电转换后有无图像的数字处理、去除冗余压缩编码及调制方式等,将目前广泛采用的单话路真迹传真机分为以下四类:

一类机(G1)(低速传真机):不采用任何频带压缩技术,经过公用电话网传送一页 A4 幅面需 6 min。

二类机(G2)(中速传真机):采用频带压缩技术,经过公用电话网传送一页 A4 幅面需 3 min。

三类机(G3)(高速传真机):采用数字化冗余度压缩技术,经过公用电话网传送一页 A4 幅面约需 1 min。

四类机(G4)(数字式传真机):采用数字化冗余度压缩技术,利用专用的公用数据网(DDN)传真,在公用数据网上传送一页 A4 幅面需用 3～15 s。

G1、G2 都是采用滚筒扫描且用音频进行通信控制的,因而目前应用得较少,而应用得最多、普及最广的是采用电子扫描、数字图像处理技术,并选用数据传输调制解调器的三类传真机。三类传真机 G3 将收发合为一体(即同机),并具有复印、自动收/发信、与一类/二类机兼容通信、故障自动诊断,以及在接收到的文本上加印日期、时间、地址等用户标识信息等多种功能,具有 9600 bit/s、7200 bit/s、4800 bit/s 和 2400 bit/s 多种传输速率,数据信道质量自动可选,既可用在公用电话网中,也可用在专用线路中。

四类机适应通信网的能力强、传送速度快、分辨率高(即具有灰度层次和彩色功能),它也可与其他数字终端设备互通,用于公用数据网和 ISDN,因而是发展的主要方向。

3. 新一代传真业务

传统的传真通信方法是通过公用电话交换网将两个传真机呼叫连通后进行文件、图片等资料传送。尽管这种传真通信能解决远距离图像、书面信息的传输问题,但因受其产生信息、处理信息、存储信息的能力及在大业务量通信等方面功能的限制,还不能满足智能建筑中办公自动化的需求,因而导致了新一代传真业务,即传真存储转发系统和仿真传真技术的产生。

传真存储转发系统是在用户传真机之间设立存储转发设备,用户之间的传真文件或图片都要经过存储转发系统控制,其工作原理如图 9.6 所示。传真存储转发提高了传真效率(避免了电话拨号方式,用户经常遇到忙音与占线的情况),有利于传真业务的组织管理(避免了传真丢失和被截流的可能),所以在智能建筑中还可设置建立在计算机通信网上的传真存储转发系统。

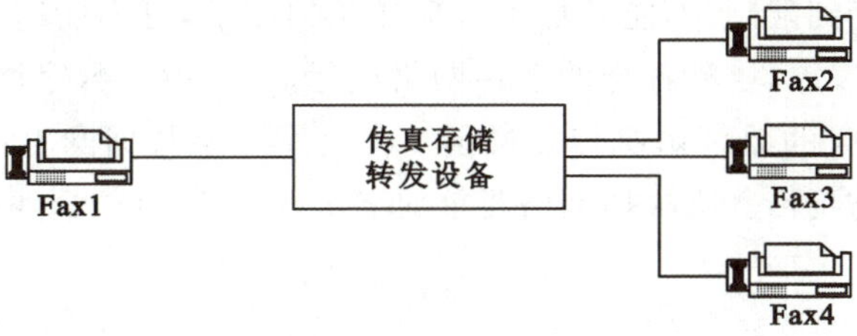

图 9.6　传真存储转发系统工作原理图

仿真传真是一项建立在微机技术和通信技术基础之上的高新通信技术。仿真传真的基本思想是利用计算机丰富的软硬件资源,在与传真机通信的基础上模拟传真机,不仅可实现所有传真功能,具有正确、迅速、经济和方便等优点,而且可实现电子编辑功能、自动复写印字、图像信息发生及检查归档、存储转发、同文通信和优先权控制、预约、定时通信和时延发送、缩微胶卷检索、传输及复印等扩展功能，成为计算机的输入/输出终端设备。

典型的仿真传真通信系统如图 9.7 所示。

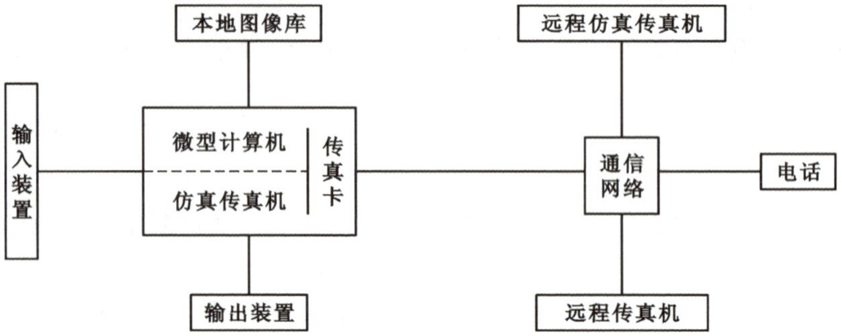

图 9.7 仿真传真通信系统图

在此仿真传真通信系统中，其输入装置可以是扫描仪、摄像机、键盘、光学字符识别卡或本地传真机等。其输出装置有显示器、打印机、本地的传真机等。其中传真卡是为了使仿真传真机与传真机的电气性能相匹配，根据传真机的电气性能和传真通信协议在原微机的硬件扩展槽内插入带有 Modem 的 PC-FAX 卡（传真-数据适配器），配上相应的传真通信支持软件，从而使 PC 机具有传真通信的功能。

仿真传真的通信过程：本地的仿真传真机向外进行传真时，可通过输入装置将图文表据等输入机内，也可将计算机各种编辑软件建立的文件、以前存储的报文作为仿真传真系统的输入，或将本地图像库中的内容作为仿真传真系统的输入，通过传真卡向外传真。传真通过通信网络到达接收方，接收方的仿真传真机接收到远程的传真机或仿真传真机的传真业务时，其结果可以通过显示器显示查看或通过打印机打印备份文件，或者存于磁盘中供编辑、转发。

仿真传真的通信网络可以是公共电话网 PSTN、电路交换公用数据网 CSPDN、分组交换公用数据网 PSPDN、综合业务数字网 ISDN，也可以是一般的局域网 LAN 和以交换机为中心的 PABX 通信网等专用网。

现有的传真通信系统主要建立在普通电话通信系统之上，在电话网上组入仿真传真机，就如同组入了一个传真机一样，对任何一个原有的用户及交换局都没有影响，实现起来比较简单。但由于这是在 FAX-MODEM 基础之上实现的模拟通信，其传输带宽限制在 4 kHz，而且在传送时间、记录质量等方面都受到限制，不能满足用户多样化的需求，更不能适应通信数字化发展的需要。随着计算机技术的发展，各种各样的数字网络应运而生，由于数字网的优良性能，便产生了在数字网上开通传真业务的数字仿真传真通信。在公用数字数据网上开通传真业务的方法有二：一是将模拟的三类仿真传真机根据网络要求数字化；二是直接仿真四类传真机。

9.2.3 电子邮件

电子邮件（E-mail）是一种基于计算机网络的信息传递业务，它通过电信网实现各类信件和文件的传送、接收和存储。它实际上是一个计算机系统，其硬件就是一个高性能、大容量的计算机。硬盘作为信箱的存储介质，系统功能主要由软件实现。其实现方法是在电信网上设立“电子信箱系统”，公用网上的电子信箱系统与公共电话网、分组公用数据交换网和用户电报网联接。通信的过程就是发送信件的系统用户在本地通过公用电信网或专线将文件传送到对方的电子信箱中，由收信用户使用特定的指令从信箱中取出所需信息。该系统具有信件处理功能，可用于用户信件的起草和编辑，按投递日期、标题和信件属性类别进行信件检索，信件的存储与删除，信件的归档、查阅和重读，还具有定时发送和接收，同文发送和将信件通过信箱系统投送到对方用户的传真机、打印机及分组网络终端上等功能，并可实现传真的存储和转发。由于该系统在通信过程中不要求收信人在场，也不需要将收到的每个信件都以拷贝的形式出现，这样就避免了用户占线和无人应答等问题。图 9.8 所示为电子信箱系统的工作原理图。

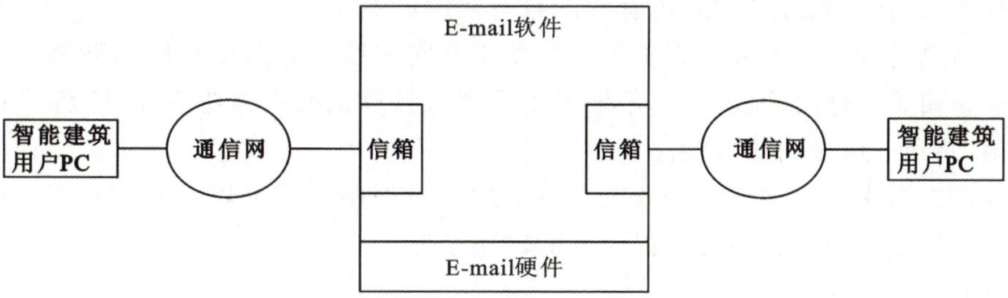

图 9.8　电子信箱系统

9.3　影像通信

9.3.1　可视图文系统

9.3.1.1　概述

可视图文通信是指将影像通信与文字通信结合发展起来的一种开放式公用电信网络。它将卫星通信、计算机、电话、电视技术结合在一起，利用公用电话交换网和公用数据分组交换网，以交互型图像通信的方式向智能建筑内的用户提供公用数据库和专用数据库中的文本文件和图像信息，以满足用户最大范围共享信息资源的需求。

可视图文系统根据用户终端输入的检索要求，从数据库中找出相应的信息，以数据的形式通过电信网络传向用户终端，经译码后显示在屏幕上。其信息主要以字符、图形或图像的形式显现。可视图文系统还允许用户按照规定的步骤，通过其终端向数据库发送信息，以便向用户提供诸如订票、购物、数据采集等服务。表 9.1 列出了一些典型的可视图文服务项目。

表 9.1　典型的可视图文服务项目

信息检索	交互式信息服务	事务处理
1. 电话号码、邮政编码； 2. 新闻演义文稿； 3. 火车时刻、航班； 4. 文化娱乐活动、影视消息； 5. 天气预报； 6. 体育、广告等	1. 教育； 2. 电子游戏； 3. 电子信箱	1. 交付账单； 2. 按目录购物； 3. 预订车、船、飞机票； 4. 股票市场价格、交易； 5. 预订旅馆客房

9.3.1.2　可视图文系统的组成

可视图文系统通常由信息处理中心、公用数据库、专业数据库、电话网(或数据网)和用户终端设备组成。

1. 可视图文终端

可视图文终端是用户与网络的接口。目前，可视图文用户终端有专用用户终端、微机型用户终端和普通电视机型用户终端三类。

专用用户终端是专门为可视图文业务研制的用户终端设备，由键盘、显示器和以单片机为核心的数据译码与控制电路及调制解调器等构成。它可以输入汉字和英语，并能显示汉字、英语及图形字符等。该终端可与电话机并联后直接连接到公用电话交换网上。我国目前使用的专用终端有汉化国外的专用终端，也有我国自行研制的专用终端。

微机型用户终端是在个人计算机 PC 的基础上增加接入电话交换网的调制解调器、可视图文适配卡和相关软件而构成的，它不但保留了个人计算机的全部功能，而且是一个完整的可视图文终端，起到一机多用的功能。

普通电视机型用户终端是在普通电视机上加配可视图文适配器和小型键盘组成的，它具有家用电视机的接口和接收图文电视业务的转换装置。

2. 可视图文数据库

数据库是可视图文信息资源的所在地。可视图文业务的发展很大程度上依赖数据库资源的大小和价值。公用数据库是由国家电信部门经营并向公众用户提供的国家级公用可视图文数据库；而专用数据库是由各单位或公司管理经营并向公众用户提供各专业特点的可视图文数据库。

一般情况下，数据库由前端机和主机构成，大型数据库的前端处理机和主机都可以包括若干台计算机。前端处理机应具有与分组网或专线电路的接口，以及相应的通信处理、与主机接口、向用户提供数据库业务的菜单或征询单、对用户填入征询单的内容进行语法和语义分析、向用户提供出错信息和帮助菜单、实现高层通信协议等功能。主机应具有与前端处理机的接口，完成数据库信息的录入、更新、复制、排序、索引、保护等，及信息显示页的动态组页，完成与终端之间的对话。提供菜单、征询单或直接输入页编号等检索方式；根据用户要求组织信息显示页并向用户提供，管理用户终端的功能键，并随时向用户提供动态帮助；负责对用户使用权限的审查，提供资料的安全和保密措施；对一些关键指标进行连续统计，供分析决策之用。

3. 可视图文信息处理中心

信息处理中心由微机、图形适配卡、图像处理器、同步通信卡及相应软件组成，是可视图文业务网络系统内的管理和控制中心，用于对数据库的可视图文信息和画面的编辑处理，实现中西文字和各种尺寸、字体、颜色的混合编辑，以及对镶嵌图形进行编辑以生成各种图案，具有插入、删除、复制、替换、移动等编辑功能。编辑终端可以脱机进行编辑，成批传送给数据库；也可以在线编辑，与数据库之间进行交互式通信，完成编辑任务。它与数据库的连接可以通过专线，也可以通过分组网，因此编辑终端具有与分组网的接口，当它通过分组网接入时，可以与网上任何一个数据库通信，交换信息，进行在线编辑。

9.3.1.3　可视图文的应用

可视图文业务的应用分为检索型、交易型和计算与信息处理型三种。

检索型应用是用户通过直接检索、菜单检索和征询单检索方式向数据库索取各种数据，在用户和数据库主机之间进行交互式人机通信的过程中，用户只读取数据库中的资料，不改变数据库中的任何内容。用户可通过检索方式查询新闻、法律、文化艺术、体育消息、科技资料、专利目录、图书情报、火车时刻、飞机航班、天气预报、电话号码等。例如，查询方式中的电话号码簿业务克服了传统电话号码簿无法适应电话用户随时增加和电话号码及时变更的缺点，可及时、齐全、准确地提供用户所需的电话号码。其信息已远远超出了“查号台”的含义和业务范围，不仅提供查询部门或单位的名称、地址、电话号码、传真号码、邮政编码等信息，还可提供该单位的组织机构、乘车路线、业务项目、产品介绍等辅助信息，也可以通过文字图像的形式给出十分详细的附加应答信息。电话号码簿业务数据库是由若干个处于不同地域和不同级别的数据库组成的分布式资料系统，它能向全国各地用户提供全国范围内的电话号码查询服务。再比如可视图文系统中的火车时刻表是可以实时更新的，不仅向用户提供国内任意两地间开行火车的车次、发车和到达时间、火车沿途的主要停靠站站名、准点到达的时间等信息，而且还可以向用户提供两地间行车的最经济路线及列车准点到达时间、实际到达时间及误点情况等信息。

交易型应用是用户不仅可向数据库索取必要的信息，还可修改数据库的内容，即用户对数据库的操作是一个“既读又写”的过程，如银行储蓄、电子购物、订票服务、证券交易等。采用可视图文系统订票，只需将可视图文终端连接至订票系统的数据库。如果是订火车票，用户从终端键入日期、车次、起点、终点等相应内容，订票系统会显示该车次是否有票。若有票且用户已确定订票，则订票中心通过电子银行结算购票费用，然后根据用户提供的地址将票送到用户家中。可视图文系统用于证券交易，可发布证券交易行情。只要建立一个可实时更新的股票行情数据库，将其接入可视图文系统，则全国各地的股票证券交易者通过可视图文终端就可以得到全国证券交易所的行情。另外，还可用可视图文终端直接进行证券交易。只要将可视图文终端经由电话网或分组交换网与证券交易所的数据库接通，经数据库验证的用户密码是在该数据库登记过的有权用户且其账户内有可供交易的存额，则用户就可从终端发出指令购进或卖出。

计算与信息处理应用是用户要求服务主机提供计算和信息处理业务，可视图文系统借助计算机计算、信息处理能力或某种专门处理能力，向用户提供一般用户无法拥有的计算或特殊处理能力，如大型计算、大型资料和图像处理、自动翻译机、各类专家系统等。可视图文系统用作自动翻译机时，用户将需要翻译的文章输入用户终端内，用户终端可以通过可视图文系统发到与系统相连的大型自动翻译机。自动翻译机翻译完成后，将译好的文稿发回用户终端，用户即可获得所需文种的译稿。可视图文系统中的医学专家系统可实现远距离求医，用户使用可视图文终端将自己的症状输入专家系统，医学专家系统就会根据用户自述的症状进行诊断，告诉病人病因、护理办法以及处方等。

9.3.2　可视电话

可视电话分为静止图像可视电话和准动态或活动图像可视电话。人们一般习惯将活动或准活动图像可视电话简称为电视电话，而将静止图像可视电话简称为可视电话。

1. 静止图像可视电话

典型的静止图像可视电话系统应具有三种功能：一是使用模拟电话线路进行图像通信收发；二是图像存储；三是图像显示。因而静止图像可视电话终端由摄像机、图像监视器和各种信号处理电路组成。利用现有的模拟话路传输可视电话是在正常通话的间隙向对方传送图像。静止图像可视电话的输入/输出信号结构和普通电话网完全匹配，所以凡是能使用普通电话机的线路都可以使用，而且安装方便、操作简单、价格便宜，是工矿企业、交通、公安、军事、办公室自动化以及家庭等领域的易普及的现代化通信工具。

下面介绍一种按 TTC(电报电话技术委员会)标准制作的国产静止图像可视电话。

(1) 技术指标

传输线路:普通电话线路。

调制:振幅/相位调制,载波 1748 Hz,速度 87401 bit/s。

图像传送时间:约 6 s/幅。

图像要素:4.5 英寸黑白 CRT 显示;图像尺寸 65 mm×81 mm,图像像素 96×100,灰度级 32 级摄像机;1/6 英寸 CCD 摄像机,外同步 1 lx,350 线。

(2) 硬件系统结构

硬件系统由网络控制、调制解调、定时、中央控制、图像控制、图像存储、摄像、显示及电源等部分组成。其中,网络控制部分控制图像信息的输入/输出、图像记录器的输入/输出以及图像和声音的切换,即传送图像时停止通话。调制解调器及定时部分是对图像信息按 TTC 标准进行振幅/相位调制和解调。中央控制部分的功能是对各操作按钮进行扫描,进而对系统各部分进行总体运行控制;图像控制器是根据中央控制部分的命令对图像进行存取的读写操作,以及控制摄像机的输入和显示器的输出。

(3) 软件构成

软件主要由初始化、逻辑循环、接收信号处理、发送信号处理、图像明暗调节、图像切换控制、活动图像/静止图像切换等部分组成。初始化部分设定全部工作的初始值。逻辑循环部分检验按钮输入和接收信号,启动各种处理。接收信号处理部分周期性地检出接收信号或接收控制信号。假如接收的控制信号为图像控制信号,即进入图像信号接收预处理。在图像信号接收处理中,将接收的图像信号存储到图像内存中。接收完图像信号恢复声音通话时,回到"逻辑循环转移"。发送信号处理部分在发送信号前被指定的图像是活动图像时,要处理为静止画面。发送信号处理依次进行周期信号发送、图像控制信号发送和图像信号发送。最后,发送信号结束,恢复声音通话后,回到"逻辑循环转移"。画面亮度调节部分控制从摄像机传来的图像信号,同时调节输入图像的亮度。画面切换部分按页数顺序对画面的图像内存进行切换。

2. 活动图像可视电话(电视电话)

电视电话是一种较理想的通信工具,利用电视电话可以在听到对方声音的同时看到对方的形象。电视电话与可视电话的不同点在于可视电话传送的是静止的图像,而电视电话传送/显示活动图像。电视电话多用于个人之间的通信,显示屏一般为 5 英寸,可随时使用交换网。

9.3.3　会议电视系统

9.3.3.1　概述

随着社会的发展,经济、技术及社会活动的范围日益扩大,会议电视系统不再局限于企业内部或城市内部,而是扩大到城市与城市之间,甚至国家与国家之间。为了高效率地进行相互间通信,充分利用现代技术召开会议,会议电视应运而生。会议电视是利用电视技术及设备通过传输信道在两地(或多个地点)之间召开会议的一种通信方式。它利用图像通信技术、计算机通信技术及微电子技术,进行本地区或远程地区点与点之间或多点之间的双向视频、双工音频、数据等信息交互式实时通信,实时地传递声音、图像和文件,并且与会人员可通过电视发表意见,借助于电子白板、传真机等;还可与对方会场的与会人员进行研究与磋商。国外许多研究表明,各级管理部门的工作人员用于开会、会见的时间占全部工作时间的 40%,而每次会面所需的时间80%都花在旅途上。会议电视的应用不仅能节约差旅费用、节约时间,及时处理紧急问题并作出决策,而且大大增加了与会代表人数,提高了会议效率。目前,会议电视系统已广泛地应用于智能建筑办公室内的各类行政会议、科研会议、技术教学、商务谈判等多种事务中。

会议电视系统按业务的不同可分为公用的会议电视系统、专用的会议电视系统和桌面会议电视系统三种。公用的会议电视系统作为一种开放的业务在各地、市、县设立电视会议室,租给用户使用;专用的会议电视系统即由本行业或总公司下属单位组成会议电视业务网;桌面会议电视系统使建筑物中的用户能随时利用桌面个人计算机终端的会议电视设备进行点对点及多点之间的交互式多媒体通信。

9.3.3.2 会议电视系统组成

公用和专用的会议电视系统由会议电视终端设备、数字传输网络和多点控制单元(Multipoint Control Unit,MCU)组成。其中,终端设备和MCU是会议电视系统所特有的部分,而通信网络是业已存在的各类通信网,会议电视的设备应服从网络的各项要求。

1. 会议电视终端设备

会议电视系统的终端设备包括视频输入/输出设备、音频输入/输出设备、视频编译码器、音频编译码器及信息通信设备。其基本功能是将本地摄像机拍摄的图像信号、麦克风拾取的声音信号进行压缩、编码,合成为64～1920 kbit/s的数字信号,经过ISDN、V35或E1接口送入通信网,传至远方会场。同时,接收远方会场传来的数字信号,经译码后还原成模拟的图像和声音信号。

(1) 视频输入设备

视频输入设备包括主摄像机、辅助摄像机、图文摄像机及录像机。工作人员通过控制器控制主摄像机上下、左右转动及焦距的调节,主要用来摄取发言人的特写镜头。辅助摄像机主要用来摄取会场全景图像,或不同角度的部分场面镜头及电子白板上的内容。图文摄像机一般固定在某一位置,用来摄取文件、图表等。录像机可播放事先已录制好的活动和静止的图像。

(2) 视频输出设备

视频输出设备包括监视器、投影机、电视墙、分画面处理器。监视器用于显示接收的图像,通过画中画(PIP)的方式可在监视器上既显示接收的图像,同时又显示本会场的画面。会场人数较多时,宜采用投影机或电视墙。

(3) 音频输入/输出设备

音频输入/输出设备主要包括麦克风、扬声器、调音设备和回声抑制等。

(4) 视频编译码器

视频编译码器是会议电视终端设备的核心,它将模拟视频信号数字化后进行压缩编码处理,以适应窄频带数字信道的传送;同时对不同电视制式的视频信号进行处理,使不同电视制式的会议电视系统直接互通。在多点会议电视通信的环境下,它支持多点控制设备进行多点切换控制。

(5) 音频编译码器

音频编译码器的主要作用是对模拟音频信号数字化后进行编码。在音频编译码器中必须对编码的音频信号增加适当的时延,以保证音频信号与编译码器中的视频信号同步,否则会因视频编译码器的时延而造成发言人的语言与口形动作不协调。

(6) 信息通信设备

信息通信设备包括白板、书写电话、传真机等。白板供本会场发言者与对方会场人员讨论问题时书写图文使用，并通过辅助摄像机将书写的图文输入编译码器传送到对方会场的监视器上显示。书写电话为书本大小的电子写字板，发言者写在此板上的发言信息变换成电信号后输入到视频编译码器，再传送到对方会场，并显示在监视器上。

2. 多点控制设备(MCU)

多点控制设备(MCU)是位于网络节点上的一种交换设备。在多个会场(多个地点)进行多方会议电视时，多点控制设备(MCU)支持多个会议地点相互间的通信。MCU 在数字域中实现音频、视频、数字信令等数字信号的混合和切换(分配)，其作用是将来自各个会议现场终端机的会议电视数据汇总在 MCU 中，并同步分离出图像、语音、数据与信令，再将各个点(会场)的同类信息送入同一 MCU 处理，对声音进行混合、对图像信息进行切换、对数据进行路径选择等处理，最后将各点所需的各种信息重新组合，送往各对应会场的会议电视终端。MCU 的个数及连接方式决定了会议电视网的结构与规模。

3. 会议电视的信号传输

早期的会议电视传输采用模拟方式，即由摄像机直接摄取人物或实物，经过模拟信道进行传输，其占用的频带宽、成本高，所以推广应用受到了限制。自 20 世纪 70 年代以来，数字图像压缩技术及专用集成芯片技术快速发展，快速会议电视传输大部分采用数字方式。在这种方式中，会议电视信号由模拟信号转换为数字信号，数字化后的信号经过压缩编码处理，去掉一些与视觉相关性不大的信息，压缩为低码率信号。该方式经济实用、占用频带窄，已成为国内外普遍采用的方式。目前，会议电视的传送网络都是利用现有的电信网络(如数字微波、数字光纤或卫星等数字通信信道)或计算机网络。例如，会议电视信号可以在 PCM 数字信道或 DDN 网上以 E1 速率(2.048 Mbit/s)或更低的速率(如 384 kbit/s)传输；可以在 N-ISDN 网上以64 kbit/s、128 kbit/s或 P×64 kbit/s 的速率传输；可以在计算机局域网中以分组方式传输；可以在 B-ISDN 中以 ATM 方式传输。

9.3.3.3 会议电视的控制模式

会议电视的控制模式是指多点会议中图像和语音的切换方式。

1. 语音控制模式

该模式为全自动工作模式。MCU 将输入的各分会场的语音通路信号相比较，选出音量最大的会场为语音发言人，并将它的图像广播至其他所有会场。该模式只适用于小型会议，当会议点数过多时，不宜使用此种模式。

2. 管理者控制模式

该模式是通过与 MCU 相连的工作站对会议进行控制的。

3. 主席控制模式

同一会议中主席只能有一位，会议主席所在的主会场终端行使控制权。分会场发言需向主席申请，主席可选择观看任一其他会场的图像，指定网上任一分会场发言，切换其图像作为全网的发言者，其他分会场收听它们的发言。这种模式是保证会议秩序和效率的一种重要控制模式，尤其适合于较大型和大型会议，是目前电视会议中最常用、最有效的会议控制模式。

4. 演讲人控制方式

演讲人控制方式与主席控制方式有类似的地方，某一个会场可以申请成为演讲人。作为演讲人(主席加广播者),可将图像广播给其他会场,而演讲人本身可切换浏览任一分会场画面,还可预置并自动浏览任一分会场画面。演讲人控制方式适用于有重要主会场的会议及远程教学等方面的应用。

9.3.3.4　会议电视图像显示方式

会议电视图像显示分为单显示和双显示两种方式。单显示方式只有一个显示器,可作特写显示,也可作单画面切换显示,即人像特写镜头、会议全景、文件、图片、电子白板可轮换显示。双显示包含两个显示器,采用的是画面并列显示方式,可将对方会议参加者与文件、图片或电子白板分别在两个显示器上显示。

9.3.3.5　会议电视的组网结构

用 MCU 组成的多点会议系统的网络结构呈星状网,每个 MCU 可接若干个会议电视终端(如 8 个、16 个或更多个)。由于每个 MCU 的端口数是有限的,一个 MCU 无法连接所有终端。为了增加网点的容量,可以通过级连 MCU 的方式来实现。级连一般分为两级(图 9.9),处在最上面一层的是主 MCU,它处于网络的中心位置,在网中被赋予最高控制权限;在它下面一层的是各从 MCU,从 MCU 受控于主 MCU。会议电视终端通过各种通信网络连接到 MCU 上。

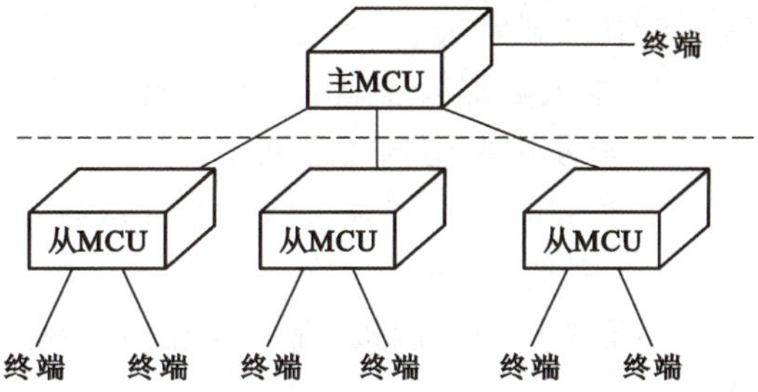

图 9.9　会议电视的组网结构图

9.3.3.6　桌面会议电视系统

桌面会议电视系统也称为台式视频会议系统,其终端设备大多数是在 PC 或工作站上加会议电视插卡组成。这样的插卡往往包括模拟视频输入、输出部分,数字视频、音频编解部分,多路复用、信道接口等部分。另外,还有音/视频输入输出设备(如 1/3 英寸 VCD 摄像机、扬声器音箱、话筒等)以及会议电视应用软件等。桌面会议电视系统使智能建筑中的用户与楼内/外用户之间进行近距离和远距离的点对点及多点的多媒体通信,并实现文件、图像、图片和其他资料的资源共享。

桌面会议电视系统具有动态的彩色视频图像、声音、文字资料实时双向同步传输的功能。通过桌面会议电视系统,交谈者可进行交互式的面对面会谈,可在线同步讨论文字、图形资料等,并能传送传真文件和传送视频图像及声音的电子邮件。

9.4　工程案例

9.4.1　专用视频系统

9.4.1.1　工程概况

某国际艺术交流中心(以下简称大厦)是集办公、画展、教学、客房、餐饮为一体的综合性大楼,地下 1 层,地上 6 层,建筑面积为 4600 m^2,包括专题展厅、陈列厅、画廊、接待办公室、教学用房、客房、餐厅、设备用房、地下车库等。在大厅入口处设 LED(发光二极管)显示屏、触控导航系统,为参观、访问人员等提供各种展示信息、学术指南、中心介绍、通知等;在多功能报告厅设置大屏幕显示系统,向广大会议参加者显示相关资料。

9.4.1.2　LED显示系统

1. 技术方案

(1) 设备配置及要求

① 硬件组成

a. F5双基色显示屏1块,约12 m^2;

b. 控制计算机1台,配有相应软件。

② 环境适应性要求

a. 能在气温高于35 ℃的环境下连续正常工作;

b. 空气湿度大于83%时,内部不结露,且能正常工作;

c. 显示屏内部电路器件均作“三防”(防尘、防潮、防腐)处理,钢结构外刷防锈漆,因此,烟雾不会腐蚀显示屏;

d. 昆虫及霉菌在显示屏内不能生存;

e. 显示屏钢结构及边框装饰为防水结构设计;

f. 按照8度抗震设防烈度进行结构设计。

(2) 系统构成

屏幕由屏幕控制机、视频处理和控制单元、通信模块、数据分配和扫描单元、显示屏幕等组成。

屏幕控制机控制显示效果,可自动运行一个循环程序,根据给定的节目单从服务器取得显示数据;也可人工干预产生显示效果。屏幕像素和屏幕控制机显示器相应区域的像素一一对应,直接映射。通过屏幕控制机可手动调节显示屏亮度,选择适合的灰度非线性校正数据;也可通过网络系统根据环境亮度自动调节显示屏亮度和选择不同灰度非线性校正数据。屏幕控制机将显示信息传送至视频处理和控制单元进行视频处理。

视频处理和控制单元可完成如下功能:

① 自动或手动无级亮度调节;

② 灰度级控制系统可以控制显示屏显示红、绿各8位的16位数据,即红、绿各256级灰度;

③ 进行图像降噪处理,保证图像更加干净和平滑;

④ 图像增强技术、图像边缘增加技术;

⑤ 运动补偿技术;

⑥ 视觉处理:在系统中可以分别调整单个单元板的红、绿亮度,基本消除马赛克现象,且所有单元板亮度一致性好,单色显示无视觉差;

⑦ 视频处理和控制单元将已处理的显示信息传送至通信模块,以便长距离传送至显示屏上。

(3) 通信模块

通信模块保证屏幕控制机的显示内容准确无误地长距离传输到显示屏上,并能通过模块对传输的信息进行编码解码处理,进行长距离传输和接收数据处理。

通信模块将显示信息传送到数据分配和扫描单元上。

(4) 数据分配和扫描单元

数据分配和扫描单元是模块化结构设计。它将显示数据按区域分配到显示屏上,并完成显示数据扫描。

(5) 显示屏

显示屏由显示单元板组成，它们分成不同区域，接收数据分配和扫描单元传送的显示数据，以模块化结构显示。单元板的模块化结构设计有利于安装、调试和维修；单元板所使用的开关电源均采用已通过国际安全认证的制造商的产品。

屏幕正面安装亮度探测传感系统，它将采集的亮度值定时传送至控制计算机。系统根据当前环境亮度和播放内容调整屏幕亮度和非线性灰度校正数据，以达到最佳显示效果。

2. 系统功能

(1) 视频播出方式

通过多媒体视频控制技术和 VGA 同步技术，可将多种形式的视频信息源引入计算机网络系统，如广播电视和卫星电视信号、摄像视频信号、录像机 VCD 视频信号、计算机动画信息等，因而可以实现下列功能：

① 实时显示视频图像，实现现场转播；

② 转播广播电视及卫星电视；

③ 电视、摄像、影碟等视频信号的即时播放；

④ 具有电视画面上叠加文字信息及全景、特写、慢镜头、特技等效果的实时编辑和播放功能(需另配置非线性编辑设备)；

⑤ 具有同时播放左右不同比例的画面及文字的功能。

(2) 计算机播出方式

① 可显示各种计算机信息、图形、图像及二维、三维计算机动画等；

② 播出系统配有多媒体软件，可以灵活输入及播出多种信息；

③ 播出方式有单行左移、多行上移、左右展开、上下推移、旋转、缩小和放大等方式；

④ 主要时事新闻的编辑与播放；

⑤ 重要通告的即时发布；

⑥ 广告信息的播放等。

(3) 其他功能

① 比赛时间控制室和裁判台均能独立控制；

② 设有外围计时设备专用接口，可连接如电子发令枪等系统；

③ 配有标准网络接口，可与其他标准网络联网(如体育比赛裁判系统、信息查询系统等)。

3. 系统软件

(1) 操作系统软件

① 网络操作系统：WINDOWS。

② 微机操作系统：WINDOWS、ANIMATOR、3DMAX 等。

③ 防病毒系统：NORTON ANTIVIRUS。

(2) 显示系统软件

显示系统应用软件是根据 LED 显示系统的特殊性而设计的，并经过多年的应用和不断地升级，其性能更加完善。其主要功能有：

① 显示数据的加工与处理；

② 与其他网络接口，从中提取显示数据；

③ 产生各种显示效果并控制显示效果的输出；

④ 提供人工操作界面；

⑤ 提供多种消息的编辑、排版和剪接等功能；

⑥ 提供播放节目和播放内容的编排功能；

⑦ 提供对大屏幕显示系统数据库管理与维护的功能；

⑧ 提供对整个系统运行的监视和控制功能。

4. 技术指标与参数

(1) 技术指标

系统技术指标如表 9.2 所示。

表 9.2　系统技术指标

序号	项目	指标
1	像素	5 mm
2	像素间距	7.62 mm
3	屏幕密度	17200 点/m^2
4	水平视角	左右：±80°
5	单元板尺寸	488 mm(宽)×244 mm(高)
6	单元板组成	64 点(宽)×32 点(高)
7	质量	18 kg/m^2
8	功耗	500 W/m^2
9	屏幕亮度	10000 cd/m^2(根据环境亮度自动或手动无级亮度调节)
10	观看距离	8～15 m 显示内容清晰可见
11	灰度等级	逐点各 256 级灰度
12	灰度校正	2 级非线性灰度校正，各基色 8 条校正曲线自动调节
13	图像调整	对比度/视觉/色调调节/单元板亮度调节
14	图像处理	图像有降噪、增强、运动补偿
15	控制方式	1∶4 扫描驱动，占空比调灰
16	显示色彩	65536 种
17	失帧速度	60 Hz/76 Hz
18	扫描速度	120 Hz
19	控制方式	LED 显示屏幕与控制机显示器点与点对应
20	软件接口	WINDOWS
21	连续工作时间	大于 24 h
22	屏幕寿命	100000 h
23	无故障时间	100000 h(平均值)
24	杂点绿	小于 1/10000
25	供电要求	200 V(AC)(50±0.5)Hz，三相五线制
26	环境要求	−20～60 ℃，10%～95%RH

(2) 屏幕参数

屏幕参数如表 9.3 所示。

表 9.3　屏幕参数

序号	项目	指标(宽×高)
1	单元板数目(个)	96
2	屏幕尺寸(m)	3.912×2.94
3	屏幕面积(m^2)	11.5013

5. 质量保证措施

(1) 系统性能

① 系统可靠性

a. 制造商应保证所提供的所有设备是全新的。

b. 制造商应保证采用先进的技术、优质的原材料和零部件、一流的工艺、严格的质量管理,为业主提供技术先进、质量上乘、外表美观并且完全符合合同规定的质量、规格和性能要求的产品。

c. 制造商应保证所提供的设备(包括主要设备及元器件)在正确安装、正常使用和维护保养的情况下能达到规定的性能和使用寿命。

d. 制造商应设计采用超大规模集成电路和超大规模可编程集成电路,以克服过多的小规模集成电路给系统带来的不稳定性,保证系统的可靠性。

e. 制造商应具有完善的 ISO 9001 质量管理和质量保证体系,具有国际和国内双重认证,符合出品标准;对所供设备的设计、采购、工艺、生产制造、检验、包装运输、安装调试等各个环节进行严格的质量管理和质量控制。

f. 制造商所有关键原材料应全部采用进口件,原材料供应商均应通过国际质量体系认证,通过国际或国内安全认证,具有稳定的供货渠道。制造商应具有丰富的工程施工和调试经验。

g. 对系统进行全面的配电安全设计和监控保护。

h. 制造商应具有高水平、强有力的设计队伍。

i. 制造商应具有完善的售后服务体系。

② 系统可维护性

a. 模块化结构设计,设备更换简单、快捷;

b. 电路设计简洁、干净,故障容易判断、处理;

c. 显示单元板易于拆卸,方便维修;

d. 控制系统的计算机和相关弱电设备集中安放在控制室,便于操作和管理。

③ 系统可扩展性

a. 标准化接口设计,控制系统升级不会影响显示系统改造;

b. 标准化、模块化软件设计,可随操作系统升级;

c. 屏幕控制系统采用开放的计算机局域网络技术,能够将当今许多成熟的数字技术(如数据库技术、网络通信技术、网络互联技术、信息自动化处理技术、接口技术、多媒体技术)引入大屏幕显示系统，可与体育比赛系统、体育裁判系统相连，将体育比赛信息按要求的格式实时显示到大屏幕上。

（2）电气安装

① 布线符合合同及电气安装规范；

② 开关、电源、电缆、穿管附件符合安全要求；

③ 接地保护及防雷保护；

④ 显示屏系统及 AC 电源系统对地绝缘；

⑤ 所有控制线、DC 电源线、保护线符合安全要求；

⑥ 外加工的自动控制及传感器件由制造商进行质量控制；

⑦ 配电系统设计采用双电源互投，互为备用控制方案，配电设计尽量做到三相平衡，减少零线电流。

（3）结构安装

① 框架结构及安装过程的检验由制造商质量部门委派具有资格的人员承担；

② 钢结构材料要有合格证，并由检验员现场检验；

③ 结构设计、审核和施工由经国家认证的甲级设计单位和施工单位完成。

（4）操作系统防护

为保证系统安全可靠地工作，根据要求，所有计算机操作系统均安装瑞星防病毒系统和诺顿网络防病毒系统，在进行文件备份或运行期间可以及时发现计算机病毒并予以清除。

① 散热

LED 工作时发热是不可避免的，对于屏幕系统来说，散热措施必须仔细考虑，以确保 LED 的使用寿命、发光亮度、色匀度、系统的平均无故障时间等主要技术指标。LED 显示屏采用合理的导热设计，电能量几乎全部转化成光能量，发热现象较轻。

考虑到展览馆的使用环境，对于散热问题，制造商应采取以下措施：

a. 采用集成化较高的电路设计，最大限度地减少了 PCB 板的发热量；

b. 屏后部降温和空气对流采用风扇散热，使后部温升小于 10 ℃；

c. 静态锁存小电流驱动方式。

② 防潮、防腐、阻燃

本显示屏系统所涉及的产品均经过防潮、防燃、防腐蚀等处理。

a. 所有电路板在生产检测完毕后都经过防尘、防潮、防腐蚀（“三防”）处理，即电路板成品老化后均经“三防”液浸泡，以保证 PCB 板不会受腐蚀性气体的侵蚀。电路板同时涂抹阻燃性材料。

b. 单元板后部经喷塑处理，可抵抗氯气等腐蚀性气体对外壳的侵蚀。

c. 现场对所有接插件作防护处理。

d. 钢结构工程将严格按照图纸施工。钢架按规定除锈，刷防锈漆、防火漆，保证主体结构的使用寿命能够达到设计年限。

e. 边框由耐腐蚀性能非常好的阻燃性铝塑板制作，板材之间密封良好。

f. 屏体后部空间内安放足够数量的灭火装置。

9.4.1.3 触控导航系统

1. 设计宗旨

（1）在功能上，重点关注架构的简洁性、内容的清晰性、查询的实用性和方式的多样性。

(2) 在风格上，与大厦的整体风格相互烘托，具有强烈的现代气息和震撼力，提高大厦的信息化水准。

2. 系统内容设置

(1) 简介

此功能模块通过文字、图片、背景音乐相结合的方式向来访者介绍该大厦的基本情况。主要包括：

① 大厦简介　介绍有关大厦的基本情况。

② 地理位置　通过平面图的形式介绍大厦所处地理位置以及行车路线。

③ 物业管理　主要介绍大厦的物业管理情况，包括物业管理条例、物业管理承诺和物业收费标准等。

④ 开发商介绍　主要介绍开发此项目的开发商的资质、成功项目，以及该项目的开发理念等。

(2) 导航

此功能模块主要是为方便来本大厦参观和办事的人员而设立的。它将大厦内所有办事机构及其相关信息等存储在一个数据库中。相关信息包括机构名称、机构职能、所在楼层、房间号、主要业务、联系电话和简要介绍等。在此模块中运用了四种不同的查询方式：

① 平面图导航　提供大厦平面图，以位置为索引进行查询。点击某一区域，该区域内的所有展厅、陈列室、画廊、办事机构即体现在平面图上，可选择目标办事机构，查询该机构的具体情况。

② 楼层导航　以楼层为索引进行查询。点击系统中的相应楼层，该楼层所有用房和办事机构均在系统中体现，可选择目标办事机构，查询该机构的具体情况。

③ 职能导航　以职能为索引(如展厅、陈列室、画廊、餐厅等)，点击系统中相应职能。该职能的特点和所有办事机构均在系统中体现，可选择目标办事机构，查询该机构的具体情况。

④ 自助查询　系统提供软键盘，采用模糊查询的方法，在输入框输入所要查询的办事机构的拼音首字母，含有该首字母的所有办事机构将以列表形式给出，可选择目标办事机构，查询该机构的具体信息。

(3) 信息

此功能模块为大厦管理部门及时发布各种信息(如空闲写字间的招商信息)提供便利，能提高大厦的使用率。

① 大厦招商管理规定　以文字和语音相结合的方式介绍大厦招商管理方面的有关规定。

② 办理程序　以书面文字和语音相结合的方式介绍租用写字间所需办理的相关程序。

③ 空闲写字间查询　将空闲写字间存放于数据库中，点击所要查询的写字间，查询该写字间的具体信息。

(4) 特色展示

此功能模块提供给大厦内各展厅、陈列室、画廊以及办事机构一个展示自我的窗口。经过物业部门许可，大厦内各科室可以通过该模块宣传自己的展品特色、服务及最新商情。大厦管理部门也可借此获得一定的经济效益。

(5) 公益服务

此功能模块主要为往来大厦的人员提供公益信息服务，包括邮编查询、区号查询、在线订票、气象预告等。

(6) 及时信息发布

此功能模块通过局域网与后台控制系统相连接,可以通过控制系统及时发布信息。

3. 系统特点

(1) 将所有动态数据存放于数据库中统一管理,保证了系统的安全性和稳定性。

(2) 从用户角度出发,内容设计人性化,增强了系统的实用性。

(3) 采用当今最先进的数字多媒体技术,利用视频、音频等手段,全方位突显大厦的整体气势,给人以超强的震撼力。

(4) 利用 FLASH、3D 等三维动画手段,使整个系统更加美观生动,提高人机交互性能。

(5) 硬件环境。液晶触摸查询机选用首钢环星研制推出的 i8000,其外观设计时尚绚丽、引人注目。其集成化的计算机系统使用户开机即用,一体化包装,一体化运输,大大减轻了运输维护成本。它主要用于邮局、电信、银行、商场、旅游、宾馆、机场、展厅等公共场所的触摸查询,也可用于证券市场、保险业、税务等查询和费用缴纳业务。其技术参数如下:

① 触摸显示系统　显示器为 20.1 英寸彩色液晶显示器;触摸屏为 20.1 英寸红外式触摸屏。

② 多媒体系统　功率为 2×2 W;频响为 100 Hz～20 kHz。

③ 工作环境　温度为 5～35 ℃;湿度为 40%～80%(相对,非减压)。

④电源　电压为(1±10%)220 V(AC),50 Hz;功耗小于 200 W。随机赠送:屏上手写输入软件,代替键盘输入,方便查询检索。

9.4.1.4　大屏幕投影系统

多功能报告厅大屏幕显示系统是向广大会议参加者显示资料的理想媒体,可以显示数字、文字和图表、各种 PC 资料、表决结果、发言人背景资料、会议室现场实况、远程电视电话会议实况等视频图像。

考虑到报告厅的面积,在舞台两侧选用 1 台高达 3300 lm 的 SANYO 投影机和 1 台 2400 lm的投影机,配合 150 英寸高增益的电动大幕。这样,会议室在进行视频图像显示时,即使不在黑暗的环境中,仍能看到明亮的图像。

视频接口具备现有常用的所有接口格式,满足举办高档次国际会议的视频要求。

9.4.2　同声传译系统

9.4.2.1　工程概况

某国际艺术交流中心(以下简称大厦)是集办公、画展、教学、客房、餐饮为一体的综合性大楼,地下 1 层,地上 6 层,建筑面积为 4600 m^2,包括专题展厅、陈列厅、画廊、接待办公室、教学用房、客房、餐厅、设备用房、地下车库等。根据本工程招标文件的要求,为本大厦多功能厅的会议系统设计一套安全可靠、便于使用、高档次、具有高科技水平的同声传译系统。

9.4.2.2　同声传译系统组成

同声传译系统是在原声(发言人)音频扩放系统的基础上,通过相应设备将信号送入译员工作间,经数名不同语种的译员同步翻译后,再通过有线或无线设备分别送至会议现场有不同语种需求的代表所戴的耳机中,会议代表调节接收装置选择所需的翻译语种。语言翻译可采用直接翻译和二次翻译的形式。同声传译系统能较好地满足多语种的国际会议需求,实现不同国家或民族的会议参加者相互之间迅速方便地交流和讨论的目的。

同声传译系统通常有三种方式。

1. 有线式同声传译系统

图9.10所示是有线式同声传译系统的基本组成框图。

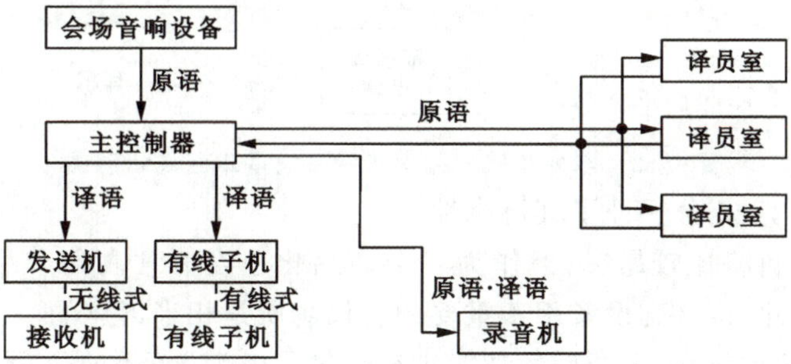

图9.10 有线式同声传译系统的基本组成框图

2. 感应天线式同声传译系统

图9.11所示是感应天线式同声传译系统组成示意图。

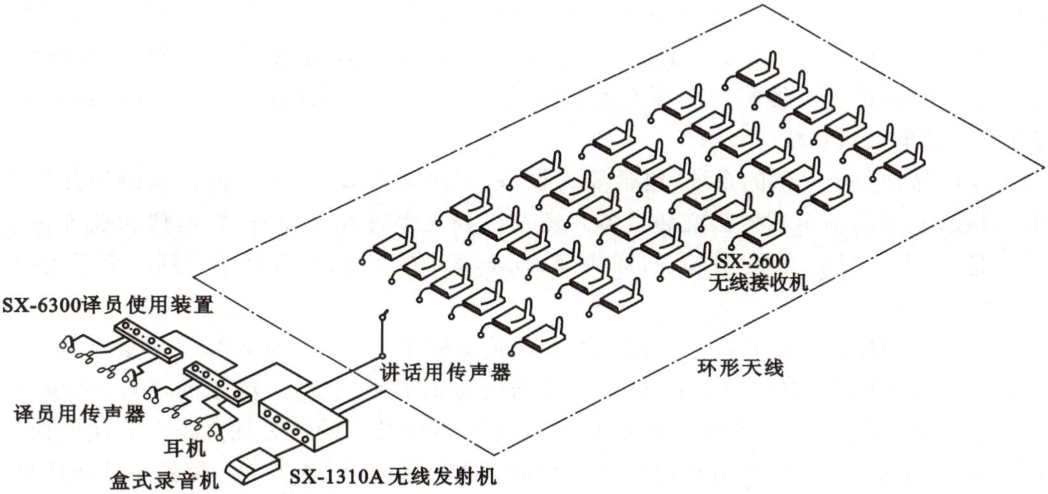

图9.11 感应天线式同声传译系统组成示意图

环形天线的装设可采用如下方法：

(1) 铺在会场四周地毯下(无抗静电措施的地毯)；

(2) 在混凝土地面上埋设塑料管布在其中；

(3) 在混凝土地面上挖细沟槽布在其中；

(4) 与装修配合沿吊顶四周敷设；

(5) 在四周装修的墙上敷设。

在装设时，应参阅有关产品的说明或厂家的技术说明。

3. 红外传输式同声传译系统

图9.12所示是红外传输式同声传译系统示意图。

9.4.2.3 数字会议网络(DCN)系统

数字会议网络(Digital Congress Network，DCN)系统是一个全数字化的会议网络系统。它是一套专用的语言数字化处理和数据通信协议转换芯片，把各种需求的高级功能和性能结

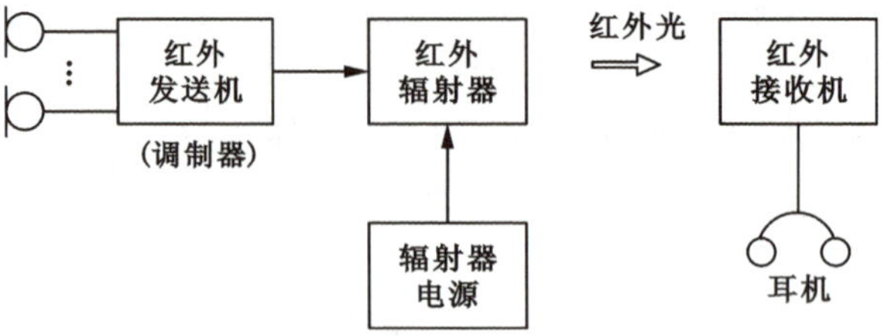

图 9.12 红外传输式同声传译系统基本组成示意图

合成一体，且结构紧凑，充分保证了其可靠性。

尽管 DCN 设备价格比较昂贵，但作为一个商品化程度非常高的产品，其有着非常稳定、可靠的产品质量，因此，将这套设备用于重要的会议场所是相当可靠的。而且该产品在设计时充分考虑到了技术的超前性，为今后的功能扩充提供了极为方便的技术手段，能够很好地保证用户的投资和利益。从长远考虑，DCN 设备有着很好的性价比。

数字会议网络(DCN)采用简单的网络系统处理和数字信号传送方式，不仅大幅度地改进了音质，也简化了安装和操作流程。DCN 对所有类型的会议都能提供灵活的管理，无论是非正式的小型会议，还是多语种、数千人的大型国际会议，DCN 都得心应手、运作自如。DCN 是同类设备中率先采用全数字技术的系统，具有多功能、高音质、数据传送保密、可靠性高等特点，它可以对会议的全过程实行全面控制。模块化的 DCN 单元像链条一样组合起来就可以形成任何形式的会议系统。

DCN 产品是一个完整的系统，包括发言设备、中央控制设备、同声传译和语种分配设备、专用软件模块、资料显示系统和安装设备。还可以补充多种外部设备，如电视和点阵显示、个人电脑、监视器、前置放大器、音箱、打印机等，且全部互相兼容，很容易结合到一个系统中。

1. 先进的数字技术

DCN 采用了高性能的 Bitstream 技术，在传输过程中信号的质量和幅度不会衰减。因此，其音频技术性能达到了空前的水平，使每一位与会者都能听到稳定、纯正的声音，从根本上消除了干扰、失真、串音等一般会议系统的缺陷。DCN 数字技术的最大优点是安装速度快、节约费用，一根细长的双同轴电缆就可以传送系统的全部数字信号，省去普通模拟系统用的昂贵而易损的多芯电缆和由大量干线组成的繁杂线路。

整个系统所有发言机都用同样的电缆传送信号，并且可以在任意点上“搭接”补充发言机或其他 DCN 设备，形成一种树状结构，在以后需要将系统的容量进一步扩大时(如要增加新的话筒设备或增加新的语种通道)，根本不必改动系统原来的接线。各种设备的电源也是在同一根电缆上用两根线供给的。

2. 同声传译和语种分配

DCN 系统在向会议参加者提供同声传译语种的分配方面有完备的功能，因此它可以满足大型多语种国际会议的全面要求。在设计同声传译功能时，该系统也贯彻了系统整体设计的思想。传送传译语种的数字分配信号所用的电缆与其他功能所用的电缆完全相同，因此在原有 DCN 系统中增加传译功能是很容易的事。

同声传译系统可以选择由原语种直接翻译的工作方式，或可选择二次转译方式。DCN 可以支持多达 14 个不同的语种，译员台可以从 14 种不同语种通道中选择，另加上发言原语种。每个译员工作间最多可以安装 6 个译员台。传译系统可以独立工作，也可以作为一个大型综合系统的构成部分。

DCN 的语种分配系统有不同的工作方式可供选择。语种分配可由 DCN 的电缆线路实现,用通道选择器或带有通道选择功能的代表机收听不同的语种。还可以选用无线红外系统实现语种分配,用红外发射机将各语种送到会场的各个角落,用带有耳机或内置扬声器的个人红外接收器收听。

3. 完整配套的设备

(1) 中央控制设备

中央控制设备(CCU)是管理系统的“心脏”。中央控制器可以独立操作,实现自动会议控制;也可以由机务员通过个人电脑操纵,实现更复杂的管理。所有型号的 CCU 都有控制多达 240 台发言设备的功能,受控设备包括代表机、主席机、译员机和音频接口设备。如果需要增加系统的受控容量,可以增接副 CCU,每增加一台 CCU,系统的发言设备受控量增加 240 台。

基本型的 CCU 无须机务员操作,能自动管理会议的进程。其功能包括基本的话筒管理,同声传译和电子表决,控制 30 个高品质数字音频通道、10 个数据通道和 4 个通信通道。这些功能可以保证在无人监管的条件下对会议甚至大型国际会议进行有效的控制。

(2) 资料分配设备

DCN 系统的突出特点之一是能快速、有效地向会议参加者分配资料,并可以满足所有的要求。DCN 系统可以支持多种显示媒体,从简单的 LCD(液晶显示器)个人屏幕到会场广播的电视设备。

主席机、译员台和部分代表机上装备了具有两行显示的 LCD 屏,用以显示代表资料、表决时间、公用或个人资料、话筒的状态、多语种的使用说明。LCD 技术是袖珍彩色液晶电视的核心技术,用这种电视向指定会议参加者提供资料显示是非常理想的。

4. DCN 系统的技术特点

(1) 通信方式　自定义网络通信协议,采用多路数据复用技术,利用双同轴电缆同时提供 16 路高质量发言通道。其中 6 路用于同声传译的高质量分配通道,10 路用于传送资料的双向数据通道,而每一语言通道又可分成 4 路内部对话通道。

(2) 语音数字化处理　采用先进的数字技术,在传输过程中信号的质量和幅度都不会衰减,每一个与会代表都可以听到稳定、纯正的声音,充分保证语言的清晰度和较大的语音动态范围。DCN 系统从根本上清除了一般会议系统存在的背景噪声、干扰、失真、串声等缺陷。

(3) 显示方式　采用 LCD(液晶显示器)、LED(发光二极管)显示方式,麦克风有 LED 红色光环。

(4) 电源供电　采用 36 V(DC);高压分区供电,以减小线路损耗。

(5) 电缆安装结构　采用 6 芯 DIN 制标准插头,两芯电缆线和双同轴通信电缆合成一根电缆。所有设备都使用同样的电缆和接插头,设备是手拉手串行联结,同时还可以在任意点“搭接”DCN 设备,形成系统的树状分支结构,日后如需将系统扩容,不必改动系统原有的接线。采用分路器,DCN 系统能形成一个多功能系统,可以在任何会场中快速、高效地安装起来,并能快速地扩充或拆除。

(6) 席位报到功能　有计算机控制时,DCN 设备本身具有 IC 卡和按键报到功能。

(7) 内部对讲功能　利用手柄电话可以完成委员之间的电话通话。

(8) 软件控制结构　DCN 系统可由计算机控制。在计算机控制时,采用模块软件结构,在 Windows 环境下开发管理。每个软件模块对应一项会议功能。

(9) 脱机会议控制功能　当系统 PC 主机不运行时，中央控制机 CCU 可通过主席机直接处理一些基本会议程序，完成较简单的会议功能要求。

9.4.2.4　设计方案

1. 设备选型

本方案设计参考的 DCN 系统同声传译和语种分配系统中，选用的译员台是 LBB3520/00 型，其主要特点是带有 LCD 屏、可适配 15 种语言、用预置键选择语种、具备输入语言的质量指示。

LBB3520/00 是译员单人作用的台子，符合国际通行的标准。这种技术先进、造型典雅的微处理机控制的设备可以接收 14 个语种通道，另加发言的原语种。每个工作间可以装 6 个译员台，LCD 可显示语种和其他有关资料。

2. 同声传译方式

本方案采用红外同声传译方式，即无线方式，用红外系统在会场内进行无线传送，具有极好的音质，同时为流动的会议人员提供了极大的方便，最多可以传送 16 个通道。因为红外线不能穿透厅房的墙壁，所以保密程度能够得到保证，能够接收红外系统的代表接收机数量从原理上讲不受限制。红外发射机将各种语言传送到会场的各个部位，与会人员用带有耳机或内置扬声器的红外接收机收听。此种无线方式覆盖面积大、收听灵活。会场内出席及列席席位均可以选择发言原声或同传声道，用耳机选择收听。如果以后有更多的需求，还可以方便地增加红外同声传译设备。

3. 同声传译译员间的设计

同声传译译员间首先要满足隔声的要求，避免外界及译员之间的互相干扰，此外还应满足以下条件：

(1) 能够看见会场，这样有利于译员把握发言人的语意，准确翻译；

(2) 保证一定的工作空间，保持良好的通风与合适的温度；

(3) 保持适宜的光照。

4. 同声传译系统的设计

在会议室(多功能厅)安装 2 个 LBB3412/0025W 红外辐射板，可覆盖全场。配 2 个译员机 LBB3520/00，每个席位配 16 路红外语种接收机 LBB3434/00。与会者可选择收听发言原声或各种译音中的一种。

9.4.3　小型国际会议典型配置

图 9.13 所示是小型国际会议的典型配置情况。因有多国代表参加会议，没有通用的语种，因此，必须通过增设同声传译和个人资料显示等功能才能达到会议的要求。全部功能仍能由 LBB3500/05 型标准 CCTJ 配合红外发射机箱控制，且不必用系统机务员。需增加的中央控制设备包括 LBB3508/00 音频媒体接口机，有了它就可以把外部的模拟设备(如广播和录音用的设备)接到 DCN 系统。还需增加一个放大器，向会议代表提供公共广播。

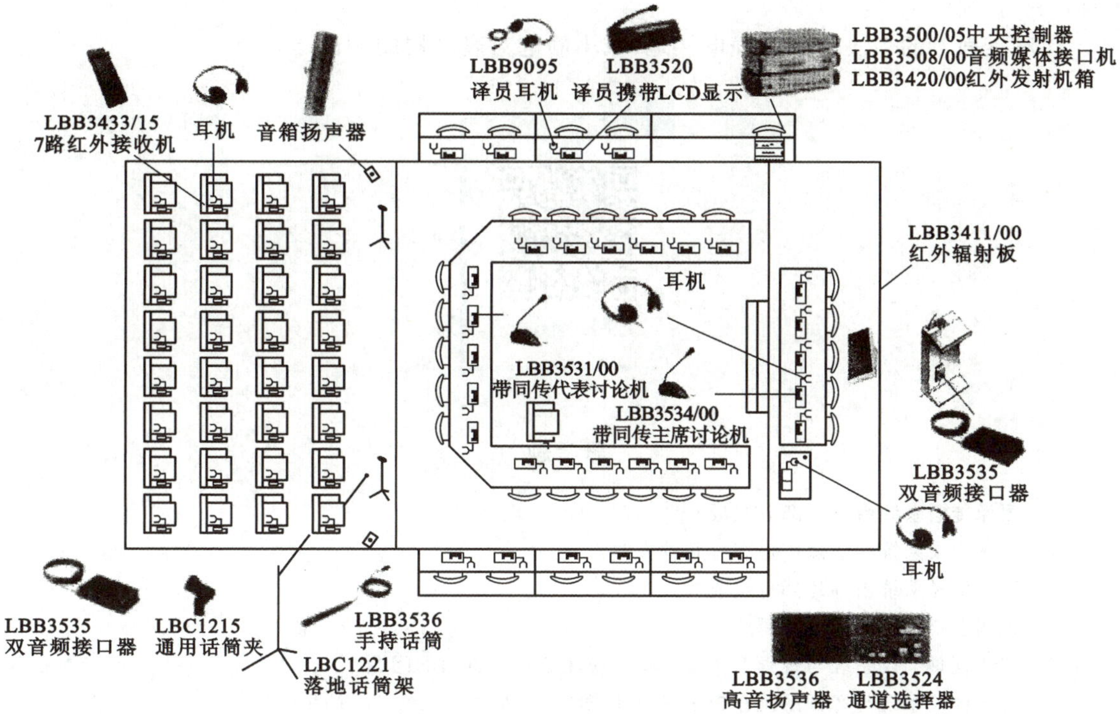

图 9.13　小型国际会议的典型配置

特邀发言人用的演讲台装备了嵌入台面的话筒、扬声器、通道选择器和耳机。所有与会代表都配备了一台 LBB3531/00 型台面式讨论机。代表们通过该机可以发言、选择收听语种。会议的进程由主席掌握，为主席配备的是 LBB3534/00 主席机。辅助设备有会议厅扬声器、两个手持话筒和落地话筒架（分别是 LBB3536/00 和 LBC1221/01），它们通过双音频接口器 LBB3535/00 接入 DCN 系统。

译员在译员工作间内工作。为译员配备的设备是带有 LCD 显示和译员耳机的译员机——LBB3520/00（耳机型号 LBB9095/30）。代表可以用代表机上的通道选择开关选择要听的语种，声音由耳机传给代表。不具有代表资格的列席员可以用红外接收机或装在椅子扶手上的通道选择器 LBB3524/××选择语种，用耳机听声。LBB3524 电子通道选择器仅以收听为限，不具有发言和表决功能。

抗静电干扰措施：

(1) DCN 系统抗静电措施

针对 DCN 系统特殊的抗静电要求，席位设备在电路、结构上进行了专门设计，主要措施有表决器外壳喷涂防静电涂层，加大电路板与外壳距离，在无法拉开距离的地方（如指示灯、话筒等处）在电路上进行专门的抗过压、过流、静电泄放电路设计，消除静电对表决器的干扰。

(2) 安装过程中的抗静电措施

在设备本身防静电基础上采取如下措施：

① 机房敷设专门的静电接地线，与机房内所有有关设备外壳相接，接地电阻小于 2 Ω，防止静电对机房内设备的干扰；

② 会场内所有线缆均穿于钢管内（钢管接地），防止静电从线缆上窜入系统，并可防电磁

干扰；

③ 对桌面上的表决器采取静电接地，减小静电对表决器的冲击。

在线测试

思考题

9.1　图像传输系统由哪几部分组成？

9.2　视频会议系统的图像传输有哪几种方式？

9.3　同声传译系统由哪几部分组成？

9.4　视频会议系统的优点有哪些？

9.5　阅读视频会议系统与音频系统施工图时应注意哪些方面的问题？

9.6　视频会议系统与音频系统在施工时应注意哪些问题？

项目 10　住宅小区智能化系统

【知识目标】

1. 掌握住宅小区智能化系统的组成与功能；
2. 熟悉安全防范系统的构成；
3. 了解远程自动抄表系统的类型；
4. 了解出入口管理及周界防范报警系统的功能；
5. 熟悉智能家居控制系统的配置要求。

【能力目标】

1. 具备家居智能控制系统施工图识读的能力；
2. 具有智能小区智能化系统安装和布线的能力；
3. 具有设备布置及安装的能力；
4. 具有与其他专业协调合作的能力。

【课程思政】

民心工程

住宅小区智能化是利用现代计算机、通信与网络、自动控制、IC 卡技术，通过有效的传输网络，将多元信息服务与管理、物业管理与安防、住宅智能化系统集成，为住宅小区的服务与管理提供高技术的智能化手段，以期实现快捷高效的超值服务与管理，提供安全舒适的家居环境。住宅小区智能化功能目标主要体现在小区智能化建设的三个方面，即小区物业管理、信息服务与通信网络、住宅智能化。

10.1　住宅小区智能化系统的组成与功能

10.1.1　智能小区物业管理功能

10.1.1.1　发展原则

依赖于小区内现代化的设施和自动化系统，采用高效、完善、节能的管理手段，建立科学、先进的管理模式，为住宅小区内每一个家庭提供优质与超值的服务。

10.1.1.2　综合业务管理系统

(1) 小区物业与房产管理。

(2) 小区房屋维修保养管理。

（3）小区收费管理。

（4）在小区内实施集中的安全防范综合管理。

（5）实现小区周界（四周围墙）防卫，在小区围墙上安装红外对射报警探测器，当发生非法闯入时，可进行实时报警。

（6）在小区的大门处、主干道、小区周界、公共场所、停车场（库）入口处以及公寓楼入口门厅安装闭路电视监视系统（CCTV）摄像机，并可与 24 h 安全防范监视和报警系统联动，完成录像记录功能。

（7）在每栋公寓入口处安装可视对讲系统，访客需经主人确认后方可进入公寓。

（8）在小区各主要出入口通道和公寓楼入口处设置巡查点，以强化保安值勤人员的防盗与安全巡视的责任感，同时提供保障值勤巡查保安人员人身安全的措施。

（9）实现家庭内部的防盗与紧急求助报警信息的联网。当在家庭内发生盗窃或安全报警时，报警信息可以传送到小区的物业管理中心。

10.1.1.3　小区内公共机电设备的监控与运行维护管理

（1）采用楼宇设备自控系统（BAS）的方式，实施小区内公共机电设备（电梯、水箱、水泵）和低压配电设备、公共照明的运行状态的监视，以及故障报警的处理与相关控制。

（2）提供公共机电设备的运行与维护的资料，建立设备维修、维护文档，确保小区公共机电设备始终处于完好状态。

（3）实现小区内广播系统的综合管理，可提供广播通知、紧急广播和背景音乐。

（4）建立小区内综合信息（含小区通知、气象预报等内容）的电子显示屏（LED、LCD）。

10.1.1.4　小区内停车场出入与保安管理

（1）在小区内的停车场采用接触式智能卡车辆管理系统，对进入小区的车辆进行控制和管理。

（2）在停车场内设置车牌识别电视监视系统，通过影像记录方式复核出入停车场车辆的车型和车牌号码，以达到停车场保安管理的需要。

10.1.1.5　智能卡（IC 卡）的综合应用功能

在小区内可实现采用 IC 卡付费（含三表 IC 卡储值与交费）和财务结算的功能，并可以实现与停车场管理、公寓楼出入口安全识别与控制的一卡通功能。

10.1.1.6　智能小区综合信息服务与接入网

通过公共通信接入网，建立电话、电视和数据“三网合一”的 HFC 综合通信接入网平台，实现综合信息服务与 HFC 综合通信接入网平台的功能目标。

1. 综合信息服务

建立小区内综合信息服务数据库，并提供以下服务内容：

（1）交通信息与旅馆服务查询。

（2）购物指南及小区周边地区商业网点与价格查询。

（3）影视剧院信息查询。

（4）网络游戏。

（5）电子信息与信息资料库。

（6）建立小区内基于 Internet 网络的 Web 服务器（ISP），可实现以下功能：

① Internet 代理服务和信息下载。

② 综合信息查询与 Web 发布。

③ 电子邮件服务(E-mail)。

④ 电子新闻与报刊服务。

2. 接入网

提供“三网合一”的 HFC 综合接入网平台,可实现以下功能:

(1) 电话服务功能。

(2) 提供交互式电视服务,如 VOD 点播。

(3) 提供宽带接入(大于 10 Mbit/s),实现可视电话、电视会议以及家庭办公等多媒体综合业务服务功能。

10.1.1.7　智能小区家庭安防与自动化功能

(1) 在小区的每个家庭单位中都安装红外报警探头和门窗报警磁控开关,当有非法闯入者时,报警信息将立即传送到小区物业管理中心。

(2) 在小区的每个家庭单位中都安装紧急求助按钮,当家中发生突发事件时,主人可按动紧急求助按钮,将求助信息传送到小区物业管理中心。

(3) 在小区的每个家庭单位中都安装火灾报警探头和燃气泄漏报警传感器,当住宅内发生安全报警时,报警信息将立即传送到小区物业管理中心。

(4) 在小区的每个家庭单位中都设置三表(水、电、气表)自动数据采集(IC 卡)和远程传输设备,可实现三表远程自动抄表功能。

(5) 在小区的每个家庭单位中配置家用电器自动化控制模块,采用红外线(IR)和开关量(DO)控制方式,实现对家庭室内的空调器、照明设备以及电视和音响等家用电器进行异地化的远程遥控功能。

(6) 在小区的每个家庭单位中均应提供电话、电视以及计算机数据的通信与网络接口,具有与宽带高速信息网络互联的能力。

10.1.2　住宅小区智能化系统功能设置

1. 总体要求

(1) 智能住宅小区是指将信息通信、计算机和自动控制等技术运用于住宅小区,通过有效的信息传输网络、各系统的优化配置和综合应用,向住户提供先进的安全防范、信息服务、物业管理等方面的功能,以期为居住者创造安全、舒适、便捷、高效的生活空间。

(2) 智能住宅小区的设计应考虑技术先进、经济合理、实用可靠等方面,选用的系统和设备应符合标准化、开放性的要求,并具有可扩性和灵活性。对于分期开发的大型住宅小区应进行总体规划设计,确保系统和设备的统一性和兼容性,以便于日后的维护。

(3) 智能住宅小区应包括信息通信、小区公共安全防范、建筑设备监控、家居智能化和小区综合物业信息服务等智能化系统。

(4) 智能化系统的功能配置分为基本配置和可选配置。基本配置是智能住宅小区应满足的基本功能;可选配置是智能住宅小区可进一步拓展的功能,由开发商根据实际情况和需求选配。

2. 信息通信系统

(1) 一般规定

小区应通过内部管网的建设及与电话、有线电视、宽带数据等城市公网的连接,充分利用公共信息资源,向住户提供各种类型的信息通信服务。

(2) 基本配置

提供语音通信、视频广播、宽带数据等通信服务。

(3) 可选配置

是指在小区地下车库、电梯轿厢、地下室等移动通信盲区设置移动通信中继系统。

3. 小区公共安全防范系统

(1) 一般规定

对小区周界、小区重点部位等采取安全防范措施，在小区安保中心实行统一管理，并留有对外报警接口，可与公安区域报警中心联系。

(2) 小区周界防范报警系统

① 基本配置

在封闭式管理的住宅小区周界设置报警探测装置，并与小区安防中心的报警主机相连接，以及时发现非法越界者。小区安防中心设置显示屏、报警控制器或电子地图，能实时显示报警区域和报警时间，发出声光报警信号，并能记录、保存报警信息。

② 可选配置

对小区周界使用闭路电视(CCTV)系统实施监视，或进一步以 CCTV 系统与周界报警系统实现报警信息显示与图像监视相结合的联动。

③ 设置周界探照灯或强光灯，在夜间与周界报警系统联动。

4. 小区重点部位监视系统

(1) 基本配置

在小区出入口、停车场(库)出入口、电梯轿厢等重点部位设置相应的探测器或摄像机，通过传输网络将相关信息和图像传至小区安防中心进行监控，并将监视图像和信息进行记录和存储。闭路电视监控系统应具有时间、日期记录功能。电梯轿厢(高层住宅)闭路电视系统应具备楼层显示功能。

(2) 可选配置

在停车场(库)内部、电梯轿厢、住宅楼进出口、电梯厅等部位设置摄像机，扩大监视范围。

5. 楼宇访客对讲系统

(1) 基本配置

在住宅单元门口安装具有电控门锁的安全防盗门和楼宇访客对讲门口主机，在住宅内设置对讲用户机，在小区主要出入口和安防中心(或小区安防值班室)配置管理机。对讲分机可实施远程开锁。

(2) 可选配置

楼宇访客对讲系统采用可视对讲系统，可选智能卡或指纹等识别技术的访客门口主机开启防盗门。

6. 巡查管理系统

(1) 基本配置

一般规模小区设置离线式巡查管理系统；大型住宅小区设置在线式巡查管理系统。

(2) 可选配置

一般规模小区设置在线式巡查管理系统。

7. 建筑设备监控系统

(1) 一般规定

采用集散控制技术，对住宅小区的公共建筑设备实施监控，保障设备有效运行，提高物业管理水平，适应集约化物业管理和专业化维修的需要。

住宅楼(高层)的火灾报警与消防联动控制系统应满足有关行业标准的规定。

(2) 基本配置

① 给排水系统的监视

a. 监视蓄水池、生活水箱、集水井、污水井的液位,并对超高、超低液位进行报警。

b. 监视生活水泵、消防泵、排污泵、污水处理设备的运行状态。

② 电梯系统的监视

显示电梯的层站、运行方向及故障报警。

③ 照明系统的监控

a. 对公共区域的照明(包括道路、景观、泛光、单元/楼层大堂灯光)设备进行监控。

b. 能按设定的时间表自动控制照明回路开关。

④ 送、排风系统的监控

a. 对地下室、地下车库的送、排风设备进行监控。

b. 监视送、排风机的运行状态,手动/自动开关状态和故障报警。

c. 能按设定的时间表自动控制送、排风机的启/停,并具备与消防联动的功能。

(3) 可选配置

① 冷热源系统的监控

a. 监视小区集中供冷/热源设备的运行/故障状态。

b. 监测蒸汽、冷热水的温度、流量、压力及能耗。

② 其他系统的监控

a. 对园林绿化浇灌实行自动控制。

b. 对人工河、喷泉、循环水等景观设备进行监控。

c. 对其他特殊建筑设备进行监控。

8. 背景音响及广播系统

(1) 基本配置

在小区内公共场所设置有线广播系统。当出现火灾等紧急事故时,可强制切换为紧急广播。

(2) 可选配置

广播系统与小区景观设施系统联动。

9. 车辆出入管理系统

(1) 基本配置

对出入小区的机动车辆通过智能卡或其他方式进行管理,并将信息实时送至小区管理中心。

(2) 可选配置

对出入小区的车辆进行计费和识别管理。

10. 小区信息发布系统

(1) 基本配置

在小区内部设立电子信息发布系统,发布有关的公共信息和物业管理信息。

(2) 可选配置

住户能上网查询小区物业管理信息和其他相关的公共信息。

10.2　住宅小区安全防范系统

10.2.1　安全防范系统的构成

安全的居住环境是智能小区的基础，为保证住宅小区的安全，应采用人防、物防和技防相组合的方法进行综合防范。技术防范系统与前面所讲述的安防内容相似，不同的是住宅小区环境不同，监控的对象有所区别，因此采用的方法也有所不同。安全防范系统由多个子系统组成，由小区的安防控制中心集中管理。

1. 楼宇对讲子系统

住宅小区楼宇对讲系统是智能小区最基本的防范措施。该系统根据不同的需求有不同的配置，如可视、非可视、单户型、单元型和联网型等。

2. 入侵报警子系统

入侵报警子系统是根据建筑物安全技术防范管理的需要，对设防区域的非法入侵、盗窃、破坏和抢劫等进行实时有效的探测和报警，并应有报警复核功能。

3. 电视监控子系统

电视监控子系统是根据建筑物安全技术防范管理的需要，对必须进行监控的场所、部位、通道等进行实时有效的视频探测、视频监视、视频传输、显示和记录，并应具有报警和图像复核功能。

4. 出入口控制子系统

出入口控制子系统是根据建筑物安全技术防范管理的需要，对需要控制的各类出入口，按各种不同的通行对象及其准入级别，对其进出实施实时控制和管理，并具有报警功能。该系统应与火灾自动报警系统联动。

5. 巡查子系统

巡查子系统是根据建筑物安全技术防范管理的需要，按照预先编制的保安人员巡查软件程序，通过读卡器或其他方式对保安人员巡逻的工作状态(是否准时、是否遵守顺序等)进行监督、记录，并能对意外情况及时报警。

6. 停车库(场)管理子系统

停车库(场)管理子系统是根据各类建筑物的管理要求，对停车库(场)的车辆通行道口实施出入控制、监视、行车信号要求、停车计费及汽车防盗报警综合管理。

7. 其他子系统

其他子系统包括安全信息广播系统、重要仓库安全防范系统、高安全实体防护系统、访客警示系统等。它们都是根据安全技术防范管理的需要和特殊要求而设置的相应子系统，起安全防范的作用。

10.2.2　楼宇对讲系统

10.2.2.1　系统组成与功能

住宅楼对讲系统的功能包括小区内联网的对讲系统、可视对讲、求助功能、防盗报警功能。

别墅型住宅对讲系统的要求是功能完善、使用方便，通常在别墅区出入口设置可视门口主机。每一门口机配对讲小门口机或可视对讲小门口机，别墅室内机配一台或多台室内可视分机。

对于已投入使用多年的非封闭型住宅区，为了加强住宅楼的安全管理，许多住宅楼的居民可自行集资在楼栋出入口安装防盗铁门，配置基本的住宅楼对讲电控锁系统。

对讲系统大多由电控防盗门附设电控门锁、闭门器、门口机与电源、室内机和管理机组成。门口机是为来访者提供呼叫主人并与其通话的设备；室内机是用于住户接受呼叫、确认来访者身份并决定是否开门的装置；而管理人员能通过管理机监控、管理全楼或者整个辖区的安全，是确保小区和家庭安全的极其有效的手段。

对讲系统必须具备选呼、通话、电控开锁功能。选呼是用主机正确选择任一分机，并能听到回铃音；通话是在选呼后能实施双工通话，声音清晰，不应出现振鸣现象；电控开锁是在分机上实施的电控方式开锁。当设备、网络、传输主机遇到非正常拆卸时，会立即产生报警。

小区联网型楼宇对讲系统还应具有如下功能：

(1) 管理员机。对于小区联网系统，安装在小区安防中心的管理员机可与小区任一住户内的分机之间实现双向呼叫通话。

(2) 小区门口机。安装在小区围墙出入口的门口机可与管理员机或任一住户分机之间实现呼叫和通话。

(3) 住户紧急报警(求助)功能。在住户分机上设有一个紧急按键，按下此键，可立即向管理员机发出报警信号。此键不同于分机向管理员机的呼叫键，它具有高于呼叫键的优先传输级，且在管理员机上产生的报警声应区别于呼叫的声音。

(4) 户间通话功能。小区内联网的住宅楼对讲系统中，两个住户分机之间可通过管理员机的转接实现呼叫和通话。

(5) 隔离保护和自动恢复功能。各住户的分机经隔离器接入系统总线，当户内发生线路故障或其他故障时，不影响系统总线的正常工作。当户内故障排除后，隔离保护器自动恢复室内机的正常接入。

(6) 家庭防盗报警控制器功能。室内分机可接若干报警探测器，经报警系统把报警信号送到管理员机。其主要报警功能如下：

① 按区域部位布、撤防。

② 外出与进入延时报警。

③ 防线路破坏报警。

④ 设备自(巡)检报警。

⑤ 声光报警。

⑥ 管理员机接到报警信号后产生警笛声，同时显示发生报警的住户门号和警报类型(电子板显示)。

10.2.2.2　系统类型

对讲系统分为普通对讲系统、可视对讲系统、小区(楼群)联网型对讲系统。

按对讲系统的功能不同，对讲系统又可分为别墅型(可视)对讲系统、直按型(可视)对讲系统、编码型(可视)对讲系统、户户通(可视)对讲系统和智能联网型(可视)对讲系统等。

1. 普通对讲系统

普通对讲系统只能传送语音信号，来访者呼叫住户并与其交谈，它适用于一般居民住宅。

普通对讲系统是在一栋大楼的门口或者每个单元门口安装一个楼宇电控防盗门，附设电控门锁、闭门器、编码盘、对讲门口机和电源；每个住户家里安装一台普通对讲室内机，通过电缆和辅助设备连接起来，构成一个独立、完整的系统。

平时电控防盗门处于关闭状态。客人来访时，通过单元楼门口上的操作键选择被访人的房号，并与主人对话；当确认来访者身份决定开门时，按下室内机的开门键，防盗门上的电控门锁打开；客人进门后，闭门器立即关闭楼门的电控门，以防非授权者进入。

系统应预留接口，便于小区发展的需要。

2. 可视对讲系统

可视对讲系统既能传递声音信息又能传送动态图像信号，向住户提供实时的动态画面，适用于高档住宅区的安全防范系统。别墅式可视安防对讲系统适合个别要求较高的家庭或者居住在别墅的家庭使用。

单户(别墅)使用的系统，其特点是每户一个室外主机，可连带一个或多个室内分机。

独立(单元)住宅楼使用的系统(也称单元楼对讲系统)，其特点是单元楼有一个门口控制主机，可根据单元楼层的多少、每层有多少个单元住户来决定选用直按式或数码拨号式操作方式。

(1) 直按式的容量较小，一般为 2～16 户，适用于一梯二户七层高的住宅，也可根据实际户型特别设计。其特点是一按就应，操作简单。

(2) 数码拨号式的容量较大，可从 2 户至 8999 户不等，适用于高层住宅。其特点是界面豪华，键盘操作方式如同拨电话一样。

这两种操作方式的系统均采用总线制布线，通过楼层隔离短路保护器解码或是室内分机解码，均能实现对讲、传呼、开锁等功能。

可视对讲系统是在普通对讲系统的基础上增加了影像传输通道、广角针孔摄像头和红外发光二极管，以监视来客。摄像头采用 0.5 lx 照度 CCD 器件，配合红外发光二极管，即使在夜间也能清晰地观察客人。

信号的传输有两种：一种是视频信号直接通过专线分配，送入户内装有 4 in(或 5 in)扁平显像管的住户对讲机；另一种是视频信号经调制后送入 CATV 前端，住户打开电视机时在专用频道上观察访客面容。

图 10.1 所示是多层住宅的可视对讲系统。它最好是留有接口，便于以后组建一个完善的小区(楼群)联网安防对讲系统。

3. 小区(楼群)联网型对讲系统

在封闭小区中，可以对每个单元住宅楼使用单元系统并通过小区内专用(联网)总线与管理中心连接，形成小区各单元住宅楼对讲网络。

住宅小区都是由若干栋住宅楼组成的。在每栋住宅楼宇对讲系统的基础上，在值班室安装一套楼宇对讲管理员机，并将各楼宇对讲系统与设在值班室的管理员机相连接，便可构成一个比较完善的小区(楼群)联网型对讲系统，如图 10.2 所示。

若在值班室再安装一台能与当地公安部门指挥中心联网的报警控制/通信机，并连接紧急手动按钮和脚踏开关来联网。一旦发生重要警情，按下紧急按钮，立即自动拨通报警指挥中心的电话，其微机平台发出声、光报警，显示单位(小区)名称、地址、联系人姓名和电话等资料，记录案发的准确时间，打印警情报告。指挥中心经过分析、判断作出响应，值勤人员据此迅速到达案发现场。

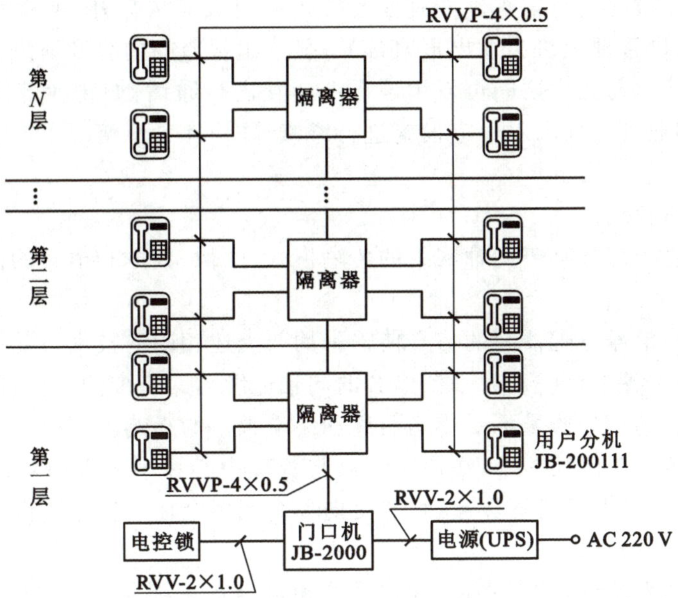

图 10.1　多层住宅单元对讲系统

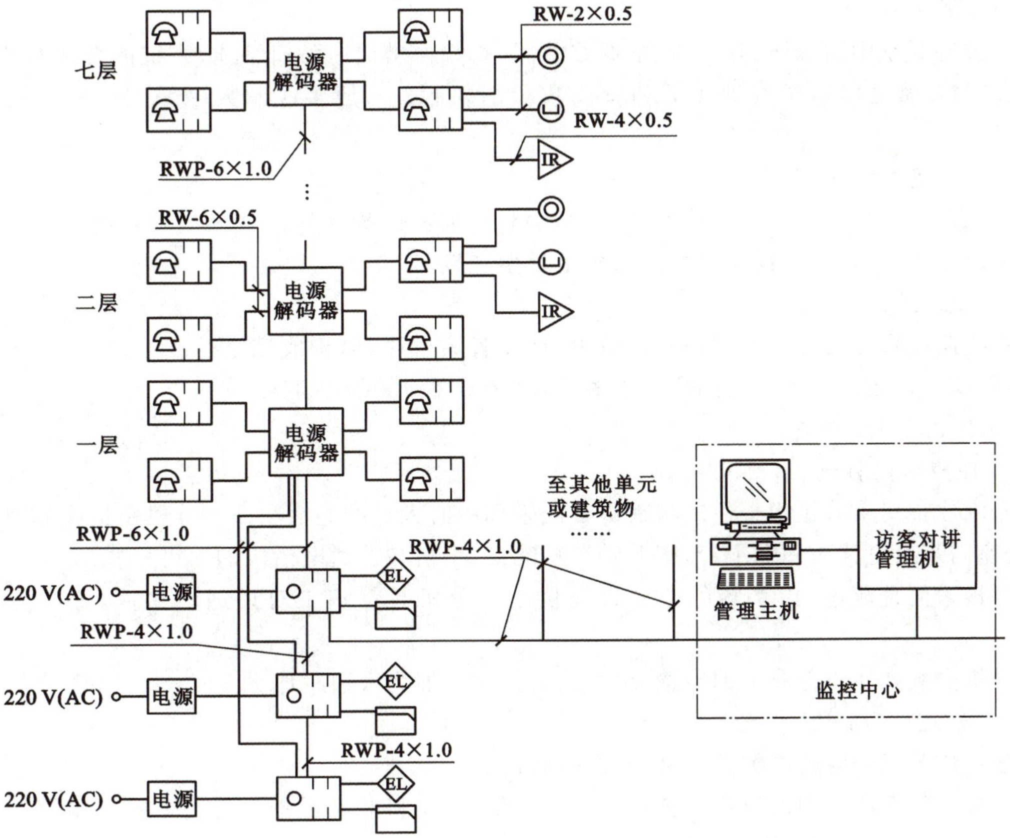

图 10.2　小区联网型对讲系统

住宅小区物业管理的安全保卫部门通过小区可视对讲管理主机，可以对小区内各住宅楼可视对讲系统的工作情况进行监视。如有住宅楼入口门被非法打开、可视对讲主机或线路出现故障，小区可视对讲管理主机会发出报警信号，显示出报警的内容及地点。小区物业管理部门与住户之间以及住户与住户之间可以用该系统相互进行通话，如物业部门通知住户缴纳各种费用、住户通知物业管理部门对住宅设施进行维修、住户在紧急情况下向小区的管理人员或邻里报警求救等。

10.2.2.3　传输模式

可视对讲系统主干部分基于同轴网络的传输模式，图像、数据和语音的信号处理采用射频调制解调和 PLL 技术。

单元主机到住户信号分配器间的信号传输采用与上述相同的技术。此技术的优点在于布线简单（从管理中心到各单元门口为一条单芯的同轴电缆），网络维护方便，信号的抗干扰能力强，图像、数据和语音的信号质量不受传输距离和终端数量的影响。

系统除了具有传统对讲功能外，住户还可以与管理中心和小区大门对讲。管理中心可随时与住户、单元门主机或大门值班员通话，并可向单个或多个住户发布图像或文字信息。

10.2.2.4　系统结构

安防对讲系统从系统形式上分为开放式系统和封闭式系统；在系统结构上大致可分为多线制、总线多线制和总线制三种。

（1）多线制

多线制系统中通话线、开门线、电源线共用，每户再增加一条门铃线，系统的总线数为 $4\times N$，系统的容量受门口机按键面板和管线数量的限制。一般多线制大多采用单一按键的直通式。

（2）总线多线制

总线多线制采用数字编码技术，一般每层有一个解码器（4 用户或 8 用户），解码器与解码器之间以总线连接，解码器与用户室内机呈星型连接。

（3）总线制

总线制将数字编码移至用户室内机中，从而省去解码器，构成完全总线连接，故系统连接更灵活、适应性更强。但若某用户发生短路，会造成整个系统不正常。

10.2.2.5　设备安装

1. 住户对讲分机

室内住户对讲分机用于住户与来访者或管理中心人员的通话联系。分机由机座和手机组成，机座内装有电路板和电子铃，座上设有功能键；手机与普通电话机的手机一样。

分机采用直流电，由系统的电源设备供电。分机具有双工对讲通话功能，呼叫为电子铃声。

分机安装在住户起居室的墙壁上，其安装高度一般为底边距地面 1.4～1.6 m。

2. 室内住户可视对讲分机

各住户分机同时收到编码信号，并进行解码。

被选中的室内机向门口主机传送一个反馈信号，主机收到反馈信号后，“控制电路”把“通话电路”与总线声信线接通。

被选中的分机控制电路产生振铃声，并把本机和分机的通话电路与总线声信线接通。此时，主机和分机之间的通话电路经声信线连通，可进行双方通话。

按下分机上的开锁键，控制电路发出控制信息，经信号线送到主机控制电路，产生开锁信号。

室内住户可视对讲分机用于住户与来访者或管理中心人员的通话并观看来访者的影像。它由装有黑白影像管、电子铃、电路板的机座及座上功能键和手机组成。分机采用直流电，由系统的电源设备供电。分机具有双工对讲通话功能，影像管显像清晰，呼叫为电子铃声。

用户机应安装在走廊或客厅等醒目位置，其安装高度一般为底边距地 1.4～1.6 m。

3. 可视对讲门口主机

在门口机中键入住户门号，控制电路把门号送入地址编/解码器，对输入的住户门号进行编码，并送入总线中的信号线。

对讲门口主机用于来访者通过机上功能键与住户对讲通话，并通过机上的摄像机提供来访者的影像。该机内装有 CCD 摄像机(对讲门口机没有)、扬声器、话筒和电路板，机面设有多个功能键。摄像机为广角镜头，自动光圈，并能自动调节强度，分辨率高。可视对讲门口主机由系统电源供电，安装在单元楼门外的左侧墙上或特制的防护门上。

门禁式门口主机可采用感应读卡控制技术，住户用感应卡开启电控(磁)门锁，并可在小区内实现“一卡通”。更新的技术是采用指纹识别技术开启电控(磁)门锁，但由于成本较高，应用还有一定的困难。运用小区住宅楼对讲系统网络管理，物业管理中心可向门口主机的显示屏发布有关信息。今后还将出现超薄液晶显示屏的室内分机，以实现物业管理部门与住户之间的信息交互。

4. 译码分配器

译码分配器在系统中串行连接使用。它采用直流电，由系统电源设备供电，安装在楼内的弱电竖井内。

5. 电源

系统的供电设备采用 220 V 交流供电，直流输出，安装在楼内的弱电竖井内。

6. 电锁

电锁受控于住户和物业管理保安值班人员。它平时锁闭，当确认来访者可进入时，通过对设定键的操作打开电锁，来访者便可进入，之后门上的电源自动锁闭。电锁安装在单元楼门上。

7. 管理中心主机

它是住宅小区安防系统的核心设备，可协调、监督该系统的工作。主机装有电路板、电铃、功能键和手机，并可外接摄像机和监视器。

物业管理中心的保安人员可同住户及来访者进行通话，并可观察到来访者的影像；可接受用户分机的报警，识别报警区域及记忆用户号码，监视来访者情况，并具有呼叫和开锁的功能。

主机采用 220 V 交流电源供电。

管理中心主机安装在住宅小区物业管理保安人员值班室内的工作台面上。

10.2.2.6 传输线路的选择

住宅楼内配线线路采用暗配管线。对普通住宅，一般采用楼内墙和楼板内敷设电线管或 PVC 管，在墙上留有配、出线箱(盒)；对高级公寓住宅，采用内墙暗配管，吊顶内敷设线槽和明设金属软管，在墙上设置箱(盒)。

住宅小区的外部线路将单元楼的门口主机同管理中心主机连接,实现住户与物业管理中心保安值班人员之间的通信。单元楼门口主机的连线是以总线形式来实现的(有的加一条视频同轴电缆)。一般规模不大的住宅小区配线均较简单,因此,在已设有地下电话通信管道的小区可利用管道;在没有电话通信管道的小区内,可在人行便道上建设适当孔数的管道和手孔,以便布放线缆。

(1) 传输视频信号的视频同轴电缆可采用 SYV-75-5 型。

(2) 楼内垂直干线(主线)各单元楼由低层门口机处往高层走线到短路保护器接线处,所使用的线材可以采用 8 芯屏蔽对绞线、6 芯屏蔽对绞线及 SYV-75-5 型同轴电缆。

(3) 楼内水平分户线(进户线)所有线材种类、数量和功能与垂直干线相同,用短路保护器与室内分机相连接。

(4) 楼外总线可以选用 4 芯屏蔽对绞线将小区内各单元住宅楼设备与管理员机相连接,形成小区内的住宅楼对讲网络。

(5) 楼外总线可以选用加粗 6 芯屏蔽对绞线将小区内各单元住宅楼设备(信息发布、巡检)与管理员机相连接,形成小区内的住宅楼对讲系统网络。

(6) 联网线的连接方式:从某单元门口主机的电源箱引出,接到相邻单元楼的门口机电源箱,依次相连接,最后接到管理中心室,接入管理员机的电源箱。

当小区占地面积大、单元楼栋较多、距离较远(最大线长为 5 km)时,为扩大管理员总机的功能,可把小区内的住宅楼分成几个区域,每个区域有一根总线接入管理中心,形成小区内的星型网络。

视频电缆的连接方式与通信芯线相同。

在高级公寓住宅小区内,应选择适当的位置建立保安人员值班室,集消防控制室、保安监控室为一体,对讲/可视对讲系统中的管理中心主机可安放在这里。

10.2.3 出入口管理及周界防越报警系统

周界防越报警系统旨在通过在小区内安装探测器建立封闭式的小区,加强出入口的管理,防范区外闲杂人员进入,同时防范非法翻越围墙或栅栏。当发生非法翻越时,探测器可立即将警情传送到智能化管理中心,中心将在电子地图上显示出翻越区域,以利于保安人员及时、准确地处理。该系统的功能要求如下:

(1) 周界需全面设防,无盲区和死角。

(2) 探测器抗不良天气环境干扰能力强。

(3) 防区划分适用于报警时准确定位。

(4) 报警中心具备语音/警笛/警灯提示。

(5) 中心通过显示屏或电子地图识别报警区域。

(6) 翻越区域现场报警,同时发出语音/警笛/警灯警告。

(7) 报警中心可控制前端设备状态的恢复。

(8) 夜间与周界探照灯联动,报警时警情发生区域的图像自动在监控器中弹出。

(9) 与闭路电视监控系统联动,报警时警情发生区域的图像自动在监控中心监视器中弹出。

(10) 进行报警中心报警状态和报警时间的记录。

10.2.4 闭路电视监控系统

闭路电视监控系统是在小区主要通道、重要公共建筑及周界设置前端摄像机，将图像传送到管理中心。中心对整个小区进行实时监控和记录，使中心管理人员充分了解小区的动态。它的功能要求如下：

(1) 对小区主要出入口、主干道、周界围墙或栅栏、停车场(库)出入口及其他重要区域进行监视。

(2) 中心监视系统应采用多媒体视像显示技术，由计算机控制、管理及进行图像记录。

(3) 报警信号与摄像机及录像机与摄像机连锁控制。

(4) 系统可与周界防越报警系统联动进行图像跟踪与记录，且当监控中心接到报警时，监控中心监视器上立即弹出与报警相关的摄像机图像信号。

(5) 视频失落及设备故障报警。

(6) 图像自动/手动切换、云台及镜头遥控。

(7) 报警时，报警类别、时间、确认时间及相关信息的显示、存储、查询及打印。

10.3 住宅小区通信网络系统

10.3.1 网络通道

智能小区的核心是网络，宽带已成为一个小区智能化程度的代表性标志。目前，宽带通道主要有两种方式：一种是综合布线，即在小区专设局域网，此局域网通过城市主干网与Internet直接相联；另一种是对家庭中现有的为有线电视敷设的光缆进行改造，将目前有线电视光缆单相通道改为双向互动(HFC)。用这两种方式替代电话上网，都能实现网上直播电视节目、下载图像的功能。

10.3.2 信息通信服务功能

(1) 智能小区的信息通信服务功能应保证小区住户具有联网能力，并能获得各种接入服务。

(2) 信息网络可以把小区内各家各户的计算机同物业管理中心连接起来，实现新型物业管理；也可以通过ADSL高速专线等接入Internet，使小区居民真正实现网上教育、网上购物、IP/TV、多媒体娱乐、网上交易、网上缴费、VOD视频点播等。

(3) 能实现对家电的远距离控制及"一卡通"、可视对讲、三表自动抄表、防盗/防火监控、停车场(库)管理等多种应用。

10.3.3 小区信息网络系统

1. 小区信息网络系统建设的总目标和规划

(1) 建成小区网络系统，为小区提供公用设备管理、物业管理以及安防系统的信息基础设施和运行环境。

(2) 网络主干可选用较为先进的千兆以太网/ATM网络技术，满足目前和未来应用对带宽的需求，提供到用户为 10 Mbit/s 或 100 Mbit/s 的带宽。

(3) 通过网络中心连接 Internet 网，满足小区住户获取丰富信息的需求。

(4) 提供点对点协议 PPP 接入服务，为远在异地的住户同小区的沟通或上网服务提供方便。

(5) 建立以信息交换、信息发布和查询应用为主的计算机网络应用基础环境，为满足住户间信息交流、物业公司的管理等提供先进的支持手段。

(6) 在物业管理处建成网络中心，实现网络运行中心(NOC)和网络信息中心(NIC)管理。

(7) 建立小区运行中心、物业管理系统，实行有效的小区管理、物业管理、安全管理、计费管理等。

2. 小区网络系统的总体结构

(1) 小区主干网

小区网络系统的主干网是数据信息流动的动脉，同时担负着信息流动的总调度任务。可采用千兆位交换机组成核心网络交换主干。

(2) 远程访问

提供电话拨号访问功能，使得异地住户也可以访问小区网络系统。远程工作站通过拨号接入，采用点对点协议。

(3) 子网

小区的网络不仅为用户提供服务，同时还连接着公用设备管理、房屋智能管理和安防系统。

(4) 工作组

在各子网下连接的个体群组成工作组，采用工作组级交换机作为底层网络交换机。

10.4 远程自动抄表系统

电、水、燃气的户外监控及远程计量系统是计算机技术、通信技术、自动化控制技术的应用，目前主要有总线式集中电、水、燃气自动计量计费系统和电力载波式集中电、水、燃气自动计量计费系统。

这两种系统都是采用计算机及其网络系统对使用中的电表、水表、燃气表进行智能化管理，实现了抄表自动化，并可随时对电表、水表、燃气表的使用进行监控、计量和计费。而且，通过与银行计算机系统联网，可以实现相关费用的收费自动化。

10.4.1 总线式集中电、水、燃气自动计量计费系统

1. 系统组成

总线式集中电、水、燃气自动计量计费系统是由电表、水表、燃气表、采集器、抄表主机、管理中心计算机、电力公司计算机、燃气公司计算机、自来水公司计算机、热力公司计算机、银行计算机和便携式终端组成的，其系统图如 10.3 所示。

2. 工作方式

该系统采用光电技术对电表、水表、燃气表的转盘信息进行采样，利用采集器记录数据，所记录的数据供抄表主机读取。在读取数据时，抄表主机根据实际管辖用户表的容量依次对所

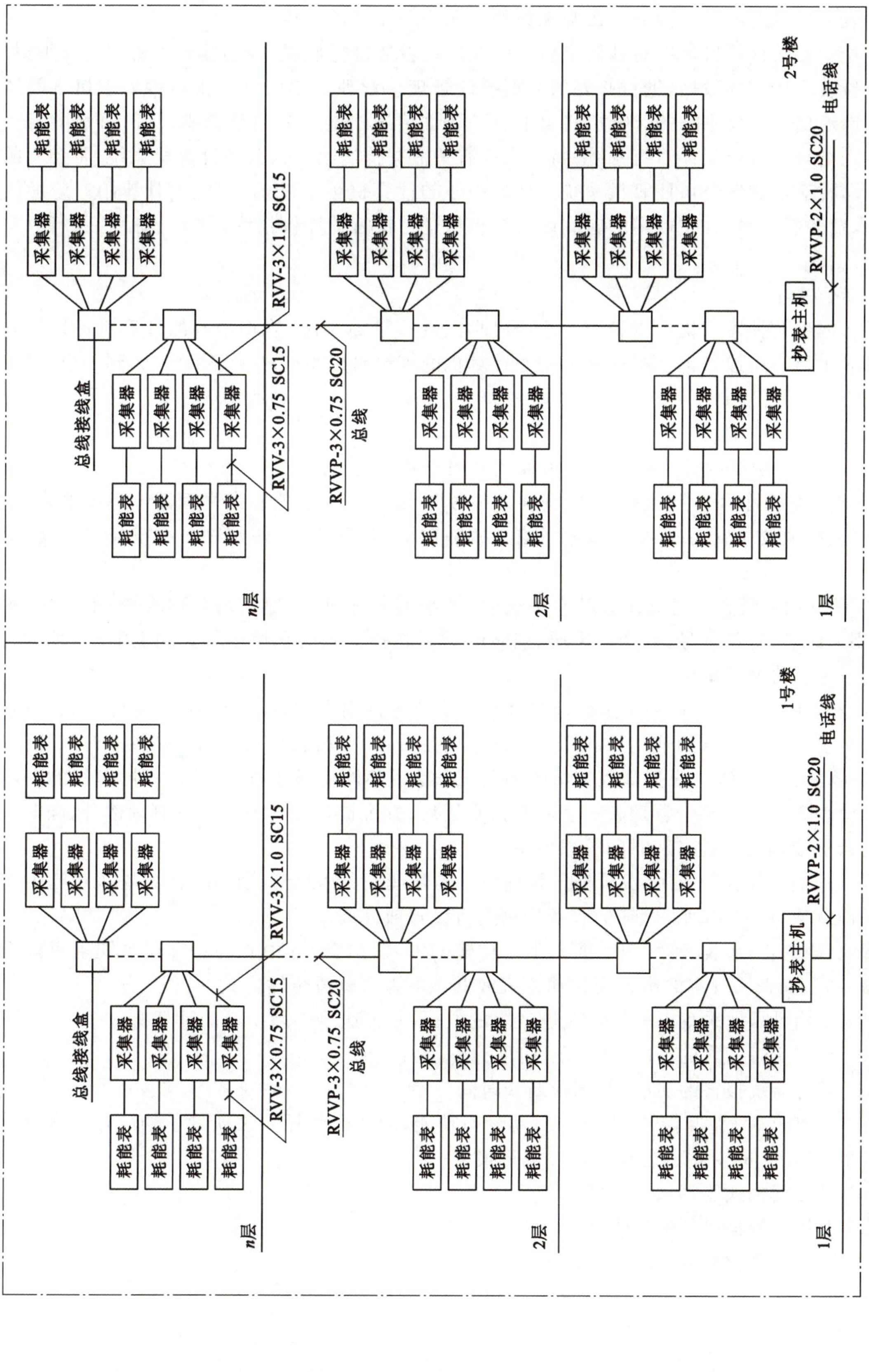

注：抄表主机通过公共电话网与管理中心主机通信。

图 10.3　总线式集中抄表系统

有用户表发出抄表指令,采集器接收指令并确定正确无误后,立即将该采集器记录的用户表数据向抄表主机发送出去。抄表主机与采集器之间采用双绞线连接。

管理中心的计算机可以对抄表主机内所有环境参数进行设置,控制抄表主机的数据采集,并读取抄表主机内的数据,进行必要的数据统计管理。管理中心的计算机与抄表主机之间通过市话网通信。管理中心的计算机将电的有关数据传送给电力公司计算机系统;将水的有关数据传送给自来水公司计算机系统;将热水的有关数据传送给热力公司计算机系统;将燃气的有关数据传送给燃气公司计算机系统。管理中心的计算机可以准确、快速地计算用户应缴的电费、水费和燃气费,并在规定的时间内将资料传送给银行计算机系统,供用户缴费、银行收费时使用。

3. 系统容量

一台或数台抄表主机可以管辖一个居民小区或一个商业区;管理中心的计算机可以管辖多台抄表主机。所以该系统根据管理中心计算机的容量可以小到一个居民区,大到一个地区、一个城市。

4. 系统主要功能

(1) 在管理中心的计算机系统中可以建立用户有关资料。

① 建立各个小区、各个建筑物的资料。在各个小区、各个建筑物的平面图上标出电表、水表、燃气表的放置位置,并标出建筑物的有关资料(小区名称或号、建筑物名称或号、建筑物楼层号等)。

② 设置用户资料。建立用户的有关资料,如小区名称或号、建筑物名称或号、单元号、楼层号、用户姓名、身份证号码、用户密码、三表的类型和各个表的初始值等。根据需要,可以对上述资料进行修改或取消。

③ 查询用户的有关资料。可以通过计算机系统查询用户的地址,姓名,身份证号码,上月份和本月份电、水、燃气的使用量和用户应缴纳的各分项金额数目、付费情况和抄表时间等。

④ 设置密码等级。根据管理人员的不同职务给予不同的操作权利,分配不同等级的密码给各个管理人员。待某个管理人员表明身份密码后,方可操作计算机相应的管理部分,同时计算机记录下使用人的姓名和时间等以便备查。

⑤ 设置电、水、燃气的收费价格。管理中心的管理人员通过计算机系统,在输入自己的密码且被确认后,可对电、水、燃气的收费价格进行设置或修改。

⑥ 设置电表、水表、燃气表数据采集与传输的方式。在管理中心的计算机系统上可以设定传输方式,如采用现有的市话网传输方式或低压电力线载波传输方式。

(2) 准确可靠地采集电表、水表、燃气表的数据,并传送给管理中心的计算机。

(3) 具有实时抄表的功能,抄表的时间可以任意改变。

(4) 具有断线报警的功能,并记录断线时间。

(5) 具有电表、水表、燃气表故障自动诊断功能,能及时将用户表所发生的故障传送给管理中心的计算机,并对用户表异常情况进行报警。

(6) 具有便携式终端抄表功能。

(7) 对抄表数据进行分析管理。

(8) 实现自动化收费管理。

10.4.2 系统设计

1. 三表自动抄表系统的层次结构

(1) 现场采集仪表

现场采集仪表采集水表、电表、燃气表的脉冲数。

(2) 信号采集器

计数装置对脉冲信号进行取样，当断线时向物业管理中心报警，可防止有人偷电、偷水、偷燃气。

(3) 区域管理器

处理各信号采集器的测量信息，并计算每个用户的水、电、燃气的使用情况和相关数据。在每月月底(或自定时间)自动生成各用户的水、电、燃气使用量报表及计费报表。

区域管理器可配制一个操作终端，让管理人员现场查询住户的各项相关信息。

(4) 信息管理器

信息管理站安装在物业管理中心处，管理人员通过软件可根据系统密码的权限随时查询小区各个住户的水、电、燃气实时及历史使用情况；也可通过门牌号、用户姓名等多种方式查询某个指定用户的能源使用费用。

当然，在必要的时候可以使用中继器，利用小区智能布线，将分散在各家各户的水表、电表、燃气表连接形成网络，实现小区物业中心的实时检测。可连接燃气泄漏报警系统同时工作，一旦有泄漏情况，立即报警并同时采取紧急措施；而且在监控中心可以找出泄漏点，便于维修人员进行维修。

在监控中心通过友好的人机界面，便于监控系统的运行状况。此界面要求简单、直观且易操作。

2. 总线控制技术

利用总线控制技术可以将采集器与控制中心连接起来。

基于实际的情况，可选用局部操作网络，因为它支持多种物理介质和多种拓扑结构，组网方式灵活。

数据的传输采用双向的，这样中央控制中心既可以实时监视数据的改变，也可以在紧急情况发生时及时对系统进行控制。

3. 收费管理

(1) 提供网上查询应缴费用的功能，并定期催缴。

(2) 为没有上网能力的住户提供电话查询或到物业管理中心查询。

(3) 具有收费登记、转账、统计功能及收费项目、计费方式的变更登记等功能。

(4) 住户可通过银行或 IC 卡缴费，也可使用 IC 卡查询，并打印出所需了解的账单。

10.4.3 电力载波式集中电、水、燃气自动计量计费系统

电力载波采集器与电表、水表、燃气表内传感器之间采用普通导线直接连接，可省去小区内部的布线。电表、水表、燃气表通过安装在其内传感器的脉冲信号方式传输给电力载波采集器。电力载波采集器收到脉冲信号转换成相应的计量单位后进行计数和处理，并将结果存储。电力载波采集器和电力载波主控机之间的通信采用低压电力载波传输方式。电力载波采集器

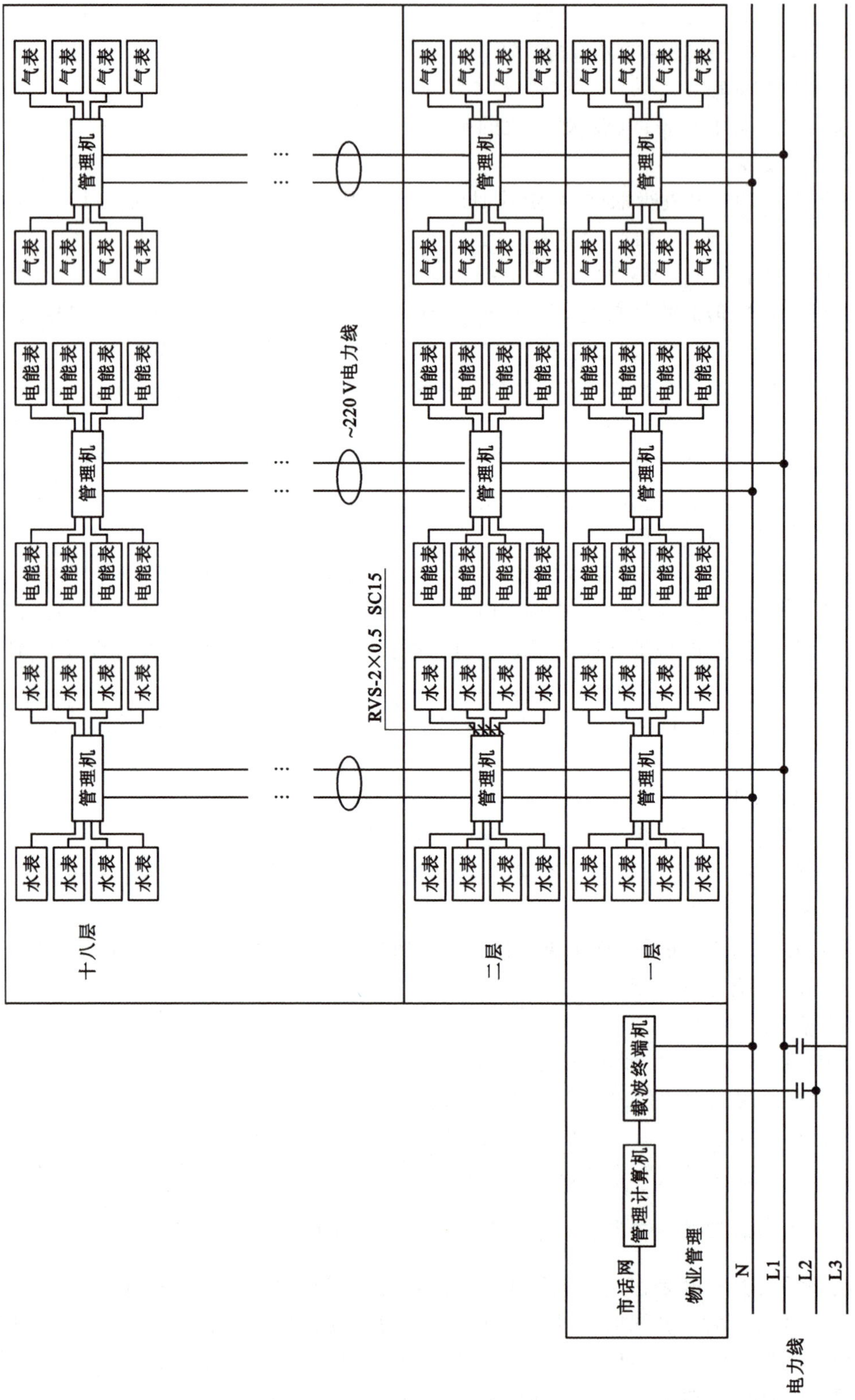

图 10.4 电力载波抄表系统接线图

平时处于接收状态，当接收到电力载波主控机的操作指令时，则按照指令内容进行操作，并将电力采集器内有关数据以载波信号形式通过低压线路传送给电力载波主机。

管理中心的计算机和电力载波主机之间是通过市话网进行通信的。管理中心的计算机可以随时调用电力载波主控机的所有数据，并通过电力载波主控机将参数配置传送给电力载波采集器。管理中心的计算机具有实时、自动、集中抄取电力载波主控机的数据，实现集中统一管理用户信息，并将有关数据送给银行计算机等功能。

电力载波抄表系统接线如图10.4所示。

10.5　家庭智能化系统

10.5.1　家庭智能化

智能住宅的电气设计要求必须满足以下三个条件：

(1) 具有家庭总线系统；

(2) 通过家庭总线系统提供各种服务功能；

(3) 能和住宅以外的外部世界相连接。

10.5.2　系统功能

图10.5所示是家庭智能控制系统框图。

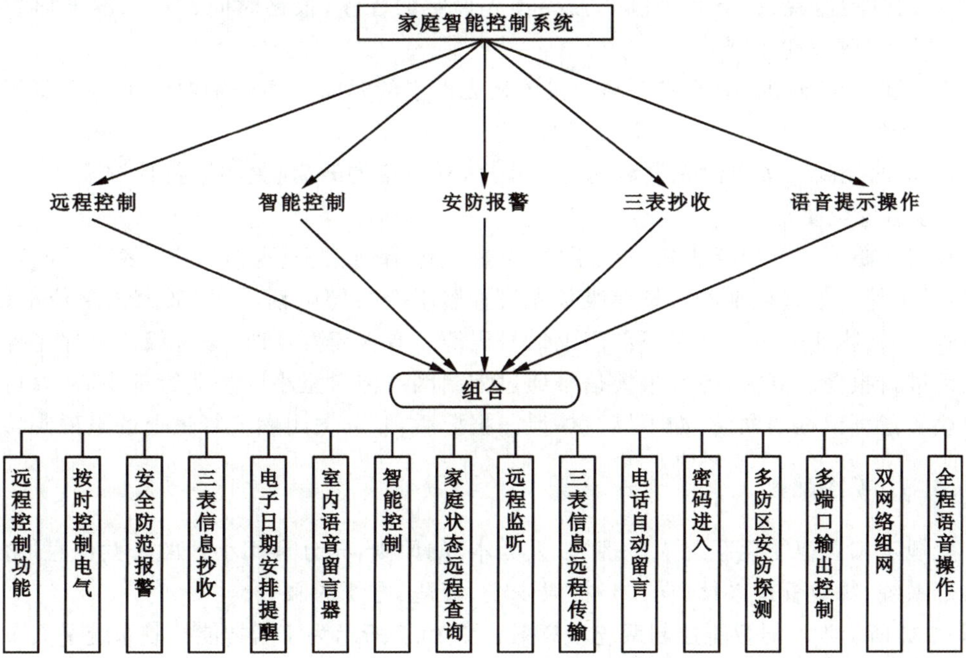

图10.5　家庭智能控制系统框图

1. 智能家居控制系统

智能家居控制系统以HFC、以太网、现场总线、公共电话网和无线网的传输网络为平台，采用计算机网络技术和现场总线技术构成一个完整的集家庭通信、家庭设备自动控制、家庭安全防范等功能于一体的控制系统。

2. 智能家居控制系统的功能

智能家居控制系统的功能包括家庭通信、家庭设备自动控制和家庭安全防范三个方面。

(1) 家庭通信

① 电话线路

通过电话线路实现双向传输语音信号和数据信号。

② 计算机网络

通过计算机网络实现信息交互、综合信息查询、网上教育、医疗保健、电子邮件、电子购物等。

③ CATV

收看有线电视节目，通过 CATV 线路实现多媒体通信。

(2) 家庭设备自动控制

家庭设备自动控制包括电器设备的集中、遥控，远距离异地通过电话或 Internet 进行监视、控制及数据采集。

① 家用电器的监视和控制　按照预先设定的程序要求对热水器、微波炉、窗帘、音响等家庭设备进行监视和控制。

② 热能表、燃气表、水表、电表的数据采集、计量和传送　根据小区物业管理的要求设置数据采集程序，在某一特定的时间让传感器对热能表、燃气表、水表、电表进行自动数据采集、计量，并将采集结果远程传送给小区物业管理系统。

③ 空调机的监视、调节和控制　按照预先设定的程序，根据时间、温度、湿度等参数对空调机进行监视、调节和控制。

④ 照明设备的监视、调节和控制　按照预先设定的时间程序分别对各个房间照明设备的开、关进行控制，并可自动调节各个房间的照度。

⑤ 窗帘的控制　按照预先设定的时间程序，对窗帘的开启、关闭进行控制。

(3) 家庭安全防范

家庭安全防范主要包括火灾自动报警、可燃气体泄漏报警、入侵报警、多防区设置紧急求救、访客对讲等。家庭控制器可按等级预先设置若干个报警电话号码(如家人单位电话号码、手机号码、小区物业管理安全保卫部门电话号码等)，有报警发生时，按等级的顺序不停地拨通上述电话进行报警。同时，各种报警信号通过控制网络传送至小区物业管理中心，并可与其他功能模块实现可编程的联动(如可燃气体泄漏报警后，联动关闭燃气管道上的电磁阀)。

10.5.3　系统配置

一般规定家居智能化系统应体现“以人为本”的原则，充分利用小区的公共信息通信系统、安全防范系统、物业管理系统，向住户提供安全、舒适、方便的服务。

图 10.6 所示为家居智能控制系统示意图。图 10.7 所示为家居智能控制系统平面布置图。

1. 家居布线系统

(1) 基本配置

住户室内应配置家居弱电配线箱，电话、有线电视、宽带数据等的通信线缆统一由家居弱电配线箱进行管理，并应在卧室、书房、客厅等房间设置相关信息端口。

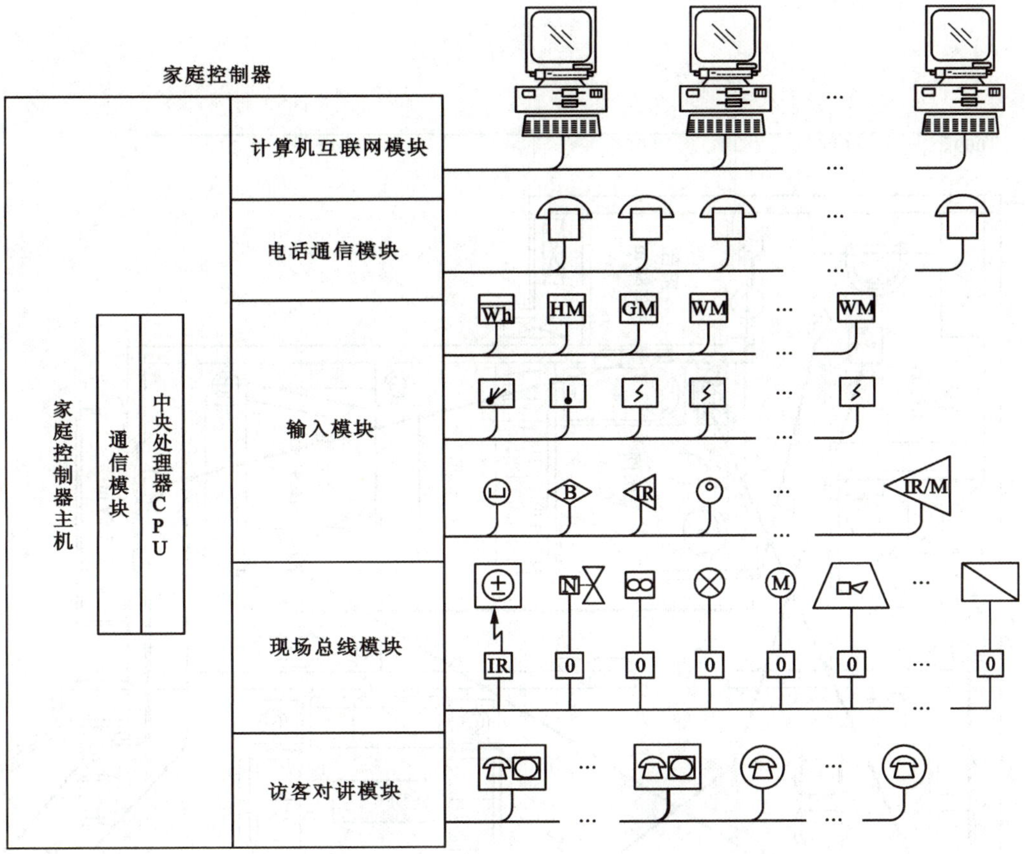

图 10.6　家居智能控制系统示意图

(2) 可选配置

其他智能化子系统的通信线缆也由家居弱电配线箱统一进行管理。

2. 家庭安全防范系统

(1) 基本配置

住户内有燃气泄漏报警,一、二层户门及阳台外窗防范报警。报警时除住户室内发出声、光信号外,应将报警信号传送至小区管理中心进行实时记录、处理与存储。

住户内配置按钮式家庭紧急求助报警系统,并联网至小区安防中心。

(2) 可选配置

家庭燃气进气管设置自动开关,在发出泄漏报警信号的同时自动切断进气。

设置电话自动拨出装置,在家庭报警和求助信息反映到管理中心的同时,能够自动拨通事先设定的电话,通知有关部门与住户本人。

家庭紧急求助采用有线和无线相结合的方式。

家庭安全防范系统配置如表 10.1 所示。

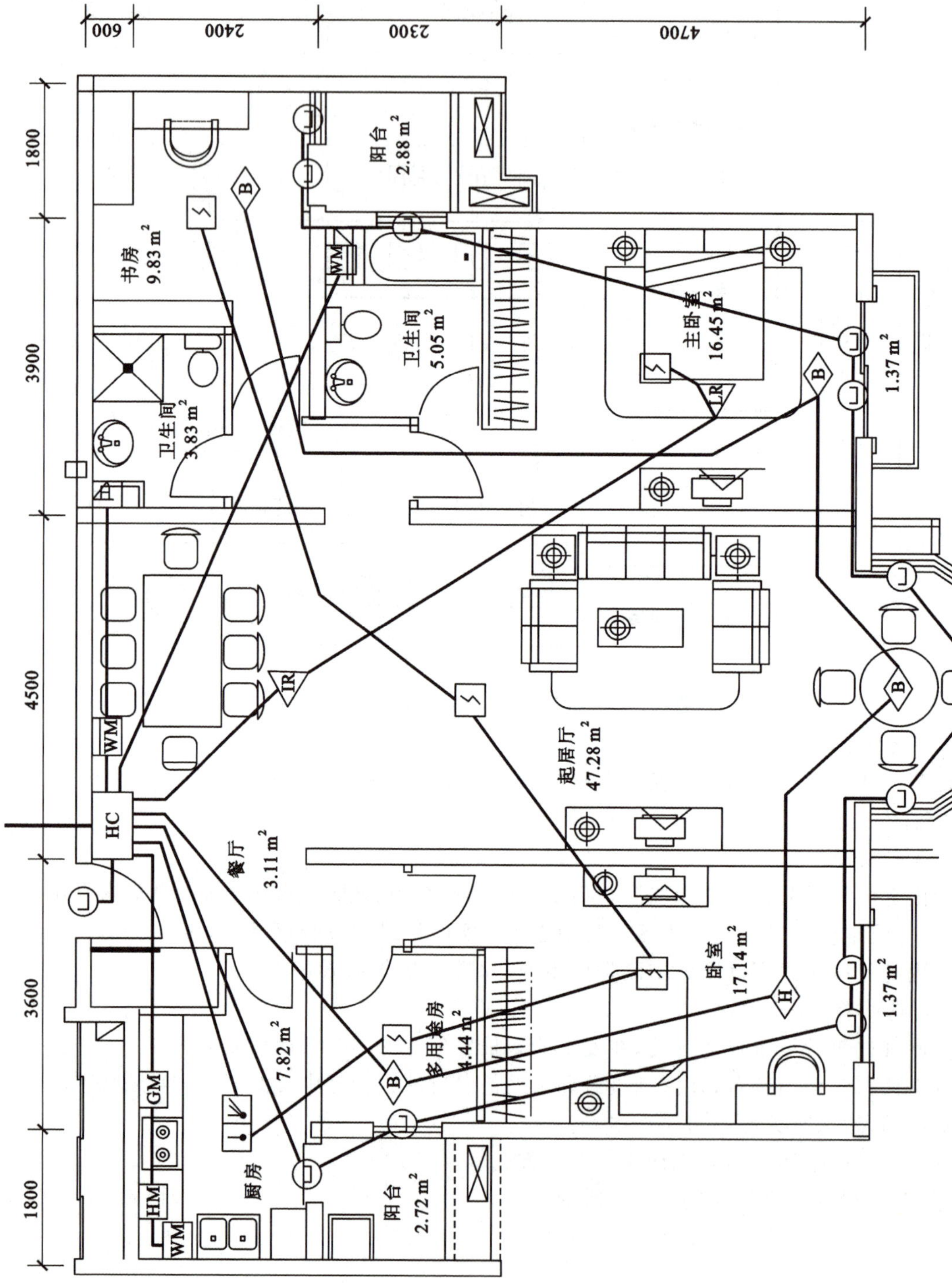

图 10.7　家居智能控制系统平面布置图

表 10.1　家庭安全防范系统配置表

<table>
<tr><th>级别</th><th>消防</th><th>安防</th><th>访客对讲</th><th>通信网络</th><th>信息网络</th><th>家电监控</th><th>表具数据远传</th></tr>
<tr><td>基本型（1A）</td><td>按照现行国家、地方消防规范设置火灾自动报警系统</td><td>1. 宜在住户内安装紧急求助报警装置；
2. 报警装置宜与监控中心相连</td><td>具有语音对讲及控制开启楼道入口处防盗门功能</td><td>接入 2 条外线，电话插座安装在起居室、主卧室、主卫生间、书房</td><td>接入 1 条外线，数据插座安装在起居室或卧室</td><td>1～2 点</td><td rowspan="3">热能表、燃气表、水表、电能表的自动抄收及远传、超限判断、自动检查、分时计费、实时计量、管理功能</td></tr>
<tr><td>提高型（2A）</td><td>在室内安装可燃气体泄漏自动报警装置，且能就地发出声、光报警信号</td><td>1. 应在住户内安装紧急求助报警装置；
2. 根据需要在住户内安装入侵报警装置；
3. 报警装置应与监控中心相连</td><td>1. 同基本型（1A）；
2. 可实现住户与监控中心的联网；
3. 发生火灾时楼道入口处防盗门能自动打开</td><td>接入 2 条外线，电话插座安装在起居室、主卧室、次卧室、主卫生间、次卫生间、书房</td><td>接入 1 条外线，可加装集线器或信息交换机，数据插座安装在起居室、主卧室、次卧室、书房，或根据建设方需求设计</td><td>2 点以上</td></tr>
<tr><td>先进型（3A）</td><td>1. 同提高型（2A）；
2. 燃气泄漏报警后能自动切断气源、打开排气装置；
3. 在住户内设置火灾自动报警装置</td><td>1. 应在住户内不少于两处安装紧急求助报警装置；
2. 应在户门、阳台门、外窗安装入侵报警装置；
3. 报警装置应与监控中心相连</td><td>1. 同提高型（2A）；
2. 应采用可视对讲系统</td><td>接入 2～3 条外线，电话插座安装在起居室、餐厅、主卧室、次卧室、厨房、主卫生间、次卫生间、书房</td><td>接入 1 条外线，应安装信息交换机，数据插座安装在起居室、主卧室、次卧室、书房，或根据建设方需求设计</td><td>2 点以上</td></tr>
</table>

3. 家庭自动控制系统

可选配置：通过智能家庭控制主机，实现对家庭内部部分供电回路、照明、空调等的统一开关控制和调节。

4. 小区综合物业信息服务系统

一般规定小区综合物业信息服务系统应采用先进、成熟的网络技术和计算机技术，充分利用小区的各种资源向住户提供高效、优质、便捷的服务。

5. 自动计量系统

(1) 基本配置

采用具有信号输出功能的表具，采取远程抄表或采用 IC 卡方式，实现自动计量和管理的功能。

(2) 可选配置

小区自动抄表系统与公用事业企业部门联网，并能进行故障报警。

10.6 工程案例

智能化小区的兴起使得住宅弱电系统的设计变得越来越关键。住宅弱电系统的设计质量直接影响到住宅中所有智能系统的运行。下面列举的是某普通多层住宅弱电系统的设计方案。

某普通多层住宅弱电系统设计

1. 工程概况

某普通多层住宅位于某住宅小区内，共 6 层，其中地下 1 层，地上 5 层，建筑面积 3200 m^2，层高 3 m。

2. 设计说明

(1) 设计依据

- 相关专业人员提供的工程设计资料；
- 各市政主管部门对初步设计的审批意见；
- 建设单位提供的设计任务书及设计要求；
- 《民用建筑设计统一标准》(GB 50352—2019)、《住宅设计规范》(GB 50096—2011)、《有线电视网络工程设计标准》(GB/T 50200—2018)和其他有关国家及地方的现行规程、规范及标准。

(2) 设计范围

- 有线电视系统；
- 电话系统；
- 对讲系统；
- 综合布线。

(3) 有线电视系统

- 电视信号由室外有线电视网的市政接口引来，进楼预埋两根 SC40 钢管。
- 系统采用 750 MHz 邻频传输，要求用户电平满足 64 dB±4 dB，图像清晰度不低于 4 级。
- 放大器箱及分配器箱均安装在各层。嵌墙暗装，底边距地 1.4 m。
- 干线电缆选用 SYWV-75-9，穿 SC25 管。支线电缆选用 SYWV-75-5，穿 PC20 管，沿墙及楼板暗敷。每户在起居室及主卧室各设一个电视插座，用户电视插座暗装，底边距地0.3 m。

(4) 电话系统

- 住宅每户按 2 对电话线考虑，在起居室、主卧室各设一个电话插座。
- 市政电话电缆先由室外引入首层弱电竖井的总接线箱，再由总接线箱通过竖井引至各层电话分线箱，由分线箱分线给户内的每个电话插座。
- 电话电缆及电话线分别选用 HYA 和 RVS 型，穿金属管敷设。电话干线电缆在地面内暗敷，电话支线电缆沿墙及楼板暗敷。
- 总分线箱和每层的电话分线箱嵌墙安装，底边距地 1.4 m。电话插座暗装，底边距地 0.3 m。

（5）对讲系统

本楼设独立的访客对讲系统，采用总线制可视对讲报警电控设备，门口机嵌墙安装，底边距地 1.4 m。对讲分机挂墙安装在住户门厅内，底边距地 1.4 m。干线和支线预埋管详见系统图（略）。

（6）综合布线

在地下室弱电间设一智能网络箱，距地 1.5 m，明装；在每户的储存室或就近位置设一个家用综合信息箱，距地 1.5 m，暗装。电视、电话、网络均经此箱分线；网络进线采用多模光纤穿钢管保护，经光电转换后用 4 对 5 类铜芯非屏蔽双绞线接到用户；信息插座距地 0.3 m。

3. 设计方案技术点评

以上是较为典型的某普通多层住宅弱电系统设计实例，它具有住宅楼弱电系统设计的一般特点。该方案突出的技术先进性和超前性，能满足用户未来较长一段时间的需要。

在线测试

思考题

10.1　简述住宅智能化系统的组成与功能。

10.2　简述住宅安全防范系统的构成。

10.3　什么是住宅小区“一卡通”？

10.4　简述家庭智能化系统的构成与功能。

10.5　简述访客对讲系统的组成与功能。

10.6　简述住宅小区通信网络系统的组成。

10.7　家庭安全防范系统与物业管理的关系如何？

参 考 文 献

[1] 华东建筑设计研究院.智能建筑设计技术[M].上海:同济大学出版社，2002.

[2] 王建文.智能建筑工程施工与质量验收实用手册[M].北京:中国建材工业出版社,2004.

[3] 中国建筑学会建筑电气分会.民用建筑电气设计规范实施指南[M].北京:中国电力出版社,2008.

[4] 吴达金.智能建筑(小区)综合布线系统实用手册[M].北京:中国建筑工业出版社,2001.

[5] 梁华.智能建筑弱电工程施工手册[M].北京:中国建筑工业出版社,2006.

[6] 秦兆海.智能楼宇技术设计与施工[M].北京:北京交通大学出版社,2003.

[7] 沈瑞珠.楼宇智能化技术[M].北京:中国建筑工业出版社,2004.

[8] 张永坚.智能建筑技术[M].北京:中国水利水电出版社,2007.

[9] 中国建筑标准设计研究所.全国民用建筑工程设计措施(电气)[M].北京:中国计划出版社,2003.

[10] 董娟.智能建筑弱电系统安装[M].北京:中国建筑工业出版社,2021.